地震及宏微观前兆揭示

张志呈 〔定军 编著

U0205749

西南交通大学出版社
·成都·

内容简介

本书系统介绍了与地震前兆相关的基础知识和实践知识。主要内容包括地震基础理论，地震发生、发展的成因与机理，构造地震与构造应力场，地震宏观前兆，地震微观前兆，中国特色防震减灾的预测预报方法等。本书叙述系统、层次分明、内容丰富、图文并茂，有利于读者系统了解地震方面的知识，达到逐渐认识地震，从而增强防震自主自救能力的目的。本书适合作为地球科学爱好者、地震现象关注者及地震带地区的基层工作者和广大人民群众防震减灾读物，同时也可作为抗震防震各类培训的教学资料。

图书在版编目（CIP）数据

地震及宏微观前兆揭示 / 张志呈，胡健，肖定军编著. 一成都：西南交通大学出版社，2018.8
　ISBN 978-7-5643-6260-7

Ⅰ. ①地… Ⅱ. ①张… ②胡… ③肖… Ⅲ. ①地震前兆 Ⅳ. ①P315.72

中国版本图书馆 CIP 数据核字（2018）第 140844 号

地震及宏微观前兆揭示

张志呈　胡　健　肖定军 / 编　著

责任编辑 / 柳堰龙

封面设计 / 墨创文化

西南交通大学出版社出版发行
（四川省成都市二环路北一段 111 号西南交通大学创新大厦 21 楼　610031）
发行部电话：028-87600564　028-87600533
网址：http://www.xnjdcbs.com
印刷：四川煤田地质制图印刷厂

成品尺寸　185 mm × 260 mm
印张　23.5　插页　4　字数　592 千
版次　2018 年 8 月第 1 版　印次　2018 年 8 月第 1 次

书号　ISBN 978-7-5643-6260-7
定价　98.00 元

地图审图号：GS（2018）3111 号

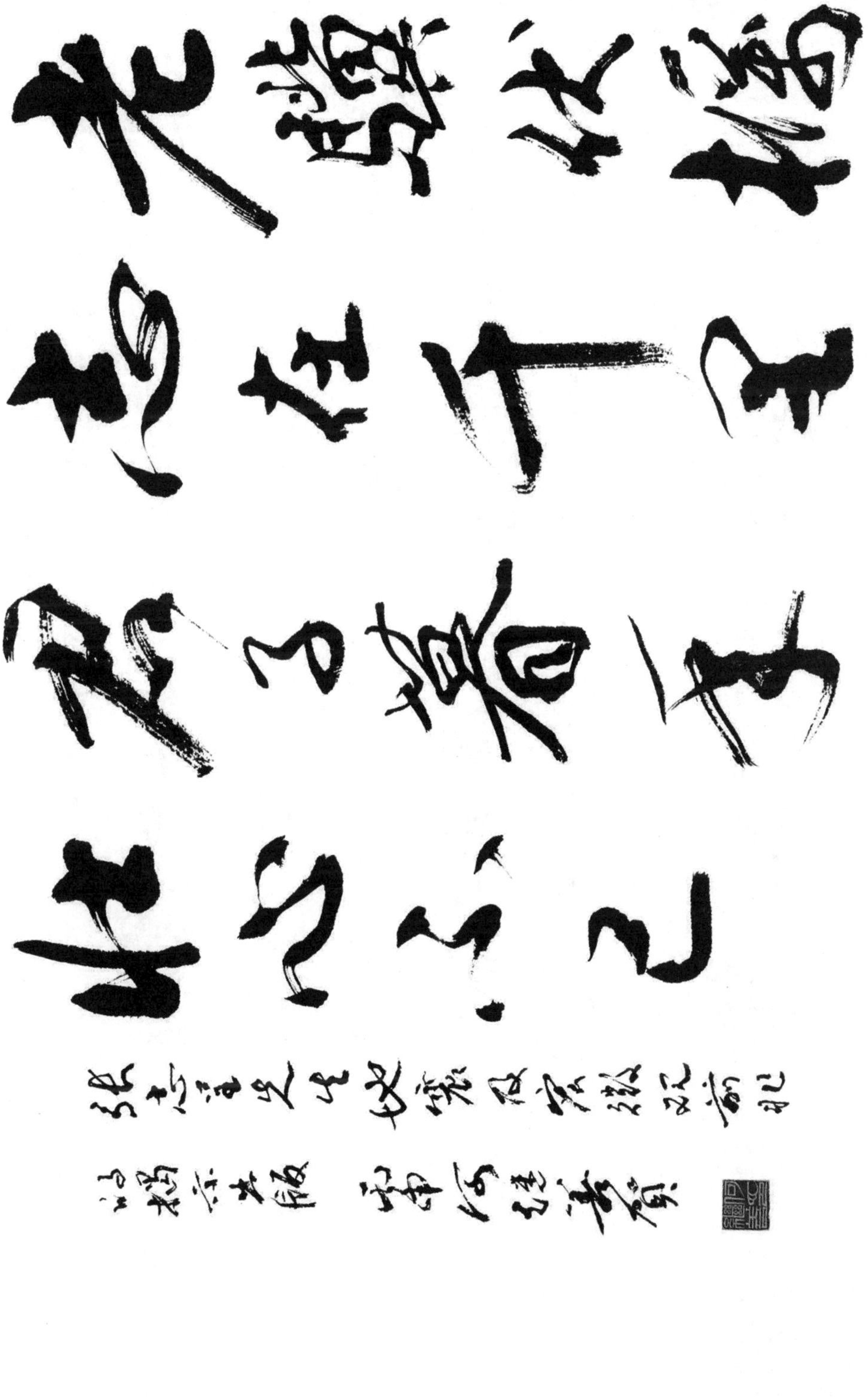

执着者奋进 孙志远兄

暴破事业，执着有专长，积数
累累大贡献，名声远扬。
远播在，孜孜不倦地，著书
立说，全国专著，暴破声势为舞
翩翩。出版著作十余种，创
新岁愉快。

碧瑞
二〇〇五年岁次乙酉十二月廿三日

序

地震为地壳快速释放能量过程中造成的震动，属一种地球自然现象。我国是发生地震灾难多而严重的国家，新中国几次大地震，造成了重大的人员和财产损失，因此，深刻认识和研究地震问题，对提高我国的地震预测预报水平，增强国家抗震能力与国民防灾意识、自动防御、自救与互救能力具有重大的现实意义。

本人从事地质科学研究工作 66 年，原来我认为：由于科学水平、方法和手段的限制，地震是不可预测的，但现在认为随着科学技术的发展，卫星、互联网信息系统和大数据管理与开发，科学预测地震已逐渐成为可能。对于地震的预测，有效的方法和途径，一是科学系统的预测，二是地震前所发生的宏微观前兆现象。

张志呈教授等人撰写的《地震及宏微观前兆揭示》一书，从地球、地壳、岩石圈板块及运动等知识出发，分析地震发生、发展的条件和环境、构造地震与构造应力场等的地震原因，重点对地震宏观、微观前兆进行了阐述和归纳，着重阐述与分析了中国的防震、抗震预测预报的方针和方法。

综上，该书是一名对国家、人民和科学负有使命感的老教授，用心、用时撰写出的一部适合基层地震工作者参考的图书，也是防震避灾的宣传读物。

刘宝珺

（中国科学院院士）

2018 年 5 月

序

  地震是地球内部的一种活动，有多种内因，并有其发生和发展的规律。地震在孕育、发生的过程中会引起地面形状、重力、电磁场、气候等多种异常。认识和掌握了这些现象和规律，便可以用于地震预报。本书作者数十年如一日，仔细观察各种与地震有关的现象，精心搜集相关数据，不间断地深入分析，非常全面地总结了大量地震活动的迹象，系统地揭示了地震前兆的多种宏观和微观的现象，并对这些现象的相互联系与变化规律进行了非常详尽的研究，总结成《地震及宏微观前兆揭示》一书。这一成果具有很高的理论意义，更有很好的实际应用价值，是一本地震领域不可多得的好书，我诚挚地祝贺本书出版，并希望有关单位给予资助。

  特别值得提及的是，作者已届耄耋之年，却仍能潜心著述，有此鸿篇问世，表现了一位老科技工作者的赤子之心。我与作者素昧平生，偶读手稿，十分感佩。真乃老骥伏枥，放眼千里，志士暮年，壮心不已！非常难得，愿为序。

何德善

（中国工程院院士）

2018 年 5 月

序

地震是地壳内岩体积聚的能量在快速释放过程中形成振动并产生的地震波造成的，是一种破坏性极大的自然灾害。强烈地震的发生会给自然界造成严重的破坏，使人民生命财产遭受巨大损失。

张志呈教授从事爆破工程研究 50 余年，在相应领域的研究颇有造诣，撰写了多册有关爆破工程的专著和教材。他对工程爆破所产生的冲击波、应力波的观察和监测等多有创新，是一位颇有建树的爆破专家。

工程爆破产生的应力波与地震时产生的地震波有相似相近之处，所不同的是工程爆破产生的应力波是外因造成的，而地震波则是岩体内积聚的能量快速释放造成的。

我国是世界上发生地震灾害多而严重的国家。尤其是 1976 年 7 月 28 日河北唐山 7.8 级的大地震和 2008 年 5 月 12 日的四川汶川 8 级的强地震，造成地震灾区人民群众的大量伤亡，使国家的资产和人民群众的财产遭受巨大的损失。

张志呈教授在长期从事爆破工程的工作中，重视爆破产生的振动对岩体结构造成的破坏，对爆破振动波在岩体内传播而波及地表时，波动对地面建（构）筑物造成的危害等的观察和监测颇有专长，他在此专长的基础上参考我国地震工作者所著的专题总结和典型震例等多方面的地震资料，编著了《地震及宏微观前兆揭示》一书。他退休后仍然关注国家的民生大事，结合自己的专长完成本书，实属难能可贵。

该书内容翔实，较系统地分析了地震的孕育发展与发生的环境和条件，阐述了构造地震与构造应用的因果关系，介绍了地震微观监测的基本方法，以及地震前宏观异常现象的表现形式，有利于人民群众提高预防地震灾害的准确性。

该书论述清晰，科学系统，内容丰富，重点突出，层次分明，图文并茂，是提高广大人民群众对地震灾害的认识、提醒人们如何防震减灾的通俗易懂的读物。本书可供地震工作者在日常工作中学习与参考，也可供高等院校有关专业作为教学参考资料使用。

本人应张忐呈教授的嘱托，特为《地震及宏微观前兆揭示》一书作序，并祝贺该书的正式出版发行。

李通林

（重庆大学教授）

2018 年 5 月

序

地震是地壳快速释放能量过程中造成的振动，它是一种自然现象。

我国处在环太平洋地震带和地中海—南亚地震带之间，不仅地震活动多，还是发生地震灾害最为严重的国家之一，其中西部地区最频繁，华北地区次之。中国陆地面积只占世界面积的 7.14%，可是 35% 的 7 级以上地震发生在中国。20 世纪全球因地震死亡 120 万人中仅我国就占 59 万人（未包含台湾地区），将近占全球总数的一半。1900—2007 年间，中国已发生 7.0～7.9 级地震 70 次（未包含台湾地区），8.0 级地震 6 次。这些地震造成的灾害涉及 28 个省份，死亡 59 万人，伤残 76 万人，受灾达数亿人次。据 1949—1991 年资料统计，地震灾害造成的死亡人数占各类自然灾害中死亡人数的 54%，地震可谓群灾之首。

邢台地震以来我国地震工作者认真执行"以预防为主、专群结合、土洋结合、依靠广大群众、做好预测预防"的方针，"群测群防"蓬勃发展。40 余年来我国的地震工作者做出了 30 余次较为成功的短临预报。为了推动地震工作的技术进步，提高预测预报水平，地震工作者进行了大量的、多方面和典型的震例总结，有的已经形成专著。

西南科技大学张志呈教授本着对人民群众生命财产安全的高度重视和对科研工作的执着精神，根据地震工作的总结资料和典型震例，编写了一本内容翔实的图书。书中汇集了地震的孕育发展与发生的条件和环境；简述了构造地震与构造地应力的因果关系，介绍了地震微观监测内容和方法以及设备仪器，较详细介绍了地震前宏观异常现象的种类和出现的时空特点，列举了云南龙陵 7.4 级地震、河北唐山 7.8 级地震、四川松潘 7.2 级地震等地震的宏微观前兆异常现象。

本书内容丰富、图文并茂、层次分明，有利于读者在比较短的时间内获得比较全面的地震方面的知识。本书还以微观监测的基本方法为重点，阐述了各自特点和使用效果，为基层地震工作者指导实践工作提供了必要的参考依据；本书还介绍了强烈地震的宏观前兆异常现象与动植物常规生理，生长繁殖特征的区别，有利人民群众识别真伪，提高预防地震灾害的准确性。

相信本书的出版发行，使从事地震工作的基层人员和活动断裂带地区的人民群众都会有所收益。接受张志呈教授的嘱托，乐于在此赘述几句，供读者参考。

李仕峰

（原四川建筑材料工业学院党委书记）

2018 年 5 月

序

地震，尤其是强烈地震，是突发性的、有巨大破坏力的自然灾害，给经济发展、人类安全和社会稳定带来严重的危害。权威机构对 20 世纪末的 10 年与前 80 年的地震灾害进行了对比，从经济损失指数上看，现今地震灾害的单位时间损失率为前 80 年平均损失率的 10 倍。这表明，随着现代经济的迅速发展，人口的快速增长，城市都市化程度的提高，地震灾害存在加速、加重的趋势。

在全球的海洋地震和大陆地震中，发生在陆地的地震尽管只占 15%，但大陆是人类主要的聚居地，所造成的地震灾害占全球地震灾害的 85%。我国是大陆地震最多的国家，且具有活动频度高、强度大、分布广、震源浅的特征。同时，作为发展中国家，人口稠密，建筑物抗震能力低。我国还是全球地震灾害最严重的国家。地震和地震灾害问题已成为制约我国国民经济建设和社会持续发展，特别是威胁人民群众生命安全的一个重要问题。

河北邢台地震后，我国开始了地震预报的探索和实践。20 世纪 90 年代初，我国建立了规模宏大的地震观测系统，包括地震学、地磁、地电、重力、地壳形变、应力应变、地下水动态、水化学、地热、电磁波等学科的地震监测台网，这为我国地震预报的发展打下了重要基础，并逐步发展了中国特色的地震预报方法，形成了"长、中、短、临"的阶段性渐进式地震预报的科学思路和工作程序。1998 年实施的《中华人民共和国防震减灾法》中明确了中国地震监测预报管理的法律依据。1998 年 12 月，我国又颁布了《地震预报管理条例》。近年来，我国政府还提出了到 2020 年基本具备综合抗御 6 级左右地震的奋斗目标。

尽管我国的地震预报研究有了较大的发展，但从根本上说，全球当前的地震预报还处于低水平的探索阶段，而我国与美国、日本等国家相比，在地震观测技术的先进性方面，在地震预报的基础理论研究方面还有一定差距。正如美国地震学会前会长、地震预报评估委员会主席、加州理工学院教授克拉伦斯·艾伦所说，地震预报的进展要比初期预料的缓慢得多，地震预报的科学难度也要比原先预料的困难得多。地震预报尤其是短临预报至今仍是世界科学难题。2008 年 5 月 12 日发生在四川汶川的 8.0

级大地震，由于发震区域构造的复杂性，震前没有出现大量典型的异常，我们就没能做出预报。

地震前兆具有很大的复杂性，但又是地震预测预报的重要依据。前兆观测旨在探测孕震过程中地壳构造活动增强、震源区应力应变积累及介质性质变化，因此要探索选择何种构造部位建立台站才能探测到孕震过程中的上述变化，用什么观测技术在多大范围内才能观测到震源区的变化，观测仪器用何种精度在何种观测条件下才能观测到孕震过程中震源区的变化问题等科学技术。地震前兆的研究内容包括研究各种地震前兆微观物理力学机制，地震前兆与孕震过程，与地震发生的内在联系、因果关系，地震前兆是震源生成还是构造应力场生成所产生的关系，等等。

地震预测预报一定是可能的。譬如，电磁波与地震波存在速度差，可以用地震 P 波与 S 波的速度差来实现临震的及时预测预警。在有害的地震波（S 波、L 波、R 波）往往还未到达地表时发出临震警报，人们仍然有几秒、十几秒或数十秒的短暂时间采取紧急措施，挽救很多生命，减少很多损失。

地震预测预报和防震减灾的另一个方面是地震科技知识的普及和防震减灾能力的培训。本书编著者谦逊地称自己是非地震、非地学专业人员，但张志呈教授是爆破专家，对地体的震动和破坏的科学研究颇有造诣，因而对地震现象的观察和地震预测预报、防震减灾的分析有自身的优势。尤其是已至耄耋之年的他，还始终关注地震及防震减灾的大事，编著了《地震及宏微观前兆揭示》一书，实为难能可贵。此书不仅是一部对广大群众有价值的地震灾害与防震减灾的图书，也可作为学校与社会机构防震减灾教育和培训的教学参考书。我在此对《地震及宏微观前兆揭示》一书的出版表示衷心的祝贺。

万 朴

（西南科技大学地质学科教授，博士生导师）

2018 年 5 月

写在前面

　　我从事爆破工程研究约 60 年，通过长期观察和思考，逐步认识到工程爆破产生的地震波与地震时所产生的地震波有许多相似相近之处，二者在岩体中的传播规律，受岩石的岩相和地质构造等特点的影响是一样的。所不同的是：前者是外因（人用炸药在岩体内爆炸）所致，爆破机理清楚，后者是内因（地球内部积聚能量快速释放）所致，地震机理不清楚；前者无前兆，后者有前兆。因为在地应力作用下，在应力应变逐渐积累和加强的过程中，震源及其附近物质会发生物理、化学、生物和气象等一系列异常变化，所以地震发生前定有多种宏观及微观现象。通过对这些现象的观察研究，揭示其规律，以达到预防地震之目的。

　　这就是我编著《地震及宏微观前兆揭示》一书的初衷。

　　我已进入耄耋之年，作为一名与地震有关的科技工作者，想以《地震及宏微观前兆揭示》一书释怀愧疚，借以正确认识地震现象，有效做好防震减灾工作，告慰遇难同胞，恩泽后人！

　　2016 年，本书初稿完成，正值邢台地震五十周年、唐山地震四十周年和汶川地震八周年，感苍生之苦难，泪泪欲出之际，觉得应更慎重，是以反复修改、增删，一晃又是两年。

　　谨以此书缅怀在三次地震中不幸遇难和失踪的三十三万八千同胞！

张志呈

2018 年 5 月

前　言

地震是人类必须面对的一种主要的自然灾害，全世界有 6 亿多人生活在强地震带上。中国百万以上人口的特大城市中，位于Ⅶ度（地震基本烈度Ⅰ~Ⅻ度）以上的高地震烈度区的达 70%。自有记载以来，我国除贵州省、浙江省外，其他省份都发生过 6 级以上地震，贵州省、浙江省也发生过 5 级以上地震。60% 的省份发生过 7 级以上地震。处在地震基本烈度Ⅵ度及其以上地区的省会城市和直辖市共有 30 个；处于Ⅶ度及其以上地区的省会城市和直辖市共 22 个，占省会城市总数的 71%。人口在 50 万以上的 61 个大、中城市中，处于Ⅵ度及其以上地区的城市有 33 个，占此类城市总数的 54.1%。

根据统计，地震基本烈度区Ⅵ度和Ⅵ度以上地区的面积约占国土面积的 79%。陆远忠先生等在《地震预报的地震学方法》一书中写道：20 世纪 60 年代，有近 30 次 7 级以上强震发生于大城市和工业中心附近，给人类带来了巨大的灾难和损失。

事实证明，破坏性地震的发生会造成人员伤亡和财产损失，中国广大地区自然地震时有发生，国民对地震宏、微观现象相关知识缺乏。因此，在城镇和广大的农村地区普及地震知识对预防地震灾害具有重大意义。我国西部地区历来是我国地震活动的主体。西部 12 个省、市、区面积 685 万平方千米，占全国的 71.4%。而大多数破坏性地震发生在农村地区，中国农村居民是地震灾害的最大受害者和风险承担者。以云南省为例，1992 年至 2005 年 14 年间发生 5 级以上地震 56 次，有 53 次地震的震中位于农村地区，即 95% 的地震受害区分布在农村地区，其中绝大多数的宏观震中分布在山区和农村，因此，防震减灾应向农村倾斜，短临宏观异常现象识别研究尤为重要。生活在地震带上的民众应积极建设地震安全社会，提升震区居民的防震知识和自主判断、自主防御与抗震能力，以及自救、互助能力，这是有效减轻地震灾害人员伤亡和财产损失的重要途径，也是撰写本书的主要目的。

地震预报目前在科学技术上难度很大，正处于探索阶段。

多年来一直受到广泛重视的是：地震活动的时、空分布图像及地震波的特征是地壳应力场的反映。因此，通过对已经发生的地震的分析，人们能窥测地壳应力的状态，寻找大地震前由震源附近应力的集中，加深对所产生的某些震兆的了解。把当前和过去实践中的各种预报地震的方法加以归纳、整理，并对其预报能力及效果、存在的问题做初步的叙述，对深化人们对地震发生规律的认识，推进地震防震减灾和预测预报工作，无疑是有益的。

地震前兆是指预示地震即将发生的一些现象。地震是现代地壳构造运动的一种表现，地震之所以发生，主要是由于岩层在一定条件受到力的作用，这种力，我们称之为地应力。当地应力不断积累，应变随时间而增大，"当应力应变超过临界点时，地壳发生一些变化，膨胀在变化中大概起主要作用，这种变化可持续几年或更长时间，如果是小地震则需几天时间。当接近最后阶段时，地震区域内的地壳受到剧烈应变影响。地震发生前的几小时或几天，断层开始在震源区形成，这是动态的过程阶段，地壳的变形要比长期地震前兆的静变化要大。"（韩谓宾，《地震灾害基本特点及防震减灾对策的几点思考》，2004）我们知道在地震孕育过程中会伴随物理、化学变化，这些变化与动物异常、地下水异常有着直接或间接的关系，可能由于强震前的声、光、电、地温、地气味等发生变化直接刺激动物的相关感觉器官而引起异常反应，并发生大地物理场、化学场的改变，如地形变、重力、地磁、地电、地球化学、地下流体（水气、油、气）动态、气象前兆异常等。中国地震局曾总结出60个震例，其中记录了921条前兆异常，需深入研究，有效增强地震带民众识别和掌握宏观异常，增强防震避灾的能力。

"地震前兆应该是'大'震孕育过程中，震源区及周围区域应力状态和介质性质变化的反映，在地震预报研究中，人们习惯于把'大'震前在震中区及周围一定区域范围里所观测到的异常现象称为地震前兆。对多数台站的观测资料来讲，其异常与地震的关系不是一一对应的，因此，在多数情况下，所谓的地震前兆只能说是一种可能的前兆。"（中国地震局，《地震群测群防工作指南》，2004）

中国地震局监测预报司编的《地震宏观异常摘编》中有如下叙述：地震之前出现的动物、地下水和天气等宏观异常是至关重要的地震前兆，与其他地震监测手段相比，宏观异常有着独特的映震特征。

此外，无论是动物行为异常，还是地下水的大幅度升降变化，也存在着与地震无关的变化。例如周围地下水的过量开采、气候的反常、动物的生理特性等，因此，对可能与地震有关的宏观异常应当鉴别认定。通常，非地震的宏观异常，异常种类单一，异常的幅度起伏小，随时间的推移，异常不产生有规律的发展趋势。而强烈地震前，动物异常的种类和数量大量增加，在区域分布上呈明显的不均匀性，与发震构造和未来震中区的位置有关，与同时存在的地震活动和各种微观前兆异常在时间上具有一致性。

1966年3月8日邢台发生6.8级地震，遇难同胞8000余人，周恩来同志几次到灾区，并主持调查研究总结工作和灾后事益，当时地质部部长李四光选择在距邢台地震10余千米的尧山建立我国第一个隆尧地应力观测台。隆尧地应力观测台始建于1966年3月15日，最初深度2 m。3月下旬的一个晚上，周恩来同志接到了隆尧台地应力观测曲线下降和其他网点报来的异常信息，确定在震区发布预报，结果于3月22日在邢台宁普东江先后发生6.7级和7.2级地震。这是我国第一次发布地震临震的尝试，并获得成功。因此，产生了"以预防为主、专群结合、土洋结合……的群测群防"的方针。这种方针后来被群众称之为周恩来-李四光地震预测预报路线方法，几十年来我国第一代地震科学家沿着这条路线方法至少成功短临预报三十余次。但是，毋庸讳言，在现阶段，地震预报的成功率还不是很高（6级以上地震预报成功率占30%～40%），地震预报方法还不太成熟，还不是很完善，它需要在实践中不断探索、不断创新、不断完善。然而，遗憾的是时隔邢台地震10年后的唐山地震却漏报了，时隔邢台地震42年汶川地震失报了，这就值得认真反思和总结经验教训。

中国地震预报的思想是"长、中、短、临"的渐近式预报方式。没有中长期预报，就难以实现正常的短临预报。加强中长预报工作：第一，可以对地震区域加大投入和监测工作；第二，能使该地区人民群众对防震抗震以及宏观监测，做到心中有数，沉着应对，减轻损失。1967年10月20日李四光教授在国家科委地震办公室一次研究会上提出"应向滦县迁安地区做些观测"，若这些地区活动的话，那就很难排除大地震的发生，时隔九年，在该地区的唐山发生7.8级地震。

本书的观点：

（1）全球地震实践证明，破坏性地震常发生于地震构造活动地区，此类破坏地震易造成重大人员伤亡和财产损失，因此，建设地震安全社会，增强抗震能力，提升震区居民的防灾意识和自主判断、自主防御及自救互救能力，是有效减轻地震灾害人员伤亡与损失的重要途径。

（2）地震宏微观前兆是既有理论支撑与实践规律，并为古今中外震例所证实的一类地震科学。对该地震科学的深入研究，能更有效增强生活在地震构造带群众的防震减灾能力。

（3）走中国特色自主创新的防震减灾道路，预测预报仍可坚持周恩来-李四光地震预测预报路线和方法，进行多学科综合观测、综合分析。

（4）总结经验、增强忧患意识、责任意识，从灾难中吸取教训，挑战、应战，勇于担当，继续前进！

本书的出版，将能提升、促进基层地震工作者的基础理论水平和业务能力；对地震科学技术研究者、地球科学爱好者，将可能启迪思维，调整地震监测预报方法及研究方法、方向、内容和地震台站建立与布点位置的选择；可以促进地震行业的人员深入实际、努力实践、监督检查重点地震活动带群测群防和三网一员建设落到实处。

地震虽无法阻止，无法避免，但地震灾难是可以减轻的。我们应该努力探索中国特色的防震减灾道路，大力促进地震科学的大众传播，让大家了解一些与地震相关的知识，学习掌握一些地震宏微观前兆常识，提升大家的抗震防灾意识，有效防御地震灾害，使地震科学更好地服务社会。

张志呈

2018年5月

目 录

第一编 地震发生、发展的成因与机理探析

第二编 构造地震与构造应力场

第三编　地震宏观前兆

第四编　地震微观前兆

第五编　中国特色防震减灾的预防预报方针方法

第六编　结　语

第一章 概 述

地震发生在地球的内部，认识地震规律，战胜地震灾害，首要是认识地球，认识地球发生的构造运动，进而认识构造地震。地震是地壳运动的一种表现形式，研究地球上地壳运动的区域，即研究活动构造带的地点、范围，开展与地震现象有关的工作，认识构造地震的孕育、发生和发展过程，认识地震规律，为减弱地震灾害奠定基础。

第一节 地球及其大陆漂移与板块运动

一、地 球

1. 地球的自转和公转

地球是太阳系从内到外的第三颗行星（图 1-1 所示），也是太阳系中直径、质量和密度最大的类地行星。地球按照一定的轨道不停地运动着：一方面它要绕着太阳旋转，绕太阳一周所需的时间为地球日 1 年，称之为公转；另一方面它绕自身发生转动，每转动一周所需时间为地球日 1 天，称之为自转。

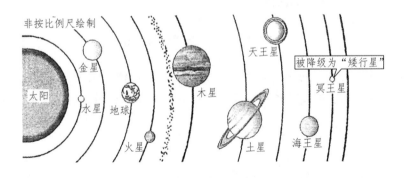

图 1-1 太阳系行星

2. 地球的内部构造[1, 2]

地球的最外层叫地壳；地壳下面的部分叫地幔；地球最中心的部分叫地核（外核、内核）。地球的平均半径为 6 370 km 左右，大陆地壳厚度为 35 km 左右。90% 以上的构造地震就发生在地壳内。

地球表面由厚度为 100～150 km 的巨大板块组成，主要是大洋和大陆，大陆面积为 $1.49 \times 10^8 \, \text{km}^2$，而海洋面积为 $3.61 \times 10^8 \, \text{km}^2$，大洋面积占地表的 70% 以上。大陆在地表分布不均，北半球有 47% 的陆地和 53% 的海洋，又称陆半球；南半球有 11% 的陆地和 89% 的海洋，又叫水半球。虽然从表面上看起来地球由坚硬岩石构成，但实际上地球可分为界限较分明的三层（图 1-2），即地壳、地幔和地核，每层均有其各自的化学组分和性质。海底处地壳厚度最小，平均仅有 5 km；陆地地壳的厚度最大，平均 30~35 km，但其变化幅度较大，喜马拉雅山脉，美国内华达山脉的地壳厚度可达 100 km。陆地地壳的主要成分是花岗岩，海洋地壳的主要成分为玄武岩。地壳以下是地幔，两者的分界面称为莫霍界面。厚度达 2 900 km 的地幔中铁和镁的含量比地壳中更多，因而密度更大些。地幔的外层是脆性固体，其和地壳一起构成岩石圈，实际上地壳可以看成岩石圈的表层。随着深度的增加，地球内部的温度也在不断升高，当到达地幔岩石圈以下时，部分岩石融化，称为软流层，该层呈现出一定的韧性和塑性，使得其能够折叠、延展、压缩和缓慢流动。因此，相对较轻的脆性岩石圈实际上漂浮在密度较大、缓慢流动着的软流层上。

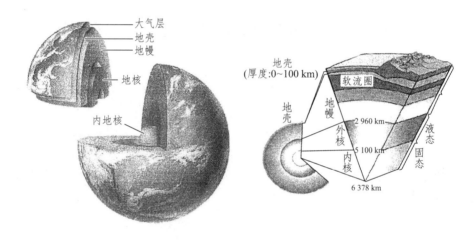

图 1-2　地球内部构造示意图

地幔下面的地核是直径约为 3 500 km 且密度更高的球体，其由界限分明的液体外层和固体内核组成。与岩石构成的固体地壳不同，固体内核的主要成分是铁镍合金，密度达岩石地壳的 5 倍。

3．地球的形状与大小[3]

根据人造卫星轨道参数分布测算所得出的地球真实形状为北极略凸、南极略凹的极近似于旋转球体的星体（图 1-3）。北极比旋转椭球凸出约 10 m，南极凹进约 30 m。中纬度在北半球稍凹进，而在南半球稍凸出（不到 10 m）。据此可以推断出，地球极近似于旋转椭球体，这是地球自转所致，表明它具有弹塑性；地球不是严格的旋转椭球体，表明其内部物质分布不均匀。

1980 年，国际大地测量和地球物理联合会修订和公布的关于地球大小的主要数据见表 1-1。

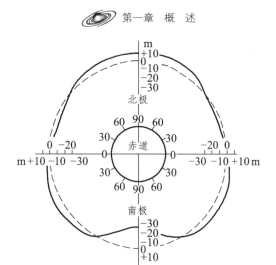

图 1-3　地球的形状示意图

（实线为大地水准面圈闭的形状；虚线为地理理想扁球体）

表 1-1　表征地球大小的参数

地球大小参数	数　值
赤道半径(a)/km	6 378.137
两极半径(c)/km	6 356.752
平均半径[$R=(a^2c)^{1/3}$]/km	6 371.012
扁率[$(a-c)/a$]	1/298.253
赤道周长($2\pi a$)/km	40 075.7
子午线周长($2\pi c$)/km	4 008.08
表面积($4\pi R^2$)/km^2	5.101×10^8
体积($4\pi R^3/3$)/km^3	$1.083\,2 \times 10^{12}$
质量(m)/kg	$(5.974\,2 \pm 0.006) \times 10^{24}$

4．地球岩石圈的板块组成

地球内部物质存在显著的不均匀性，在地球转动的过程中产生了差异作用力，加上地球内部存在放射性物质的蜕变产生的高热，一方面致使部分岩石熔融形成岩浆，另一方面驱动地球内部物质发生运动（如对流）。在地球内部物质运动的长期影响下，地球的外圈（岩石圈）形成若干个巨大的块体——板块；大洋下面的称大洋板块，大陆下面的称大陆板块。目前地球科学家一般认为地球表面的大型板块有[4]：① 太平洋板块：近 4/5 的太平洋都在这个板块内；② 美洲板块：包括南、北美洲以及接近美洲的部分太平洋、大西洋；③ 欧亚板块：包括亚洲（印度除外）和整个欧洲，还包括一部分大西洋；④ 南极洲板块：包括整个南极洲以及除北冰洋外的三大洋的边缘部分；⑤ 非洲板块：包括整个非洲以及一部分大西洋；⑥ 印-澳板块：澳大利亚，东、北、南的部分大洋洲国家，绝大部分印度洋，以及印度次大陆、阿拉伯半岛。近年来，也有些地球科学家主张，将印-澳板块分成澳大利亚板块和印度洋板块，将非洲板块分为西非努比亚板块和东非索马里板块。板块构造理论认为，古生代时期（2.5

亿年以前），地球存在着超级大陆，到中生代，大约在三叠纪后期，大陆开始解体、漂移，现今各大洋和大陆都是经过大陆漂移后，由大小不等的板块彼此镶嵌组成的，另外，北冰洋则是被欧亚板块、美洲板块瓜分了。此外还有规模较小的 13 个小板块，如南美西部的纳兹卡板块、太平洋西部的菲律宾板块等如图 1-4 所示。这些板块在地幔上面，每年以几厘米到十几厘米的速度漂移、相互挤压和碰撞。

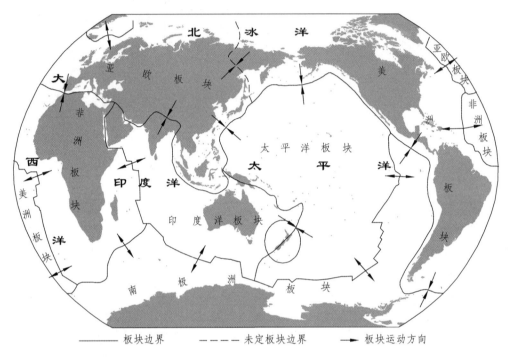

—— 板块边界　　————— 未定板块边界　　——➤ 板块运动方向

图 1-4　全球板块构造分布图[4]

5．地球的主要物理性质[5-7]

地球的物理性质，是人们长期在生产实践和科学研究中逐渐积累的有关地球物理性质的知识，它反映了地球内部的物质组成。

1）质量和密度

根据牛顿万有引力定律，计算得出地球的质量为 5.98×10^{27}g，再除以地球的体积则得出地球的平均密度为 5.52 g/cm³。地壳各种岩石的密度为 1.5 ~ 3.3 g/cm³，平均密度为 2.7 ~ 2.8 g/cm³。根据地震波传播速度与密度的关系，地球内部的密度随深度的增加而增加，地心密度为 16 ~ 17 g/cm³。

2）压　力

由于上覆岩石质量的影响，地球内部压力随深度增加的一般规律见表 1-2。

表 1-2　地球内部压力随深度的变化

深度/m	100	500	1 000	5 000	10 000
压力/（g/cm²）	27	135	270	1 350	2 700

3）重 力

地球对物体的引力和物体因地球自转产生的离心力的合力叫重力，其作用方向大致指向地心。引力大小与物体距地心距离的平方成反比。地球赤道半径大于两极半径，故引力在两极比赤道大，而离心力在两极接近于零，赤道最大，因此，地球的重力随纬度的增高而增大。

由于地壳物质分布不均匀、密度大小有差异、地球有起伏，根据万有引力定律计算出的地区的重力值，有以下几种情况：

（1）实测重力值与理论计算值相同。

（2）实测重力值大于理论计算值时，叫重力正异常，表明地下有密度大的物质分布。

（3）实测重力值小于理论计算值时，叫重力负异常，表明地下有密度小的物质分布。

4）温度（地热）

地球外部热源来自太阳的辐射热，地球内部热源来自放射性元素蜕变时析出的热以及元素化学反应放出的热能。

根据钻探资料，地球上大部分地区，从常温以下平均每加深 100 m，温度升高 3 ℃ 左右，这种每加深 100 m 温度增加的数值，叫作地热增温率。把这种温度每升高 1 ℃ 所需增加的深度，称为地热增热级。地热增温级的平均数值为 33 m。上述规律只适用于地表以下 20 km 深度的范围。

5）地 磁

地球周围有一个巨大的地磁场。早在公元前 3 世纪的战国时期，中国就已利用地球磁性发明了指南仪器——司南。后来人们还发现地磁极与地理极的位置是不一样的。图 1-5 就是地磁两极与地理两极的示意图。因此，地磁子午线与地理子午线之间有一定夹角，称磁偏角。其大小因地而异。使用罗盘测量方位角时，必须根据当地磁偏角进行校正。

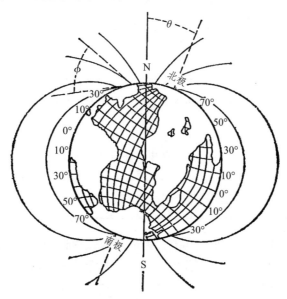

图 1-5 地磁要素及地球周围磁力线分布示意图

θ—磁偏角；Φ—磁倾角

磁针只有在赤道附近才能保持水平状态，向两极移动时逐渐发生倾斜。磁针与水平面的夹角，称为磁倾角。各地磁倾角不一致。地质罗盘上磁针有一端捆有铜丝，就是为了使磁针保持水平。我国处于地球北半部，因此，在磁针南端多捆有细铜丝，以校正磁倾角的影响。

地球上某一点，单位磁极所受的磁力大小，称为该点的磁场强度。磁场强度因地而异，一般随纬度增高而增强。

通常用用磁偏角、磁倾角、磁场强度表示地表某点的地磁情况，三者并称为地磁三要素。根据地磁三要素的分布规律，可以计算出某地地磁三要素的理论值。某地区实测数值与理论计算值不一致的现象叫地磁异常，引起地磁异常的原因，一是有隐伏地下的高磁性矿床的存在，另一是地下岩层可能发生剧烈变位。因此，地磁异常的研究，对查明深部地质构造和寻找铁、镍矿床有特殊意义。

6）放射性

地球内部放射性元素含量虽少，分布却很广泛，且多聚集在地壳上部的花岗岩中，向地心则逐渐减少。地球所含放射性元素主要是铀、钍、镭。此外，钾、铷、钐和铼等也具有放射性的同位素。根据放射性元素蜕变的性质，可以用来计算地球岩石的年龄、寻找有关矿产。同时，放射性元素蜕变所产生的热能，是地质作用的主要能源[5]。各类岩石放射性元素含量及生热率见表1-3。

表 1-3　各类岩石放射性元素含量及生热率

岩类	放射性元素的质量分类/（mg·kg^{-1}）			平均总生热率/（J·g^{-1}·a^{-1}）	
	铀（U）	钍（Th）	钾（K）	4.2×10^{-8}	4.2×10^{-14}
沉积岩	3.00	5.00	20 000	1 557.64	49.40
花岗岩	4.75	18.50	37 900	3 424.80	108.02
玄武岩	0.60	2.70	8 400	502.42	15.89
橄榄岩	0.015	0.05	63	9.46	0.30

6. 地壳的物质组成

根据岩石和陨石的化学组分[5]分析，得知组成地壳的化学成分以 O、Si、A1、Fe、Ca、Na、K、Mg、H 等为主。这些元素在地壳中的平均质量百分比（称克拉克值）各不相同，见表1-4。

表 1-4　地壳中各化学元素含量

元　素	氧（O）	硅（Si）	铝（A1）	铁（Fe）	钙（Ca）	钠（Na）	钾（K）	镁（Mg）	氢（H）
含量/%	49.13	26.00	7.45	4.20	3.25	2.40	2.35	2.35	1.00

它们占了地壳总质量的98.13%，其中，氧几乎占了一半，硅占26%。其他近百种元素只占1.87%。可见地壳中元素含量是极不均匀的。如工业上有较大经济意义的 Cu、Pb、Zn、W、Sn、Mo 等元素，在地壳中平均含量极小，但它们在各种地质作用下可富集成有价值的矿床。

地壳中的化学元素不是孤立地、静止地存在的，它们随着自然环境的改变而不断地变化。这些元素在一定的地质条件下，结合成具有一定化学成分和物理性质的单质或化合物，称为矿物，如石墨、石盐等。由一种或多种矿物所组成的集合体，称为岩石，如花岗岩由石英、长石、云母等矿物组成，大理岩由方解石组成。因此，矿物和岩石是组成地壳的基本单位。

二、大陆漂移与板块运动

（一）大陆漂移与海底扩张

1915 年，德国地球物理学家魏格纳提出大陆漂移说，认为古生代（2.5 亿年以前），地球存在着一块超级大陆［泛大陆，周围全是海洋（泛大洋）］。到中生代，大约在三叠纪后期，泛大陆开始解体、漂移，现今各大洋和大陆都是经过泛大陆漂移形成的，如图 1-6 所示。北大西洋的张开是近几百万年内完成的。其中泛大陆的北部（包括北美和欧亚大陆统称为劳亚古陆，南部各大陆统称为岗瓦纳大陆。

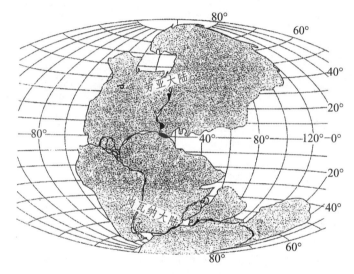

图 1-6 魏格纳提出的 2.5 亿年以前的泛大陆（据 R. S. Dietz 等，1970）

1. 大陆漂移学说的主要证据[7-9]

地球表面的板块就像冰山在海洋中一样漂浮在玄武岩质基底上，进行非常缓慢的移动。大部分陆地或者全部大陆都在板块之上，所以当板块运动的时候，各个大陆之间表现出了相对运动状况，这被称为大陆漂移。

（1）大西洋两岸的南美与非洲大陆边缘轮廓十分吻合，似拼合的七巧板，如图 1-7 所示。魏格纳认为，大陆应在深海中的大陆坡边缘进行拼合。南美与非洲在海平面 200 m 以下拼合比海岸线拼合更加吻合，在海平面以下 2 000 m 等深线处两大陆几乎可以完全重合。1965年，布拉德等人使用电子计算机，选择 915 m 等深线作为大陆边缘，对大西洋两岸进行拼接，效果良好。

（2）大洋两岸地质构造带具有大对比性。大西洋两岸北美和北欧之间地质构造具有一致性，欧洲三条并列的古老褶皱带都从大西洋延伸到彼岸；非洲和南美古生代和中、新生代造山带亦具有相似性，并且可越过印度洋追踪到南极和澳大利亚。

（3）南美、非洲、印度、澳大利亚和南极洲的地层发育极为相似。石炭系—二叠系冰碛层、三叠系页岩、下三叠统红层和侏罗系岩浆岩的对比，层位都比较吻合。此外，非洲巨大的片麻岩高原与巴西的片麻岩高原十分相似。

（4）南半球各大陆二叠系爬行类陆生生物具有惊人的相似性，南美洲和非洲的南部在晚古生代和早中生代都发现有水龙兽属爬行类动物的化石，盘古大陆普遍存在着相同的蕨类植物化石。

（5）古冰川和古气候方面的证据。南半球各大陆在晚古生代冰川广布。现代地处热带和亚热带的南美、非洲、澳大利亚和印度存在石炭系—二叠系的大陆冰盖，如图 1-8 所示。我国西藏、滇西地区则分布次同时代（不是严格的同时代，时间有所偏差）的冰川。

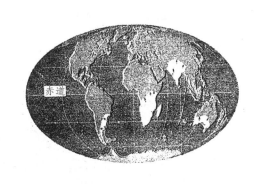

图 1-7　南美与非洲大陆边缘轮廓大约在海平　　**图 1-8　晚古生代时南半球各大陆冰川广布**
面以下 900 m 非常吻合（据 A. G. Smith）

（6）古地磁方面的资料。古地磁极的研究是建立在对磁化岩石研究的基础之上的。岩石在形成过程中受地球磁场的影响而磁化，变成磁化岩石。地层中的岩石中近一半是正向磁化，而另一半则是反向磁化，证明了地磁极的周期性反转特征。古地磁测定结果表明，同一大陆同一时代不同地点的岩石所测出的古磁极位置基本上是一致的，但同一大陆不同时代的平均磁极位置则可能不同。把相对于固定大陆的各时期磁极位置标出，然后按时间顺序把所得各点连接起来，就可得到该大陆的极移曲线。非洲和南美洲的晚古生代极移曲线如图 1-9（a）所示，在形状上非常相似，但南美的极移曲线在西，非洲的极移曲线在东，两者之间的宽度恰好与大西洋的宽度相等。当移动大陆使两条曲线重合时，南美洲和非洲大陆刚好拼合在一起，如图 1-9（b）所示。这说明当时大西洋并不存在，这两大陆在晚古生代时属于同一大陆，中生代以后才分裂、漂移的。欧亚与北美所测的极移曲线也有类似特征，如图 1-10 所示。

如果把过去地质时期的实测磁极位置（图中用连线表示）和推测出来的磁极位置（图中用虚线表示）勾绘出来，我们就可以为每一个大陆画出一条曲线（图中所标数字代表距今多少年，单位是百万年）。这两条曲线尽管尚不完整，但是已经可以很明显地看出，到距今 1 亿年前为止，这两条曲线的间隔正好相当于大西洋的宽度，如果北美洲在当时是和欧洲紧挨着的话，这两条曲线就会互相吻合了。

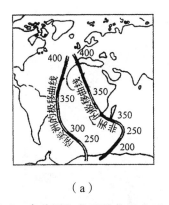 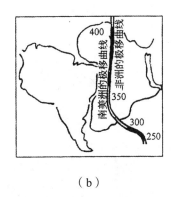

（a）　　　　　　　　　　　（b）

图 1-9　南美洲和非洲拼合起来后，两者的极移曲线彼此重合（据塔林，1978）

（注：数字代表年代，单位是百万年）

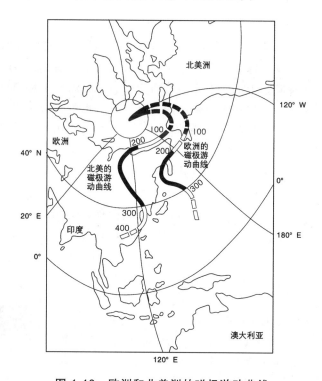

图 1-10　欧洲和北美洲的磁极游动曲线

2．海底扩张

美国地质学家赫斯和迪茨几乎同时于 20 世纪 60 年代初提出海底扩张学说，他们都是在肯定霍姆斯的地幔对流假说，肯定地幔中规模巨大的热对流体是影响岩石圈的主要动力的基础上提出的。

海底扩张学说的基本内容为：大洋岩石圈在洋中脊处裂开，地幔炽热的岩浆从这里涌出，冷却固结成新的大洋岩石圈，并把先期形成的岩石向两侧对称地推挤，导致大洋海底不断地扩张。在假设地球的体积和面积不变的情况下，大洋岩石圈也必然在大陆边缘的海沟处沿着削减带向大陆岩石圈之下俯冲，消亡于软流圈中，如图 1-11 所示。由于洋底一面生长，一面消亡，不断更新，洋底上就没有比中生代（大约2亿年）更老的沉积和岩石。

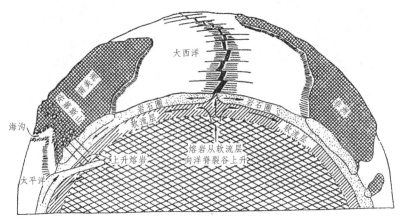

图 1-11　海底扩张及板块构造[8]（据 P. J. 怀利）

　　海底扩张学说是建立在 1968 年"Magrate Charlange"海底考察船分别对太平洋、大西洋、印度洋进行了深海钻探以及全球洋中脊及中央裂谷系的发现、海沟及 Benioff 地震带的认识和对洋底地壳的认识的基础之上的。海洋地质研究还表明，海底沉积厚度小，海底岩石年龄比大陆要年轻得多。洋壳最老岩石的年龄不超过 2 亿年。离中脊或中隆越远，火山岛越老。沉积物厚度也从中脊或中隆处的无沉积或少量沉积向大陆坡脚下明显增厚。贝尼奥夫（Benioff）地震带指震源排列由海沟向大陆方向倾斜成 45° 左右，依次分布浅、中、深源地震。海洋地貌另一醒目的形态就是岛弧及其邻近海沟，组成岛弧-海沟系统。20 世纪 50 年代古地磁学兴起，证明在各地史时期磁极位置多变。二叠系纪以来在不同大陆采集岩石标本所确定的古地磁极迁移轨迹不同，较老地质时期各大陆极移轨迹相离很远，时代变迁逐渐移至现在磁北极位置。如果把大陆重新拼合，极移轨迹则可重叠在一起。这证明各大陆间相对位置的确有过变化。

（二）板块运动的形式[4, 6, 8]

　　地球表层板块之所以以不同的方式发生相对运动（图1-12），是因为其运动形式不同，例如：① 北美板块与太平洋板块之间是水平位置上的相对位移（走滑）；② 太平洋板块与欧亚板块之间是俯冲运动，即太平洋板块沿着日本海沟向亚欧板块下面插入（俯冲）；③ 印度洋板块向喜马拉雅山脉与亚欧板块推挤（碰撞）；④ 大洋板块之间边界如南极洲板块边界是地球上最为活跃的区域，是地震活动和火山活动最为频繁和强烈的地带。

　　地球在不停运动着，这种运动是地球存在的基础。因为在太阳系中，太阳对地球存在巨大的吸引力，地球正是凭借它的运动产生的离心力才与太阳的吸引力相抗衡，使得地球在太阳系中存在下来。同时，地球不停地运动，引起地球表面和内部物质运动，如岩浆活动、地壳运动等；而地震、火山、喷发等自然灾害就是急剧地壳运动的表现。

相对走滑运动

相对俯冲运动

日本海沟

相对碰撞运动

青藏高原

相对扩张运动

图 1-12　地球板块的相对
运动的几种基本形式

由此可知，板块间最常发生的运动方式是互相碰撞（聚合板块界线），碰撞时的强大力量常使地层发生抬升、倾斜或褶皱等现象，形成高大的山脉。与褶皱运动同时发生的，还有大规模的逆断层及其他断层作用。有时伴有火成岩入侵和变质作用发生，一般称为"造山运动"。有时也会产生岩浆，出现火山活动，形成一系列的火山现象。地震活动和造山运动的关系是非常密切的。

第二节 地震及相关概念

一、地 震

地震是一种常见的自然现象。地球上每年发生 500 多万次地震。每天都要发生上万次地震。不过，它们之中的绝大多数震级太小，或发生在海洋中，或离我们太远，我们感觉不到。

对人类造成严重破坏的地震，即 7 级以上地震，全世界每年大约有 20 次；8 级大地震每年大约 1~2 次。

地震就是因为地球内部缓慢积累的能量突然释放而引起的地球表层的振动。它是一种经常发生的自然现象，是地壳运动的一种特殊表现形式。

二、地震类型

地震分为构造地震、火山地震、塌陷地震、诱发地震、人工地震。

1．构造地震

由于地下深处岩层错动、破裂所造成的地震称为构造地震。这类地震发生的次数最多，破坏力最大，占全世界地震的 90% 以上。

2．火山地震

火山地震是伴随着火山活动而引发的地震，通常都在火山周围，震级不大。

3．塌陷地震

塌陷地震是天然洞穴或矿井塌陷而形成的地震，通常震级很小，影响范围有限。

4．诱发地震

诱发地震是人类工程活动引起的地震。水库蓄水，石油和天然气、盐卤、地下热（汽）储的开发，废液处理和油田开采中的深井注水，钻井过程中的井漏，矿山抽、排水，固体矿床的地下开采和地下核爆炸等工程活动都可能诱发地震。

诱发地震按诱发因素可分为水和其他流体引起的诱发地震和非水诱发盐碱地震两类[4]。前者主要是由于水的参与，改变了应力条件和降低了岩体结构面的摩擦强度而引发地震；后者是由于工程活动改变了地壳表层的应力分布，在某些应力集中部位发生破坏而引起地震。

5．人工地震

人工地震通常是核爆炸、化学爆炸直接造成的。

三、地震的几个常用概念[2, 4, 9]

1. 震源

地震内部发生地震的地方叫震源，也称震源区。但相比地球本身的尺度常把它看成一个点。

2. 震中和震中距

地面上正对着震源的那一点称为震中，它是一个区域，又称为震中区。

地面上任何一点到震中的直线距离，称为震中距。震中距的大小，决定了各地区受地震影响的强弱。震中距越小所受影响越大。随着震中距的增加，地震造成的破坏逐渐减轻。

根据震中距的不同，地震可分为地方震、近震和远震三种。地方震震中距小于 1 000 km，近震距震中距 100 ~ 1 000 km，远震震中距大于 1 000 km。

3. 震源深度

如果地震源当作一个点，那么这个点到地面的垂直距离就称为震源深度。

按照震源深度不同，地震可划分为如下三类：浅源地震、中源地震和深源地震。浅源地震震源深度小于 60 km；中源地震震源深度 60 ~ 300 km，深源地震震源深度大于 300 km。有时也将中源地震和深源地震统称为深震。

4. 地震震级

1) 震级

震级，是指地震的大小，是地震强弱的量度，依据地震仪测定的地震释放的能量多少来确定。震级通常用字母 M 表示。

地震按震级大致可分为五类：弱震、有感地震、中强震、强震、巨震。

震级相差一级，能量相差大约 32 倍。

弱震震级小于等于 3；有感地震大于 3 级，小于等于 4.5 级；中强震大于 4.5 级，小于等于 6 级；强震大于 6 级，小于等于 8 级；大于 8 级的为巨震。

2) 震级与能量的关系

地震学上，所谓震级是根据地震发生时，即地下岩石层发生突然破裂时急剧释放出来的能量大小来确定的，能量越大，震级越高。理论上，震级与能量的关系见表 1-5。

表 1-5　震级与能量的关系

震级（m）	能量（E）/J	震级（m）	能量（E）/J
0	6.3×10^4	5	2.0×10^{12}
1	2.0×10^6	6	6.3×10^{13}
2	6.3×10^7	7	2.0×10^{15}
3	2.0×10^9	8	6.3×10^{16}
4	6.3×10^{10}	8.9	1.4×10^{18}

从表 1-5 可以知道，能量与震级之间是一种指数关系，即震级每相差一级，其能量相差约 32 倍。

由于地震能量是以弹性波（横波与纵波）的形式释放的，地震波可以传播得很远，影响、破坏也很远。因此，离震源越近，受到地震波的影响（震动）越大，而离震源较远的地方，受到地震波的影响（震动）就会减小。

5．地震烈度

1）烈 度

烈度是一种宏观尺度，它表示地震对地表及建筑物的影响或破坏程度。

一次地震只有一个震级，但烈度不止一个，离震中近的地方破坏大，烈度高；反之破坏小，烈度低。从一定意义上说"烈度"就是衡量地震时在某个地点上经受地震影响的强烈程度。

2）中国地震烈度表

按照地震时人的感觉、地震所造成自然环境的变化和建筑物的破坏程度，地震烈度可分为Ⅻ度，地震烈度是判断地震强烈程度的一种宏观判据，划分原则和方法如表 1-6 所示。

表 1-6 中国地震烈度值划分及各烈度值判别标准

烈度	人的感觉	大多数房屋震害程度	其他现象	物理参量	
				峰值加速度 /(m/s²)	峰值速度 /(m/s)
Ⅰ	无感				
Ⅱ	室内个别静止中的人有感觉				
Ⅲ	室内少数静止中的人有感觉	门窗轻微作响	悬挂物微动		
Ⅳ	室内多数人有感觉，室外少数人有感觉，少数人梦中惊醒	门窗作响	悬挂物明显摆动，器皿作响		
Ⅴ	室内普遍有感觉，室外多数人有感觉，多数人梦中惊醒	门窗屋顶、屋架颤颤动作响，个别墙体灰土掉落，抹灰出现细微裂缝，个别屋顶烟囱掉砖	不稳定器物翻倒	0.31（0.22~0.44）	0.03（0.02~0.04）
Ⅵ	惊慌失措，仓皇逃出	损坏：个别砖瓦掉落，墙体微裂缝	河岸松软土出现裂纹，饱和砂土出现喷沙冒水，砖烟囱裂缝掉头	0.63（0.45~0.89）	0.06（0.05~0.09）
Ⅶ	大多数人仓皇逃出	轻度破坏：局部破坏，开裂，但可使用	河岸出现塌方，饱和砂土层多处喷沙冒水，软土裂缝多，烟囱严重破坏	1.25（0.90~1.77）	0.13（0.10~0.18）

续表

烈度	人的感觉	大多数房屋震害程度	其他现象	物理参量	
				峰值加速度 /(m/s²)	峰值速度 /(m/s)
Ⅷ	摇晃颠簸，行走难	中等破坏：墙体龟裂缝，结构损坏	干硬土上多数出现裂缝，大多数烟囱倒塌	2.5 （1.78～3.53）	0.25 （0.19～0.35）
Ⅸ	坐立不稳，行动的人可能摔跤	严重破坏：局部倒塌，修复困难	干硬土上多数出现裂缝，基岩上出现裂缝。滑坡、塌方常见，烟囱倒塌	5.00 （3.54～7.07）	0.50 （0.36～0.71）
Ⅹ	骑自行车的人会摔跤，不稳定的人会摔出近1 m远，有抛起感	倒塌：大部分倒塌不堪修复	山崩地裂出现，基岩上拱桥破坏，大多数砖烟囱从根部损坏或倒毁	10.00 （7.08～14.14）	1.0 （0.72～1.41）
Ⅺ		毁灭	地断裂延续很长，山崩常见		
Ⅻ			山河改观		

3）震级与烈度的对应关系

为了帮助读者更好地理解地震震级与烈度之间的关系，如下以地震震中为例，列出震级与烈度的对应关系，如表1-7所示[4]。

表1-7 震级与烈度关系（以震中为例）

震中烈度	震级	震中烈度	震级
Ⅰ	1.9	Ⅶ	5.5
Ⅱ	2.5	Ⅷ	6.1
Ⅲ	3.1	Ⅸ	6.7
Ⅳ	3.7	Ⅹ	7.3
Ⅴ	4.3	Ⅺ	7.9
Ⅵ	4.9	Ⅻ	8.5

4）震中烈度与震级、震源深度关系

烈度是用宏观现象评定的，一旦确定后，特别在将它作为地震强度参数应用时，往往当作一个精确的量值使用，这与烈度的定义和评定方法都不相称。换言之，应当明确烈度的特点，即要认识评定烈度时的不足，正确理解烈度数值的含义，合理使用。表1-8列出震中烈度与震级、震源深度关系。

表 1-8　震中烈度与震级、震源深度关系（据谢毓寿）

震级	震源深度/km				
	5	10	15	20	25
2	3.5	2.5	2	1.5	1
3	5	4	3.5	3	2.5
4	6.5	5.5	5	4.5	4
5	8	7	6.5	6	5.5
6	9.5	8.5	8	7.5	7
7	11	10	9.5	9	8.5
8	12	11.5	11	10.5	10

四、地震波

振动在弹性介质中的传播叫作波。波动是振动的传播过程，激发波动的振动系统称为波源。地震波波动过程实质上就是能量传播的过程。

在地质构造运动中，岩体断裂释放的能量有 10% 左右以波（称为地震波）的形式向外传播，如图 1-13 所示。

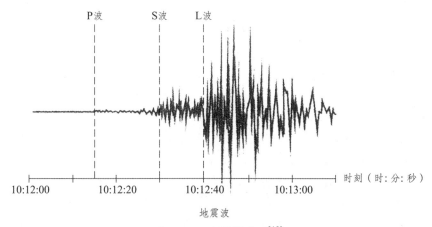

图 1-13　地震波波形[10]

1．地震波波动类型

地震波按其传播方式主要分为三类：压缩波、剪切波和表面波；主要的波动类型又可分为两种：体波和表面波。

（1）体波：在介质（如岩石和土壤）体内传播。

体波又分成纵波和横波。纵波即压缩波，又称初始波，简称 P 波；横波即剪切波，又称次生波，简称 S 波。

（2）表面波：沿地表层传播。

表面波简称面波，分成拉勒夫波 ［简称 Love 波（L 波）］和瑞利波 ［简称 Payleigh 波（R 波）］。

2．不同波动类型的传播规律

1）压缩波

压缩波为纵波，其振动方向与传播方向一致，它既可以在固体也可以在液体介质中传播，且速度较快，一般为 5.5～7.0 km/s，传播速度随着介质的不同而不同，其计算式如下：

$$v_p = \sqrt{\frac{\lambda + 2\mu}{\rho}} \tag{1-1}$$

式中：$\lambda = \dfrac{\nu E}{(1+\nu)(1-2\nu)}$；$\mu = \dfrac{E}{2(1+\nu)}$；$E$、$\mu$ 分别为弹性模量和泊松比；ρ 为介质密度。

2）剪切波

剪切波为横波，其振动方向与传播方向垂直，只能在固体介质中传播。剪切波的传播速度为：

$$v_s = \sqrt{\frac{\mu}{\rho}} \tag{1-2}$$

则有：

$$\frac{v_p}{v_s} = \sqrt{1 + \frac{1}{1+2\nu}} \tag{1-3}$$

由式（1-3）可知，虽然压缩波、剪切波在不同介质中的传播速度不同，但两种波速之比并不随着介质的改变而有大的变化，即 v_s 比 v_p 小，约为 v_p 的 60%～70%。这一特性使得地震学家能够根据压缩波和剪切波到达同一地震台站的时间差来迅速而合理地估计出地震震源与地震台站间的距离（震源距）。

3）面　波

文献[4]指出：当体波达到自由表面或位于层状地质构造分界面时，在一定条件下会产生面波，它沿地球表面或分界面传播，岩石振动随着与地球表面或分界面距离的增加而逐渐减小至零。对于浅源地震，面波一般是地震记录中的最大者；对于中等大小的地震，当记录台站较远时一般仅能记录到面波。面波包含的成分较多，L 波和 R 波是其中的主要成分。L 波传播速度与 S 波相当或略小，又称拉勒夫波。S 波在面波中传播速度最快，其振动方向是左右摆，且与传播方向垂直。其振幅较大，在建筑物地基下造成水平剪切作用，是地震波中最具破坏性的一种。R 波又叫瑞利波，类似于水波，岩石质点向前、向上、向后和向下运动，其竖向振幅大于水平振幅，比值约 3∶2。R 波是体波到达地面后反射叠加形成，故在震中附近并不存在。

3．不同波动类型的质点运动方式

不同波动类型通过土壤和弹性岩石运动的形态，使介质体产生不同的变形，如图 1-14～图 1-17 所示。

面波波列之后的地震尾波也是地震波的重要部分，它是包含着沿路径穿过复杂岩石构造的压缩波、剪切波、L 波和 R 波的混合波。尾波可能造成已早期到达的较强地震波损伤、破坏的建筑物的倒塌。

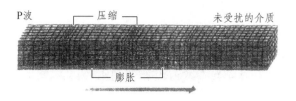

图 1-14 压缩波传播示意图

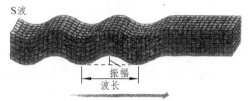

图 1-15 剪切波传播示意图

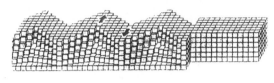

图 1-16 拉勒夫波传播示意图

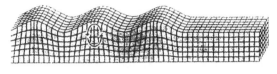

图 1-17 瑞利波传播示意图

五、地震带

地震带就是地震发生比较集中的地带[9]，一般认为是未来可能发生强地震的地带。地震带常与一定的地震构造有密切关系。

1．世界的地震分布

世界范围内，地震主要集中分布在三大地震带：环太平洋地震带、欧亚地震带、海岭（大洋中脊）地震活动带。

2．地球陆上的地震分布

地球上的地震集中分布在两条全球规模的地震带上，即环太平洋地震带和地中海—南亚地震带（图 1-18），全球 90% 的地震发生在这两条地震带上。

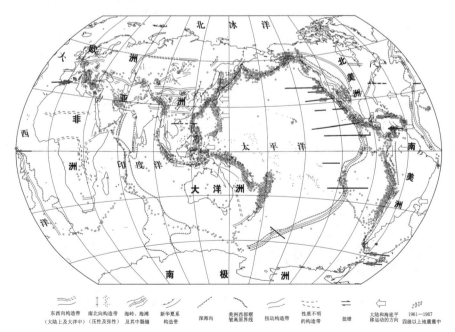

图 1-18 全球地震带分布

3．我国地震带的分布

研究表明，我国的地震活动分布是有一定的规律的，它们往往集中发生在某些地区或某些地带上。根据研究结果，将中国及邻近地区划分为 7 个地震区、23 个地震带[10]。

（1）七个地震区。它们是：① 天山地震区；② 青藏地震区；③ 东北地震区；④ 华北地震区；⑤ 华南地震区；⑥ 台湾地震区；⑦ 南海地震区。

（2）23 个地震带如图 1-19 所示。

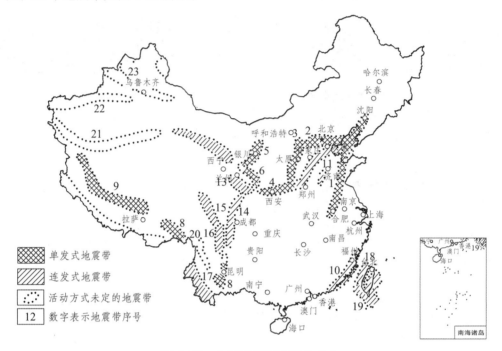

图 1-19　中国地震活动带的分布

单发式地震带：1—郯城—庐江带；2—燕山带；3—渭河平原带；5—银川带；6—六盘山带；7—滇东带；
　　　　　　　　8—西藏察隅带；9—西藏中部带；10—东南沿海带；
连发式地震带：11—河北平原带；12—河西走廊带；13—天水—兰州带；14—武都—马边带；15—康定—甘孜带；
　　　　　　　　16—安宁河谷带；17—腾冲—澜沧带；18—台湾西部带；19—台湾东部带；
　　活动方式未定的地震带：20—滇西带；21—塔里木南缘带；22—南天山带；23—北天山带

我国的大地构造位置正好处于两条全球地震带的交会部位，即处于环太平洋地震带和欧亚地震带，是地球上主要的地震带，其中，90% 的地震发生在这里，只有 10% 的地震发生在大西洋中脊海岭地震带上。

我国大陆位于欧亚大陆的东南部，东部受环太平洋地震带的影响，西南和西北又都处于欧亚地震带上，因而自古以来就是一个多地震的国家，拥有长达 3 000 多年的关于地震记载的史料。

六、地震的孕育和发生

（1）地球的不断运动，包括相对宇宙空间的运动和地球内部的运动，是孕育和发生地震的根本原因[2]。

（2）地震发生的直接原因与刚性岩石圈的构造有关。研究表明[4]：在地壳内厚度 100 ~ 200 km 的刚性岩石圈由几个大而稳定的板块组成，覆盖于地球的表面，每个板块都坐落在其下的软流层上，相对于相邻的板块不停运动，速度最大可达 15 cm/a，最小也有 2.5 cm/a。板块运动将在相邻板块的边缘产生很大的拖曳力或挤压力，这些力作用于岩石圈的岩石上，引起其物理或化学变化。岩石圈的刚性和强度较大，可以传递较大的力而不发生大的变形，当板块间积累的应力达到一定程度时，会使岩石突然脆断、滑移和弹性回跳（图 1-20），并在瞬间释放大量的能量，这些能量大部分会转化为地热[2]，另有一部分（一般不超过 10%[2]）能量以波的形式向外传播，并引发地球的震动，即地震，岩石破裂处称为震源。

简言之，地震的孕育和发生是在构造板块的长期运动中，地壳岩层发生变形，当应力超过容许值时，岩层突然破裂，应变能瞬时转换为动能释放出来而形成地震。

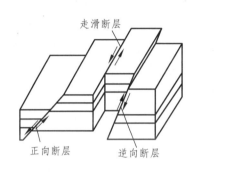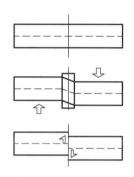

（a）岩层脆断与滑移　　　　　　（b）岩层断裂后的弹性回跳

图 1-20　岩石的脆断、滑移和弹性回跳

七、构造地震的成因

构造地震的成因[2]目前科学家比较一致的认识是：当地球运动过程中产生的巨大作用力超过了岩石的强度时，岩石层就会发生破裂。岩石破裂时以弹性波的形式突然释放出巨大的能量，引起地表的震动，这就是构造地震。正是这样的原因，在板块边缘地带，板块间的相对运动产生的巨大力量引发板块边缘地震；在板块内部（大陆内部），由于断层的突然活动引起板内地震（大陆地震）。2008 年 5 月 12 日发生在四川汶川的 8 级地震是一次震惊世界的特大构造地震。

八、四川汶川 8 级地震发生的原因

汶川 8 级地震的滑动矢量水平投影位于近东西方向，显示了地震发生时，位于断层上盘的青藏高原相对于下盘的四川盆地的构造运动方向是从西向东的；而下盘的四川盆地相对于高原有着从东向西的构造运动。根据 GPS 测定的垂直同震位移分布结果与区域应力场特征分析等，龙门山断裂带西侧的青藏高原相对于四川盆地发生的东向上升运动，而东侧的四川盆地相对于青藏高原发生的西向下降的构造运动可能是 2008 年汶川 8 级地震发生的主要地震成因（即地震发生机制）。图 1-21 是汶川 8 级地震的发生模式。

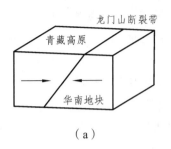 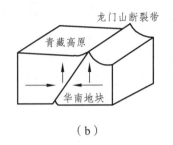 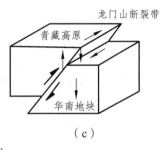

（a）　　　　　　　　（b）　　　　　　　　（c）

图 1-21　汶川 8 级地震的发生模式[11]

注：（a）、（b）、（c）分别为地震前、地震孕育过程中以及震时沿龙门山断裂带地震震源断层周围位移分布

简单的震源模式可以说明 2008 年汶川 8 级地震发生机制以及震前、孕育过程中以及发生时产生相对位移变化（图 1-22）。汶川 8 级地震孕育过程中，震源断层的上下盘处于紧密闭锁状态，巨大的挤压应力致使上下两盘均小幅度隆起上升。而地震发生致使东侧的四川盆地在大幅度下降和显著的西向运动的同时，西侧的青藏高原发生东向或北东向水平位移。垂向位移则不尽相同，虽然断层西盘整体可能上升，而断层边缘处有可能小幅度下降。图 1-22 是龙门山地质构造剖面示意图。

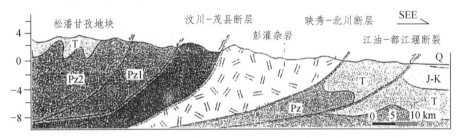

图 1-22　龙门山地质构造剖面示意图[12]

第三节　地震灾害的类别及我国地震灾害的特点

地震灾害是地震对人类社会造成的灾害事件。地震成灾的程度主要取决于地震震级的大小、震源的深浅、震区的地质条件、建筑物的抗震能力、经济发展和人口等因素。地震灾害一般分为直接灾害和次生灾害[1]。

一、地震的分类

1．直接灾害

直接灾害主要有：地面的破坏，建筑物与构筑物的破坏，生命系统（如交通、通信、供水、排水、供电、供气、输油等）的破坏，山体等自然物破坏（如滑坡、泥石流、海啸等），为突发性强、破坏性大的一种自然灾害。

2．次生灾害

次生灾害是指直接灾害发生后，自然或社会原有的平衡或稳定状态受到破坏，从而引发的灾害，主要有火灾、水灾、毒气泄漏、瘟疫、饥荒等。其中，火灾是次生灾害中最常见、最严重的。1995 年 1 月 17 日，日本阪神发生 7.2 级地震后，发生了严重的火灾，经济损失约 1 000 亿美元。地震造成的水灾也有较大的破坏力。清乾隆五十一年五月初六（1786 年 6月 1 日），四川康定南发生 7.5 级地震，大渡河沿岸山崩引起河流壅塞，断流数十天后突然溃决，水头高 33 m 的洪水汹涌而下，淹没百姓超过 10 万人[10]。

二、地震的破坏性强度

1．地震具有巨大的破坏性

一个中强度以上地震造成的Ⅵ度以上破坏面积，5 级地震数十平方千米，6 级地震数百至数千平方千米，7 级地震数万平方千米，8 级地震可达数十万平方千米[13]。

强震释放的能量巨大。一次 5.5 级中强震释放的地震波能量大约相当两万吨 TNT 炸药所能释放的能量，或者说，相当于第二次世界大战末美国在日本广岛投掷的一颗原子弹所释放的能量。

2．强烈地震是一种破坏性极大的自然灾害

地球上的地震活动，特别是强烈地震给人类带来了重大的损失。地震，以它猝不及防的突发性和极大的破坏力，严重威胁着人类的安全，古今中外大量的地震灾害表明，地震造成人员死亡最多、财产损失最大。

三、地震在全球造成重大损失的震例[4, 12, 13]

（1）地震破坏最大的地震是 1964 年美国阿拉斯加安克雷奇市大地震，地震震中位置在城东 130 km 左右的威廉王子湾。震动持续了 4 min，城市主干道被一条宽 50 cm 的裂缝分成两半。一半下沉了约 6 m，南海岸的悬崖滑入海中，地震后海啸随之而来，把一艘船抛向内陆深处。地震使地面水平位移最大达 20 m，震源位移最大达 30 m。此次地震被公认为是当今地面破坏、地壳变动最大的地震。

（2）震级最高的地震是 1960 年智利大地震。从 5 月 21 日开始一个月内，智利西海岸连续发生多次强烈地震。其中 5 月 22 日发生 9.5 级，从智利首都圣地亚哥到蒙特港沿岸的城镇、码头、公用及民用建筑或沉入海底或被海浪卷入大海，仅智利境内有 5 700 人遇难。地震后 48 h 引起普惠火山爆发。地震形成的海浪以 700 km/h 的速度横扫太平洋，15 h 后，高达 10 m 的海浪呼啸而至袭击了夏威夷群岛。海浪继续西进，8 h 后 4 m 高的海浪冲向日本的海和码头，海浪把大渔船推上了码头，跌落在一个房顶上。这次海啸造成日本 800 人死亡，15 万人无家可归。

（3）引起最大火灾的地震是 1923 年日本东京大地震。那年 9 月 1 日 11 时 58 分，伴随着一阵方向突变的怪风，地下发生了雷鸣般的巨响，大地剧烈摇晃，建筑物纷纷坍塌，同时引起了熊熊大火，古老城市街道狭窄，消防滞后，结果使东京遭受毁灭性的破坏，大火烧了三天三夜，全城 80% 的死难者惨死于大火之中，36.6 万户房屋被烧毁。火灾尚未停息，海啸引起的巨浪又接踵而至，摧毁了沿岸所有的船舶，港口设施和近岸房屋。这次大地震摧毁了东京、横滨两市和许多村镇，14 万人死亡或失踪，10 多万人受伤，财产损失达 28 亿美元。

（4）地震史上死亡人数最多的地震是 1556 年的中国陕西华县 8.0 级大地震。史料记载："压死官吏军民奏报有名者八十三万有奇，其不知名未经奏报者，复不可数计"。这次地震重灾区面积达 $28 \times 10^4 \, km^2$，分布在陕西、山西、河南、甘肃等省区；地震波及大半个中国，有感范围达福建、两广等地。近年陕西地震局考证符合实际。

（5）1201 年 7 月，发生在地中海东部的大地震。造成了大约 110 万人的死亡。伤亡主要发生在埃及和叙利亚。不过关于这次地震人员伤亡的数字尚缺乏确凿的文字记载。

（6）20 世纪和 21 世纪全球重大地震及其造成的损失见表 1-9、表 1-10。

表 1-9　20 世纪全球重大地震及其造成损失的主要情况

日期	震中地区	震级（M）	人员死亡和震灾损失情况
1905-04-04	印度—克什米尔	8.0	死亡约 1.88 万人
1906-04-18	美国旧金山	8.3	死亡约 700 人，损失 5 亿美元，大火烧毁 10 km^2 市区
1906-08-17	智利圣地亚哥	8.4	死亡约 2 万人，损失 2.6 亿美元
1908-12-28	意大利西西里岛	7.5	死亡约 12.3 万人
1920-12-16	中国海原	8.5	死亡约 23.4 万人
1923-09-01	日本东京横滨	8.2	死亡约 10 万人，损失 28 亿美元
1935-05-30	巴勒斯坦基达	7.5	死亡 5 万人
1939-12-26	土耳其埃尔津詹	8.0	死亡约 3.3 万人
1948-10-05	苏联阿什哈巴德	7.3	死亡约 2.5 万人
1960-02-29	摩洛哥艾加迪尔	5.9	死亡约 1.3 万人，损失 1.2 亿美元
1960-05-22	智利康赛普西翁	8.5	死亡约 0.6 万人，损失 6.8 亿美元
1970-05-31	秘鲁	7.7	死亡约 6.7 万人，损失 5.1 亿美元
1976-07-28	中国唐山	7.8	死亡约 24.2 万人，损失 100 亿人民币
1980-10-10	阿尔及利亚阿斯南	7.7	死亡约 2 万人，损失 60 亿美元
1985-09-19	墨西哥	8.1	死亡和失踪 3 万人，损失 50 亿美元
1988-12-07	苏联亚美尼亚	7.0	死亡约 2.5 万人，损失 100 亿卢布
1990-06-20	伊朗鲁德巴尔	7.3	死亡约 5 万多人，损失 6.3 亿美元
1993-09-29	印度南部	6.2	死亡 3 万人
1994-01-17	美国洛杉矶	6.7	死亡 57 人，损失 170 亿美元
1995-01-17	日本阪神	7.2	死亡约 0.5 万人，损失 1 000 亿美元
1995-05-27	俄罗斯涅夫捷戈尔斯克	7.6	死亡约 0.2 万人，损失 3 300 亿卢布
1999-08-17	土耳其伊兹米特	7.8	死亡约 1.7 万人，损失 200 亿美元
1999-09-21	中国台湾南投	7.6	死亡约 0.3 万人，损失 100 亿美元

 第一章　概　述

表 1-10　21 世纪全球重大地震及其造成损失的情况

日期	震中地区	震级（M）	人员死亡情况
2001-01-26	印度古吉拉特邦	7.9	死亡 16 480 人
2004-12-26	伊朗巴姆	6.7	死亡约 3.6 万人
2004-12-26	印度尼西亚苏门答腊岛	9.0	死亡约 27 万人
2005-10-08	巴基斯坦	7.8	死亡 73 276 人
2006-05-26	印度尼西亚爪哇岛	6.4	死亡 5 855 人
2007-07-16	日本新潟西南	6.7	死亡 13 人
2007-08-15	秘鲁首都西南海域	7.5	死亡 337 人
2008-05-12	中国汶川	8.0	死亡 69 227 人
2010-01-12	海地太子港	7.0	死亡 222 570 人
2010-02-27	智利康塞普西翁	8.8	死亡 799 人
2010-04-14	中国青海玉树	7.1	死亡 2 968 人
2011-03-11	日本东北海域	9.0	死亡 14 063 人，失踪 13 691 人

四、中国地震灾害的特点

中国是世界上地震活动强烈的国家之一。地震造成的灾害居世界之首，这与中国的地球动力学环境及其构造物理条件密切相关。中国位于欧亚板块的东南部，为印度洋板块、欧亚板块、太平洋板块、菲律宾板块所夹持，又处于环太平洋地震带与地中海—南亚地震交汇部位，地震活动十分剧烈。

总体上来说，中国地震呈现分布广、强度大、频度高、震源浅、灾情重的特征：

1. 地震分布范围广

中国面积占世界陆地面的 7.14%[14]，全球大陆地区的大地震的 1/4 ~ 1/3 发生在我国[12]。世界上约 35% 的 7 级以上地震发生在中国，据统计我国有 32 个省、自治区、直辖市，6 级以上地震遍布于浙江、贵州两省除外的中国所有地区。浙江和贵州两省也发生过 5 ~ 6 级地震。32 个省、自治区、直辖市自 1900 年以来都曾发生过 5 级以上的地震[13]，有 14 个曾发生过 7 级以上地震。

2. 频度高

自 1900 年至 2002 年，我国已发生 5 级以上地震 3 800 余次，其中 6 级以上地震 835 次，7 级以上地震 449 次，8 ~ 8.5 级以上地震 8 次。

3. 强度大

（1）自 20 世纪有仪器以来，我国平均每年发生 6 级以上地震 6 次，7 级以上地震 1 次，8 级以上大地震平均十几年一次。

（2）迄今为止，中国已发生 8 级以上大地震 21 次之多，其中除台湾地区有两次 8 级地震外，其余的 19 次均发生在中国大陆地区。20 世纪，世界上发生过 3 次 8.5 级特大地震，

除 1960 年智利 8.5 级地震外，其余两次发生在中国，即 1920 年宁夏海原 8.5 级地震和 1950 年西藏察隅 8.6 级地震[11]。

4．灾情重

（1）历史上一次地震死亡人数达 20 万人的全世界发生 8 次，中国就有 3 次，即：1556 年陕西华县 8 级地震，死亡者 83 万余；1920 年 12 月 16 日，宁夏海原 8.5 级地震，23.4 万人死亡，波及 140 余县；1976 年河北唐山 7.8 级地震，遇难同胞 24.2 万人，70 多万人受伤，其中重伤 16 万人。

（2）据记载，近百年全世界遭地震毁灭性破坏的城市 26 座，中国占 6 座，如：1920 年宁夏海原 8.5 级地震，海原、固宁等 4 城被毁；1976 年唐山地震，一个 100 万人口的中等工业城市几十秒被夷为平地；2008 年 5 月 12 日四川汶川 8.0 级地震，北川县城被毁。

（3）我国地震灾害十分严重，从 1910 年至 20 世纪末，全世界地震造成的人员死亡人数 120 万，我国死于地震灾害的人数 59 万，约占同期世界地震死亡人数的一半，为国内自然灾害死亡人数的 54%，地震可谓群灾之首。

5．震源浅，震区经济不发达，许多地震区人口稠密[10]

（1）发生在我国的地震又多又强，而且绝大多数是发生在大陆地区的浅源地震，震源大多数只有十几至几十千米。

（2）我国许多人口稠密地区，如台湾、福建、四川、云南、甘肃、宁夏等都处于地震多发地区，百万人口以上的大城市处于Ⅶ度或Ⅶ度以上地区的达 70%。北京、天津、太原、西安、兰州等均位于Ⅷ区内。

（3）经济不够发达地区，如广大农村和相当一部分城市，建筑物的质量不高，抗震性能差，抗御地震的能力低。

五、20 世纪 70 年代以来我国地震灾害损失超亿元的震例

20 世纪 70 年代以来中国地震灾害损失超亿元的震例见表 1-11[9]（台湾地区数据本包含在内）。

表 1-11　20 世纪 70 年代以来中国大陆地震灾害超亿元的实例

序号	日期	地点	震级	经济损失（亿元人民币）
1	2008-05-12	四川汶川	8.0	8 451
2	1976-07-28	河北唐山	7.8	100
3	1996-02-03	云南丽江	7.0	40
4	1988-11-06	云南澜沧—耿马	7.6	20.5
5	1996-05-03	内蒙古包头	6.4	15
6	1966-03-22	河北邢台	7.2	10
7	1975-02-04	辽宁海城	7.3	8.1
8	1998-01-10	河北尚义	6.2	7.9
9	1989-10-19	山西大同	6.1	4.0
10	1989-04-16	四川巴塘	6.7	3.9
11	1996-03-19	新疆伽师	6.9	3.9

六、21 世纪震惊世界的 2008 年中国汶川地震

2008 年 5 月 12 日 14 时 28 分，我国发生了震惊世界的四川汶川 8.0 级特大地震，地震震中在四川省汶川县映秀镇（北纬 31°，东经 103.4°），震中烈度 XI 度，震源深度 14 km[12]。

汶川地震最大烈度 XI 级，这次地震是一次低速率、长周期和高强度的巨大地震。这次地震的特点是能量积累慢、复发周期长、影响范围大、破坏强度高、次生灾害重、造成了巨大的人员伤亡和经济损失。

这次地震破裂持续时间 120 s 左右，主要能量在 20～80 s 内释放，断层破裂 216～450 km，平均破裂 300 km。[13]

这次地震涉及 10 个省、市、自治区，417 个县（市、区）4 667 个乡（镇）48 810 个村庄，灾区面积约 50 万平方千米，受灾群众 4 625 万多人，地震遇难 69 227 人，失踪 17 923 人，受伤 374 643 人，转移 1 486 407 人，住院累计 96 544 人，直接经济损失 8 523 亿元，四川占 91.3%，甘肃占 5.8%，陕西占 2.9%。

地震触发的大规模滑坡、崩塌、滚石及泥石流、堰塞湖等灾害举世罕见。触发的崩塌、滚石和滑坡 1 万多处；形成大小堰塞湖多达 104 个；778.91 万间房屋倒塌，2 459 万间房屋损坏，北川县城和汶川映秀镇几乎被夷为平地[14]，如图 1-23～1-43 所示。

图 1-23　震害航拍照片——汶川县城

图 1-24　北川航拍照片——北川县城
（中科院遥感应用研究所提供）

图 1-25　汉旺镇
（中科院遥感应用研究所提供）

图 1-26　莹华镇楼房，窗户凝固了地震波的
形状（摄影/尹杰）

图 1-27　地震对居民点的破坏

图 1-28　城镇灾害

图 1-29　城镇灾害

图 1-30　青川某村庄（处在 300 km 龙门山
断裂带的末端，挤压逆冲和多个推覆、构造体在
东河口报发持续 80 多秒、地表错距 2 m，
三个乡多处滑坡、地陷、泥石流）

图 1-31　四川省某中学（新区）（朱建国、王建军/摄影）

图 1-32　某中学倒塌的教学楼

图 1-33　某中学倒塌的教学楼

图 1-34　某小学倒塌的教学楼

图 1-35　某小学教学楼横墙受剪裂开

图 1-36　某小学教学楼纵墙的 X 形裂缝
（连同砖墩一并被破坏）

图 1-37　砌体结构震害预制板脱
落、局部坍塌

图 1-38　钢筋混凝土框架结构震害
（积木式的倒塌破坏）

图 1-39　倒塌的变电站站控楼

图 1-40　道路震害

图 1-41　与桥梁结合部的震害情况
（纵向和横向变形并存）

图 1-42　唐家山堰塞湖泄洪形成泥石流，使河床
淤高 30 余米，淤埋了下游的岩竹坝水电站

图 1-43　地震后山居江一段山体整体滑坡形成的
堰塞湖（陶明/摄影）

第四节　地壳活动和我国地震活动分布的特征

一、地壳活动与断层

1. 地壳活动

构造运动常常着重指引起岩石变形（形成褶皱、断层等）的构造变动。地壳运动的含义比构造运动的含义更广一些。构造运动传统的分法是将构造运动分为造陆运动和造山运动。前者指地壳大面积缓慢升降的垂直运动；后者与山系的形成有密切的关系，产生大规模强烈的断层和水平运动。

在地壳运动的发展过程中，由于各地区组成物质和条件不一，故运动的强度及断层与原来存在的断层走向一致或完全重合，在许多活动断层上都发现了古地震及其重要现象，重复的时间几十年、几百年、上千年乃至上万年不等。例如尼泊尔 2015 年 4 月 25 日发生 8.1 级地震，非营利组织 Geohazards International 指出[3]，该地区约每 75 年就会发生一次大型地震，上一次是尼泊尔东部距珠穆朗玛峰以南仅 9.6 km 的 8.2 级大地震，当时造成 1.6 万人死亡，加德满都几乎全被毁。大多数强震的极震区和等震线的延长方向与当地断层走向一致。例如

2008 年 5 月 12 日四川汶川地震，发生在龙门山断裂带，它长约 400 km，宽约 60 km，这条断裂带由 3 条大断裂构成，自西向东分别是龙门山后山断裂、龙门山主中央断裂、龙门山主边界断裂[12]（图 1-22）。地震的地表破裂沿龙门山形成了走向 NE、长约 240 km 的北川—映秀破裂带和 90 km 江油—都江堰破裂带，以及一条长约 6 km，连接以上两条 NE 向地表破裂带西段的 NW 向小鱼洞地表破裂带[6]。

总之，地震带与活动断层有着成因上的密切联系。活动断层的作用又是产生地震和地震带分布的根本因素[17]。其表现形式均有差异。即使是同一地点，在不同的地质时期，地壳运动的性质也不一致。如喜马拉雅山，开始时以每年平均约半毫米的速度，从海底缓慢上升。1862—1932 年 70 年的资料显示，平均上升速度已增为每年 1.82 cm。地壳运动具有一定的周期性，长期、广泛的相对静止状态与快速剧烈运动，总是相互交替出现，呈现明显旋回性发展。

2．断　层

断层是岩层的连续性遭受到破坏，沿断裂面发生明显的相对移动的一种构造现象。该断裂面称"断层面"；两旁的岩块称"盘"，根据断层两盘相对移动性质，可分为正断层、逆断层和平移断层，如图 1-44 所示，按地质的习惯，把上盘相对下降、下盘相对上升的断层叫作正断层，上盘相对上升、下盘相对下降的断层叫逆断层，如图 1-45 所示[18, 19]。

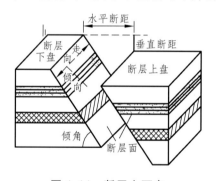

图 1-44　断层上下盘

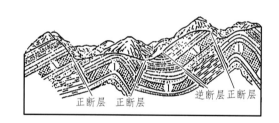

图 1-45　正断层和逆断层

3．活 动 断 层

断层两边的断块还在上升、下降或沿水平方向移动的断层，被称为活动断层。活动断层或一般的断层在地壳中都不是孤立的，它们常常成群地在一定地带出现，并作有规律的排列，这种地带被称为断裂带。其中存在活动断层的，便称为活动断裂带。

值得注意的是，有许多断层、断裂带在地形上无明显表现，隐伏在地下，肉眼看不出来。如果其中有的断层还在活动，再次出现水平运动或垂直运动，就会发生地震，给我们突然袭击。像河北唐山地下就有那种地面看不见的活动断层，所以大地震在那里发生绝不是偶然的。

4．容易发生地震的断裂类型

地壳中的断裂按其力学性质和表现形态，可以简单地概括为下列三类[20]：如图 1-46 所示。

（1）压性断裂：如广东阳春某地的岩层在压应力作用下的断裂。断裂面呈舒缓波状起伏，其上部岩层向上移动，下部岩层向下移动，断层走向北偏东 15°，倾向南东，倾角 35°。

（2）张性断裂：如广东仁化某地岩层受水平张应力作用的断裂，再加上重力作用，岩层一侧沿张裂面向下滑动，形成一系列平行正断层，又叫阶梯断层。

（3）扭性断裂：如广东阳春某地近乎直立的砂页岩层在东西向的扭力（剪切力）作用下，产生了平推断层，水平移动近 20 m。

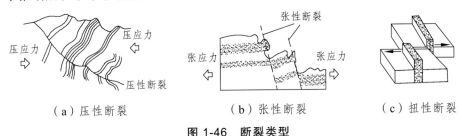

（a）压性断裂　　　　　　（b）张性断裂　　　　　　（c）扭性断裂

图 1-46　断裂类型

二、我国地震活动分布特征

强震活动与断层有关，断层是在地球表面沿一个破裂面或破裂带两侧发生相对错位的现象。它是在构造应力作用下积累的大量应变能达到一定程度时岩层突然破裂、发生位移而形成的。破裂时释放出很大能量，其中一部分以地震波的形式传播出去造成地震。有的断层切割很深，甚至切过莫霍面。研究表明[3, 10]，绝大多数浅震都和活动大断裂带有关，见以下方面：

1．强震带和地壳大断裂带位置相符

绝大多数强震震中都坐落于大断裂带上或其附近，绝大多数强震带都有相应的地表大断裂带。

据统计（统计数据未包括台湾地区），在我国大于或等于 7 级的 90 多次历史强震中，80% 以上地震震中位于规模较大的断裂带上；我国西南地区Ⅷ度及Ⅷ度以上强震，绝大多数发生在断裂带上。例如 1668 年山东莒县—郯城发生 8.5 级地震及历史上 5 次大于 7 级的强震，都是发生在郯城—庐江断裂带上；又如 1725—1983 年间发生在四川甘孜、康定一带的大于或等于 6 级的地震达 22 次，大于或等于 7 级的地震就有 9 次（其中包括 1973 年四川炉霍 7.9级地震），都是沿着现今仍在强烈活动的鲜水河断裂带分布。强震带和地壳大断裂带位置相符，很直观地给出地震断裂活动结果的印象[12]。

2．地震破裂带的性质与主要活动断裂一致

强破坏性地震所产生的地震破裂带的位置、产状和位移性质，往往与当地主要活动断裂带一致。

大地震发生时常沿着控制该地震的断层在地表形成破裂带。例如华北地区北北东向的 1976 年唐山地震的地震断层和 1966 年邢台地震的地震形变带的性质和位移方向（右旋走滑量为 0.80 m，垂直形变量为 0.44 m），与该区北北东向活动断裂为右旋走滑正断层完全一致；而北西西向的海城地震断层却具有左旋走滑特征，与该区北西向活动断层性质也一致。在我国一般大于 6.5 级或 7 级以上的地震，都有明显的地表断层出现。地震产生的地表破裂反映了震源深部物质运动的方式。它与当地主要断裂构造一致，说明地震是原断裂重新活动和继续发展（侧向或向深处发展）的结果。

3．震中的迁移活动与主要构造带相一致

强地震带上震中的迁移活动往往与该地主要断裂带或主要构造带相一致。

震中迁移是指强震按一定空间规律相继发生的现象。许多研究成果表明，震中迁移主要是沿着构造带进行的。比如，有史以来发生在四川甘孜、康定一带的大于或等于5级地震30多次，在地震发生时间上明显沿鲜水河断裂带自南而北，自北而南迁移。

中国南北地震带是历史上大震和强震集中的区域，7级以上的地震非常多。1921年宁夏海原8.5级地震就发生在这一地震带上，地震直接和间接导致的死亡人数达24万之巨。这一地带之所以频发大地震是因为它处于两大构造之间，即处于太平洋构造与青藏构造之间，图1-47为中国南北地震带位置图；图1-48为中国南北地震带震级大于等于7级的地震迁移图[16]。

图1-47　中国南北地震带位置

由于地壳运动产生的应力突破了断裂带上的某处岩石强度，发生重新破裂和位移，引发了地震，该处的应力得到释放；接着，处于应力场中的原断裂进行应力调整，继而在另一处所形成新的应力集中点，通过积累达到再次引发地震的程度。该断裂作为能量积累释放的一个单元，制约着地震沿该断裂在不同部位有序地发生形成地震的迁移现象。这种迁移现象说明了地震发生和断裂带的密切关系。

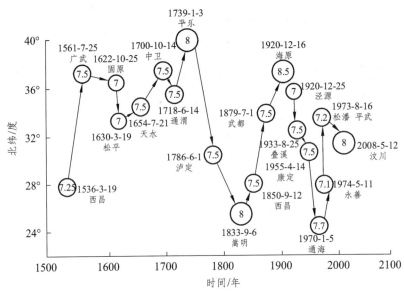

图 1-48　中国南北地震带震级大于等于 7 级地震迁移图（资料提供：四川省地震局）

第五节　地震的发生规律和前兆

一、大地震的规律

大地震的分布是不均匀的，但也有规律可循，往往发生在海洋与大陆的交界地带，或山脉与平原的交接地区，以及一些河流、湖泊的沿岸，也就是说，多发生在近代地壳运动活跃的地区。从地理分布范围看，主要发生在环太平洋一带和地中海—中亚一带。

二、地震前兆

强烈地震对人类造成了不同程度的灾害。但是，实践证明，地震的发生是有前兆的，是可以预测和预防的。首先，在强烈地震之前，地下的岩石已经开始发生位移，在地面上则常有上升下降甚至倾斜现象。因此，可以在地面或水井、坑道、钻孔中安装各种仪器进行观测。其次，强烈地震之前，由于地下含水层受到挤压产生位移，破坏了地下水的平衡状态，使井水、泉水突然上升或下降，甚至干涸；地下水化学成分和物理性质也会突然变化。某些地区地震前，常有地声、地光、地电、地温、地磁、地重、地应力等异常现象。此外，人们还利用家畜及水中或地下生物的活动来预报地震，如 1970 年云南玉溪地震前，有牛羊不肯入栏和地鼠搬家等现象。

第六节　地震预测方法及灾害的有效预防

地震预测是世界性的科学难题，半个世纪以来，地震工作者对于地震预测的研究不断深入，预测方法的种类不断增多，仪器精度不断提高，地震前兆也有更多的发现。虽然也受到地震不可预测观点的干扰，但地震预测还是在探索中有所前进、有所提高、有所创新。

地震预测的基本任务是预测出将要发生的地震的时间、地点和震级，这些要素被称为地震的三要素。按时间顺序，分别以长期（十年）、中期（一两年）、短期（三个月）、临震（十天至一个月内）来预测地震的方法，称为渐进式预测方法。

一、地震微观前兆的预测方法

1．以地应力为主集合数种地震前兆联合预测法[21, 22]

地应力观测法，主要是观测地应力的变化情况，加强到突变过程，得到地应力的相关性质、特点以及作用方式和变化规律，以便更好地预测应力集中情况。

地应力的作用会造成多种地震前兆现象，也催生了相应的测试方法或仪器设备，如图1-49所示。在图1-49中的各种测量方法中，地应力测量是最主要的，第一位的，其他因素是它派生出来的。地应力也是一个比较稳定的要素，可以作为最主要的监测对象[21, 22]。

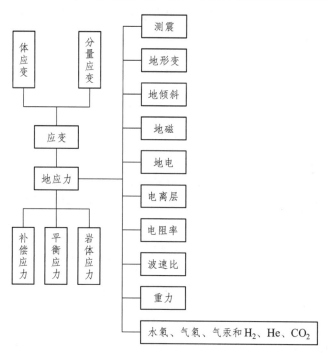

图 1-49 国内常用监测地震的方法（地应力、钻孔测量）及其派生的其他方法

2．建立 PS-100 台网观测 HRT 波震兆（钱复业、赵玉林等长期研究的项目）

HRT 波震兆不仅与未来强震三要素有关，与模型较多符合，而且为确定 HRT 波波速等参数提供了重要资料。

HT 波（共振波）前兆出现在震前一至数天，记录到的实例为 1～3 天；即 RT 波的出现可着为临震前兆。HT 波（谐振波）出现在震前 1～3 个月至数天，它的出现可作为短期前兆。

（1）"5·12"地震发生后，2008 年 5 月 29 日，国务院有关领导在一份材料上对 HRT 项目做出指示："我国是地震多发国家，加强地震预测预报十分重要，我国地震预测预报工作积累了丰富的经验，在一些方面位于世界前列。建议在地震预测预报方面，要进一步解放思想，调动各方面的积极性，说不定这个世界性难题首先由中国人突破"。

（2）2006年7月1日，原中国地震局分析预报中心主任梅世蓉在《申请国家重点科技创新项目的建议》一文中推荐HRT波法："PS-100地电仪器系统，取得了前所未见的短临前兆信息""有可能为短临预报打开一条新的途径"。

（3）2006年10月9日，中国地震局地震预测咨询委员会主任郭增建，在写给地震局主要领导的信中，建议大力支持这种观测研究，在西北、首都圈和闽粤地区再建立三个台网，认为"这些台网投入观测后，再加上理论解释方面的研究，使地震短临预报上一个新台阶是非常可能的"。

（4）有关专家通过实践认定：应用HRT波地震短临预测法，一个PS-100台站有望大体确定发震时间、震级和震中距，而三个台站以上，可交汇出震中地点；可在几天至几个月前提出短期预测，1小时至几天前提出定量的地震三要素临震预测。

3．GPS地壳形变的观测法[21、22]

有关地壳信息如图1-50所示，由这些信息建立的相应位移场、速度场和应变场等也列入图1-50中。

建立连续GPS网络，能够实现在地壳形变过程中，研究较大空间尺度范围随时间的变化过程，以及随时间演化的应变积累和应力变化，这对大震潜在震源区搜索，地震危险性判定，中长期地震预测有重要的意义，还可以实现地震的中短期预测。

GPS地壳形变信息的提取，首先是对观测数据进行处理，目前可以进行数据处理的软件有美国的GAMIT/GLOBK、GIPSY/OASIS和瑞士的BERNESE，这些软件均可对数据进行高精度快速处理，在较短时间内获取高质量、精度均匀稳定、多空间尺度的信息。

GPS方法有许多干扰因素，无法定量分析其对观测数据的影响，只能分析有关区域之外的范围，例如周硕愚等GPS方法的干扰因素主要来自应变速率场的建立，以及大自然固有的随时间变化的多频率三维波动，等等。

中国工程院院士赵文津认为，在地球介质极不均匀的情况下，应力与应变关系很复杂，很难从GPS观测成果直接联系到应力的大小和方向，此外，应变大小和地震发生及地震大小的关系也不清楚。汶川地震预报的失败说明利用GPS结果的局限性，再不能继续沿着这一思路走下去了！

国家地震局2008年汶川地震前建成投入使用的GPS观测法，是国家地震局用来预测预报的主要方法，如图1-50所示。

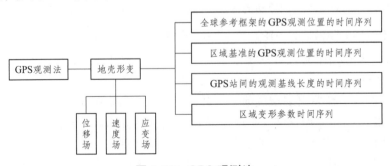

图 1-50 GPS 观测法

4．其他方法[12,22]

（1）基于已发生过的地震或其他有关现象的统计规律外推未来可能发生的地震的方法，叫作翁文波的方法。翁文波创建了一门新的独立学科——预测学（《预测学》，石油工业出版社，1966）。

（2）张铁铮提出"磁暴二倍法"，就是以地磁的前兆变化为基础的方法。

（3）陈一文倡导用"电磁波 MDCB 地雷监网"预测地震，宣称"地震不仅能够预测，而且现在就能够相当可靠地准确预测"[20]。李泉溪等（2010）提出低频电磁波与地倾斜相结合的方法。

（4）曾飞雄提出了"地震结构爆炸动力学理论"（刘炳胜等，2010），发现有一种地震包体（主要是水汽）和爆炸"烟囱"存在。该法已经获得多次强震震例证实，其中包括汶川和玉树地震。

（5）据《中国国土资源报》2005 年 5 月 7 日报道，地下流体能指示构造活动的强度和应力状况，还能带来深部地温、地球化学和极端微生物的信息，很可能成为地震预测的重要指标。

（6）强祖基等（1989）提出了利用卫星热红外异常预报地震的方法，还提出了建立地震短临预报小卫星系统。吴立新等（2008）通过分析对比卫星热红外图像和电视云图，发现汶川地震前 8～20 天青藏高原东缘紧邻汶川出现了近 3 000 km 长的北东向条带状高温异常；震前 5～1 h，电视云图上在龙门山断裂带上方出现了线性云。马未宇（2008）利用美国国家环境中心的数据，获取了汶川地震前后（2008 年 5 月 4—13 日）的增温异常图像。增温异常的过程为：起始增温→加强增温→高峰增温→增温发展→再温→余震。

5．气象与地震

气象与地震的关系，古今中外广泛引起人们的注意。气象，从目前情况来看，主要是探讨大气运动和状态对于地壳内部地震孕育过程和地震活动性的影响，以及在孕育过程中伴生的气象效应，进而探索用气象变异预报地震的可能性[23]。

二、地震灾害防御

地震造成人员伤亡和经济损失的主要原因是建筑物的倒塌，提高建筑物的抗震性能，是减轻地震灾害的关键性环节。

汶川地震后，什邡市蓥华镇 90% 的房屋倒塌，有人这样说："地震本身不杀人，是地震造成的房屋破坏和次生灾害才导致人员伤亡。"

"如今，映秀镇、都江堰、向峨乡、八角镇、蓥华镇、金花镇、红白镇、汉旺镇、北川县以及坐落在这条狭长地带上的所有村镇……瞬间变成了一条毁灭与死亡的走廊"[16]。然而往往在废墟上竖立了未倒楼房。不难看出，地震灾害主要是由于工程结构物的破坏造成的。因此，加强工程结构的抗震设防，提高现有工程结构的抗震能力，是减轻地震灾害的重要措施之一。

1．建筑抗震设防的重要性

地震对建筑物的破坏是非常普遍的，而建筑物的破坏会造成大量人员伤亡和财产损失。据统计，地震中 95% 的人员伤亡均因建筑物破坏所致。因此，为使建筑物具有一定的抗震能力，就必须按抗震设防要求和抗震设计规范进行设计、施工，这是减轻地震灾害的重要措施。

文献[9]指出：唐山地震中 96% 的建筑物被彻底摧毁，但仍有 4% 的建筑物如唐山钢铁厂、建筑陶瓷厂等，因在设计施工中认真采取了抗震措施，经过大地震而安然屹立，事实说明，采取科学的抗震设计和精心施工，是保证建筑物抗震性能的关键。

（1）《中华人民共和国防震减灾法》规定：新建、改建、扩建各类建设工程，必须达到国家规定的有关抗震设防要求。

地震科学工作者 2001 年 8 月 1 日吸收新的、大量的地震基础资料及综合研究成果与国际接轨，采用国际上最新的编图方法制定的国家标准《中国地震动参数区划图》（GB 18306—2015）颁布实施，它以地震动峰值加速度和地震动反应谱特征周期为指标，将国土划分为不同抗震设防要求的区域。

新建、扩建、改建一般工程的设计和已建一般工程的抗震鉴定与加固，必须按照本标准规定的抗震设防要求进行。

（2）对于一些重要或特殊工程，则须进行地震安全性评价。

地震安全性评价是抗震设防工作的一项重要内容，是一项对工程建设场地进行地震烈度复核、地震危险性分析、设计地震动参数确定的工作；地震小区划、场址及周围地质稳定性评价及场地害预测等工作。其目的是为工程抗震确定合理的设防要求，达到既安全、投资又合理的目的。

（3）在抗震设防要求方面的法律法规。

抗震设防要求，是指建设工程必须达到的抗御地震破坏的准则和技术指标。《中华人民共和国防震减灾法》明确规定，新建、扩建、改建、建设工程应达到抗震设防要求。

重大建设工程和可能发生严重次生灾害的建设工程，应当按照国务院有关规定进行地震安全性评价，并按照经审定的地震安全性评价报告所确定的抗震设防要求进行抗震设防。

上述规定以外的建设工程，应当按照国家强制性标准，即《中国地震烈度区划图》或者《地震动参数区划图》所确定的抗震设防要求进行抗震设防；对学校、医院等人员密集场所的建设工程，应当按照高于当地一般房屋建筑的抗震设防要求进行设计和施工，采取有效措施，增强抗震设防能力[9]。

（4）建房选址应注意的因素。文献[1]介绍：新疆乌恰县城曾经建在古河床上，由于地层松软，这个县城多次遭受地震破坏，直到 1985 年被一次 7.4 级地震夷为平地。吸取此次教训后，县城迁移到了地基比较稳定的地带。新县城在 1990 年 4 月 17 日 6.4 级地震和 2008 年 10 月 5 日 6.8 级地震中经受住了考验，安然无恙。这个事例说明，科学的建筑选址对于减轻地震灾害是至关重要的。

（5）不利于建筑物抗震场地。为了提高抗震性能，选择建设场地必须考虑房屋所在地段地下较深土层的组成情况，地基土壤的软硬、地形和地下的深浅等，以下场地不适合建筑房屋[1]：

① 活动断层及其附近地区。

② 饱含水的松砂层。软弱的淤泥层，松软的人工填土层。

③ 古河道、旧池塘和河滩地。

④ 容易产生开裂、沉陷、滑移的陡坡与河坎。

⑤ 细长突出的山嘴、高耸的山包或三面临水的台地等。

（6）建房应考虑的抗震基本原则。据统计，世界上 130 次曾经造成大量人员伤亡的巨大地震灾害中，95% 以上的伤亡是建筑物倒塌造成的。因此，针对当地可能出现的地震灾害，把建筑物尽量盖结实非常重要。

为了住房安全，文献[9]建议，在建房的时候至少要考虑以下基本原则：房屋平面布置要力求与主轴对称；地基要进行必要的加固处理；结构要求匀称，结构体要连成整体；要设圈梁，构造柱；横墙应密些，尽量少开洞，屋顶与墙体应连成整体；建筑材料要力求密度小、强度大，并富有韧性。

2．中国和日本抗震设防的差异

对地震的挑战应对较成功的国家是我们的邻国日本，他们也是一个地震灾害多发的国家。地震发生的级别也不算小，其标志是地震的死亡人数越来越低，房屋倒塌越来越少。如图 1-51 是近 100 年来中国和日本在 6.5 级以上地震造成的死亡人数对比图表[16]（统计数据未包含台湾地区）。

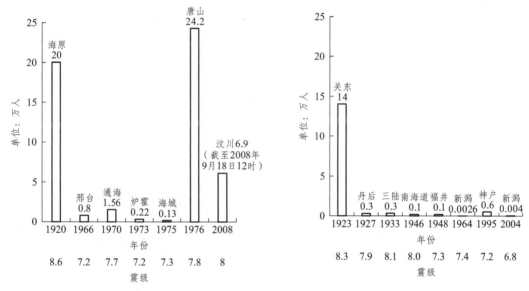

（a）中国部分 6.5 级以上地震造成的死亡人数①　　（b）日本部分 6.5 级以上地震造成的死亡人数②

图 1-51　近 100 年来中国和日本部分 6.5 级以上地震造成的死亡人数比较图表

3．同一地震灾害现场设不设防，灾害不一样[12, 24]

1976 年 7 月 28 日，唐山发生 7.8 级地震，地震震中在唐山市开平区越河乡，即北纬 39.6°、东经 118.2°，震中烈度 XI 度，震源深度 12 km。

唐山地震是 20 世纪十大自然灾害之一。地震造成 24.2 万多人死亡，76 万人受伤，其中 16.4 万人重伤；7 200 多个家庭全家在地震中死亡，上万个家庭解体，4 204 人成为孤儿；97% 的地面建筑、55% 的生产设备毁坏；交通、供水、供电、通信全部中断；23 秒内直接经济损失 100 亿元人民币；一座拥有百万人口的工业城市被夷为平地。

---

① 近 100 年来，中国是世界上死于地震人数最多的国家。从地震造成的伤亡情况来看，汶川大地震仿佛就是海原大地震、唐山大地震的重演。

② 1923 年，日本关东、东京、横滨一带大地震造成了 14 万人死亡，然而从此之后，日本地震的死亡人数陡然下降，无论多大的地震，死亡人数再也没有超过 1 万。

唐山是一个人口超百万的大城市，尽管大量建筑物为近代新建，但在建筑时都没有经过抗震设计，唐山地区几乎所有的工业和民房建筑的设防是较低的，当时是按照基本烈度Ⅵ以下设防的，所以造成的破坏程度很大，伤亡也很重。

（1）实践证明，同一地震灾害现场设不设防，灾害大不一样。唐山地震也不例外，比如有一家面厂，当初建造时按照新疆乌鲁木齐面粉厂（Ⅷ度）的图纸设计施工，就没倒。另外，唐山市凤凰山钢筋混凝土柱承重凉亭，建于基岩上，除柱端开裂外，基本完好，唐山市钢铁公司俱乐部也基本完好。这说明，即使像唐山7.8级这样的大地震，如果有恰当的抗震设防，也会显著地减轻灾害损失。

（2）包头钢铁厂在1977—1992年，使用经费4 000万元，共加固厂房、民用建筑173万平方米。在1996年5月3日包头6.4级地震中，全厂建筑破坏轻微，大部分完好无损，震后第三天就恢复了生产。而与包钢一墙之隔的包头稀土铁合金厂，因经济困难，各类厂房、烟囱都没有经过加固，地震时，全厂建筑物都受到中等以上破坏，半年后才恢复生产。

（3）1966年3月8日和22日，河北邢台发生6.8级和7.2级地震，震中烈度Ⅹ度，造成8 000多人死亡，3.8万多人受伤，毁坏房屋500多万间，直接经济损失10多亿人民币。震后重建时，邢台地区提出建筑必须满足"基础牢、房屋矮、房顶轻、施工好、连接紧"的要求。1981年邢台发生5.8级地震，新建的抗震房基本完好无损。

（4）小结：对比设防与未设防的不同结果，抗震设防的必要性和重要性是非常明显的。在我国综合实力大大增强之际，树立以设防为主的防震减灾意识，从理论到实践与能力方面，强化防范危机的综合素质非常重要，应大力宣传抗震设防的积极作用。

4．重视抗震设防、提高建设工程抵御地震破坏的能力

地震对建筑物的破坏是非常普遍的，而建筑物的破坏会造成大量人员伤亡和财产损失。据统计[24]，地震中95%的人员伤亡都是因建筑物破坏造成的，因此，为使建筑物具有一定的抗震能力，就必须在设计、施工中按抗震设防要求和抗震设计规范进行抗震设防，以提高抗震能力，这是营建安居工程，保证工程安全的长远大计。

我国《建筑抗震设计规范》中提出了"小震不坏、中震可修、大震不倒"的抗震设防目标。

抗震设防工作贯穿于工程建设、城乡建设的全过程。建设工程的抗震设防，是指各类工程结构按照规定的可靠性要求，针对可能遭遇的地震危害所采取的工程和非工程措施；而抗震设防要求，是为了更好地规范抗震设防工作的实施，确定抗震设防要求，即确定建筑物必须达到的抗御地震灾害的能力。

《中华人民共和国防震减灾法》规定，新建、改建、扩建各类建设工程，应按国家有关规定达到抗震设防要求。

抗震设防是加强建（构）筑物抗震能力或水平的综合性工作。新建工程抗震设防工作应在场地、设计、施工三个方面严格把关，即由地震部门审定场地的抗震设防标准，设计部门按照抗震设防标准进行结构抗震设计，施工单位严格按设计要求施工，建设部门检查验收。

工程建设场地地震安全性评价是抗震设防工作的一项重要内容。工程建设场地地震安全性评价是指对工程建设场地进行地震烈度复核、地震危险性分析，设计地震动参数的确定，地震小区划、场地及周围地质稳定性评价及场地震害预测等工作。其目的是为工程抗震确定合理的设防要求，达到既安全、建设投资又合理的目的。

参考文献

[1] 张晓东，张晁军，王博，等. 地震监测——人类认识地震的金钥匙[M]. 北京：知识出版社，2012：55，70，73.

[2] 杨庆山，田玉基. 地震地面运动及其人工合成[M]. 北京：科学出版社，2014：1-3.

[3] 李前，张志呈. 矿山工程地质学[M]. 成都：四川科学技术出版社，2008：5-6.

[4] 何永年，邹文卫，洪银屏. 当大地发怒的时候[M]. 北京：科学普及出版社，2012：3-6，10，25.

[5] 宗春青，邱维理，张振青. 地质学基础[M]. 北京：高等教育出版社，2005.

[6] 徐成彦，赵不忆. 普通地质学[M]. 北京：高等教育出版社，1988.

[7] 陈希廉. 地质学[M]. 北京：冶金工业出版社，1985.

[8] 苏文才，朱积安. 基础地质学[M]. 北京：高等教育出版社，1991.

[9] 北京地震局，北京市科学技术委员会. 防震减灾[M]. 北京：地震出版社，2013：1，8，12，24.

[10] 肖正学，张志呈，李朝鼎. 爆破地震波动力学基础与地震效应[M]. 成都：电子科技大学出版社，2004：210-211.

[11] 徐纪人，赵志新. 汶川 8.0 级地震震源机制与构造运动特征[J]. 中国地震，2010，37（4）：967-977.

[12] 唐辉明，李德威，胡新丽. 龙门山断裂带活动特征与工程区域地壳稳定性评论[J]. 工程地质学，2009，17（2）：145-151.

[13] 中国地震局监测预报司. 地震宏观异常摘编[M]. 北京：地震出版社，2010：96-99.

[14] 《"三网一员"培训教材》编委会. 《"三网一员"培训教材》[M]. 北京：地震出版社，2015：65.

[15] 中国地震局. 地震群测群防工作指南[M]. 北京：地震出版社，2004：7，8-10，108-114.

[16] 楚泽涵，李峰. 自然灾害——知识和减灾[M]. 北京：中国石油大学出版社，2010.

[17] 袁一凡，田启文. 工程地震学[M]. 北京：地震出版社，2012：29-30，234-235.

[18] 赵克常. 地震概论[M]. 北京：北京大学出版社，2012：56-57.

[19] 地震问答编写组. 地质问答（增订本）[M]. 北京：地质出版社，1977：28-29.

[20] 同济大学土木工程防灾国家重点实验室. 汶川地震灾害[M]. 上海：同济大学出版社，2008.

[21] 李四光. 地质地理[M]. 北京：科学出版社，1977.

[22] 赵永红，杨家英，惠红军，等. 地震预测方法 I 综述[J]. 地球数理学进展，2014，29（1）：129-139.

[23] 赵文津. 就汶川地震失报探讨地震预报的科学思路——再论李四光地震预报思想[J]. 中国工程科学，2009，11（6）：4-15.

[24] 防震减灾助理员工作指南编委员. 防震减灾助理员工作指南[M]. 北京：地震出版社，2015：75-78.

第一编

地震发生、发展的成因与机理探析

地震发生在地球内部，认识地震规律，战胜地震灾害，最基本的要求是要认识地球，认识地壳运动。

地震和刮风、下雨一样，是一种经常发生的自然现象，强烈地震会造成严重灾害。要知道地震是怎样发生的，就得先了解地球的内部构造和它的各种矛盾运动。

第二章　板块构造与地震的形成

第一节　板块构造

板块构造，又叫作全球大地构造，它是大陆漂移和海底扩张说的进一步引申与发展。

由于海洋中地震记录，海洋基底岩石地磁异常和磁场反向测量，以及海洋地貌、海洋地质、海底热流测量等，20 世纪 60 年代初期赫斯和迪茨创立了海底扩散理论[1]，1967—1968 年由艾萨斯克斯和麦肯齐摩根提出板块构造理论。他们把地球岩石圈和地幔的最上部分统称为构造圈，下边的地幔称为软流圈。由于海底的分裂，构造圈随之分成若干块段即板块。这些板块在软流层上相对地缓慢漂移运动，相互运动着的板块所产生的一系列地质构造，就叫作板块构造。如图 2-1 所示[2]。

人造地球卫星从高空测得的全球重力异常分布资料进一步表明，无论在陆地还是海洋，重力异常分布都呈环状或椭圆状的封闭图形，说明地球岩石圈并不是一个整体，而是被一些活动的构造（洋脊、海沟、转换断层）分割成若干球面块体。每个块体的厚度相对于地球半径来说是很薄的板状，从而引出了板块的概念。

板块构造说的主导思想和论点是[3]：岩石圈相对于软流圈是刚性的，同时岩石圈本身具有侧向不均匀性，分布有洋脊、海沟等各种类型的活动带，活动带之间的岩石圈则是稳定的板块。因此，整个岩石圈可以理解为由若干刚性板块拼合起来的层圈。板块内部是稳定的，板块边缘和接缝地带则是不稳定的，是发生构造运动、地震、岩浆活动及变质作用的主要场所。岩石圈板块是活动的，并以水平运动占主导地位，可以发生几千千米的大规模水平位移。

在漂移过程中，板块或分散裂开，或碰撞焊合，或平移相错。这些不同的相互运动方式以及相应的各类活动带的产生、转化和消失，决定了全球岩石圈运动和演化的基本格局。

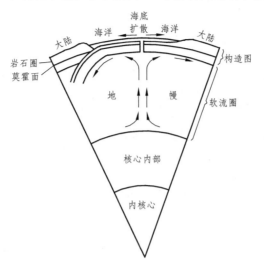

图 2-1 地幔对流与板块移动示意图

一、中国地区的古板块

我国位于欧亚板块的东部，西南边缘正处于欧亚板块、印度板块、东南边缘与太平洋板块交界。我国境内板块构造的发展和特征，必然受这三个板块的控制，宋春青等[4]将中国划分为塔里木、中朝、扬子、藏北羌塘和藏南（印度北缘）等古板块。第三纪晚期，原始古陆已经紧密连接、镶嵌在一起，形成一块巨大完整的大陆板块。图 2-2 为中国地区的一些主要板块缝合线。

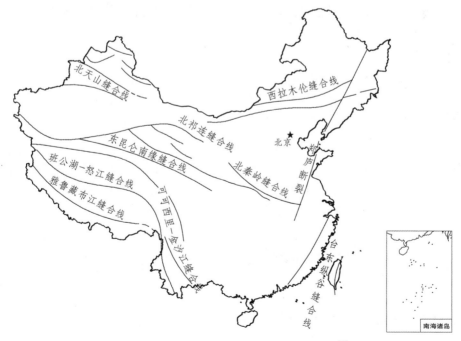

图 2-2 中国地区的一些主要板块缝合线[3]

二、板块边界的类型[5]

板块主要表现为大规模的具有一定方向的水平运动。但不同的板块边界，有不同性质的相对运动类型，如图 2-3 所示。

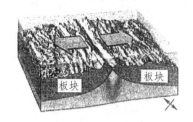 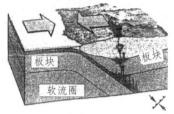 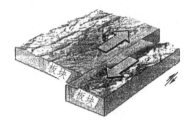

（a）离散型板块边界　　　　　（b）汇聚型板块边界　　　　　（c）转换断层边界

图 2-3　三种板块边界类型[5]

1．离散（张性）型板块边界

离散型板块边界主要出现在洋中脊、中隆和大陆裂谷系统。板块在此作相背运动，板块边界受到拉伸、引张作用，因此在洋脊轴部形成平行洋脊的张裂缝。洋中脊轴部，是海底扩张中心，随着板块的分离，地幔物质沿裂谷上涌，造成较大规模的岩浆侵入和喷出活动，形成新的洋底，促使板块边界不断增长，故离散型边界，也称建设型板块边界。

2．汇聚（挤压）型板块边界

汇聚型板块边界，是两个板块对冲、挤压、碰撞的场所。由于两个板块在这里聚合，故构造活动强烈、复杂。按板块汇聚性质，又可分为以下三种类型（图 2-3 为其中常见的一种）。

① 岛弧-海沟系：主要分布在西太平洋边缘。两个都是海洋板块，接触处产生岛弧-海沟系，如马里亚纳群岛；海洋板块和前缘带有岛弧的大陆板块相衔接，在接触处也表现为岛弧-海沟系，如日本、琉球等。

② 山弧-海沟系：海洋板块和大陆板块的直接接触，在接触处表现为山弧-海沟系，即岛弧不发育，而相当于岛弧的海岸山脉发育，如南美洲西海岸。

③ 山弧-地缝合线：两个大陆板块互相碰撞，陆壳彼此受到挤压，形成山脉，标志两个板块缝合之处，称为地缝合线。如雅鲁藏布江地缝合线。

3．平错（剪切）型板块边界或称转换断层边界

两个板块沿边界互相错动，两侧板块不发生褶皱、增生和消亡，但浅震活跃。前述的转换断层，属此类型。它一般分布在大洋中，但也可以在大陆上呈现，如美国西部的圣安德烈斯断裂，就是一条有名的从大陆上通过的转换断层。

第二节　地震和板块构造

一、板块构造及活动是引发地震最重要的内因

1968 年，B·伊萨克斯（ISacns）等人对 100 多次地震震源机制的分析，得出板块相对

运动方向的综合图，就已经表明板块构造活动是引发地震的内因。

板块内部是稳定的，板块边缘和接缝地带则是不稳定的，是发生构造运动、地震、岩浆活动及变质作用的主要场所。

20 世纪 60 年代以来，大陆漂移的概念已被普遍承认。板块这一概念从威尔逊的转换断层及布拉德的大陆拼接中引申出来的。人们设想大陆漂移和海底扩张可能是呈现为若干刚硬的板块相互运动着，而海底扩张实际上意味着一对板块自中脊轴向两侧拉开。学者们经多方的验证终于把大陆漂移和海底扩张的概念发展成板块构造（Plate tectonics）学说。

岩石圈板块，是刚性的块体，如果板块的一部分发生运动，则整个板块作为一个整体也发生运动。有些板块运动得快，有些则慢。运动的板块必须是刚性的，下面有一个可塑性的面，这样才能相互滑动。

因此，海底在扩张着，而大陆与洋底都在漂移，它们是漂浮在软流圈上的板块。于是在20 世纪 60 年代产生了板块构造学说。

二、地震与板块构造

地震是现代地球活动的一个重要标志，它以现今正在发生着的地质事件向我们说明板块活动的历史。

目前已证实，地震可以向我们提供板块活动的三个方面的重要证据。第一，根据浅源地震的分布，可以勾画出板块边界的轮廓；第二，地震的震源分布说明了岩石圈块向下延伸，穿过了软流圈，证明了岩石圈板块在地球内部深处的状态；第三，地震波研究结果说明了各个板块相对于邻接板块的运动方向。

徐成彦先生在岩石圈板块构造概论中提到，地震带是全球构造活动强烈的地带，它的分布与板块边界非常一致。所以板块边界的划分是参照了地震活动资料的。有的中脊裂谷体系就是根据地震活动才发现的。全球地震的能量大约 95% 都是在板块的边界释放出来的，板块边界处相互作用是引起地震的一种基本成因。

第三节　板块运动

刚体的板块在地球表面上的运动必定有一定的轨迹，每一个板块的运动方向、速率以及其成长和消亡也应有一定的过程和规律。

一、板块在球面上的相对运动[3]

200 多年以前瑞士数学家欧拉（L. Euler）提出一条几何定律，他认为任何一种刚体沿着球体表现的运动，必定是一种绕轴的旋转运动，也就是球体上一个薄层的块体可以通过围绕某根过球心的轴旋转，沿着球面移到另一方位。这条定律对于了解板块在球面上的运动有着重要的意义。布拉德等曾运用这一定律把美洲和非洲拼合在一起。

根据欧拉定律，刚硬的板块沿地球表面滑动，也必定是一种绕轴的旋转运动。如图 2-4所示，板块绕旋转轴运动并向两侧扩张，所以又叫旋转扩张轴。它与地球自转轴不完全一致，而是与其斜交。板块旋转扩张轴与地球表面相交的一点叫板块旋转极或扩张极。每对板块都有自己的旋转极。一个板块的旋转角速度相同，但各段的线速度并不相同。在旋转极附近线速度最小，而在旋转赤道上线速度最大，即板块在旋转赤道上移动速度最大。

每对板块运动的方向（图2-5），是以旋转极为圆心的平行小圆，即纬线方向，转换断层往往就代表了这个方向的运动。对小圆作垂线并通过板块旋转极所作的大圆，就是经线方向。它往往是大洋中脊的方向。

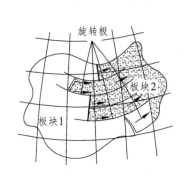 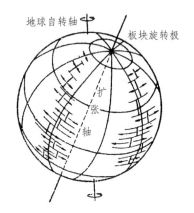

图 2-4　板块在球面上的旋转运动　　图 2-5　两个板块绕轴旋转运动

科学家们在不同板块地区做的检验都证实了板块的绕轴运动。例如，摩根考虑到转换断层代表了板块运动的方向，也就是以板块旋转极为圆心的同心圆弧。他就在地图上沿赤道大西洋的一系列转换断层作垂线，这些垂线应该是通过旋转轴的地球上的大圆。得出的结果是这些垂线都相交于北纬58°，西经36°～37°附近（位于格陵兰的南端）。这一交点也就是大西洋中央裂谷两侧的美洲板块和非洲板块的旋转极。由此可见，这些转换断层确实是以此交点为圆心的同心圆弧，它并不是直线，而是随地球表面呈弧形滑动。

有人通过已知年代的磁异常条带离中脊轴的距离计算出板块的扩张速度。结果证实了扩张速度和扩张弧度随远离旋转极而增大，扩张至赤道处为最大值。这一点也证明了板块运动是一种理想的旋转运动。

二、板块的扩张与俯冲[3]

板块的运动，是一种绕极的旋转运动，因此，洋中脊各段的扩张速度是不一致的。扩张速度必定在扩张赤道最大，在扩张极为零。在冰岛，有很大一段中脊裂谷出露于水面上，它是大西洋中央裂谷的直接延伸部分。1967年起，以梅森为首的一批英国学者，在冰岛裂谷区设置了大量标杆，他们利用激光系统定期测量标杆之间的距离，其精度可达千分之几厘米。测量结果表明，几年中，在不同地段扩张了 5～8 cm。这最直接地证明了板块在不间断地扩张着。

在板块扩张过程中，还伴随有下降运动。因而随着离洋中脊距离加大，洋底深度相应增加。这是随着洋底年龄的增加，在洋底岩石圈的物质因冷却而收缩的结果。在洋中脊轴部火山活动强烈之处，往往形成火山岛。在波浪作用下，火山岛的顶部可被削平。平顶的火山岛（又称平顶山）随板块边向外扩张、边沉降。洋底的沉降速度，平均每年 0.02～0.03 mm。

当洋壳板块向两侧推移，遇着大陆板块而彼此相碰时，会向下俯冲于大陆板块之下。这一俯冲部分，称之为俯冲带。俯冲带向下进入到地幔，由地幔物质熔融同化，使这部分板块消失，故也称之为消亡带，或俯冲消减带。由于美国地震学家贝尼奥夫曾通过地震研究肯定了此带的存在，故在地震学上把俯冲带称为贝尼奥夫带（或毕鸟夫带）。俯冲带的倾角，一般为45°左右。从震源深度和分布得知，俯冲深度一般为 300 km，少数地区深达 720 km，如图 2-6 所示。

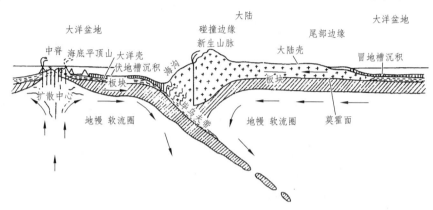

图 2-6　板块前缘碰撞俯冲和尾部边缘海岸及有关现象示意图（根据 Benioff Dietz 及 Lsacks）

三、板块运动的方向

1968 年，B. 伊萨克斯（Isacks）等人根据 100 多次地震震源机制的分析得出板块相对运动方向的综合图，如图 2-7 所示。这张图清楚地表明了板块自中脊向两边拉开，至海沟和造山带处相互汇聚。这就表明地震研究对板块构造学说提供重要论证。相反，根据板块的活动为地震发生提供参考。

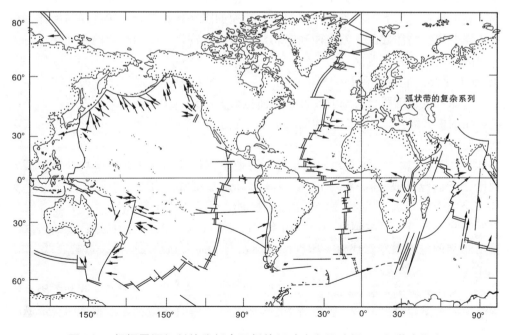

图 2-7　根据震源机制的分析表示板块运动方向图（据 B. 伊萨克斯）

四、裂谷的发展和海洋的演化旋回

裂谷是一些具有全球规模、延伸数百至数千千米的带状断陷构造带，是由于引张而使岩石圈发生破裂的产物。致使岩石圈发生破裂的作用，称为裂谷作用。

根据地质构造特征，可将裂谷划分为：大洋型（指大洋中脊）、大陆型（以东非裂谷为代表）和陆间型（以红海、亚丁湾为代表）三种基本类型。三类裂谷之间具有成因上的联系。当地壳拉伸、地幔物质持续上涌时，裂谷下面的陆壳不断变薄，逐渐变成洋壳，于是出现了裂谷由大陆型转化为陆间型，继而演变为大洋型。裂谷作用在地球历史上曾多次和反复发生过，由大陆演变成海洋和海洋演变成大陆，可能贯穿整个地球发育史的始终。

威尔逊首先注意到大洋开合的不同发展趋势，将大洋盆地的演化归纳为胚胎期、幼年期、成年期、衰退期、终了期、遗痕期等六个发展阶段。因此，大洋从张开到闭合的整个过程，被人们称为"威尔逊旋回"[3]。

苏文才等叙述了目前大洋发展的几个阶段：

（1）大陆裂谷是大洋发展的胚胎期，东非裂谷是此阶段的例证。

（2）红海、亚丁湾、加利福尼亚湾，是大洋发展幼年期的实例，它们都是生成不久的狭长的幼年洋。这里大陆已被拉开，给玄武岩的侵入留下了空间。这一阶段，海底扩张的速度约为 1 cm/a。由于红海扩张，它东、西两侧的阿拉伯大陆和非洲大陆正在缓慢分离着。

（3）幼年洋的进一步发展，两侧大陆愈益分离，便进入了大洋发展的成年期阶段。今日的大西洋早在两亿年之前也是一个狭长的水带，它周围的大陆差不多像今天的红海一样，靠得很近。由于海底扩张，才形成今日的大西洋。现在遍布大西洋的火山岛屿，原来是在洋中脊处形成，因此靠近大西洋中脊的岛屿年龄比较轻，如冰岛为 1000 万年、亚速尔群岛为 2000 万年；岛屿离开洋脊越远，年龄越老，在百慕大群岛为 3300 万年、法罗群岛为 5000 万年，裴尔南多波岛和普林普西岛则为 1.2 亿万年，等等。

（4）衰退期：这与大西洋是在侏罗纪开始开裂的想法比较符合。印度洋与大洋一样，也处于成年期，但它的洋底已开始俯冲到东北角的爪哇海沟之下。当板块的俯冲作用占据优势时，大洋的发展便进入衰退期。

① 如太平洋，它的两侧在俯冲消亡着。虽然太平洋仍然是现代最大的大洋，但与它在石炭纪—早侏罗世包围联合古陆时相比，其面积可能已经减少了三分之一左右。太平洋是一个早已存在的古老海洋，然而它的洋底也由于海底扩张作用而更新过，因此大洋是古老的，洋底却是年轻的。

② 随着印度板块、非洲板块向北推移，古地中海洋底不断在北缘海沟处俯冲消失，地中海地区今天已没有或只有极少的古地中海大洋壳的残余，说明地中海已进入终了期，不久将要完全闭合。当大洋关闭、两侧大陆碰撞时，受到很大的挤压应力，引起岩层褶皱、断裂，地面向上抬升，形成巍峨的褶皱山系，这就是消逝了的洋盆的遗痕（地缝合线），喜马拉雅山北侧的雅鲁藏布江代表了印度次大陆块与亚洲大陆块之间的碰撞缝合线。如图 2-8 所示。

总之，大洋的历史是漫长的，大洋的位置却不时在变动着，它屡经张开和关闭。海水可以从逐渐关闭的洋盆退出，涌入扩张新生的洋盆之中。有许多古大洋已相继闭合消逝于诸如阿巴拉契亚、乌拉尔等古老褶皱山系部位。

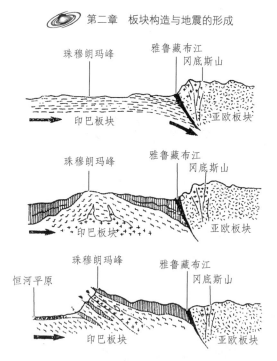

图 2-8 珠穆朗玛峰形成阶段示意图

第四节 板块构造与内力地质作用

徐成彦先生、赵不亿先生，在文献[1]中对板块构造与内地地质作用的关系作了五个方面的论述，如板块构造与地震作用、岩浆作用、变质作用、造山运动和成矿作用等，概括了汇聚型板块构造运动的结果。

一、板块与岩浆作用

1．大洋中脊是熔融地幔物质上涌的地方

（1）冰岛位于大西洋中脊上，它有 100 多座火山，其中有 27 座活火山。

（2）1963 年在冰岛南大西洋中脊通过的海上升起了一座火山岛叫苏尔特塞岛。此为冰岛共和国增加了一块新的领土。

2．汇聚型板块的边界上，火山活动尤为强烈

（1）太平洋周缘，大部分是板块俯冲的场所，可以说环太平洋带是全球主要的俯冲边界，全世界大多数的岩浆活动和火山活动都发生在这里。例如在印度板块自爪哇海沟向北俯冲的地带，1815 年坦博腊火山喷发，1883 年克拉克托火山喷发。

（2）俯冲带向一侧俯冲并插入大陆边缘或岛弧的底冲到一定深度产生岩浆源灌在火山。一般认为深度达 150～200 km[4]，那里已处于高温高压的物理状态，又由于俯冲过程中不断摩擦加热，洋壳板块及大陆板块底部发生局部熔融并产生了岩浆源。大量岩浆源、水分和气体挥发物质，在俯冲带的强大侧压作用下，向大陆边缘及岛弧带外侧上升。如果俯冲带的倾

角 45°，岩浆垂直上升喷出地表[1]，那么所形成的火山就应当位于海沟侧 150 km 远的地方，如图 2-9 所示。

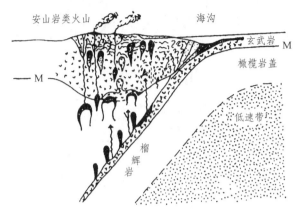

图 2-9　板块俯冲带与岩浆作用的关系

3．夏威夷群岛的形成

夏威夷群岛居于太平洋板块内，既不是大洋中脊，也不是俯冲带，为什么会产生火山喷发呢？板块学者[4]认为这种火山出现的地下有一种柱状的深部地幔物质上升流，根据重力测量及地震波检验，证明了地幔柱的存在。这种地幔具有相当高的热流值，它冲破岩石圈的地方，就形成了热点。这种热点相对于地球自转轴的位置来说大体是固定的。热熔岩上升到地表就形成了火山。先形成的火山随板块运动移开热点，在后面的热点又形成新火山，沿着板块运移的方向，就形成一系列的火山链。所以火山链实际上标出了与板块漂移有关的热点的轨迹。由于太平洋板块向西北方向移动通过这个热点，于是就形成了中途岛到夏威夷岛的现代基拉韦厄火山的一连串火山岛（图 2-10）[1]。

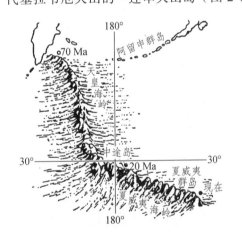

图 2-10　太平洋中部火山岛链

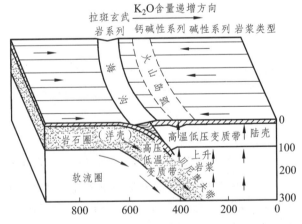

图 2-11　板块为俯冲作用引起的双变质带（单位：km）

二、板块构造与变质作用[1]

板块的俯冲作用引起另一个重要的后果便是变质作用。在俯冲带上明显地可以表现为两种地质环境；一种是在海沟附近，如图 2-11 所示，由于岩石圈板块向下俯冲的速率和能量都较大，加上板块俯冲的压力和上覆岩层的重力，所以压力较高。而此处热流量并不高，因而形成高压-低温的环境。所以在海沟近陆侧出现蓝闪石为代表的高压低温变质矿物。在这一带还常常见到洋壳被挤碎的蛇绿岩碎块。

另一种变质条件是在火山岛弧带，为低压高温环境。当板块向下俯冲至一定距离，温度升高，板块局部熔融产生岩浆，上升至地表压力降低，因此产生了与再次运动相伴生的高温-低压变质作用。代表性矿物为红柱石、夕线石及沸石等。

这两种地质环境形成两套变质岩带，它们成对出现，所以称为双变质带。如果板块俯冲速度很慢，或者受后来地热事件的改造，可能就不会形成或不能保存高压相系的矿物。

三、板块与成矿作用

文献[1]指出板块的扩散边界、俯冲带以及热点处都是金属矿成矿的有利场所，而大陆边缘地带乃是沉积矿产的有利地带。其成矿原理和富集地点如下：

（1）大洋中脊是热地幔物质上涌的地方，这里热流值相当高，使海水受热，洋底的玄武岩与热海水之间发生了活跃的元素交换，这样，温度高达数百度的海水便从洋底玄武岩中获取了丰富的铁、铜、锰等元素。当这些富含金属元素而处于还原环境的热海水被重新驱回海底时，遇到含氧的冷海水，铁和锰这些金属元素就会被氧化，成为固体微粒沉落于海底。例如红海是一个新生的海洋。在红海的底部沉积物中，如铁、锌、铜、铅、银、金等金属元素的含量就很高。

（2）铬铁矿、铂、镍等则是沿大洋中脊直接上涌的地幔物质。

（3）在大洋中脊顶部形成的富含金属的沉积物，随着海底扩张而不断地向两侧推移，因此，在较老的洋底以及俯冲带中也能找到它们。

（4）从大洋中脊涌出来的金属物质，大部分呈分散状态，当大洋板块进入为俯冲带时，就被熔融并与岩浆一起上升，带到岛弧或大陆边缘地带。这些金属矿通过岩浆作用在板块的边界上富集，所以这个地带可以找到铜铁、钼、铅、锌、银、锡、钨等矿产。由于俯冲带的岩浆活动呈有规律的侧向变化，所以金属矿的分布同样出现有规则的变化。如图2-12所示，这种规则被称为板块构造的成矿模式。太平洋的周围是板块俯冲最显著的地方，因此，形成了一个环太平洋矿带，金属矿的带状分布也是确定古板块的一个标志。

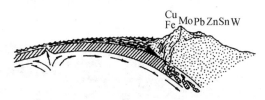

图 2-12 板块俯冲带的成矿规律

四、板块构造与造山运动

现今地球上年轻的活动山脉都分布在板块的汇聚边界上。例如喜马拉雅—阿尔卑斯造山带，美洲西部边缘的造山带以及现代岛弧或共邻近地区的活动带等。两个板块在俯冲带上碰撞，使大陆壳受到不断的挤压，海沟陆侧的沉积物产生褶皱、断裂，形成了褶皱山脉，所以板块论的观点认为，山脉主要是由于水平挤压上升造成的。

板块撞碰所引起的造山作用有三种类型。一是洋壳板块与洋壳板块相撞，在那里引起了海底造山运动。二是大陆壳与洋壳俯冲或仰冲，例如海沟-岛弧山系，或者山脉-海沟类型，山脉沿大陆边缘和海沟俯冲带形成。这种类型现代的例子就是安第斯山脉和北美的科迪勒拉山脉。三是大陆壳与大陆壳相撞，最典型的例子就是喜马拉雅山。喜马拉雅山在2500万年前开始形成，当时是印度板块向北移动，与欧亚板块相撞，俯冲插入亚洲板块之下，使欧亚板块边缘褶皱隆起形成世界上最高的喜马拉雅山。原来位于印度板块和欧亚板块之间的洋壳板块即特提斯海则闭合消失。图2-13为板块碰撞与造山作用。

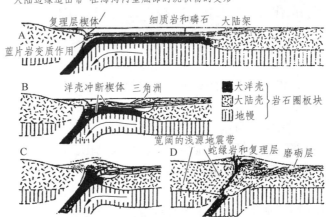

图 2-13　板块碰撞与造山作用

第五节　影响地震的外界因素

一、月亮、太阳的引力作用

由于月亮、太阳引力作用，地球的形状会发生轻微的改变，这种现象叫作"固体潮"。每逢农历初一（朔）、十五（望）前后，太阳、月亮、地球三者位置大体成一直线，引潮力最大，容易触发地震。如图2-14所示。

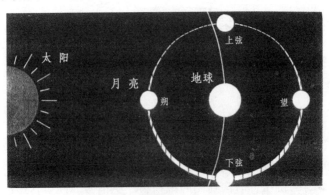

图2-14　月亮、太阳对地球引力的变化可以触发地震

初一、十五并不一定会发生地震，许多地震也并不是发生在初一、十五，当地球某个部分临近发生断裂时，这种外来的力量虽然不大，但其微小的变化也有可能使之触发而产生破裂，造成地震。

二、太阳黑子活动

有人研究了一些地区的地震活动与太阳黑子活动的关系，发现太阳黑子活动最强时，大地震也相应增多。这可能是黑子活动直接影响到地球上的大气压力、电场和磁场，而大气压力、电场和磁场的变化又引起地下应力分布的变化，从而触发地震的缘故。如图 2-15 所示。

图 2-15 太阳黑子活动

第三章 地球构造运动、地质构造与地震地质

第一节 地质作用

构造运动或称地壳运动，是地质作用的一部分，由于地质作用涉及内容广泛，本书不作详细论述，只作基本知识简述，张琴[3]指出地质作用是引起岩石圈或地球的物质组成，内部结构和构造及地表形态发生变化的作用。引起这些变化的各种自然力称为地质营力，而传播能量的媒介称为介质。地质作用一方面对已有矿物、岩石、地质构造和地表形态等进行破坏和改造，另一方面又不断形成新的矿物、岩石、地质构造和地表形态。

文献[5]指出：按地质作用的动力来源和作用部位的不同，可将地质作用分为内动力地质作用和外动力地质作用两种类型。内动力地质作用是由地球内部的旋转能、重力能、热能、结晶能和化学能引起的地质作用，包括构造作用（地壳运动）、岩浆作用、地震作用和变质作用等（图 3-1）。主要发生在地壳深部和地球内部。其中除变质作用不直接影响地表形态外，其他内营力都可以直接作用地表，是形成地表形态的重要营力。外动力地质作用由地球以外的太阳辐射能，日月引力能和生物能引起的地质作用主要发生在地壳表层和浅层。如图 3-1（b）所示②。

（a）内动力地质作用的分类　　　（b）外动力地质作用的分类

图 3-1　内、外地质作用的分类

第二节　构造运动的类型及特点

一、构造运动概念[1]

构造运动或地壳运动是由于地球内部原因引起的组成地球物质的机械运动。它可以引起岩石圈的演变，促使大陆、洋底的增生和消亡，并形成海沟和山脉；同时还引起岩石产状和构造形态的改变，并导致发生构造地震等。

地壳运动和构造运动这两个名词一般是混用的。不过构造运动常常着重指引起岩石变形（形成褶皱、断裂等）的构造变动。所以地壳运动的含义比构造运动的含义更广一些。

二、构造运动的类型[4]

传统的分法是将构造运动分为造陆运动和造山运动。前者指地壳大面积缓慢升降的垂直运动，后者是与山系的形成有密切的关系，产生大规模强烈断层的运动。现在一般按照运动的方向将构造运动分为两类：升降运动和水平运动。

升降运动：地壳的升降运动（vertical movement）也称垂直运动，是一种波及面较广泛、相对比较缓慢的一种地壳运动，它波及的范围大小、位置、幅度和速度也可以随时间有较大的变化。它常表现为波状的运动特点，主要引起海洋和陆地的变化，地势高低的改变，岩体的垂直位移以及层状岩石中的大型的平缓弯曲等。

水平运动：水平运动（horizontal movement）使组成地壳的物质沿着地球切线方向的运动。这种运动使地壳受到挤压、拉伸或者平移甚至旋转。它是造成板块消减、碰撞和形成海洋中的海岭和陆地上的山脉的主要动力，是使岩石产生大规模变形和形成断裂的主要原因。

地壳形成以来一直在运动着，徐成彦等[1]把发生在地质历史时期内的构造运动叫古构造运动（paleotectonism）；把发生在新第三纪及第四纪的构造运动称为新构造运动（neotectonism）；把发生在人类有史记载时期的构造运动叫作现代构造运动（recent tectonism），并指出正在进行的构造运动可以用仪器观测（即大地测量的方法）以及用卫星监视方法进行判断。目前，国外用人造卫星和在地球上放置激光反射器的方法进行测量。发生在距现在不太远的构造运动则可以利用考古资料、地形和沉积物的特征来判断。更为古老的构造运动由于经历时间太长，一般形成沉积物时的一些标志已遭到后来地质作用不同程度的破坏或叠加，有的已不复存在。所以，只能根据岩石形成时的环境特征和变化以及岩层的变位和变形等特征来判断古构造运动。现代构造运动和古构造运动的研究方法是有所不同的。

三、地壳运动的特点[3]

在地壳的发展过程中，由于各地区组成物质和条件不一，故运动的强度及其表现形式均有差异。即使是同一地点，在不同的地质时期，地壳运动的性质也不一致。同一时期的不同地区或同一地区的不同时期里，地壳运动的速度，也都有差异。如喜马拉雅山，开始时以平均约 0.5 mm/a 的速度，从海底缓慢上升，以后上升加快，据 1862—1932 年的 70 年间的资料显示，平均上升速度已增为 1.82 cm/a。

水平运动的距离和升降运动的幅度在时间和空间上有差异。某一地区在普遍隆起时期，会有个别短期的下降，或是在普遍下降的时期，会有个别短期的隆起。常常升中有降，降中有升。

水平运动和升降运动，两者是互相联系不可分割的。但在不同区域、不同时期、不同条件下，表现常有主次之分。同一时期内，有的地区表现为水平运动，有的地区表现为升降运动；在同一地区，这段时期表现为水平运动，另一段时期可表现为上升或下降运动。

地壳运动还具有一定的周期性。长期、广泛的相对静止状态与快速的剧烈运动，总是相互交替出现，呈明显的旋回性发展。作为一个构造旋回，它常常以和缓的构造运动开始，最终以剧烈的构造运动结束，然后又转入新的构造旋回发展阶段。

四、新构造运动[3]

新构造运动[4]是指第三纪末期以来所发生的构造运动,包括有人类历史记载的现代构造运动。现代构造运动与人类生活和经济建设的关系都极为密切。如海港、码头的建造,水利工程的建设,地震的预测预防等,都需对该地区的现代构造运动性质进行较详细的研究。

新构造运动是在老构造运动的背景下进行的,具有明显的继承性和新生性。它一方面继承了老构造运动的特点,另一方面又对老构造进行改造,或形成新的构造。

从运动方向来看,新构造运动也既有升降运动,又有水平运动,且水平运动的幅度和速度要比升降运动大得多。但由于升降运动较水平运动易于识别,在地形上和沉积物中表现得比较明显,故人们对升降运动的研究成果超过对水平运动的研究。

新构造运动的另一个特点是断裂变动活跃,分布广泛。断裂变动所形成的断块构造具有明显的差异性,相邻两断块的断距很大,在地形上表现为高耸的断块山与断陷盆地相间。

新构造运动导致自然地理环境的改变,是决定现代地形基本特征的主要依据之一。加上发生时间近,故新构造运动在地貌、地物等方面都留下较好的证据。例如河流阶地、海蚀穴、海蚀台等地形,都是研究新构造运动最显著的证据。如贺兰山的年轻隆起。

第三节　构造运动的规律与地震地质

构造运动无论在空间分布上还是在历史发展上都具有一定的规律。

一、构造运动的空间分布特征[1]

由于岩石圈的结构不同,各部位岩石力学性质不均匀,各个地区地质条件的差异,构造运动在不同地区表现的活动性是不一致的。有些地方活动性较强,有些地区则相对比较稳定。

地壳上活动性较强的地区大都呈带状展布,而且在地形上常常是高低差异悬殊的地带,如高耸的大山脉、海沟和洋脊等地带都是构造运动比较活跃的地区。在活动地带中各种地质作用,特别是内力地质作用非常活跃,表现为现代构造运动速度较快,岩浆活动、变质作用和地震活动等均较强烈。例如环太平洋山弧海系和海沟岛系及其沿岸地带是现代地壳活动强烈的地带,也是地震、火山活动强烈的地区。

地壳上构造运动相对稳定的地区,在地形上一般高差不大,常呈广大的盆地,岩浆活动、变质作用以及地震等均较微弱。大洋地壳相对稳定地区是广大的深海平湖,这种地区的地形起伏不太大[3]。

二、构造运动的历史发展规律

地壳演化的地质历史中,构造运动常常表现为比较平静时期和比较剧烈时期的交替出现[8]。在比较剧烈时期里,运动的速度和幅度都较大,在比较平静的时期里,运动速度和幅度就相对要小得多,这就显示了构造运动的周期性。根据全球地壳发展历史的研究认为,地球上曾经发生过几次比较强烈、影响范围较大的构造运动。这些强烈的构造运动时期,称构造运动期。

构造运动相对平静时期主要表现为缓慢的升降运动。这种运动可引起海陆的变迁。一次大的急剧的构造运动常常表现为水平运动占主导地位，经历的较平静时期短，常形成巨大的褶皱山系，所以也称造山运动。

构造运动能引起海陆变迁、地形变化及自然地理环境的改变，并可引起地壳成分、结构和构造的变化。上述变化可导致沉积物及古生物特征、岩浆岩及其有关矿产的特征的变化，因而，构造运动的周期性可以反映出地壳发展历史的阶段性。构造运动在地层上的反映，可以作为划分地层界限的主要依据。通常界与界之间由最强烈的构造运动面（不整合或假整合）分开。系与系之间由次一级的构造运动面分开。据统计，自古生代以来，在全球范围内大致每隔两亿年左右发生一次全球性的剧烈构造运动，如加里东运动、海西运动、阿尔卑斯运动等。这些剧烈的构造运动造成的地质现象具有全球分布的特点。

三、构造运动在岩石变形上的表现

1. 构造运动在岩石变形上的表现[1]

地质历史时期的地壳运动除了上述表现之外，还有一项重要的表现，就是岩石的变形。岩石的变形可以由不均匀的垂直升降运动造成，也可以由水平运动造成，它们是古代地壳运动的主要识别标志。

当地壳升降运动是在稳定的状况下进行时，即上升或下降在各处的速度和幅度是相同的。那么沉积区中形成的岩层总的看来是水平的。如果一个地区内地壳的升降幅度和速度不一，那么岩层就会发生弯曲，在上升地区岩层变成向上拱的弧形，下降地区则变为向下弯的弧形。这种平缓的弯曲可以连成波浪状。

形成在海洋盆地或大陆平原上的沉积岩层，其原生产状是水平的，或接近水平的。如果在水平运动引起的挤压力、张力或扭力的作用下，原始产状就要发生改变。岩层在水平压力的作用下，可以形成波浪状弯曲，在张力的作用下，岩层可以变薄，进而断开。在扭力作用下也可以发生弯曲或破裂。因而，可以根据岩石变形的特征，判断地壳运动的情况。

地质历史时期规模巨大的地壳运动，有时往往需要对大区域甚至全球性的地质构造进行历史发展的分析，也就是大地构造的历史分析，才能确定。

大规模的大陆水平漂移，是根据大陆轮廓的拼合，漂移的两块大陆在地质构造上的连贯性、古生物化石的相似性以及古气候等确定的。

2. 构造运动构造变动的主要形式

岩石的原始层位在构造运动的影响下所发生的变位和形迹，称为构造变动或称构造变形。

构造变形按其表现的主要形式可分为两种类型：一类是岩层弯曲，而岩石的连续性仍然存在，称为褶皱构造包括背斜、向斜等；另一类是岩层中产生了破裂面，岩石的连接性遭到了破坏，叫断裂构造，较为普遍的称断层，常见的是正断层、逆断层和裂隙（节理、劈理）等。自然界中这两类构造的关系密切，后一类常常是前一类进一步发展的结果。

四、岩石变形的力学分析

各种地质构造，如褶曲、节理、劈理、断层等，都是岩石长期受力的作用所形成的变形产物。所以，研究地质构造，除了对各种构造形态进行详细的观察和描述外，还必须研究不同力的作用下，岩石的变形规律。这样，才能揭示出地质构造的发生、发展和组合规律。为此，在讨论各种地质构造的特征之前，先介绍岩石变形的基本知识。

1．岩石变形的概念

文献[6]指出当物体受到外部机械力的作用后，物体的质点便发生分离、聚集或位移，即开始变形过程。物体的外部形态和体积的改变，是它内部质点发生变化的宏观表现。地壳表层的岩层，大多数是沉积形成的。当它未受到外力之前，一般是水平的。但在自然界，水平岩层极少见到，绝大多数岩层均已倾斜，甚至弯曲成各种褶皱，即改变了原始面貌，发生了变形。已经变形的岩石，也会继续受到力的作用，进一步发生变形，使原有变形不断受到改造。

2．应力和应变[1]

当物体受到外来力作用时，物体内部会产生与外力相抗衡的内力，这种内力，称为应力。它是以单位面积上受力大小量度的。在应力的作用下，物体的体积和形状发生改变，称为应变。因此，应力是产生应变的动力，应变是应力作用的结果[4]。

应力可分为使物体发生压缩的压应力、使物体发生伸长的张应力和使物体发生扭切的扭应力（又称切应力）。无论对物体施加什么样的外力，在物体内部必然都会产生这三种应力。如选取一长方柱物体，在其两端施以大小相等、方向相反的拉力，使其处于平衡状态，这时在垂直于物体长轴的断面上，受着垂直于该断面的张应力的作用，在平行于长轴方向的断面上，则受着垂直于该断面的压应力的作用。从而使物体一方面保持平衡状态，另一方面在拉伸方向发生伸长变形，在垂直拉伸方向上发生缩短变形。反之，若我们对长方柱物体施加挤压力，则在挤压方向上产生压应力，发生压缩变形，而在与挤压的垂直方向上就产生张应力，使物体产生伸长变形。若从立体来看，无论外加力是拉伸或挤压，除上述两个方向外，第三个垂直方向上同样有应力的作用，其形迹是介于两者之间。假如在长方柱物体内选取任何一个与应力轴斜交的断面，根据力的分解原理，则在这个断面上的应力，可分解为垂直于断面的垂直应力（又称正应力，可以是张应力，或是压应力）和平行于断面的切向应力（又称扭应力或剪应力）。不同角度的斜交断面上的扭应力大小是不相同的。据材料力学的实验和计算得知，与主应力轴斜交角度为45°的两组截面上的扭应力最大，这两组扭面又叫最大扭面。由于扭应力的作用，可使物体沿最大扭面产生扭裂，其裂开犹如剪刀一样，故又称剪裂。

由于上述三种应力作用，物体就会产生不同形式的变形。归纳起来，物体最基本的变形类型有拉张、压缩、切变、弯曲和扭转五种。如图3-2[2]所示。

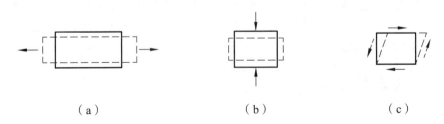

（a）　　　　　　　　　（b）　　　　　　　　　（c）

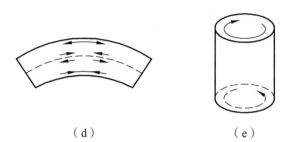

（d） （e）

图 3-2 岩石变形的五种基本形式

a—拉伸；b—压缩；c—剪切；d—弯曲；e—扭转

3．岩石的变形过程

材料力学中已讲过，固体材料的变形过程，一般可分为三个阶段：① 弹性变形阶段；② 塑性变形阶段；③ 破裂阶段。在弹性变形阶段，应力-应变关系服从胡克定律，应力消失后应变即可恢复。在塑性变形阶段，当应力超过材料屈服强度（弹性限、屈服点或比例限）就产生永久变形，但物体的连续性还未受到破坏。当应力积累到一定程度，超过材料破裂强度时，材料便断开而达到破裂阶段。上述是固体材料在实验室常温、常压、常速下变形时的基本规律。在自然界中，由于岩石所处的温度、压力条件、受力方式、受力时间、应变速度的不同以及物体内部的化学键类型和晶格结构的不同，其变形特点也不相同。

应力-应变关系曲线如图 3-3[3]所示。

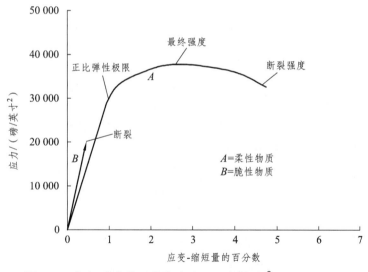

图 3-3 应力-应变关系曲线（注：1 磅/英寸^2 = 6 890 Pa）

第四节　岩层产状

一、岩层及测定

岩层是由成分基本一致的物质组成的层状岩体，岩层与岩层之间由层理或层面分开。岩层在地壳中的空间方向和产出状态称为岩层产状。

二、岩层产状要素

岩层产状是以岩层层面在三维空间中的延伸方向及其与水平面的交角关系来确定的，并由岩层走向、倾向和倾角三个要素来度量，如图3-4所示。

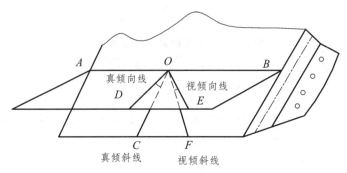

图 3-4　岩层产状示意图

图中，各要素注释如下：

AOB——走向，即岩层层面与水平面相交所得的直线。

OC——在层面上与走向线垂直并沿斜面向下所引起的直线为真倾斜线。

OD——真倾向线在水平投影为真倾向线。

OF——真视倾斜线，即所有与走向线斜交的直线。

OE——真视倾向线，即在水平面上的投影。

COD——倾角，为真倾斜线与真倾向线的夹角。

三、产状要素的测定和岩层产状的表示[5]（图 3-5）

岩层产状要素的表示方法一般有文字表示法和符号表示法两种。在文字表示方法中，由于地质罗盘上标记方向的刻度显示不同，有方位角表示方法和象限角表示法两种表示方法，如图3-6所示。

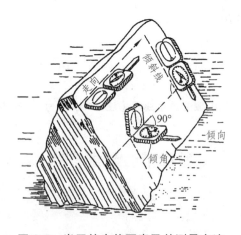

图 3-5　岩层的产状要素及其测量方法

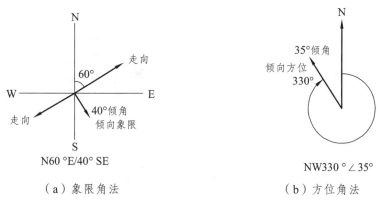

（a）象限角法　　　　　　　　（b）方位角法

图 3-6　产状要素的两种表示方法示意图（据戴俊生，2006）

在地质图上的表示常用特定的符号来表示岩层面的产状。常用的产状符号及其代表意义如下：

（1）30°代表倾斜岩层，长线为走向线，短线箭头表示倾向，数字表示倾角，长短线要按实际方位标绘在图上。

（2）代表水平岩层（倾角 0°~5°）。

（3）代表直立岩层，箭头指向新岩层，长线表示方向。

（4）40°代表倒转岩层，箭头指向倒转后的倾向，数字为倾角，长线表示走向。

四、岩石产状

在广阔而平坦的沉积盆地或海洋中堆积起来的沉积岩，其原始产状大都呈水平或近似水平[9]。但岩层形成后，受内力、外力地质作用的影响，其原始状态会发生不同程度的改变。有的保持原来水平状态，有的则形成倾斜岩层或者直立岩层，甚至岩层倒转。

1. 水平岩层

一般将倾角小于 5°的岩层称为水平岩层。原始沉积的地层一般都呈水平状。水平岩层具有如下基本特征。层序正常时，时代较新的岩层一定位于较老岩层之上；在地质图上，水平岩层的地质界线（岩层与岩层之间的分界线）与地形等高线平行或重合。

水平岩层在地面及地质图上的宽度及形状，主要与地形特征和岩层厚度有关。

露头是指生根岩石暴露在地面的特点。露头宽度是岩层在地面出露宽度的水平投影。它的宽度是受岩层产状、地形坡度以及岩层厚度三个因素控制的，而主要受地形的影响。水平岩层厚度一定时，露头宽度与地形的坡度成反比，坡度大的地方露头宽度窄，平缓处的露头宽度大（图 3-7）。

近似水平的岩层，常出现在受地壳运动影响较微山区，或主要是大面积升降运动为主要的地区。如我国四川盆地中部的上侏罗统和白垩系，基本上呈水平产状。

2. 倾斜岩层

原来呈水平产状的岩层，受地质作用的影响，岩层产生了变动，使岩层的岩层面与水平面有一定的交角，岩层的倾角大于 0°、小于 90°的称倾斜岩层。构造运动改变了岩层的原始水平状态，使岩层发生倾斜。当然也可能由于原始地形的影响，沉积岩层的原始状态就是倾

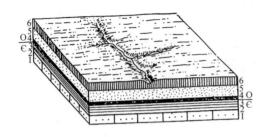

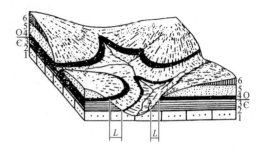

（a）地形较平时，地面只出现单一岩层　　　　（b）地形强烈切割，露头宽度与地形的关系

图 3-7　水平岩层的露头宽度与地形的关系

L—露头宽度

斜的。不过原始的倾斜岩层角度往往都比较小。倾斜地层在大范围内，常常是褶皱的一翼或断层的一盘。

岩层顺序正常时，地面出露的顺序顺倾斜方向是由老到新的，从反倾向方向观察，地层是从新到老依次出露的。如果地层顺序是倒转的，则顺倾向与逆倾向方向地层出露的新老次序与上述情况相反。

倾斜岩层露头宽度的变化情况较为复杂，它既受地形的影响，又受岩层产状的影响。露头宽度的变化，主要决定于岩层面与地面两者的相互关系。当两者越接近一致（相互重合或地面位于同一岩层上）时，露头宽度越大。当两者越接近垂直时，露头宽度越小（图 3-8）。倘若地面是水平的，岩层厚度一定时，露头宽度则与岩层倾角成反比，即倾角陡时宽度小，倾角平缓时宽度大。

3．直立岩层

岩层面与水平相垂直时，称直立岩层。它的露头宽度与真厚度相等，不受地形的影响（图 3-9）。

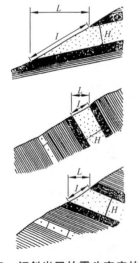

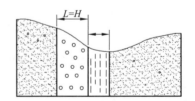

图 3-8　倾斜岩层的露头宽度的变化　　　　**图 3-9　岩层直立时，露头宽度与岩层厚度一致**

H—岩层厚度；I—岩层的地面出露宽度；
L—岩层的露头宽度

第五节 褶皱构造

在构造运动（或称地壳运动）的过程中，地壳中的岩石受力发生弯曲变形，但岩层未失去其连续完整性的构造，称为构造变形。岩石变形的产物称为地质构造[3]，主要有褶皱和断层两种。

层状岩石在构造应力的作用下发生的弯曲变形，形成一系列的波状弯曲现象称为褶皱。褶皱是地壳中最常见的地质构造现象，它是岩石塑性变形的表现形式或结果。

一、褶皱的基本类型

褶皱的形态多种多样，褶皱的规模有大有小，但褶皱的基本类型，只有背斜和向斜两种，在地平面空间上背斜成谷，向斜成山[9]。

背斜，是同岩层向上拱起的一个弯曲，核心部位的岩层时代较老，外侧的岩层时代较新（图 3-10）。

向斜，是岩层向下拗陷的一个弯曲，核心部位岩层的时代，比两侧岩层的时代为新（图 3-11）。

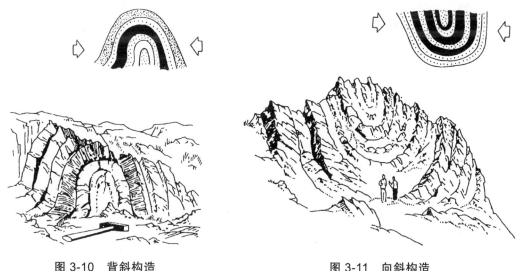

图 3-10　背斜构造　　　　　　　　　图 3-11　向斜构造
（广东廉江龙湾，据蓝淇锋）　　　　（广东连州市清水南 5 km，据蓝淇锋）

二、褶皱几何要素[3，9]

褶皱的几何形态千姿百态，为了准确描述，对比和研究褶皱构造，必须有一个统一衡量和比较的标准或参照系统，这就是褶皱的基本几何要素。褶皱要素如图 3-12、图 3-13 所示。

（1）核部——简称核，即被两翼包围的核心岩层。

（2）翼部——简称翼，是指褶皱核部两侧的岩层。

（3）翼角——两翼岩层和水平面的夹角，称翼角。翼角愈小，褶皱愈平缓，翼角愈大，则褶皱愈紧密。褶皱的一个横剖面上有两个翼角，它们的大小有的相等，有的不等。

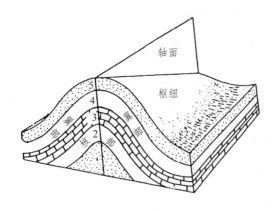

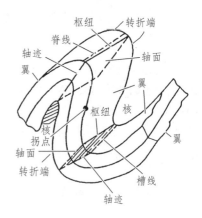

图 3-12 褶皱要素示意图
（图中 1、2、3、4、5 代表地层从老到新的顺序）

图 3-13 褶皱的要素
（据叶俊林，1996）

（4）顶角——褶皱的交角，其大小也反映了褶皱的强烈程度。若褶皱转折部分圆滑，即为两翼切面的夹角。

（5）轴面——由各褶皱面的多条枢纽构成的假想几何面。轴面可以是平面也可以是曲面。

（6）轴——轴又称轴线，是指轴面和水平面的交线，因此轴永远是水平的。如果轴面是平面，则轴线是一条水平直线，如果是曲面，则是一条水平曲线。轴的方位叫作轴向，它表示褶皱在平面上的延伸方向。

（7）轴迹——轴面与地面或任一平面的交线，在油田上又称为轴线，它可以是直线也可以是曲线。轴迹代表了褶皱在横向上的延伸、展布的方向。

（8）脊线和槽线——背斜和向斜各褶皱面在剖面上的最高点和最低点分别称为脊（也叫面）和槽。同一岩层面上连接脊和槽的连线分别称为脊线（或顶线）和槽线，它们可以是直线，也可以是曲线。当轴面直立时，脊线和枢纽是相互重叠的。包含背斜褶皱各层面脊线的几何面称为脊面，它可以是平面，也可以是曲面。

（9）转折端——由一翼向另一翼过渡的弯曲部分。

（10）枢纽——同一褶皱面上曲率最大点的连线。枢纽可以是直线或曲线，可以是水平的，也可以是倾斜的。它反映褶皱在空间的起伏状态。

三、褶皱的分类

褶皱具有各种不同几何形态和空间产出的状态，褶皱的形态分类很多，常见的褶皱类型根据横剖形态和轴面的产状可分为：

（1）直立褶皱：轴面近于直立，两翼岩层层位正常，倾向相反，倾角大致要相等［图 3-14（a）］。

（2）倾斜褶皱：轴面倾斜，两翼岩层层位正常，倾向相反，倾角大小不等［图 3-14（b）］。

（3）倒转褶皱：轴面倾斜较大，两翼岩层向同一方向倾斜，造成一翼岩层层位倒转。两翼倾角可以相等，也可以不等［图 3-14（c）］。

（4）平卧褶皱：轴面近于水平，一翼岩层层序正常，另一翼岩层层序倒转［图 3-14（d）］。

（5）翻卷褶皱：轴面弯曲的平卧褶皱［图 3-14（e）］。

由图 3-14 可见，从直立褶皱到翻卷褶皱，变形的程度愈来愈强。

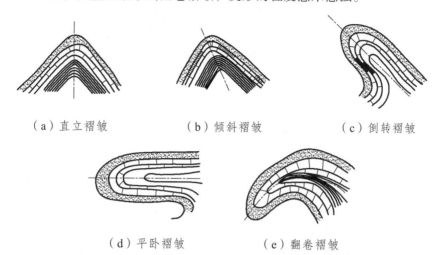

（a）直立褶皱　　　　（b）倾斜褶皱　　　　（c）倒转褶皱

（d）平卧褶皱　　　　（e）翻卷褶皱

图 3-14　根据轴面和两翼产状进行的褶皱分类（据叶俊林，1996）

四、褶皱的成因及力学分析[6]

（1）纵弯褶皱作用：纵弯褶皱是地壳中分布最广泛的一种褶曲构造。它们是岩层在长期缓慢的水平侧压力作用下，发生永久性的弯曲变形所造成的。岩层受到侧向压力时，对每一单个岩层来说，外侧发生拉伸，内侧发生了压缩，外侧和内侧之间有一个既没有拉伸也没有压缩的面，称中和面（图 3-15）。

小褶皱　　剪节理　　　　中和面

图 3-15　单个岩层形成纵弯褶曲的示意剖面图

（2）横弯褶皱作用：岩层受到垂直于层理方向上的作用力形成的褶曲（过去也称扳褶曲）。这种作用力往往是向上的铅直作用力，如地下岩浆的侵入作用或地壳的隆起作用。隆起褶曲形成时，沿着与作用力垂直的方向上（水平方向）发生岩层的伸张。但是每单个岩层的伸张的程度不同，位于外侧的岩层伸张最大，位于内侧的岩层伸张最小。如果岩层的塑性较强，物质可从褶曲核部向两翼发生顺层流动，形成顶部较薄的背斜构造［图 3-16（a）］；岩层塑性很小时，则在顶部形成张裂面，并逐渐发展成为正断层和地堑［图 3-16（b）］。

（3）剪褶皱作用：岩层顺着一组大致平行的密集剪切面发生差异滑动所形成的褶皱，也称滑褶皱（图 3-17）。大规模的剪褶皱颇为少见，一般仅见于柔弱岩层（泥质页岩）中，柔弱的岩石具有较大的塑性。柔弱的岩石在褶皱过程中，早期有显著的塑性流动，褶皱的翼部被拉薄，核部明显地增厚［图 3-17（a）］，后期则产生密集的剪切破裂面，并沿着这些面有滑动，产生剪褶皱［图 3-17（b）］，在野外常见到，在坚硬岩层与柔弱岩层互层的情况下，坚硬岩层则为弯褶皱，而柔弱岩层则发育成剪褶皱。

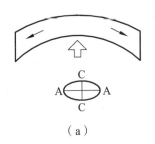
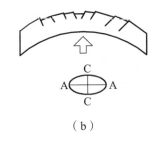

（a）　　　　　　　　　　　　　　（b）

图 3-16　横弯褶皱剖面示意图

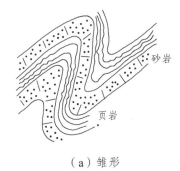
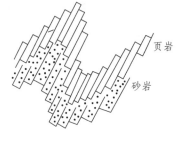

（a）雏形　　　　　　　　　　　（b）完成型

图 3-17　剪褶皱示意图

（4）柔流褶皱作用：塑性很高的岩层受力作用后，不能将力传递很远，往往形成幅度很小、形态复杂的小褶皱。一般认为，岩层在高温、高压下物质发生类似液体的松滞性流动时形成的,这时的原岩层面已全遭破坏。在深度变质的岩石中常见的肠状褶皱即是一种常见的流状褶皱（图 3-18）。

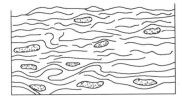

图 3-18　流状褶皱示意图

在自然界中[6]，褶皱的成因是十分复杂的。褶皱可以是几种形成力学方式联合作用的结果，也可以是不同力学方式先后作用的结果。同一种形态的褶皱，也可以由不同的方式形成。因此，对每一个褶皱进行力学分析时，要作具体分析。例如，当岩层受侧压力时，首先发生弹性弯曲，产生层间滑动，可形成弯曲褶皱；随着作用力的不断增加和变形的继续发展，褶皱两翼岩层受垂直于层面的压力不断加大，使物质由翼部流向核部，使核部变厚、翼部变薄；如继续发展，产生密集的剪切破裂面，并沿着这些破裂面发生滑动，便形成剪褶皱。

五、褶皱构造的野外观测[1]

野外研究褶皱，主要应查清褶皱的存在与否，褶皱的性质，褶皱的形态；褶皱的组合类型，褶皱与附近断裂、岩浆岩体的关系，褶皱的形成年代等方面。在沿岩层倾斜方向上，相同年代的岩层作对称式重复排列，可断定褶皱构造。根据对称式重复排列岩层的新老关系，就可判断出是背斜还是向斜。通过对褶皱两翼岩层产状的测量，以及对褶皱轴面和枢纽产状的分析，就能知道褶皱的形态。褶皱的形成年代，是根据区域性的角度不整合的时代来确定的。如图 3-19 所示，下侏罗统构成的向斜构造不整合覆盖在由寒武系、奥陶系构成的向斜和断层之上，则可以推测寒武系、奥陶系的褶皱时期在奥陶系形成之后，下侏罗统形成之前。如果一时观测不到与上覆岩层的接触关系，那么褶皱的形成年代，只能笼统地定为组成该褶皱的最新岩层年代之后。至于褶皱的组合类型，褶皱与断裂的关系，是在研究一系列褶皱的基础上，进行区域性综合分析，才能找出规律。

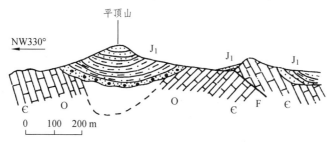

图 3-19　辽宁赛马集平顶山下侏罗统与奥陶系、寒武系的不整合接触关系剖面图

第六节　断裂构造

岩石受力作用后，当应力超过岩石的强度极限时，就会发生脆性破裂，产生破裂面，从而形成断裂构造。地壳中断裂构造的规模有大有小，巨型的可达千米以上，微细的要在显微镜下才能看出来。常见的断裂构造有节理和断层两类。

一、断层的几何要素[4]

岩石破裂后，破裂面两侧岩块没有发生明显位移，称为节理。节理又称裂缝或裂隙[5]，是地壳上部岩石中广泛发育的一种地质构造现象。

（一）构造节理的几何分类

节理的几何分类由其他主要构造的元素来划分，一般分为走向节理、倾向节理、斜向节理、顺层节理。走向节理，节理的走向与所在岩层的走向大致平行；倾向节理，节理的走向与所在岩层走向大致垂直；斜向节理，节理的走向与所在岩层走向斜交；顺层节理，节理面大致平行岩层层面。如根据节理走向与区域褶皱枢纽方向、主要断层走向或其他线状构造延伸方向的关系，又可将节理分为纵节理、横节理、斜节理。纵节理，两者大致平行；横节理，两者大致垂直；斜节理，两者斜交。对没有倾伏的褶皱，以上两种分类可以吻合。即走向节理相当于纵节理，倾向节理相当于横节理（图 3-20）[1]。

（二）构造节理的力学分类

任何节理都是在一定条件下受力作用形成的。按构造节理形成的应力性质可将其分为两类：

（1）剪节理：由剪应力作用形成。剪节理的节理面较光滑，从理论上讲，剪节理应该成对出现，成为共轭 X 形节理，但由于岩石介质的不均一性等，实际上这两组节理的发育程度是不一样的。

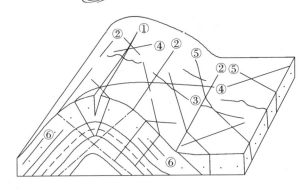

图 3-20　节理的形态分类（引自：徐开礼等主编构造地质学）

①、②—走向节理或纵节理；③—倾向节理和横节理；④、⑤—斜向节理；⑥—顺层节理

（2）张节理：由张应力形成，节理面粗糙、不平直。延长不远、裂缝宽度不稳定，时宽时窄变化较大，一般来说呈中央宽、两端逐渐变窄的透镜状。

张节理常常出现在褶皱的核部、转折端及脆性岩层中，常呈羽列状，有时成不规则的树枝状。它可成为水、油气及矿液的通道，并常被金属矿脉、岩墙或方解石脉等填充。

（三）节理研究的实际意义

节理往往是矿液的通道及其沉淀的场所。因此，某些矿脉的形状、产状和分布与节理的性质、产状有密切的关系。节理在很大程度上影响着岩石的透水性和含水性。节理的性质、产状和分布支配着地下水在岩石中的分布和运动情况。另外，节理发育降低了岩石的稳定性。因此，在各种工程施工和设计时必须很好地考虑节理的发育程度和特点。

节理玫瑰花图[2]，玫瑰花图不止一种，主要可分为两类，一类用节理走向编制，另一类用节理倾向编制，其编制方法如下：

（1）节理走向玫瑰花图：在任意半径的半圆上，画上刻度网，把所测得的节理依走向按每 5° 或每 10° 分组，统计每一组内的节理个数和平均走向。自圆心沿半径射线，射线的方位代表每组节理的平均走向的方位角，射线的长度代表每一组节理的个数。然后用折线把射线的端点连起来，即得走向玫瑰花图（图 3-21）

（2）节理倾向玫瑰花图：先把测得的节理依倾向以每 5° 或 10° 分组，统计每一组内节理个数和平均倾向。在注有方位的圆周上，先根据平均倾向和节理个数定出每一组内相应的点（方法同走向玫瑰花图），用折线把这些点连接起来，即得到倾向玫瑰花图（图 3-22）。

用上述方法，还可以编制出节理倾角玫瑰花图，只是把沿半径长度代表各组平均倾角。

玫瑰花图的读图方法也很简单，图 3-21 是某地的节理走向玫瑰花图，测点共测得节理 373 个，每一个"玫瑰花瓣"代表一组节理的走向，"花瓣"的长度代表在这个方向上的节理个数，"花瓣"越长，表示这个方向上的节理越多。由此图可以看出，发育较好的节理有：走向 330°、走向 30°、走向 60°、走向 300° 和走向东西的共五组。

节理玫瑰花图最大的缺点，不能在同一张图上同时表示节理的走向、倾向和倾角。目前在矿山采用较多的是节理等密图。

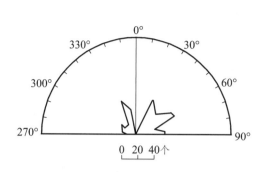

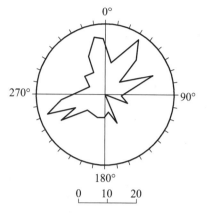

图 3-21　节理走向玫瑰花图　　　　　图 3-22　节理倾向玫瑰花图

二、断　层

（一）断层的概念

断层是破裂后有显著位移的断裂构造。断层也可以是节理进一步发展的结果。断层的规模可大可小，位移小的仅几厘米，大的错动距离可达数百千米。在生产实践和对地壳运动的理论研究中，研究断层具有很重要的意义。

（二）断层要素

断层的几何要素包括断层的基本组成部分，即由断层面以及被它分开的两个断块组成，如图 3-23 所示[3]。

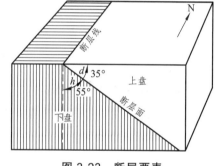

图 3-23　断层要素

1．断层面

两部分岩块沿此滑动的破裂面，称断层面。断层面在空间的位置，同层面一样，用走向、倾向和倾角来确定，称断层产状。断层面往往不是一个平面，常是一个曲面，有时断层两侧的运动并不是沿一个面发生，而是沿着由许多破裂面组成的破碎带发生，这一带称为断层破碎带或断裂带。

2．断层线

断层面和地面的交线叫断层线。它反映了断层的规模和影响范围，由于断层面的形状、产状变化，断层线可以是直线，也可以是曲线。

3．断　盘

断层面两侧相对移动的岩块称作断盘。断层面是倾斜面时，断盘有上、下之分，在断层面以上的断块叫上盘；在断层面以下的断块叫下盘。断层面为直立时，往往以方向来说明，如称为断层的东盘或西盘。如按两盘相对运动来分，相对上升的断块叫上升盘，相对下降的断块叫下降盘。上升盘与上盘并不完全一致，上升盘可以是上盘，也可以是下盘；下盘可以是上升盘，也可以是下降盘。

4. 位 移

断层位移是指断层两盘相对移动的距离。它有不同的度量方法。

1）总滑距

断层两盘相当的点（两盘在断层面上的点，未断裂前为同一点），因断裂而移动的距离称为总滑距，代表真位移。由于需要确定断层两盘错断前后的两个对应点才能确定滑距，因此实际应用难度很大。总滑距在断层面走向线上和倾斜线上的分量分别称为走向滑距和倾斜滑距（图3-24）。

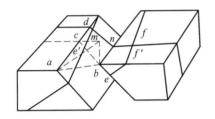 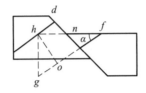 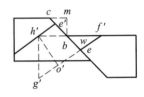

（a）断层位移立体图　（b）垂直于被错断岩层　（c）垂直于断层走向的
　　　　　　　　　　　　走向的剖面图　　　　　　剖面图

图 3-24　断层位移示意图（据徐开礼等，1989）

ab—总滑距；*ac*—走向滑距；*cb*—倾斜滑距；*am*—水平滑距；*ho*—地层断距；*h'o'*—视地层断距；
hg = *h'g'*—铅直地层断距；*hf*—水平地层断距；α—岩层倾角；ω—岩层视倾角

2）断 距

断距是指断层两盘上的对应层之间的相对距离，代表视位移。断距比滑距容易确定，因此断距被广泛应用，但在不同方位的剖面上测得的断距值是不同的。在垂直于被错断岩层走向的剖面上可测得的断距有：

（1）地层断距——断层两盘上对应层之间的垂直距离。

（2）铅直地层断距——断层两盘上对应层之间的铅直距离。

（3）水平地层断距——断层两盘上对应层之间的水平距离。

（三）断层分类[2, 5]

1. 按断层与相关构造的几何关系分类

（1）走向断层：断层走向平行岩层走向，如图3-25（a）所示。

（2）倾向断层：断层走向垂直于岩层走向，如图3-25（b）所示。

（3）斜向断层：断层走向斜交于岩层走向，如图3-25（c）所示。

（4）顺层断层：断层面平行于岩层层面，如图3-25（d）所示。

 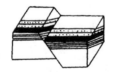  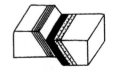

（a）走向断层　　　（b）倾向断层　　　（c）斜向断层　　　（d）顺层断层

图 3-25　根据断层和岩层产状关系的断层分类示意图（据戴俊生，2006）

2．按断层两盘相对运动分类

（1）正断层。

正断层是指断层上盘相对下盘向下滑动的断层［图 3-26（a）］，即上盘相对下降，下盘相对上升。正断层一般较陡，其断层面倾角多在 45°~90°。有些正断层面的产状基本一致，呈板形，另外一些正断层面上陡下缓，呈铲形。

（2）逆断层：逆断层是指断层上盘相对下盘向上滑动的断层［图 3-26（b）］，即上盘相对上升，下盘相对下降。断层面倾角大于 45° 的逆断层一般称为高角度逆断层，有人也称为冲断层；倾角小于 45° 的低角度逆断层，称逆掩断层。

（3）平移断层：平移断层两盘基本上沿断层走向作相对水平移动，又称为走向滑动断层［图 3-26（c）］。根据断层两盘相对滑动方向，平移断层又有右行（右旋）和左行（左旋）之分。根据垂直断层走向观察，对盘向右方滑动（即沿顺时针方向旋转）者为右行平移断层；反之，对盘向左方滑动（即沿逆时针方向旋转）者称左行平移断层。

（4）旋转断层：断层两盘做相对的旋转运动，这种断层称旋转断层。断层两盘相对旋转位移后，两盘岩层产状各不相同；并且沿断层面上的总滑距各处也不相等。如图 3-26（d）所示，断层的滑距一头大，另一头小，图 3-26（e）[6]中一头为正断层，另一头为逆断层。

   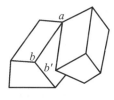 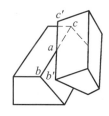

（a）正断层　　　（b）逆断层　　　（c）平移断层　　（d）旋转断层之一　　（e）旋转断层之二

图 3-26　根据断层两盘相对运动分类

（四）断层的组合类型

在自然界中，断层常常不是孤立地出现，而往往是成群成组地、有规律地组合在一起。从横剖面看，正断层的组合类型有地堑、地垒及阶梯状断层。逆断层的组合类型有叠瓦状构造。

（1）地堑：主要由两个或两组正断层组成，两边断块相对上升，中间断块相对下降（图 3-27）。反映到地貌上常造成狭长的拗陷地带，如我国的汾河、渭河地堑。

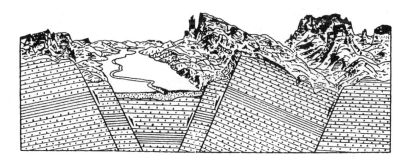

图 3-27　地堑

（2）地垒：与地堑相反，两边的断块相对下降，中间断块上升。在地貌上往往构成块状山地，如江南庐山。

地堑与地垒有时可以相间排列，相伴产生，形成地堑和地垒的断层通常是正断层。

（3）阶梯状断层：若几个正断层依次向一侧下降，呈阶梯状排列，称阶梯状断层（图3-28）[3]。

图 3-28　阶梯状断层

（4）叠瓦状构造：当一系列大致平行的逆断层重叠组合成叠瓦状时，称叠瓦状构造。

叠瓦式断层又称为叠瓦状构造，是由一系列产状相近的逆冲断层组成的，其上盘依次向上逆冲，断层面呈叠瓦式组合，如图3-29[1]所示。叠瓦式断层是逆冲断层最常见的组合形式。叠瓦状构造中各断层面倾角常向下变缓，在深处有时收敛成一主干大断层。

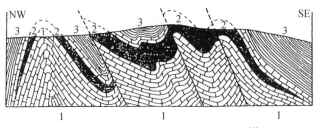

图 3-29　逆断层组成的叠瓦状构造[8]

（5）推覆构造[5]：由逆冲断层及其上盘推覆体或逆冲岩席组合而成的断裂构造称为推覆构造，也称辗掩构造或推覆体（图3-30）。它一般是规模巨大且上盘沿波状起伏的低角度断层面作远距离推移（数千米至数百千米）而成的，主要产于造山带及其前缘，一般是强烈水平挤压的结果。但在重力和伸展作用下，也可以引起板块状岩层的大规模滑移，其产状和形态与推覆构造相似，称之为滑覆构造。

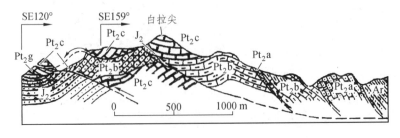

图 3-30　北京汤河口附近的叠瓦式断层和推覆构造（据朱澄等，1978）

三、断层的力学分析

关于断层的力学分析，目前尚未有统一的认识[2]。张文佑教授等根据地质模拟试验、材料力学试验和野外观测结果推断，断裂的形成是由剪切开始，而后由张裂完成。岩石受力超过屈服点（比例极限），先引起塑性变形，产生"X"形交叉剪切断裂网格；而后在张力作用下，迁就原始"X"形剪切裂隙，形成锯齿状断裂（图3-31）。褶皱的不同部位应力状态不同，断裂网格的形式也不同。对于侧向挤压造成的褶皱，在背斜中和面以上，产生垂直褶皱轴向的张应力，形成一套锐角方向与褶皱轴向平行的"X"形交叉剪切断裂网格，在此基础上形成锯齿状的走向张断裂。在向斜中和面以上，形成锐角方向与褶皱轴向垂直的"X"形剪切断裂网格与横张断裂（图3-32）。

现根据文献[2]对正断层、逆断层、平移断层做如下叙述。

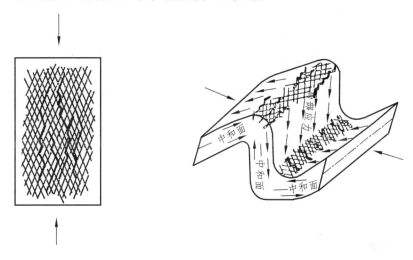

图3-31　迁就"X"形交叉剪切　　　图3-32　褶曲不同部位的断裂网格
断裂网出现锯齿状张性断裂

1．正断层

正断层多数是水平方向的伸张所形成的张裂（少数为剪裂）。在重力作用下，使上盘下降而发生位移。正断层的断面一般较陡，在张裂的情况下，断面相当于图3-33中应变椭球体的 BC 面，并垂直于变形轴 A；在剪切情况下，断层面的位置应当在应变椭球体的 A 轴和 C 轴之间，其走向平行于 B 轴。常见岩层受力发生形变，隆起呈背斜时，背斜轴部受到近于水平方向的张力，而产生纵向的正断层。

2．逆断层

逆断层的上盘超覆在下盘之上，表明在逆断层形成过程中受到水平方向的压力作用，逆断层的断层面平行或近似平行于最大剪切面，并位于变形轴 A 和 C 之间，背斜的核部向上隆起，两翼向核部挤压，如图3-34（a）所示，在褶皱翼部向上运动和水平运动的两部分之间可能存在着潜在的破裂面。随着力的不同作用，潜在破裂面中的一个或两个发展成逆断层，如图3-34（b）所示。

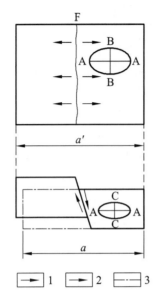

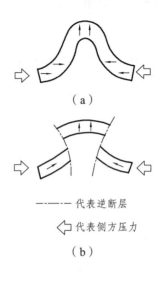

图 3-33　正断层的形成与
地壳水平伸张的关系

图 3-34　由直立褶曲发展的
逆断层剖面示意图

3．平移断层

平移断层的断层面倾角较大，走向也比较稳定，大多数平移断层相当于或接近于最大剪切面，因而它有时成对出现；一个是左行平移断层，另一个是右行平移断层。与水平挤压形成的褶皱有关的平移断层可以是斜断层或横断层。斜断层往往是早期斜节理发展而成的。横向的平移断层是沿褶曲的横向张裂面发展而形成的。平移断层的规模可以很大，如北美洲西岸的圣安德列斯右行平移断层，它的水平断距达 400～500 km。

参考文献

[1]　徐成彦，赵不亿. 普通地质学[M]. 北京：地质出版社，1988.

[2]　陈希廉. 地质学[M]. 北京：冶金工业出版社，1986.

[3]　苏文才，朱积安. 基础地质学[M]. 北京：高等教育出版社，1991.

[4]　宋春青，张振春. 地质学基础[M]. 北京：人民教育出版社，1978.

[5]　张琴. 地质学基础[M]. 北京：石油工业出版社，2008.

[6]　李叔达. 动力地质学原理[M]. 北京：地质出版社，1983.

第二编

构造地震与构造应力场

第四章　构造地震的理论成因综述

第一节　地震的发生与作用概述

由于地球的自转，地球内部各种物质不断运动，产生了一种推动地壳岩层发生形变的巨大力量[1]。与此同时，在地壳岩层内部也产生一种抵抗形变的反抗力，作用在单位面积上的这种反抗力，叫作"地应力"。

在地应力的长期作用下，使原来处于水平状态的岩层发生褶皱、倾斜、弯曲等形状改变。地应力的作用继续加强，使褶皱变形逐渐加剧，超过了岩石承受能力的时候，就会突然破裂，产生猛烈振动而造成地震。

我们不妨做个简单的试验：将一块坚硬的岩石，放在压力机上逐渐加力，随着压力的增加，岩石便发生变形直至破裂。

地壳岩石受力，由弯曲到破裂而发生地震，大致类似这种情况。

这种由于地壳内部构造运动而引起的地震叫作"构造地震"。构造地震大都发生在地下五至二三十千米的地壳里，世界上约 90% 的地震属于构造地震。此外还有因火山爆发、洞穴坍塌引起的地震，分别叫作"火山地震"和"陷落地震"。这些地震在我国比较少见，破坏力也小得多。

不难理解地震的发生是由于地球自转速度的不均一性，加上地壳内部热能的变化，使地壳各部分岩石受到一定的力（即地应力）的作用。地应力作用尚未超过岩石的弹性限度时，岩石会产生弹性形变，并把能量积累起来，当地应力作用超过地壳某处岩石强度时，就会在那里发生破裂，或使原有的破碎带重新活动，它所积累的能量急剧地释放出来，并以弹性波的形式向四周传播，从而引起地壳的颤动，产生震撼山岳的地震。可见地震只是现象，而地应力的变化和发展才是它的实质。不断地探索地应力从量变到质变的活动规律，才能把握住地震的实质。

构造地震活动频繁，延续时间长，影响范围大，破坏性强，因此造成的危害性也最大。

第二节　现阶段构造地震的成因理论

地震有多种原因，按其成因分为构造地震、火山地震、陷落地震三种类型。另外，还有水库及其他因素导致或诱发的地震。

构造地震（tectonic earthquake）是由构造运动所引起的。这种地震约占地震总数的 90%，世界上绝大多数地震，特别是震级大的地震，均属此类。其特点是活动性频繁，延续时间较长，影响范围最广，破坏性最大，因此，是地震研究的主要对象。构造地震的成因和震源机制研究是地震理论中最核心的问题。目前有关构造地震的成因理论，最主要的有以下几种理论[3]。

一、断层成因

最早提出这一学说的是 A. Mekey（墨凯）。他在 1902 年就提出断层活动是地震的成因，这已经由 1906 年旧金山的大地震所证实。该次地震是圣安德列斯断层两盘发生错动而引起的。1910 年 H. F. Reid（吕德）进一步提出了地震断层成因的弹性反跳理论，认为构造地震的发生，是由于断层错动所引起的突然弹性反跳。

地壳或岩石圈是具有弹性的刚体物质，其情况与弹簧相似，地壳中的岩石在构造运动所产生的地应力作用下，也会发生弹性应变，积累大量应变能（位能），当地应力逐步增加到超过岩石的强度极限时，岩石就会在刹那间突然发生断裂，或者使地壳中原来已存在的断裂，再次突然错动，而把所积累的应变能大量释放出来，其中一部分应变能以弹性反跳形式释放，产生弹性波，传播到地面就是地震。因此，地震的发生是由于地壳岩石中的弹性应变能量不断积累和突然释放的结果，也是地应力不断积累的结果。其震源来自断层面。

引起地震的断层主要发生在地壳内部。有人作过统计，在 1819—1955 年间，世界上大于 7 级的强烈地震，不下 645 次，但引起地震的断层露出地表者，只有 36 例。1905 年蒙古杭爱山区 8.3 级大地震，地面出现长达 700 km 的断层，是已知震例中最长的一条。

地层断层成因的弹性反跳的理论，已经在实验室中得到证实，并符合于震源机制研究的实际观测结果，因而已被公认。它对浅源地震的成因机制，解释是合理的，文献[2]指出，地层断层成因用于中深源地震则较困难。因为断层滑动必须克服断层面间的摩擦阻抗力，而摩擦阻抗力是随深度增加的。实验证明，当岩石处在摩擦阻力较大的情况下，其受力后的最终破坏方式，不是突然的脆性断裂，而是软化塑流，因而中、深源地震的成因机制，不是弹性反跳理论所能解释的。

二、岩浆论

这种说法认为处在地下深处高温、高压环境下的熔融岩浆，拥有巨大的能动力，在其从地幔向地壳侵入过程中，由于热力和气体的作用，发生膨胀并挤压围岩，使所到之处的压力均衡遭受破坏，并在局部积累弹性应变，最后导致围岩破裂，发生地震。

这种构造地震的岩浆成因说，实际上也是与岩石的破裂分不开的。只不过认为促使岩石发生破裂的能量，来自岩浆的热力膨胀，而不是地壳运动所产生的地应力。

三、相变论

该学说认为中、深源地震是由地下深处的物质发生相变引起的。在一定的温度和压力之下，地下物质可从一种结晶状态突然转变到另一种结晶状态，因而发生体积变化，这就是相变。如果在相当大的区域内，几乎同时发生相变，所造成的体积变化是很可观的，由此便可导致地震的发生。根据相变说，地震动能的来源便是矿物的结晶能，地震的成因机制是体积的收缩或膨胀。但目前对相变成因说的争议较多。

自全球构造的板块学说问世之后，中、深源地震的成因问题，才获得了比较合理的解释。

四、板块构造说的地震发生论

世界上许多较大的地震几乎都与板块的汇聚作用有关，而绝大部分又集中在板块的汇聚边界。

（1）震源最浅的地震常发生在海沟，这是因为板块从海沟上部开始俯冲时，板块的表层弯曲于伸张状态，以形成正断层为主，所以在海沟附近主要发生浅震。

因此在大洋中脊和转换断层上的地震一般都是浅源地震，其地震能量较小。

（2）深源地震，较深的地震则发生在一个以 45° 倾角伸向岛弧或大陆之下，俯冲时（10 km 以下）就发生逆掩剪切运动，主要产生逆冲逆掩断层。板块间产生强的摩擦、挤压，因而积累了大量的能量，当它突然释放时便形成深源地震。

第五章　地质力学与构造应力场

第一节　地质力学概述

一、地质力学产生的原理

地质力学是运用力学的观点研究地壳构造与地壳运动规律的一门科学，是我国卓越地质学家李四光同志创导的。它立足于我国地质实际，在广泛实践的基础上总结和发展起来。

地质力学的萌芽[2][3]，是在 20 世纪 20 年代初期研究我国东部石炭-二叠纪沉积物开始的。发现这一时期北方地层以陆相为主，而南方则有广泛的海相地层分布。当时就提出一个问题，即同一时代的地层，海侵海退的现象为什么呈现这样的南北差异？李四光教授对地球上其他地区古生代以来大陆上海水进退的现象作了初步的比较，得到一种假说：大陆海水的进退，不完全像奥地利地质学家苏士所提的那样，即海面的运动，或升或降，是具有全球性的；可能还有由赤道向两极又反过来由两极向赤道的方向性运动。海水运动与地壳运动之间的这种密切关系，反映了它们可能与地球自转速率的变化相关。由此提出一种看法：由于受到重力均衡等作用的影响，地球质量逐步集中，进而导致自转角速度的变快。随着自转加快，离心力必然加大，地球的扁度也相应增加。在赤道附近直径增长，两极地区直径变短，这样自两极向赤道就会产生一股推力，地壳表层物质，特别像最容易流动的海水，就首先从两极向赤道方面浸没。岩石圈也相应发生改变，一次广泛的地壳运动随之发生。但又由于地壳物质的重新分配和地壳运动中上下层间的摩擦以及地球扁度的变化等内因，也有像潮汐作用那样一些外因的轻微影响，引起了"刹车"作用，使地球自转速度又逐渐变慢。这种自动控制着地球自转速率变化的作用，通俗地叫作"大陆车阀"[3][4]。

二、地质力学研究的主要内容[2]

地质力学的主要内容是运用力学原理研究地壳构造和地壳运动规律。它是地质学和力学相结合的一门边缘学科。它从研究地质构造现象的力学本质出发，寻找出各种构造现象的内在联系，建立起不同类型的构造体系；进而探索形成构造体系的地壳运动的方式、方向和发生时期；并且研究地壳运动的起源和动力来源问题；同时为找矿、水文、工程、地震等的构造控制提供理论基础。

第二节　地球自转与构造应力

地球自转的规律：根据李四光教授的观点，构造应力的总规律是以水平为主，其主要方向为南北和东西。东北大学林韵梅教授等[4]把它概括为以下四个方面的原因并进行了详细论证。

（1）地球是一个绕南北极自转的椭球体。

正由于地球是一个绕南北极自转的扁椭球体，球上任一点 P 的位置常用 Ψ，余纬度 θ（纬度 λ 的余角），以及该点与地心之间的距离 R 来确定。（R, θ, Ψ）称为 P 点的球极坐标（图 5-1）。

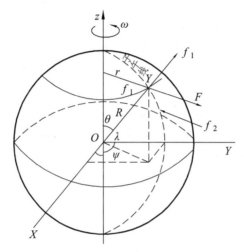

图 5-1　构造应力来源示意图[5]

当地球的自转角速度为 ω 时，球面上任一点上产生的离心力 F 为：

$$F = mr\omega^2 \tag{5-1}$$

式中：m 为地壳某一点质量；r 为自转轴至该点的距离；F 力分解为与地壳垂直的分力 f_1 和水平分力 f_2。由图 5-1 可见，f_1 的方向与重力相反，被重力抵消，而 f_2 则沿着子午线的切线方向，在北半球和南半球均指向赤道，其大小等于：

$$f_2 = F \sin \lambda$$

$$r = R \cos \lambda$$

$$f_2 = mR\omega^2 \cdot \cos \lambda \cdot \sin \lambda \tag{5-2}$$

式中：λ 为纬度。

当角速度发生变化时，ω 有一个增量 $\Delta\omega$，则每一质点上的离心力增加为：

$$F' = mr(\omega + \Delta\omega)^2$$

与原来的离心力 F 相比，其增量为：

$$\Delta F = F' - F = mr(2\omega + \Delta\omega)\Delta\omega$$

于是，离心力增量 ΔF 的水平分量为：

$$f_2' = mR(2\omega + \Delta\omega)\Delta\omega \cdot \cos\lambda \cdot \sin\lambda$$

$$\approx m \cdot \left(\frac{\Delta\omega}{\omega}\right) \cdot \omega^2 \cdot R \cdot \sin\lambda \qquad\qquad (5\text{-}3)$$

有人计算过，如果地球转速每年变化 0.001 2 s，其能量比全年地震能量的总和还大两倍。这说明角速度的变化完全可以引起地壳运动。

由（5-3）式可见，在 $r = 0$（两极）和 $\lambda = 0$（赤道）处，f_2' 都等于零；而在中间纬度地带（$\lambda = 45°$）时 f_2' 最大。说明构成地球表层的物质在总体上被水平力推向赤道。而水平力的分布规律是：自两极开始到南北纬度 45° 处，水平力逐渐增至最大，以后向赤道方向又逐渐减少。在这种水平力的作用下，地球上必产生与赤道平行的长条山脉，并应在中纬度地区最为发育。实事证明了上述论点。例如全球性的东西构造带主要出现在纬度 25° ~ 50°。我国的阴山—天山东西向构造带、秦岭—昆仑东西构造带、南岭东西构造带都是这种南北向水平挤压应力造成的。

（2）地球的自转角速度发生变化时，还要产生沿纬度圈切线方向的纬向惯性力 f_3[4]。

如图 5-2 所示，在它的作用下形成南北构造带。由于地壳各部分与基底黏着的牢固程度不一样，当地球产生加速度而转快时，黏结不牢的地块在纬向惯性力的作用下向后滑动，与它前面黏结较牢的地块产生张裂，形成南北向的张性断裂带；又与它后面黏结较牢的地块互相靠近，产生由东向西的挤压力，形成南北向的挤压构造带。

（3）和其他旋转体一样，地球也必须遵守动量守恒定律，即：

$$\omega I = 常数$$

式中：I = 转动惯量；ω = 地球自转的角速度。

当地球自转逐步加快而发生一场大规模地壳运动的时候，由于离心力的增大，地壳下部的岩石乃至地幔上部的超基性岩体将通过各种裂隙向地壳上部运动，甚至冒出地球表面而形成火山爆发以及大量火成岩进出的现象。这样密度大的物质由地下深部向地壳浅部或表面转移，使得地球的转动惯量 I 加大。为了保持动量 ωI 为常数，转速 ω 就会自动减少，当地球转速降低的时候，离心力也随着减少。在这种情况下，由于重力作用，某些密度大的物质下沉，轻的上升，又改变了地球的转动惯量 I。I 的减少必然重新引起转速加快。所以，在地球自转变快的同时，存在着使地球自转变慢的因素，在地球自转变慢的同时，存在着使地球自转加快的因素。因此地球自转速度不会无限地快下去，也不会无限慢下来。地质力学称这种自动减速而缓和构造运动的作用为"自动车阀作用"。近代天文观测资料已经证明：地球自转速度不是定常的。它时快时慢地变化着，使地壳运动时缓时紧。

前面提到老的构造运动在岩体内留下残余应力，正在进行的构造运动又将在岩体内积累起新的应力。新老构造应力叠加，形成十分复杂的构造应力场。所以对每一个具体地区来说，构造应力的主要方向不一定是东西或南北。

（4）水平应力主导性的认证[4]。

沿着经线和纬线将地壳分成无限个单元体，如图 5-2 所示。

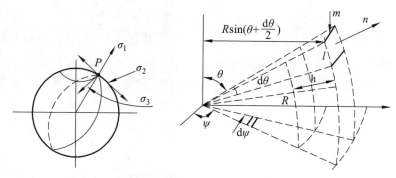

图 5-2　地壳单元体上的应力

设单元体处法线为 n。单元体边长为 l、m 和 h（地壳的厚度），它们分别为：

$$l = R \mathrm{d}Q \tag{5-4}$$

$$m = R \sin\left(\theta + \frac{\mathrm{d}\theta}{2}\right)\mathrm{d}\psi \tag{5-5}$$

式中：R 为地球的半径；$\mathrm{d}Q$ 为余纬度在 l 长度的微小改变量；$\mathrm{d}\psi$ 为经度在 m 长度内的微小改变量；θ 为余纬度；ψ 为经度。

根据上述地质力学分析，两个水平主应力的方向与地理的经纬线方向一致。因此可以认为，在每个单元体上作用以下应力：

沿外法线方向的垂直应力 σ_1。

沿经线切线方向的水平应力 σ_2。

沿纬度圈切线方向的水平应力 σ_3（注：σ_3 所在纬度图平面并不通过球心）。

利用单元体的平衡条件，沿某处法线 n 方向的各力的总和为零，可列出下列方程：

$$\sigma_1 lm + 2\sigma_2 mh \sin\frac{\mathrm{d}\theta}{2} + 2\sigma_3 lh \sin\left(\theta + \frac{\mathrm{d}\theta}{2}\right)\sin = 0 \tag{5-6}$$

将 l、m 值代入（7-6）并令 $\sin\dfrac{\mathrm{d}\theta}{2} \approx \dfrac{\mathrm{d}\theta}{2}$，$\sin\dfrac{\mathrm{d}\psi}{2} \approx \dfrac{\mathrm{d}\psi}{2}$，得：

$$\sigma_1 R^2 \cdot \mathrm{d}\theta \cdot \mathrm{d}\psi \cdot \sin\left(\theta + \frac{\mathrm{d}\theta}{2}\right) + \sigma_2 R \cdot \mathrm{d}\theta \cdot \mathrm{d}\psi \cdot \sin\left(\theta + \frac{\mathrm{d}\theta}{2}\right) \times h + \sigma_3 R \cdot \mathrm{d}\theta \cdot \mathrm{d}\psi \cdot h \cdot \sin\left(\theta + \frac{\mathrm{d}\theta}{2}\right) = 0$$

化简，得：

$$\sigma_1 R + \sigma_2 h + \sigma_3 h = 0$$

于是

$$\frac{\sigma_1}{\sigma_2 + \sigma_3} = -\bar{R} \tag{5-7}$$

式（5-7）即为李四光教授提出的垂直应力水平应力的关系式，这一公式论证了他所提出的"在构造应力作用仅仅影响地壳上层一定厚度的情况下，水平应力分量的重要性远远超过垂直应力分量"的结论。近年来在煤矿、金属矿、采石场和隧道开挖中所进行的观测证明构造应力比单独由重力应力场所产生的水平应力要大得多。

① 多尔尼诺夫等认为：构造应力可以近似看作水平应力[5]，构造应力的方向受地壳构造结构方向的影响，构造应力要比垂直应力大 1.0 ~ 1.5 倍。

② 根据近代地质力学的观点，从全球范围来看，构造应力总规律是以水平为主，李四光教授认为，地球自转角速度的变化而产生地壳水平方向的运动，是造成构造应力以水平为主的重要原因[6]。

第三节　构造应力

一、构造应力

岩体的构造应力是一种长期存在于地壳中、克服阻力不断推动地壳运动发展的内在力量。每一次构造运动都在地壳内形成各种各样的构造形迹，如褶皱、断层等。促使构造运动发生和发展的内在力量，就是构造应力，习惯叫地应力。

构造应力在空间上有规律的分布称为构造应力场。而某个区域的局部构造应力场称为区域构造应力场。

在同一地区一次构造运动尚未结束，又可能有新的构造运动发生，新的构造应力场与老的构造应力场叠加，形成十分复杂的构造应力场。当构造运动已经结束，原来存在于岩体中的构造应力随着时间的延长，应力则大为降低（应力松弛），此种应力称为构造残余应力。一般把上述两种情况不加区别，统称构造应力场。

确定岩体中构造应力场的一个行之有效的理论与方法，是李四光教授创立的地质力学方法。地质力学的观点，认为从全球范围来看，构造应力的总规律是以水平力为主。李四光教授认为，地球自转角速度变化而产生地壳水平方向的运动，是造成构造力以水平为主的重要原因。

现代构造应力场在广大区域内分布的一致性，显然是受到某一种构造因素的控制。国家地震局地球物理研究所鄢家全等根据我国及邻区 40 年来（1937—1977）173 次浅源地震的断层面分析结果以及其他材料，讨论了我国及邻区普遍存在着的以水平压应力为特征的现代构造应力场；并认为，我国大陆块内部的现代构造应力场与周围岩石圈板块运动和上地幔的物质运动有关。

二、地应力

地应力是地球内部应力的简称，应力场就是地应力在一个空间范围内的分布[7]地壳中没有受到采掘等工程影响的岩体称为原岩体，简称原岩[8]。原岩内天然赋存的应力称为原岩应力，又叫地应力[9]。原岩应力很复杂，其中以自重应力和构造应力为主。

三、地应力是地震预测预报的关键因素

文献[9]对地震的监测，概括为地震、地形应变（应力）、地磁地电和地下水物理化学等四

个领域，地震的孕育和发生与四个科学领域的多种因素有关。但是，从根本上讲，地震的孕育、发生是一个力学失稳过程。因而监测地球介质的形变，观测其应力、应变状态的动态变化，进而研究与其地质构造环境，地震孕育直至发生的关系，无疑是探索地震预测预报的关键[9]。

四、地应力是地质环境和地壳稳定性评价、地质工程设计和施工的重要基础资料之一

岩体稳定性受控于地应力作用下形成的各种结构面和现今地应力场与岩体的相互作用[6]。地应力不仅是决定区域稳定性和岩体稳定性的重要因素，而且往往对各类建筑物的设计和施工造成直接的影响。已有越来越多的证据表明，在岩体应力高的区域内，地表和地下工程施工期间所进行的岩体开挖工作往往能引起一系列与应力释放相联系的变形和破坏现象。所以影响岩体稳定的地质因素主要是岩体的结构特征及岩体中的初始应力状态，前者是影响井巷和采场围岩稳定的地质基础或物质基础，而后者是影响岩体稳定的应力条件。

第四节　板块内的构造应力场

一、板块内部的应力场

板块构造理论认为，作用在板块的驱动力有三种：洋脊推力、板块牵引力、海沟吸引力。Zoback 指出[7]，有两种力作用在板块上，决定着板块内部的应力状态，如图 5-3 所示。

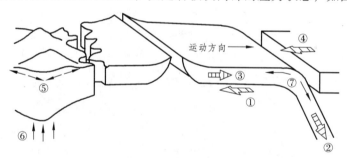

图 5-3　作用在岩石板块上的力（Zoback 等，1989）

①—岩石层底部的剪切力；②—俯冲带处的净板块拉力；③—洋脊推力；④—海沟吸引力，局部构造力；
⑤—表面荷载和弯曲；⑥—均衡补偿；⑦—大样岩石层弯曲

1．大尺度的构造力

大尺度的构造力包括板块边界力（驱动或维持板块运动），地球动力学过程产生的力（如上下表面所受到的荷载或不均匀密度分布引起大尺度岩层的弯曲）以及海洋岩石层冷却中的热弹性力学等。

2．局部小的尺度力

局部小的尺度力包括地形、岩石强度或弹性性质的各向异性以及剥蚀和人工开挖等因素的局部影响。

由大尺度构造力决定的构造应力场，一般是岩石层弹性部分的若干倍（几倍、百倍）。

二、板块运动和板内构造应力场

我国及邻区的现代构造运动是同周围几个岩石圈板块的联合作用分不开的（图 5-4）[9]。以西部地区为例，其主要是受到印度洋板块运动的影响，始新世后，印度次大陆作为印度洋板块的前锋，同欧亚板块发生剧烈的碰撞，从而引起了我国西部地区，特别是青藏高原地区的强烈构造活动。首先造成了兰州——察隅线以西的青藏高原上近南北到北东走向的水平压应力，高原地壳物质在沿受力方向发生剧烈的碰撞，从而引起了我国西部地区，特别是青藏高原地区的水平应力，高原地壳物质在沿受力方向发生短缩和推移的同时，还可能出现横向的推移。随着横向推移方向的改变，青藏高原东缘主压应力的走向产生了规则性变化。这种碰撞挤压作用，还可能进一步越过塔里木地块和阿拉善地块，影响到天山和阿尔泰地区，形成了喜马拉雅山到蒙古西部，纵长达 3 000 km 的主压应力轴走向的一致性，印度洋板块在那加山和阿拉千山一带的侧向挤压作用，引起了从那加山和阿拉千山到金沙江—红河断裂带之间的北北东到北东向的水平压应力场。

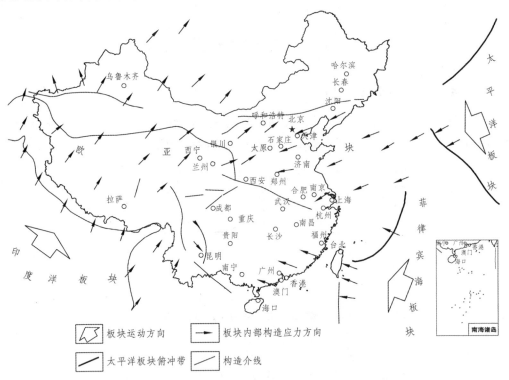

图 5-4　板块运动和板内构造应力场

第五节　我国现代地应力场与区域应力场

一、我国现代地应力场空间分布特点

莫尔纳等的相关研究资料（1997 年）表明，我国境内现代地应力场的空间展布具有明显的分带现象，如图 5-5 所示。

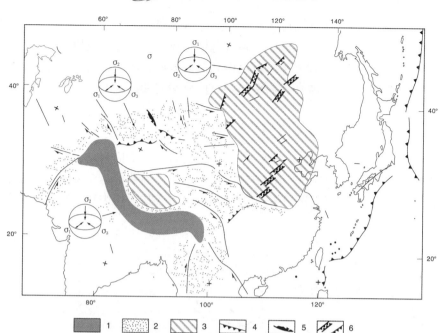

图 5-5 我国境内现代地应力场的空间分布情况（根据莫尔纳等，1977）

1—强烈挤压区；2—中等挤压区；3—引张区；4—逆断层；
5—走向错动断层；6—正断层及地堑

二、我国及邻区现代构造应力场与构造变形[10]

我国及邻区的现代地壳构造形变分布图案是在一定的构造应力场作用下产生的（图 5-6），文献[11]指出，我国及邻区大陆板块内的现代构造应力场和构造形变是同周围几个岩石

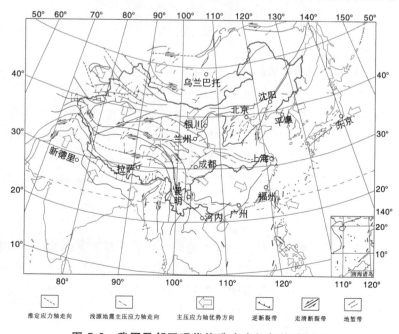

图 5-6 我国及邻区现代构造应力场与构造形变

圈板块的联合作用有关的。西部地区主要是受到印度洋板块北北东向运动的影响。印度洋板块通过青藏高原也可能影响到华北地区；华南地区主要是受菲律宾板块向北西西方向运动的影响，东部华北地区主要是受到太平洋板块向北西西方向运动的影响，东部华北地区主要是受到太平洋板块伊豆—小笠原俯冲带向南相一方向碰撞俯冲的影响。

三、川滇断块运动方式的特征

根据唐荣昌等资料（1993 年）及图 5-7，呈现的板内构造应力场方向、板内断块运动方向和板块推挤方向等表明，它们的运动方式，特别是川滇断块的运动方式，代表了西南地区现代地壳运动的特征，在很大程度上决定了西南地区现代构造应力场的特点和性质。

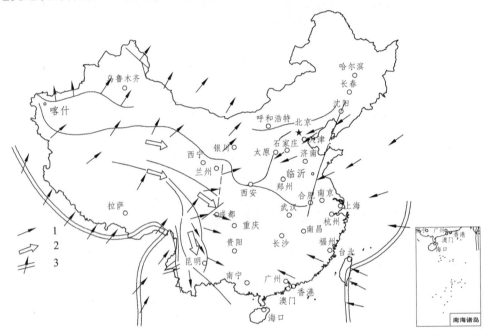

图 5-7 印度洋板块与欧亚板块的顶撞以及川滇断块、川青断块的形成（唐荣昌等，1993）

1—板内构造应力场方向；2—板内断块运动方向；3—板块推挤方向

不难看出西部地区地应力和强震活动的产生滞后于印度板块和欧亚板块的碰撞。也就是说：印度和欧亚板块边界的强烈挤压，西部地区应力场明显增强。这样西部地区的地震活动在时间上既滞后于板块界，又与板块边界的地震活动有一定的响应关系。

由于地壳物质的弹塑性性质，因而地壳应力从板块边界传递到周围地区有一个时间过程。

四、现代区域应力场

关于现代区域应力场，文献[11]指出：有关地应力和形变测量资料不够多，不足以说明问题，可以得出以下几点看法：① 现代应力场是新构造运动的继续和发展；② 各断块区之间的新构造运动及现代应力场方面存在着明显差别；③ 由于我国大陆处于较特殊的构造部位，而且各断块有的与不同现代板块边界直接毗邻，有的又距这些边界较远，因此，有的板内地震与板块边界活动有关，有的受到影响，有的很难做出判断。

（1）新疆断块的现代应力场为近南北向，表现在北西向的右旋运动，北东向断裂的左旋运动和近东西向断裂（如天山南北侧盆地）挤压作用。

（2）青藏断块的现代应力场为北东—南北向，同时南北两侧，特别是东部向相邻的断块区挤压，这样显出有小型断块向东和向东南移动的特征[11]，如图5-8所示。

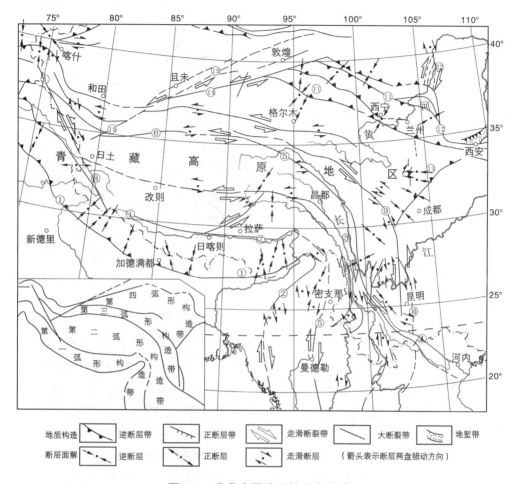

图 5-8　青藏高原地区的现代构造

①—喜马拉雅山褶皱断裂带；②—那加山褶皱断裂带；③—三江褶皱断裂带；④—红河断裂带；⑤—伊洛瓦底江断裂带；⑥—可可西里山断裂带；⑦—雅鲁藏布江断裂带；⑧—喀喇昆仑山断裂带；⑨—炉霍-康定断裂带；⑩—滇东断裂带；⑪—祁连山褶皱断裂带；⑫—六盘山褶皱断裂带；⑬—龙门山褶皱断裂带；⑭—阿尔金山南缘断裂带；⑮—阿尔金山北缘断裂带

① 四川盆地及邻区变形构造格局，如图5-9所示[12]。

② 西南地区主要地震 P 波初动解主应力轴平面分布，如图5-10所示。

（3）东北断块区现代应力场近东西向，北北东向断裂表现为右旋运动，而北西向为左旋运动。

（4）华北专断区现代应力场，北东东向挤压和南东向拉张，表现在北北东断裂的右旋运动和北西向断裂的左旋运动以及北北东向地堑——裂谷系不断扩张。看来与华北断块整体不断向东南蠕散有密切关系。如图5-11所示。

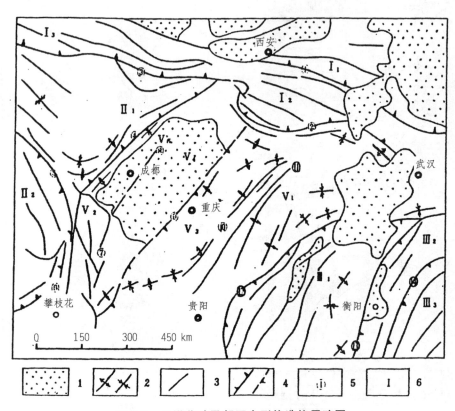

图 5-9 四川盆地及邻区变形构造格局略图

1—中新生代盆地；2—褶皱轴迹；3—断层带；4—推覆构造主要断裂带；①—商南-丹凤断裂带；②—城口-青峰断裂带；③—玛心-略阳断裂带；④—龙门山断裂带；⑤—鲜水河断裂带；⑥—金河-青河断裂带；⑦—峨眉山断裂带；⑧—龙泉山断裂带；⑨—华蓥山断裂带；⑩—金佛山断裂带；⑪—彭水断裂带；⑫—慈利-花垣断裂带；⑬—湘潭-衡阳断裂带；⑭—宜春-郴州断裂带。I—秦岭-东昆仑巨型推覆构造系；I₁—秦岭推覆构造；I₂—大巴山-武当山推覆构造；I₃—西秦岭-东昆仑推覆构造；II—龙门山-锦屏山巨型推覆构造系；II₁—龙门山推覆构造；II₂—锦屏山叠加推覆构造；III—江南巨型推覆构造；III₁—雪峰山推覆构造；III₂—九岭推覆构造；III₃—罗霄山推覆构造；V₁—川东南断层三角构造带；V₂—大凉山断层三角构造层；V₃—川东冲起构造带；V₄—川中宽缓褶皱构造带；V₅—龙泉山冲起构造带

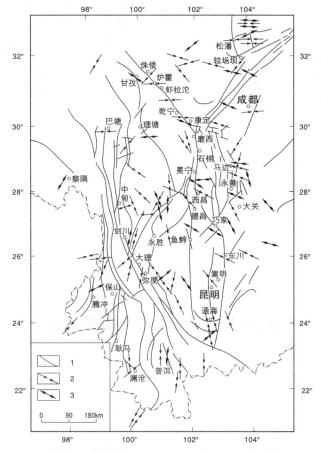

图 5-10　西南地区主要地震 P 波被动解主压应力轴平面分布图
（阚荣举等，1977、1983；成尔林，1981）

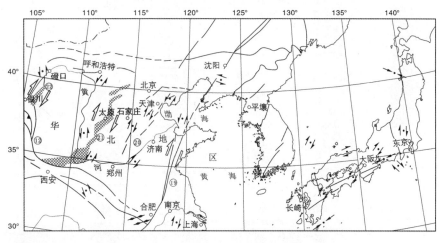

图 5-11　华北地区的现代构造

⑲—郯庐大断裂带；⑳—河北平原断裂带；㉑—山西雁列式地堑；㉒—银川地堑

（5）华南断块区现代应力场为南东东—北西西向，表现为北东—北北东向断裂的左旋运动，它与台湾东部巨型断裂带的左旋运动有着一定联系。如图 5-12 所示。

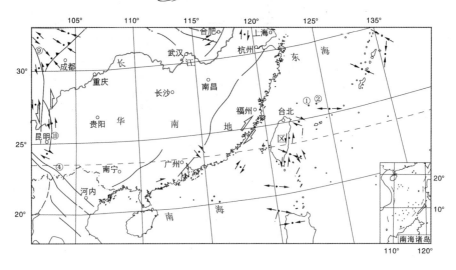

图 5-12　华南地区的现代构造

第六节　中国地震活动的分区

一、地震分区

文献[10]指出,曾有不少人对我国大陆地震活动的分区作过专门的研究,图 5-13 和图 5-14 分别展示了中国地震活动的两种分区结果。

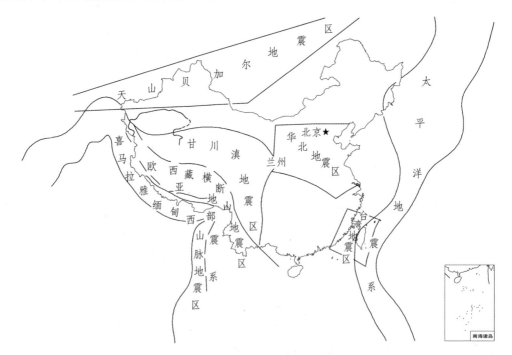

图 5-13　中国及其邻区地震分区图[11]

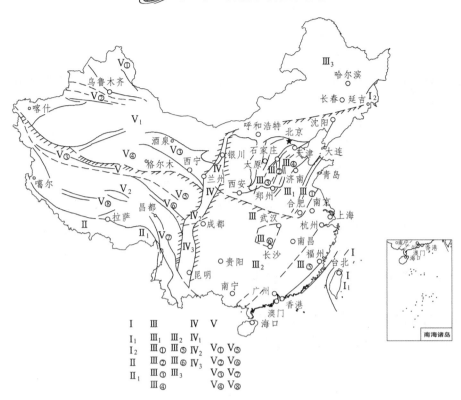

图 5-14 中国主要地震区和地震带分布图

Ⅰ—环太平洋地震带；Ⅰ₁—台湾地震带；Ⅰ₂—东北深震带；Ⅱ—地中海、喜马拉雅地震带；Ⅱ₁—喜马拉雅地震带；Ⅲ—东部地区地震分区；Ⅲ₁—华北地震区；Ⅲ①—郯城－庐江深断裂地震带；Ⅲ②—太行山前大断裂地震带；Ⅲ③—山西隆起区断陷地震带；Ⅲ④—华北沉陷区地震带；Ⅲ₂—华南地震区；Ⅲ⑤—闽粤沿海地震带；Ⅲ⑥—江汉－洞庭湖地震区；Ⅲ₃—东北地震区；Ⅳ—南北地震区；Ⅳ₁—北段：贺兰山-六盘山地震带；Ⅳ₂—中段：天水、武都、文县-川西北地震带；Ⅳ₃—南段：安宁河-滇东地震带；Ⅴ—西部地区地震分区；Ⅴ₁—西北地震区；Ⅴ①—阿尔泰褶皱系地震带；Ⅴ②—天山褶皱系地震带；Ⅴ③—祁连山褶皱系地震带；Ⅴ④—柴达木盆地内的地震分布；Ⅴ₂—西南地震区；Ⅴ⑤—昆仑山褶皱系两侧地震带；Ⅴ⑥—甘孜－康定地震带及理塘地震带；Ⅴ⑦—中甸、剑川-下关地震带；Ⅴ⑧—西藏高原中部和北部地震带

文献[10]的作者认为，地震区（带）主要有以下四个特征：

（1）地震区是地震震中的相对密集区。震中分布图式与时间尺度及所取震级阈有关。由于区域地震活动是随时间起伏变化的，短时间的震中分布一般难以刻画出地震的分区现象。所谓震中的相对密集区是对有地震记载以来的长时间尺度而言的。震级阈对分区的影响相对小一些，一般来说，$M_s \geqslant 4$级地震的震中密集区与近十年来中小地震的震中密集区是基本一致的。

（2）从有地震记载以来的长期活动过程来看，地震区内各地震带的地震活动，尤其是大震活动的时序起伏具有某些一致性。

（3）地震区一般与该地壳构造块体的范围基本一致。这种地壳构造块体的地壳厚度分布，往往表现为在其内部总体上较均匀，而在其边缘则急剧变化。

（4）同一地区内$M_s \geqslant 6$级地震的震源机制解具有一定程度的一致性，其主应力有优势的取向。各地震区的主应力的优势取向可在一定程度上反映板块运动作用于该区的推压力的合成方向。

以上四个特征是相互联系的，后二者是地体和动力的条件，前二者则是其结果的具体表现。但由于有些地区地质构造情况不清楚，而且一些大地震难以准确地确定其震源机制，因此，在进行地震活动分区时，将以地震的时空分布特征为主要依据。适当考虑地壳厚度分布和震源机制的情况。一个大的地震区内的不同区域在地震活动性、地质构造和震源机制方面往往也有一定的差异，按照这些差异通常可将其分为若干亚区，有的亚区又再分为若干次亚区。

图中虚线表示地质构造情况不很清楚、边界的确定较粗略的情况。

按照前文所述，我国台湾和大陆地区分别属于环太平洋和亚欧大陆两大地震系。台湾及其以东海域震中高度密集，而在台湾以南的南海海域震中稀疏。台湾东北与琉球群岛相连接，由于琉球地区地震以中、深为主，浅震活动水平较低。因此，台湾及其近海海域是西太平洋带以上浅震活动为主的相对独立的震中密集区。

二、中国及边邻地区和地震带的分布

文献[10]的作者根据以上原则对我国及边邻地区地震活动提出如表 5-1 所示的方案。表中所列各地震区的大致范围如图 5-15 所示。

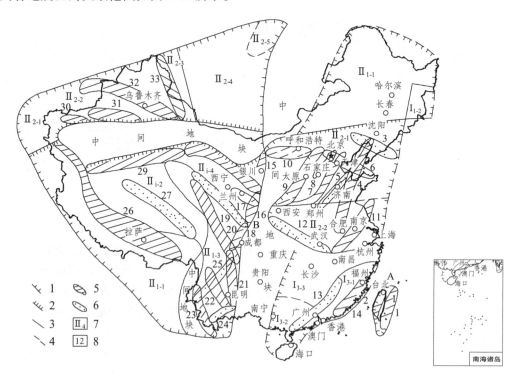

图 5-15　中国及边邻地区地震区和地震带的分布

A—台湾地震区；B—中国大陆及边邻地震区；1—大区边界；2—亚区边界；3—次亚区边界；
4—边界粗略；5—主要地震带；6—非主要地震带；7—亚区编号；8—地震带编号

表 5-1 中国及边邻地区的地震分布

大区		亚区	编号	次亚区	编号
中国台湾地震区 A					
中国大陆及边邻地震区 B	东部地震区 Ⅰ	东北地震亚区	I_1	东北浅震区	I_{1-1}
				东北深震区	I_{1-2}
		华北地震亚区	I_2	华北地震区北区	I_{2-1}
				华北地震区南区	I_{2-2}
		华南地震亚区	I_3	闽粤地震区	I_{3-1}
				桂东南地震区	I_{3-2}
				湘赣地震区	I_{3-3}
	西部地震区 Ⅱ	青藏构造块体地震亚区	II_1	喜马拉雅地震区	II_{1-1}
				藏青地震区	II_{1-2}
				青川滇地震区	II_{1-3}
				青藏构造块体北部地震区	II_{1-4}
		帕米尔-天山-贝加尔地震亚区	II_2	帕米尔地震区	II_{2-1}
				天山地震区	II_{2-2}
				阿尔泰地震区	II_{2-3}
				蒙古地震区	II_{2-4}
				贝加尔地震区	II_{2-5}

第七节 应力场的应力种类和破裂构造形式

一个应力场有压应力、拉应力、剪应力三种应力。每种应力都可产生结构面。

一、结构体

地壳上的岩体是由各种各样的岩石所组成，后期不仅经受不同时期、不同规模和不同性质的构造运动的改造再改造，同时还经受了外营力作用的表生演化，所以在岩体内存在着不同成因、不同特性的地质界面，它包括物质分异向和不连续面，如层面、片理、断层、节理等，这些统称为结构面。这一系列结构依自己的状态，彼此组合将岩体切割成形态不一、大小不等以及成分各异的岩块，这些由结构面所包围的岩块统称为结构体。

二、结构面

结构面的类型很多，本节主要说的是构造应力作用下，岩体中所产生的破裂面或破碎带如节理、断层、劈理以及由层间错动引起的破碎带。按应力学成因分三大类，压性结构面，扭性（剪切）结构面与张性结构面。

一个应力场有压应力、拉应力、剪应力三种应力，每种应力都可产生结构面。从强度理论分析，只有剪应力和张应力能产生破裂结构面，而压应力只能产生次生结构面。这就是在第二节中已经提及的构造结构面按力学成因可分为扭性结构面、张性结构面和压性结构面，不过压性结构面是次生结构面。

前面已经指出，构造应力的总规律是以水平力为主。在水平压应力作用下，根据泥巴试验和实地调查，岩体中产生一定的破裂构造形式。如在南北向最大主应力作用下，产生一组东西向的压性结构面，一对夹角为 60° 的扭性结构面和一组近南北向的张性结构面（图 5-15）。

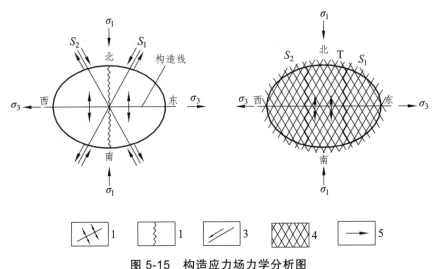

图 5-15　构造应力场力学分析图

1—压性结构面；2—张性结构面；3、4—扭性结构面；5—构造应力方向

（1）压性结构面是垂直于最大主应力方向的结构面，如褶皱轴面及直立岩层等。一般说来，它们的走向也就是一个地区的构造线方向。所谓构造线，有两种概念：广义的就是各类结构面与地面的交线，这些交线统称为构造线；狭义的就是与最大主应力方向垂直的平面与地面的交线。在工程地质上常应用后一种概念。

（2）扭性结构面（即剪性）一般共轭出现，但常常一组发育，一组不发育。一对 X 扭性结构面的锐角平分线为最大压应力方向，而其钝角平分线与最小主应力（拉应力或压应力）的方向一致。

（3）张性结构面是在拉应力作用下产生的破裂面。它往往沿着一对 X 扭性结构面发育。在地质力学上，把这种现象称为追踪，即张性结构面沿着已存在的 X 扭性结构面的行踪发育。一般，张性结构面走向与最大主应力的方向一致。

因此，为确定一个地区的构造应力场，首先抓结构面的力学分析，抓构造线。根据实践逆断层、逆掩断层、延伸较远的紧闭褶皱轴、倒转褶皱轴以及区域性直立岩层带等均代表构造线方向。由此即可确定该区最大主应力方向，构造应力场也就一目了然了。但是，一个地区往往会经受多次构造运动，每次构造运动作用方向不可能完全一致，这就有多组构造线方向。因此，必须分出构造线的先后次序。从地质力学观点，一个地区的主应力方向常常取决于该区最新构造应力场，但也有例外。所以要特别注意挽近期构造应力场的存在，因它对岩体来说更有直接意义。为避免判断上的错误，在一般情况下都应当知道大区域的构造线，找出次序关系。

构造应力场可用两种力学分析图表达。一种是只绘出一组 X 扭性结构面，另一种是将扭性结构面绘成组，并将沿它们行踪发育的张性结构面都表示出来。

参考文献

[1]　广东省革命委员会地震办公室，国家地震局广州地震大队. 地震知识画册[M]. 北京：地震出版社，1977.

[2]　徐成彦，赵不亿. 普通地质学[M]. 北京：地质出版社，1988.

[3]　陈希廉. 地质学[M]. 北京：冶金工业出版社，1985.

[4]　林韵梅. 地压讲座[M]. 北京：煤炭工业出版社，1981.

[5]　多尔恰尼诺夫. 构造应力与井巷工程稳定性[M]. 赵惇义，译. 北京：煤炭工业出版社，1984.

[6]　吴力文，孟澍森. 勘探掘进学[M]. 北京：地质出版社，1981.

[7]　苏生瑞，黄润秋，王士天. 断裂构造对地应力场的影响及工程应用[M]. 北京：科学出版社，2002.

[8]　谢富仁，邱泽华，王明，等. 我国地应力观和地震预报[J]. 国际地震动态，2005（5）：54-59.

[9]　鄢家全，时振梁，汪素云，等. 中国及邻区现代构造应力场的区域特征[J]. 地震学报，1979（1）：17-23.

[10]　陆远忠，陈章立，王碧泉，等. 地震预报的地震学方法[M]. 北京：地震出版社，1985.

[11]　刘允芳，肖本职. 西部地区地震活动与地应力研究[J]. 岩石力学与工程学报，2005（24）：3502-3508.

[12]　蔡学林，曹家敏. 四川盆地及邻区变形构造格局[J]. 四川地震，1998（3）：26-33.

[13]　张步青. 中国大陆板内地震发生的地质构造背景及构造类型的划分[J]. 地震学报，1985（2）：27-32.

[14]　环文林，时振梁，鄢家全，等. 中国及邻区现代构造形变特征[J]. 地震学报，1979（2）：109-119.

第三编

地震宏观前兆

地震前兆是指地震发生前出现的异常现象。在地应力作用下，在应力应变逐渐积累和加强的过程中，震源及附近物质可能会发生一些改变，出现如地磁、地电、重力等物理量异常、地下水位、水化学量异常和动物的异常行为。

地震宏观异常，即人的感官就能直接觉察到的异常现象。其表现形式多种多样且复杂，常见的有：井水泉水异常、动物行为异常、地气味、冒水、喷沙、喷气、地温、地光、地声等。

第六章　地下水宏观异常

地下水在震前的变化是地壳内岩层应力集中和构造运动的一种反映。地震前，随着应力的不断加强，深部承压含水层的隔水顶板受到破坏，使承压水沿裂缝上溢，成为浅部含水层的补给来源，从而引起地下水位变化，这是一种形式；大面积的应力集中和积累，使含水层受到压力，即使含水层不破裂，也能使水位发生变化，这是第二种形式；在某些情况下，震前可能发生地面的升降，引起地下水位不衡，使高处水向低处运动，造成地下水位的变化，这是第三种形式，集中的应力越大，引起地壳活动越强，地下水升降面积和变幅也就越大。这就是利用地下水位变化预报地震的一些依据[1]。在较强地震发生前，地下水（包括井水和泉水）常常会出现明显的异常现象。一般在较大范围内出现不同的异常现象，如有的井水水位迅速上升，溢出地面；有的井水则急剧下降，甚至井水干涸。在没有井的地方，有的会出现冒水；有泉水的地方泉水有的会断流；有的水面上漂浮油花、冒气泡、水打转转、变浑、有怪味、翻泥沙等；有的井水味由甜变苦或由苦变甜；有的水温升高。地下水起变化的范围可达 300 ~ 500 km[1, 2]。

总的来说，地下水异常中常见的是地下水异常、地下气体异常和地下油气异常。

1975 年 2 月 4 日海城地震之前，1 个月出现地下水异常共 241 例[3]，震前几天出现在海城、盘锦等地，出现井水翻花冒泡、变浑、变味、变色、浮油花等。

常见的地下水异常表现为：水位升降、物理性质（如温度升降）、化学成分异常（如变色变味）；常见的地下气体异常表现为：气体溢出、翻花冒泡、燃气火球；常见的地下油气异常表现为：石油产量异常、深井喷油异常。

第一节 历史上地震与地下水的关系

一、最早描述地震与地下水的关系

最早描述见于宋朝李日方等编纂的《太平御览》[4]: "墨子曰: 三苗欲灭时, 地震泉涌。" 其记载了距今约4300年前舜帝时期山西南部的地震。另有史书记载, 清嘉庆二十年(公元1815年), 山西平陆地区从8月6日起, "盆倾担注", 接连下了30多天雨。过了重阳天渐转晴, 往年, 这时的气温已显著下降, 有入秋凉之感, 可那年天气却越来越热, 有些老人根据前辈留传下来 "淫雨后天大热, 宜防地震" 的经验, 认为可能发生地震。果然在9月20日午夜二时, 忽然房屋倾塌, 发生了一次强烈地震。

《隆德县志》曾把地震前兆归纳为 "震兆六端"。

(1)井水本湛静无波, 倏忽浑如黑汁, 泥渣上浮, 势必地震。

(2)池沼之水, 风吹成觳, 行藻交萦, 无端泡沫上腾, 若沸煎茶, 势必地震。

(3)海面遇风, 波浪高湧, 奔腾萍溷, 此为深情; 若风日晴和, 飓不作, 海水忽然浇起, 汹涌异常, 势必地震。

(4)夜半晦黑, 天忽开朗, 光明照耀, 光异日中, 势必地震。

(5)天晴日暖, 碧空清净, 忽见黑云如绥, 宛如长蛇, 横亘空际, 久而不散, 势必地震。

(6)时置盛夏, 酷热蒸腾, 挥汗如雨, 蓦觉清凉如受冰雪, 冷气袭人, 肌为之栗, 势必地震。

以上除公认的地声、地光和动物异常未提及之外, 对震前天气异常、地下水、海啸、地震云等宏观前兆都作了精辟的概括, 其中对地震云的观察描述与最近国内外的地震云现象基本一致。

二、历史记载地下水、地下气体在地震前后的异常现象最多

据统计, 中国历史地震资料中所记载的地震前后的异常现象有1 160多条, 其中与地下水、地下气体有关的现象占50%以上。除中国外, 历史记载较全的日本、苏联等国家也同样发现在地震前后有关的地下水、地下气和地热异常等现象。

1958年, 中国科学院首次组织地震预报考察队赴宁夏、甘肃等地进行历史大震考察, 群众反映最多的震前异常现象包括地声、地光、地下水、动物、气象等几个方面[5]。1963年, 傅承义先生在论述有关地震预报问题时, 列举了一系列前兆现象, 并提出震前的地下水位变化是一种值得注意的前兆现象。1964年, 郭增建先生提出, 地震前地下水位、流量、泉水温度变化与震源区岩石变形引起地层变化有直接关系。这一时期已经初步认识到可将地下流体的变化作为地震前兆进行监测。

三、地震前地下水位及其他异常化的谚语

我国地震区广大群众多年来有利用地下水变化预报地震的经验[6]: 井水是个宝, 前兆来得早。无雨泉水浑, 天干井水冒。水位升降大, 翻花冒气泡。有的变颜色, 有的变味道。天变雨要到, 水变地要闹。

短短几句话，生动、形象、简洁、明了地反映了震前地下水变化规律。

四、我国 1949 年以前地下水前兆异常的震例

我国 1949 年以前地下水异常的震例如表 6-1 所示。

表 6-1　地下水异常变化震例

发震时间	震中位置	震级	与地下水变化的对应情况
1556 年（农历十二月十二日）	陕西华县	8	丰渭水溢，巨鱼甚多
1668 年 7 月 25 日	山东郯城、莒县之间	8.5	先是苦雨一月，是日城南渠一夜之间暴涨忽涸
1830 年 6 月 12 日	河北磁县西	7.5	计震自孟夏起讫七月乃息。井水涌丈余，蜿蜒而上，浪鼓溢如层峦，高约四、五丈不等
1917 年 7 月 31 日	云南大关北	6.5	迨地震前数日，河水大涨
1920 年 12 月 16 日	宁夏海原	8.5	有向居平原之人，家有井绳十丈，震前忽强半而能汲水，人以为水旺，其实地震之预兆也
1929 年 1 月 14 日	内蒙古，毕克齐地区	6	震前，毕克齐附近的一些井，水量逐渐变少，震前 1—2 天大都干涸；另一些井水、泉水震前水量显著增多
1937 年 8 月 1 日	山东菏泽	7	震前三四天早期，有许多人看见坑里水上涨，浅坑的水溢到路面上

第二节　地下水的种类和异常的宏观现象

一、地下水的类别

地下水指储存在地表以下岩土颗粒间隙中可自由流动的水，在地表表现为井水、泉水。地下水并不处处都有，而是存在于一定的岩土层中，这类岩土层称为含水层。含水层顶上与底下没有地下水的岩土层称为隔水层。表 6-2 列出了水层种类和赋存条件。

表 6-2　地下水的种类和赋存条件

地下水	埋藏条件		底部	顶部	通常取名	
潜　水	较浅	浅层	隔水层	无隔水层	潜水层	潜水
承压水	较深	深层	隔水层	有隔水层	层间含水层	承压水

二、地下水异常的宏观现象

地下水处于运动状态，因此含水层中地下水与岩土颗粒之间发生各种各样的物理作用和

化学作用，由于含水层的埋深程度与岩性不同，地下水运动速度有差异，物理作用和化学作用反应的类型与强度也不相一致，不同含水层中的地下水具有不同物理特性与化学组分，表现出颜色，味、嗅、透明度等不同。有的地下水甘洌清澈，无色无味，而有一些地下水则苦涩有味或混浊难闻。

（1）地下水异常是常见的地震宏观异常现象，其表现形式多种样，大致可分两大类十多种（表6-3）。

表6-3　地震前地下水物理特性及水化学异常的种类

类　别	与地下水物理特性变化有关的异常现象	与地下水化学组分有关的异常现象
种　类	井水位大幅度上升或下降	井（泉）水发浑或发响
	井水自溢或自喷	井（泉）水翻花、冒泡、冒气
	井下突然干枯	井（泉）水变色、变味、变臭
	枯井突然有水，甚至自流	井（泉）水中漂油花
	泉水流量明显增大或减少 泉水突然断流 新生泉水 井（泉）水温度突然上升 井（泉）水发浑或发响等	

（2）水化异常原因。

震前引起地下水化学成分变化的原因主要是地应力的作用。众所周知，地下的岩层或土层含有许多矿物质，其中包括可溶性盐类。在正常情况下，地下水流经这些岩层或土层时，就会与其中的矿物质发生种种物理的或化学的作用，并从中溶解和淋滤出许多物质，带到水里去。强烈地震前，由于地应力作用加强，地下水的活动也必然加剧，特别是在那些破碎得很严重的地方，物理或化学作用更为强烈，地下水的化学成分更会发生异常变化。而且很可能由于被溶解的矿物质中的色素离子的作用，使地下水被染成黄、绿、红、黑等多种颜色。例如，两价铁离子 Fe^{2+} 能引起绿色，三价铁离子 Fe^{3+} 能引起褐红色，如果 Fe^{2+} 和 Fe^{3+} 同时存在，可出现黑色，等等。于是人们采用多种仪器设备，观测震前地下水化学成分的变化，进行地震预报。至于观测井孔最好是部署在活动断裂区或其附近，因为这种地方是地应力容易集中的地带。

目前作为地震前兆进行探索的地下水化学成分有氡、氧、二氧化碳、硫酸根离子、重碳酸根离子、硝酸根离子、亚硝酸根离子、氟离子以及可溶性硅酸等。几年来的实际资料表明，地下水中氡气含量的变化对地震预报的意义较大。其他化学成分的变化也可作为地震前兆，但各地得到的效果不尽一致，还有待于进一步试验和研究。

地下水化学成分变化的干扰因素很多。随着现代科学技术的进步，仪器设备的不断改进和完善，在将来的地震预报中，水化学法必将发挥更大的作用。目前主要测水中氡的含量来预报地震。

第三节　地震前地下水异常的典型实例

地震前地下水异常的实例较多，其中较典型的见表6-4[7]。

表6-4　地震前地下水异常现象

时间 年月日	地点	震级	升降或水质变化				延续时间
			总的情况	震中区	邻近地区	外围	
1966-03-08	河北邢台	6.8	井水大幅度升降	上升为主	上升为主	下降为主	多在震前1~2天
1968-07-18	渤海	7.4	井水大幅度升降，并有水质异常	前1~2天	金县震前4 h时降4 m	河北乐亭县震前几天，井水漂油花，煤油味	
1970-01-05	云南通海	7.7	水位水质异常，前一天明显，有一井水红色、浑浊，发出臭泥沟味	通海西城一豆腐坊震前三天点不出豆腐	峨山井水下降，有的井见底，另一些井水位大涨达2~3 m，一井冒泡，水沸腾	村旁2 m深井二三天内几次突升突降，石屏县龙渠泉水从泉底冒出红色	需几小时至多天
1974-02-04	辽宁海城	7.3	震前约1个月地下水异常，共241例	震前几天集中出现在海城盘锦，井水有升降，以升为主，打旋、冒泡、变浑、变味	东沟县（现东港市）一村民房内涌出泉水。盘锦兴隆台500 m深井前半个月下降，震前1天上升，并外喷水。新金县，泉水上升，温度80 ℃，鞍山汤岗子泉水，震前4天断流	营口猪圈内出现两眼泉冒水不止，辽阳市八会方13个菜窖同时出水。丹东市，蛤蟆塘乡水塘震前水夹气破冰，水柱喷高2 m，椂河一泉水多次变黄、变红、翻花、冒泡，还带白沫子	1个月、半个月、前几天
1976-07-28	河北唐山	7.8	河北、山东、辽宁、吉林、江苏等广大地区几百起地下水宏观异常，还有废井喷油，枯井喷气等异常现象		青县小牛压深2 800 m的废油井6月中旬开始喷油三次，一次可喷出500~600 kg油，昌黎县火车站水井7月中旬开始喷气，临震四五天更强烈，水面如沸，大量气泡溢出	丰润县（现丰润区）桩村一机井深56 m，震前20余天喷气，用80 kg的板盖上，仍由板盖上小孔发出气哨声，丰润县三口井水自流冒出水柱高达几十厘米，山东济南市五龙潭喷水高1米多	6月中旬、7月中旬

第四节　唐山地震地下水宏观前兆

一、单井异常

1. 水位升降[8]

震前，井水水位升降的幅度大、速度快，有的几小时、甚至几分钟内就升降 1～2 m。少数较深的井孔出现自喷现象，也有一些井变干枯或抽不上水来。

虽然唐山地区在 1976 年 7 月 23 日至 24 日降雨量达 100～200 mm，造成了地下水的大面积上升，但是调查得到的一些地下水上升的例子，与降雨影响有明显区别，不但变化幅度很大，而且升降突然，甚至在短时间内出现多次升降，显然不是降雨造成的。如唐山市郊区女织寨公社赵田庄大队，村西一口井，平时要用扁担再接 2 尺长的绳子，才能打上水来，而 7 月 27 日晚 11 点 30 分一社员泵水时，只用半根扁担就能打水，水位上升了 4 尺多。再如丰南县（现丰南区）侉子庄公社大贫河大队两社员在 7 月 27 日下午 3～4 点钟到村南一口浅井挑水，开始用扁担打水，一小时后，水位突然上升约 1.5 m，可用手提水。又过半个多小时，井水又落下去。再隔一小时左右，水位复升到前一次的高度。这样反复了三次，它反映了地下应力的急剧变化。

尽管震前下了大雨，震区附近仍有不少井水水位下降的例子。如乐亭县大清河盐场运站码头，有一眼 300 m 深的机井，从 7 月 23 日起，出水量显著减少，并翻黑砂，到 26 日竟抽不出水了。当时以为水泵出了故障，检修了一天也未查出毛病。到 27 日又能抽出水来。再如迁安县（现迁安市）尚庄公社二层庄大队，有一口 10 m 深的井，平时水位很稳定。据当地群众介绍，1975 年海城地震前，水位下降了 5 尺。这次唐山地震前十几天，水位下降了 4.5 尺，当时就有人怀疑，是否会发生地震。

2. 喷气、冒泡、发响[8]

井水喷气发响的例子不多，但它是一种引人注目的现象。如丰润县杨官林公社柴庄大队一眼 44.4 m 深的机井，在震前 20 天因抽水时翻砂子，而将深井泵拔了出来，并在井口盖上水泥板。震前 15 天开始从井口水泥盖板的小孔往外冒气，到 7 月 25、26 日达到高潮，甚至在 20 m 远的地方都可以听到响声，直到大震后几天，才逐渐停止。后来，利用这种喷气现象报准了几次较大余震。这种喷气发响的原因可能是井壁土层中的气体在井水水面以上被压出来形成的。如果在水面以下冒出来，则表现为井水的翻花冒泡。如昌黎县百货公司机井，在 1976 年 7 月 26 日冒泡发响，27 日加剧。

3. 发浑变色

其主要特点是井水浑得很厉害，致使一些吃水井不能食用，甚至不能洗衣服，像"黄泥汤"一样。如果所含泥质的颜色不同，则井水的颜色也不相同。如开滦赵各庄矿水峪大井，从 7 月 24 日开始变成浅绿色，直到大震以后才逐渐恢复正常。

二、唐山地震前地下水异常特征

第一，地下水异常很激烈。主要表现为：异常范围广，数量多，反应程度激烈。唐山周围的承德、廊坊、沧州以及北京、天津和山东、辽宁等省的部分地区，都有不同程度的异常反应；异常数量多，而且高烈度地区异常点尤其密集；反应程度十分激烈，自喷自流现象多出现在震中区附近。

第二，异常出现得晚。约 74% 的异常出现在震前 1～2 天内。与海城地震不同。海城震前出现几次高潮，而唐山震前只在临震形成一次异常高潮，见表 6-5。

表 6-5　地下水宏观异常数量的时间分布统计表

时间	上升	下降	发浑变色	冒泡发响	变味	冒油花	水温增高	其他	合计
震前 1～2 天	215	34	181	70	27	14	6	1	548
7 月 1—25 日	43	22	68	15	13	10	4	1	176
6 月	3	1	1	1				1	7
5 月	4	1	3	1					9
4 月	2								2
合计	258	65	251	89	42	24	10	3	742*

注：总数为 868 起，其中有 126 起异常时间不明，未统计进去。

第三，震前地下水异常在地理分布上有一定的规律性。靠近震中地区，以上升异常为主，而下降异常都分布在偏远的地方。临近发震时，异常有向震中集中的趋势，并呈现规则的图形。在普遍出现异常的背景上，震前 16 小时以内，异常主要分布于烈度Ⅷ度区，并集中在四条条带上。它们是丰润县三女河—李庄子；丰南县宣庄—唐山市女织寨；柏各庄垦区十一农场—迁安县东周庄；柏各庄垦区—农场—昌黎县梁各庄。唐山 7.8 级地震就发生在宣庄—女织寨这一异常带内。显然，这些条带的出现是受唐山发震构造及震前应力场控制的，说明震前地下水异常与地震活动有密切的关系。

唐山地震前并不是所有井孔都有异常反应，异常井孔也不占多数，出现了有反应和无反应井混杂分布的情况。这是什么原因造成的，目前尚未搞清楚，可能与井孔所处的构造条件、水文地质条件以及震中区附近应力状态十分复杂等因素有关。

唐山地震前，有的群众利用地下水异常现象作为临震信号，采取自卫措施，收到了良好的预防效果。如丰南县宣庄公社楼庄子大队某社员家附近，有一眼 100 m 深的水泥管机井，平时水位在 4～5 m。7 月 27 日晚 11 时，这个社员开会回来，尚未发现机井有特殊变化。入睡后，被"哗哗"的流水声惊醒，他立即从窗口跳出，看到从机井向外冒水，认为要发生地震，立即叫醒全家，又跑到街里告诉父母，急返回来后，地震就发生了，全家免遭伤亡。类似的例子还有一些。也有很多地下水异常现象，虽被群众发现，但由于地震知识宣传不够深入，未能及时上报汇集起来。这是十分沉痛的教训。因此，广泛深入宣传地震知识，健全水井观测网，是十分重要的。

三、深井水位变化

在承压含水层中，岩层受力作用后产生的微小变形，首先表现在岩层的孔隙（包括孔隙、裂隙、溶洞等）壁上，并对孔隙中的地下水产生压力，称为孔隙压力。大范围的孔隙压力，通过静水压力传递到整个承压含水层，在井孔处通过水位变化，得到集中的反映，并将这种微小应变放大五百万倍，以致能把应变量仅为 0.5×10^{-7} 量级的固体潮，清楚地反映出来。可以说，一口好的深井是当今很好的应变计。

津唐地区有很多深井，它们揭露了不同层位的承压含水层。其中主要有两种类型：一类是在唐山附近的灰岩承压水，井深多在 200 m 以下。灰岩中裂隙、溶洞十分发育，透水性很强，水量丰富，传递压力迅速，虽然受局部开采影响，但从多年水位观测资料看，是基本稳定的。另一类是在天津、宁河一带的第四系承压含水层，井深一般在 60~90 m。此层水不能饮用和灌溉，在工业上也无开采价值，因此不受开采影响，是一个封闭的承压含水层，这对地震观测倒是一个有利条件。

震后总结这些深井水位资料，发现它的变化和地震活动关系密切，在今后地震监视预报中，是值得重视的。

图 6-1 是津唐地区深井水位变化曲线图，从图中可明显地看出在时间进程上的阶段性。

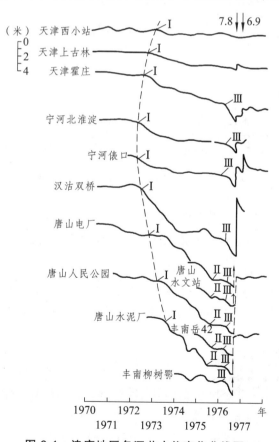

图 6-1　津唐地区各深井水位变化曲线图

第一阶段：1972—1975 年年中，持续下降阶段。1972 年初在宁河、汉沽一带的深井水位开始下降，1972 年年中到年底，天津、唐山也相继下降。这个深井水位下降区，东起乐亭—滦县断裂，西至海河断裂，北起榛子镇—野鸡坨断裂，南至昌黎—宁河断裂以南，呈一北东方向的椭圆形，与唐山余震活动区十分相近，和震区地质构造关系颇为密切。其下降速率最大的地区是唐山，达 40 厘米/月，向外逐渐减小，到天津附近下降速率只有 2 厘米/月（图 6-2）。

第二阶段：1975 年年中—1976 年 4 月，变化分异阶段。津唐地区深井水位在趋势性下降的背景上，出现了两个不同的变化区。在唐山附近的深井，表现为下降速率突然变缓，从 30～40 厘米/月减少为 10～20 厘米/月，在深井水位变化曲线上出现一个拐点。而天津、宁河一带则继续按原下降速率变化。与此同时，在北京地区、辽宁的盘锦地区亦开始出现异常。

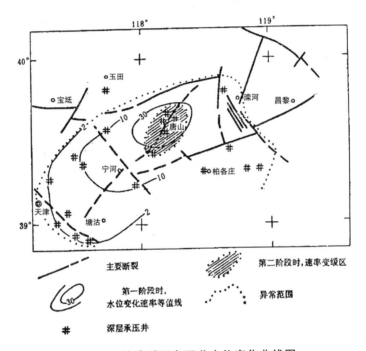

图 6-2　津唐地区各深井水位变化曲线图

第三阶段：1976 年 4 月—1976 年 7 月，异常加速阶段。1976 年 4 月前后，津唐地区的深井水位出现同步猛然下降，速率达 40～60 厘米/月。在这个阶段的后期，有些井孔还出现了水位跳动现象。同时，外围的北京地区、盘锦地区以及辽东地区、沧州地区都出现了异常变化。

第四阶段：1976 年 7 月以后，临震突变阶段。进入 7 月份，深井水位变化更为复杂，分布也很广泛，异常井孔也增多了，出现了大幅度猛升猛降现象。

第三、四阶段，由于变化剧烈，容易引起人们注意。如乐亭县新开口深井，井深 190 m，平时自流，水量较稳定，附近无其他深井开采干扰。1976 年 5 月 10 日突然下降，6 月 10 日水位降落了 1.5 m，后来经过掏井，水位略有回升，但 7 月 24 日再次猛落，四天之内下降了 1 m，在水位低值时发震。柏各庄 9 号井也有类似的变化。这种急剧下降恰值大雨频降的时期，可见与气候的影响无关（图 6-3）。

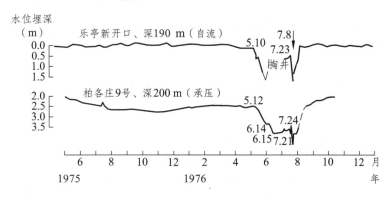

图 6-3 震前深井水位急剧下降

临震突升的井孔也很多，如玉田县虹桥中学高压水井震前喷水，就是一个例子。这口井深 457 m，打成井时水头高出地面 7 m，为便于观测，井口钢管高出地面 7.5 m。1976 年 7 月 26 日 11 时，水从管口溢出，27 日下午 1 时向外喷水。唐山地震后，28 日水头仍未见减小，高出管口 0.5 m 左右，28 日下午喷出的水变为红色，认为还有大震发生，结果发生了滦县 7.1 级地震。从唐山震前的深井水位变化来看，异常的形态明显；异常的时间长，而且阶段分明；异常的空间分布范围与震区地质构造及震中区关系密切，因此越来越受到重视。但是，有关深井水位观测及分析的经验不足，尚待深入研究及更多震例的检验。

第五节　松潘地震地下水宏观前兆

松潘 7.2 级地震出现大量宏观前兆现象，其数量之大、种类之多、范围之广、时间之长，均为历次强震所罕见[9, 10]。

据不完全统计，自 1976 年 6 月 16 日至 8 月 16 日两月内，仅龙门山地区，群众共上报各种宏观异常现象 1270 起，其中地下水 396 起，占 31.2%。

一、地下水异常

松潘地震前一年就首先在震中附近地区出现异常。如：1975 年秋，松潘县镇平公社在原来没有泉的地方，突然冒出一股碗口粗的泉水。

九寨沟县罗依公社顺河大队，往年山下泉水多，吃用不完，1975 年冬则出现了相反的情况。

1976 年 3 月，大邑县八口井同时发生变化，其中五龙公社新龙五队最为突出，于 3 月 10 日 12 时，水色突然变蓝，至下午 3—4 时，水位急剧下降一米多，水色变为乳白。通过调查，排除了降雨、饮用、排灌等干扰。为查明水质变化原因，于 10 日 19 时、20 时，次日 14 时和正常后的 4 月 16 日 14 时，在该井取水样进行光谱分析，分析结果表明，10 日 9 时与 20 时水样有明显变化，20 时与次日 14 时水样较为接近（表 6-6）。从表可以看出：4 月 16 日水样中 Fe、Si、Cl 等元素（以往常有）含量偏高，Cu、Pb、Zn 等金属元素（以往极微）含量增加很多，而且还出现有 Ni、Ti、Cr 等稀有分类元素。

表 6-6 大邑五龙公社新龙五队水质分析表（单位：mg/L）

取样时间	Cu	Pb	Zn	Ca	Mg	Al	Si	Fe
3月10日19时	0.01	0.2	0.01	710	10	10	10	3
3月16日20时	0.001	0.01		710	1	1	1	0.3
3月11日13时	0.01	0.01	0.01	710	3	2	1	0.3
4月16日14时	10.0005	10.0001	10.003	710	210	0.01	0.3	0.03
3月10日19时	0.005	0.3	0.001	0.003	0.03	0.015	0.01	
3月16日20时	0.01			0.001	0.03	0.005	0.02	
3月11日13时	0.01			0.001	0.05	0.005	0.03	
4月16日14时	0.002 5	10.001	10.001	10.000 3	0.001	0.05	0.002	

结合地质资料，可能由于该处龙门山前邛崃—绵竹隐伏断裂的活动，为深部元素升至上部提供了通道。

1976 年 4 月，在该断裂西南部的邛崃县（现邛崃市），有 5 口井水位上升，水质变化。普遍反映遇茶水后变为蓝黑色，并发现用这些井的水，做不出豆腐。这是往年从未有过的现象。据当地钻探资料证实，地下 300 m 左右为盐卤层，500 m 左右为石膏碇硝层。有异常的井水做不出豆腐，可能与下部石膏、芒硝等物质渗入有关。

综合上述实例，可以看出，这些现象显然不是偶然的、孤立的，而是有其一定内在联系的。空间上，二者都位于同一断裂带上或其附近；时间上，大体在同一时段；成因上，都能用统一的构造变动模式加以解释，似乎都是该断裂进一步活动的结果。这种变动，在地震前处于渐变阶段——蠕变；当渐变加剧到一定程度时，就可能产生突变，层峦地震发生。

二、震前异常特点

7 月 1 日晚 8 时，北川县石岭公社地，一秧田五处喷水，水柱高 0.6～2 m，粗约 1 cm。

7 月 2 日 9 时，安县发现两股泉水，发浑变色，先是由灰变蓝，后又由蓝变黄。

7 月 29 日，康定县（现康定市）榆林宫温泉的水温由原来 80 ℃ 变为 93.8 ℃。

8 月 2 日至 3 日，西昌县（现西昌市）新华公社一井水溢出地表（原水位距井口 20 多厘米）。同时，一社员自留地出现两个鼓包，面积 3～4 m²，高出地表约 7 cm，脚踩有弹性，捣个洞就冒水。

8 月 7 日 15 时 25 分，绵竹县拱星公社有一社员家门前树苗地 9 处冒浑水，每股有酒杯粗，喷出一米多高，持续半小时。

8 月 8 日，绵阳 152 厂一机井，发现水面出现有浮油的现象。另外，自 7 月 24 日以来，该井共取水样 7 次，发现每次化验均出现有新元素，这次又发现有钛的新元素。

8 月 11 日 9 时，安县兴隆公社一水井，冒起碗口粗的一股黑水，像开水一样沸腾。

8 月 13 日 12 时左右，平武县大桥公社一面阴山坡，突然冒出几股水。最大一股水高约一米，响声如雷，泥石俱下，并在坡上冲出一条近 500 m 长，4 m 宽的"V"型沟。冒水是间歇性的。据当地社员说，以前从未见过这种现象。

8月13日，平武县平通公社李家院生产队有两口老水井历来未干枯过，这天突然干枯见底。

8月14日，平武县伐木场一豆腐房由于水质变化，150斤黄豆未做出豆腐。

8月上旬，邛崃城关茶场一个鱼池，全池连续几天出现翻花、冒泡。

什邡四平公社三大队二队一口水井，从7月初出现异常，先发浑，后变成赤色，继而又变成黑色，直到松潘地震发生之后，逐渐恢复正常。

邛崃县拱晨公社一号观测井在8月16日、22日和23日三次大震8个小时前，都出现翻花、冒泡，像开水沸腾一样；同时，水位又发生明显的下降变。

三、单孔连续观测结果

另外，从单孔连续观测资料也可以看到，在震前几小时至几天的时间也有明显的异常变化，如：理塘县毛垭温泉，水温日均值变化曲线（图6-4）和康定水电厂泉水水量变化图（图6-5）表明，松潘7.2级地震就是发生在水温上升转入下降和水量增加进入减少的时候。

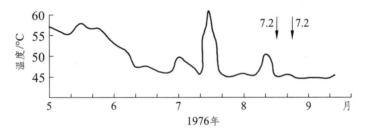

图6-4 理塘县毛垭温泉水温日均值曲线

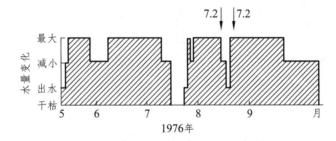

图6-5 康定水电厂泉水水量变化

彭县（现彭州市）中和机械厂二号井，深55 m，一年多没使用，基本上不受地表水干扰。6月下旬开始观测，在8月9日前，地下水埋深一直稳定在7 m左右。8月9日开始，水位急剧下降，于8月16日、22日和23日，分别发生7.2级、6.7级和7.2级地震。震后7天恢复正常（图6-6）。

江油305厂一井，深110 m，自记水位仪观测，8月16日松潘地震前2个小时左右，水位突降近70 mm。8月22日6.7级和8月23日7.2级地震也有大致类似的变化情况（图6-7）。

芦山苗溪茶场测报点，从水化学分析结果，发现亚硝酸根离子在震前的8月9日由一般为80 mg/L左右的变化，突然下降为10~20 mg/L，最低的为5 mg/L。经过7天的平缓变化之后，于8月16日、22日和23日，在松潘和平武之间发生了7.2级、6.7级和7.2级地震（图6-8）。

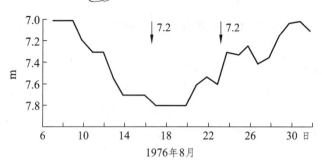

图 6-6 彭县中和机械厂二号井静水位曲线

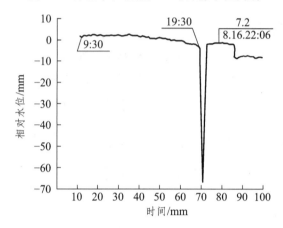

图 6-7 江油 305 厂深井水位变化曲线（横坐标 1 mm = 10 分钟）

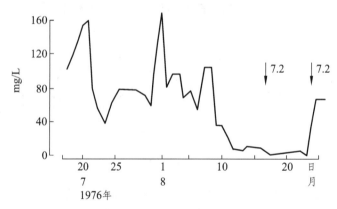

图 6-8 芦山苗溪茶场亚硝酸根离子曲线变化

第六节 龙陵地震地下水宏观前兆

腾冲、龙陵、潞西一带，地质构造复杂新构造运动强烈，有第四纪火山分布，地热增温率高，温泉和冷泉沿断裂带、断裂河谷和断陷盆地呈带状成群出露。据调查，在龙陵地震之前，有 24 个温泉和 70 个冷泉的水位、流量、水温及水的色、味等方面，出现了明显的变化。现简述如下[11]：

一、水温升高

震区温泉很多,但在震前有连续观测资料的,仅有龙陵巴腊掌温泉和盈江芒克温泉两处。龙陵巴腊掌温泉距震中 10 多千米,位于香柏河深切河谷内,有很浓的硫黄味。该处泉眼成群,估计不少于 500 眼,分上硝、中硝、下硝、巴腊掌温泉属上硝。泉眼出露于花岗岩及花岗斑岩之中。1976 年 4 月 6 日开始观测,水均水温为 81 ℃,18 日突然从 81 ℃ 上升到 91 ℃,此后一直保持在 90 ~ 92 ℃ 的高值水平,最高达 93 ℃(图 6-9)。5 月 29 日大震后开始下降,至 6 月 9 日 6.0 级强余震后,基本下降到 81 ℃ 的正常水平。特别引人注目的是,震前异常起始时间清楚,震后效应明显。另外,在震后调查中还发现距震中十多千米的潞西县(现潞西市)干沟田澡塘温泉,当地群众反映以往没有今年烫,今年农历三月(即阳历四月)最热。震报调查,温泉已干涸,又如距震中 80 km 左右的昌宁县珠山公社的鸡飞澡塘温泉,平时人可下去洗澡。震前二三天水温上升,致使人不能下去洗澡,同时水发浑。距震中 40 千米左右的潞西县平公社芒赛温泉,临震前正好有人在里面洗澡,洗的过程中水温突然升高,并伴随着冒泡、喷泥沙、发响,接着就发生了地震,后见泉塘底部有四处喷出了白沙。距震中 100 km 左右的盈江芒克温泉,在大震前后无明显变化,水温保持在 81 ℃ 左右。距震中 200 ~ 400 km 的下关、洱源、通海、宜良等温泉也无明显变化。

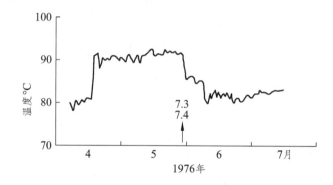

图 6-9 龙陵巴腊掌温泉水温日均值曲线

二、泉水流量及井水水位的变化

震前泉水流量、井水水位变化非常普遍。离震中 50 km 左右的腾冲二中,有 1、2、3 号冷泉三处,分布于盆地边缘的山坡脚下,附近有第四纪中、基性玄武岩出露。该校测报组对 3 号泉每日早、晚进行两次定时流量观测。1976 年 3 月下旬起,流量就开始逐渐减少,5 月 17 日到最低值。龙陵地震前 5 月 18 日至 20 日流量又急剧增加,然后平稳直至 29 日发震。同时 2 号泉从 5 月 13 日开始流量逐日减小,最后断流了。1 号泉水 5 月 20 日流量亦增加,并出现喷沙现象。

保山一中为开始地震测报工作,钻有一专用井,直径 12 cm,井深 20 m,下套管 16 m。1972 年开始观测,一直持续到龙陵大震后,其间资料完整连续,有较清楚的年变,但变化最小,降雨无明显影响。从图 6-10 可以看出,几乎与腾冲二中 3 号泉流量减小的同时,亦即从 3 月下旬开始了缓慢的下降,可是在震前二天却突然地上升了 2.5 cm。龙陵大震后,它又大幅度下降,后又逐渐回升。另外,处于震中区附近的勐冒街南的水井亦恰恰在三月以来有时就不出水。可见，3月下旬无论是震中区还是外围区，均开始出现井泉流量减少和井水水位下降的现象。

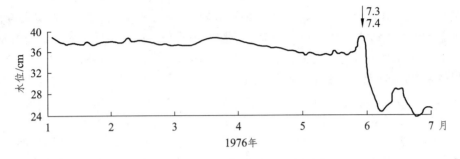

图 6-10　保山-中井水水位日均值曲线

另外，从统计震中距为 40~50 km 的 65 口井发现，震前 2~3 天有 21 口井泉（占 32%）出现了水位上升或水量增加（图 6-11），如龙陵县城关，5 月 29 日大震前有一家的瓮罐被地下水拱起来。勐冒芭蕉沟有一口井，震前 2~3 天水量比往年增加一倍，震后无水。距震中 80 km 左右的现两、陇川，以及更远一些的泸水、昌宁等地在震前 2~3 天有少数井、泉水位突然上升。陇川章凤水文站有东、西两口观测井，从 5 月 28 日起，东井水位上升 34 cm，并冒浑水，西井水位上升 17 cm，也冒浑水。泸水县（沪水市）革委会附近有一口井，5 月 24 日井水溢出井口。另外，距震中 40 km 左右的潞西凤平，田边水沟里水突然上喷，回到家后地震就发生了。在 5 月 29 日下午还发现稻田里冒水。另外，在怒江西岸的腊勐大水平，5 月 29 日发现水沟水突然增加，当天那里并未下雨。

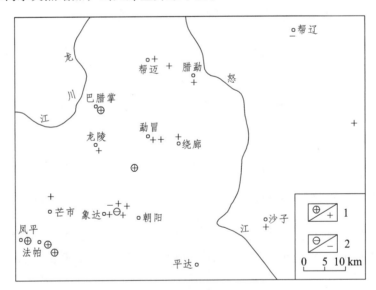

图 6-11　龙陵地震前温泉、冷泉水变化及分布图

1—温泉、冷泉水温增高，水量增大，水位上升；
2—温泉、冷泉水温降低，水量减少，水位下降

上述资料表明，龙陵地震前在距震中 70~100 km 的范围内震前两个月，井泉流量和水位有一个缓慢的下降过程，但在临震前 2~3 天至几小时水量突然增加，甚至有的沟塘水上喷。

调查中发现震前 2 ~ 3 天井水下降的有三处（占 4%）；平达陈回寨震前井水量比以往都少，吃水都感困难，震后水更少；平达街震前三天，村前水井发挥，水位下降；盈江芒允食堂水井，5 月 27 日水位突然下降 40 cm。

三、井、泉水发浑、变色、变味

在震前 2 ~ 3 天发现 35 处（占 54%）井、泉水发浑、变色 6 处（占 6%）冒喷沙，一处变味。如镇安河边生产队雷家井水，5 月 26 日开始出现米汤色，27 日和 28 日水发浑。平达连家寨震前一天，澡塘水发黑、冒泡。震区怒江以东的田树、姚关等地，震前 2 ~ 3 天有多处井泉水变成米汤色、红色、黑色。在震区西边的瑞丽也有类似现象，不过有的在 5 月中旬就已开始反应。如顺哈小学井水 5 月中旬就发浑、冒泡、变苦，5 月 27 日井水陡涨 1 m；瑞丽农场 5 月 25 日发现井水上涨、变成银白色，28 日又变成酱油色。从所得资料看出，震前井、泉水发生变色、发浑、变味异常反应的，在空间上主要集中在以震中区为圆心，半径 30 ~ 40 km 的范围之内，少数可达 60 ~ 100 km。在时间上，除外围个别点在震前半月就有反应外，绝大多数发生在震前 2 ~ 3 天或发震当天。

综合上述龙陵地震前温泉水温、井泉流量、水位、发浑、变色、变味等异常特征，发现温泉水温的上升及井泉水位的下降均开始于震前的两个月之内，即开始于 1976 年的 3 月底和 4 月初。出现范围仅限于震中及离震中 60 ~ 70 km 的龙陵、腾冲、保山一带。而绝大多数的井泉水位、流量出现暴发性大幅度上升异常和发浑、变色、变味异常的地点主要集中在震中区及其附近 30 ~ 40 km 的范围内，时间主要集中在震前 2 ~ 3 天至震前 1 ~ 2 h。

龙陵地震地下水的震后反应，在空间上主要表现为：在平达、象达、朝阳、勐冒等中心区的水位下降、流量减小、甚至干枯；而在外围的潞西、施甸、姚关、旧城等地区，则以上升为主（图 6-12）。

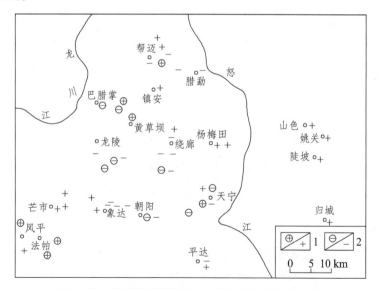

图 6-12 龙陵地震后温泉、冷泉水变化及分布图

1—为温泉、冷泉水温增高、水量上升、流量增多；

2—为温泉、冷泉水温降低、水位下降、流量减小

第七节　地震前地下水异常及水质变化的停留时间与地下水异常的识别

一、地震前地下水的异常变化

地震前地下水的异常变化见表 6-7。

表 6-7　地震前地下水的异常变化

统计地震次数	有异常前兆次数	升降变化及次数											有井水、河水时泉水单独计次数						
		塘、河水			井水							泉水	泉水水温及水量升降						
		震前升震后降	震前降震后升		震前降震后升			震前升震后降			几起几落三次高潮	震前升	水温及水量下降	水量下降、断流	水温下降	温度上升	震前水增加	震前水上升
		震时	3~4天	23天	18天	1~2天	2~3天	震前	1天	15天	17个月	震前	2个月	1个月	3个月	40天	约30天	2个月
24	18	3	1	1	1	2	1	3	2	2	1	1	1	1	1	1	1	1

二、地震前地下水质变化

地震前地下水质变化见表 6-8。

表 6-8　地震前水质变化（主要是井水）

统计地震次数	有异常前兆次数	发浑变色级次数				冒泡或发响		
		震前	1~2天	4~5天	几天	前1天	1~2天	3天
24	11	1	1	1	2	3	2	1

三、地下水异常识别

地下水异常识别见表 6-9。

表 6-9　地下水异常的识别[10]

序号	异常现象类别		与地震无关引起的异常现象	可能是地震前兆异常
I	井水位与井泉流量异常	井水下降过大	1. 天气干旱年降雨量少，井水水位不合乎正常降雨年份的水位升降规律。 2. 有开凿的新井抽水，旧井增大抽水量。 3. 两井为同一水层，间距又小，抽水时井水下降	1. 气候正常，雨水与正常年比较也正常，但井水突然下降。 2. 非缺水季节或浇灌时期，井水下降，泉水流量小

序号	异常现象类别		与地震无关引起的异常现象	可能是地震前兆异常
I	井水位与井泉流量异常	泉水流量小或断流	1. 与气候降雨有关水补给量减少。 2. 地面抽水井与泉水层有关联而引起	
		井泉水突然上升	1. 降雨量异常变化，雨量与正常年份相似。 2. 不是抽水季节，下雨渗透	1. 天旱季节井、泉水上升很快。 2. 井水、泉水突然上升幅大。 3. 泉水流量显著增加，井水自溢
II	井水翻花、冒泡与发响		1. 井水翻花冒泡规模小。 2. 在平原区、湖泊区、地下浅处岩层或地表浅层含有较多的有机质腐烂时放出一些沼气，当温度高，岩层环境发生变化，这些气体突然从井中释放出来，导致冒泡、翻花甚至"呼隆、呼隆"的响声。 3. 在春、秋季，上层水由于长期开采成为无水干层，当大雨渗入到"上层"变成水层，并流向井中下层水，水面时发出响声	1. 无缘无故翻花冒泡。 2. 多个井冒泡发响
III	井水发浑异常		1. 暴雨季节、井口倒灌了地表的混浊水。 2. 水流速加快，将含水层内平时无法携带的微粒带入井水中。 3. 深井叶轮故障或磨损过大，叶片被磨出很多细小铝粒，悬浮水中。 4. 深井设有滤沙管，外包有金属制的滤砂网。滤砂网陈旧破损，失去滤砂功能，砂粒流入水中，导致井水发浑	1. 多日不下雨。 2. 水井突然发浑
VI	井水与泉水温度突升		1. 冬季供暖水管破裂引起暖气水渗入浅层含水层。 2. 井内泵头机械磨损与动力电漏电等引起。 3. 水泵处于干磨状态，产生大量摩擦热，使抽上来的水升温。 4. 水的矿化度和化学组分同升温前有差异。 5. 井中电缆老化漏电	1. 抽水化验矿化度和化学组分同升温前差不多。 2. 提泵检查泵头磨损等，证明水泵工作正常。 3. 水泵停止工作半天至一天水温不变，证明水温突升不是水泵问题。 4. 停电检查，水温不变，不是电缆老化。 5. 人工绳索打水，井水温度突变

第八节　观测井（孔）的观测仪及方法

在邢台地震前，中国还没有专门的地震地下流体观测仪器，当时的地质部水文地质工程地质研究所石津灌区水文地质实验站所属 CK-06#，利用机械水位仪完整记录了 1966 年邢台 6.8、7.2 级地震前后地下水位异常的变化过程。这是中国首次用仪器记录到的地下流体地震前兆异常信息[3]。

一、20 世纪 80 年代开始我国研制的监测仪器[4]

20 世纪 80 年代开始，我国先后对水温、水位、氡与汞的监测技术进行了数字化仪器的研制并取得成功，"九五"和"十五"期间，开展了 CO_2、气体总量、pH、浑浊度、微流量等新的数字化仪器的研制。

地下水位动态观测，由最原始的"测钟"开始，经历了多种机械式水位仪（SZ-1 型、HCJ-1 型、红旗-1 型、SW-40 型等）与机电式水位仪（SWG-1 水位跟踪仪、SSJ-1 型、JZS-1 型等）观测阶段。到 20 世纪 90 年代初研制成功了数字化监测仪器，其中有 LN-3 型压力传感器数字水位仪、DSW-01 型精密数字水位仪等。

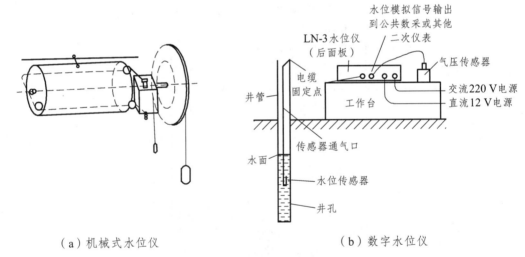

（a）机械式水位仪　　　　　　　　　（b）数字水位仪

图 6-13　水位仪的构造示意图

目前在我国地震地下流体观测网使用比较广泛的是数字水位仪。

二、几种简易的水位记录方式

1．手　测

往用测钟为观测工具，在井台上找一个固定点作起点标志进行观测，如图 6-14 所示。

2．自记水位仪记录

自记水位仪不仅有观测精确的特点，又有连续自动记录的特征，观测员只需每日换一次记录纸即可[1]。

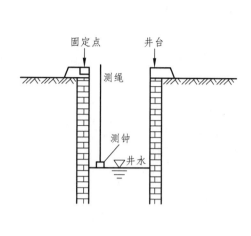

图 6-14 手测方法说明图

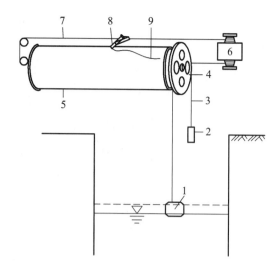

图 6-15 自记水位仪工作原理

自记水位仪由两个基本部分组成，其工作原理如图 6-15 所示。浮动系统——浮筒 1 和平衡锤 2 用胶质线 3 连接，挂在比例滑轮 4 维持平衡。记录系统——由滚筒 5、推动钟 6、钢丝绳 7、自记笔尖 8 组成。

当地下水位上升时，给浮筒 1 以向上的力。通过平衡锤 2 的拉力，浮筒向上行，通过胶质线 3 带动比例滑轮 4 及滚筒 5 转动。因为记录笔尖 8 不能沿滚筒正反转动方向移动，所以水面升降变化数值就用笔尖记在滚筒的记录纸上。笔尖 8 固定于钢丝绳 7 上，钢丝绳由推动钟 6 带动，故笔尖只能水平移动而记时间。这样，时间与水位变化均用同一笔尖 8 同时记录，从而划出水位随时间的变化曲线 9。曲线水平方向的长度代表时间，垂直升降代表水位的升降。比例滑轮有 1∶1 和 1∶2 两个比例。用 1∶1 时，记录纸上变化 1 cm，等于水位变化 1 cm；用 1∶2 时，记录纸上变化 1 cm，等于水位变化 2 cm。

观测数据的整理：按滑轮的比例，可在记录纸上查出水位升降数值。从安装仪器前的实测水位埋深减去在记录纸上查出的第一天水位上升值或加上水位下降值，即为第一天的地下水埋深值。第一天计算出的水位埋深，减去第二天从曲线上查出的水位上升值或加上水位下降值，即为第二天的水位埋深。依此类推。

时间久了，仪器记录推算出来的水位埋深与实测水位埋深之间就出现误差，一月误差可达数厘米，时间越长，误差越大。因此，可根据实际情况，在一定时间间隔内统一实测校对一次，在水位变化曲线上可将误差分配排除，也可使曲线断开加以说明。最好每天实测校对，及时排除误差。

自记水位仪主要故障及其排除方法参阅参考文献[1]8 ~ 9 页。

3．浮漂式自动测水报警器[6]

浮漂式自动测水报警器（图 6-17）是怀柔县（现怀柔区）北房公社修配厂创制的，它是利用井水对浮漂的浮力带动装有金属指针的标杆上下移动，从金属指针指示的标尺读数可以观测出水位的变化。同时，在标尺上下两端的适当位置装有电触点。当地下水位变化超载平时水位警戒线时，金属指针与上（或下）电触点接触，电路接通，电铃自动发出警鸣。

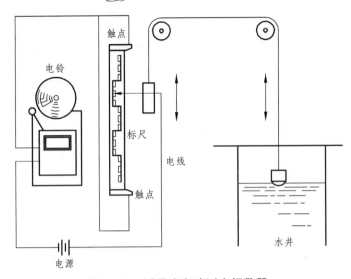

图 6-17　浮漂式自动测水报警器

4．"土"自记水位计

"土"自记水位计（图 6-18）：这是抚顺市地震工作站创制的，它是用马蹄表带动记录笔装置，用浮漂带动记录滚筒。当水位发生升降变化时，浮漂上下移动，滚筒转动，笔尖可以自动记录出水位变化情况。

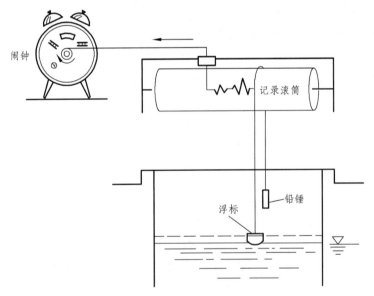

图 6-18　"土"自动记录水位计

5．红旗-1 型自记水位仪[1]

有些地震台站开始采用红旗-1 型自记水位仪。推动钟上紧发条可连续走一个月左右，把记录纸由滚筒卷到收纸轴上，像照相机内胶卷一样。每卷记录纸长 9 m，可分别用一个月和四个月。地下水位升降时，浮筒通过胶质纸带动滑轮，驱动来复杆，从而推动记录笔架滑动，示出相应水位修士。滑轮有 1：20 和 1：10 两个比例。记录纸宽 10 mm，用 1：20 滑轮时可示出水位变幅 2 m。由于仪器采用"来复"结构，故当水位变幅超过 2 m 时，记录笔能在纸端自动折回作来复记录。时间误差一个月内累积不超过 1 h，水位测量误差不超过 ±1.5 cm。

三、利用井水搞预报，干扰要排除掉

地震前地下水为什么会发生变化呢？我们知道，地下水是包含在地表以下的含水土层中的，好像是吸足了水的海绵。地震前，含水层在地应力的作用下，会打破原有的平衡状态而发生变化，地下水受到挤压而发生的各种变化，通过井孔就表现出水位的升降和各种物理现象。有时含水层上、下的隔水层（不透水层）发生破裂，下面的承压水涌上来，就会使水位突然升高；假若上面的水渗漏下去，就会使水位突然下降，甚至井干。由于岩层内地应力的分布与地质构造有关，因而也造成水位升降区在平面上分布有一定规律。

但是，造成水位升降变化的原因很多，气候条件（特别是降雨、干旱、气压等），农田灌溉，土壤解冻，河渠、水库的水位改变以及人为用水都能引起地下水位变化。另外，观测也难免有些误差，这就要求我们利用地下水做地震预报时，"必须提倡思索，学会分析事物的方法，养成分析的习惯"，不断摸清其他因素对井水升降的影响并加以排除，提高预报水平。

第七章　强烈地震动物异常宏观前兆

　　地震前动物确有异常反应，这已被古今中外的大量事实所证明。那么，动物在震前出现异常的原因是什么呢？这牵涉到地震成因和地震形成地区所发生的物理、化学变化，以及动物的感受器官的生理、生物化学效应等一系列问题。由于这些问题至今研究得还很不够，因此震前动物产生异常反应的原因，一时也就很难说清楚。

　　根据国内外震例的统计[2, 3]，目前已发现地震前有一定反常表现的动物有130多种，其中反应普遍且比较确切的有蛇、鼠、鸡、鹅、鸭、猫、狗、猪、牛、马、骡、羊、鸽、鸟、鱼类等近40种。

第一节　古今中外地震异常反应

一、动物异常反应

　　古今中外震前动物有异常反应的实例[12-14]：

　　（1）古希腊杰里斯城大地震的前几天，田鼠、伶鼬、毒蛇、蜈蚣等动物爬出洞，四处逃窜。

　　（2）我国唐代《开元古经·地镜》中写道："鼠聚朝廷市衢中而鸣，地方屠裂"。历史上类似这样的记载还有很多。

　　（3）唐朝贞元三年（公元780年）长安附近发生了一次地震，震前有"巢鸟惊散"的记载。

　　（4）1556年1月22日夜，邓州有风雨声自西北来，鸟兽皆鸣，已尔地震轰如雷。

　　（5）日本名古屋有个"老鼠窝"餐馆，它以屋内有许多老鼠而闻名。这些老鼠在屋内不怕人。可是，1891年10月28日浓尾8级地震之前，这个餐馆的老鼠却逃之夭夭了。老鼠跑了，猫也烦躁不安起来，在屋乱跑乱窜。主人打开门，刚把猫放出去，大地震就发生了。

　　（6）1923年8月31日，东京某电影公司的一名职员在回家的路上，发现许多鱼在池塘里扑腾，他看一会觉得很有意思，便返回公司约同伙一起来捉鱼。池塘里的鱼很多，一抓就是几条，不到一刻钟，就把一个大桶装得满满的。几个人满载而归，饱餐了一顿鱼做的佳肴。席间行令划拳，喝得酩酊大醉。这位职员喝得最多，醉得不省人事，一头倒在床上就进入了梦乡。在梦中，他又来到那个池塘，这回鱼比先前还多，满网都是鱼，他使尽全身的力气，但怎么也拉不动，最后把网拉断了，他也一屁股摔在地上……这才把他从梦中惊醒，睁眼一看，大地在抖动，房屋摇晃。这就是1923年9月1日著名的关东7.9级地震。

　　（7）地震前，动物有各种异常反应。例如，1917年云南大关地震前，据县志记载："当地震前一月间，大头河中鱼类均浮水面，失游泳之能力……追距地震前数日，河水大涨，河鱼千万自跃上岸"。此外，有关历史资料中还有，地震前"水陆间生物顿有异常""如井水忽浑浊……群犬围吠，即防此患"等记载。

二、国内 20 世纪 70 年代以前兽类异常的震例

国内 20 世纪 70 年代以前兽类异常的震例见表 7-1。

表 7-1　兽类异常震例[13]

发震时间	震中位置	震级	兽名	异常反应	异常时间（震前）
1939 年 1 月 3 日	宁夏银川平罗	8	狗	群犬围吠	震前
1917 年 1 月 24 日	安徽霍山	$6\frac{1}{4}$	猪、牛	惊窜奔鸣	震前
1920 年 12 月 16 日	宁夏海原	8.5	牛、狗、狼	牛惊逃，狗狂吠嚎叫，狼成群	几小时
1929 年 1 月 14 日	内蒙古毕克剂	6	狗	不进窝，狂吠	2 天
1933 年 8 月 25 日	四川叠溪	7.5	狗	满街狂奔	震前
1937 年 8 月 1 日	山东菏泽	7	猫、牛	猫上床嚎叫，牛惊叫外逃	几分钟至几小时
1954 年 2 月 11 日	甘肃山丹	$7\frac{1}{4}$	狐、狼、青羊	从山里跑出	震前
1955 年 4 月 15 日	新疆乌恰	7	牛、马、狗	牛马聚在一起嘶叫，狗狂吠	震前
1966 年 3 月 8 日 22 日	河北邢台	6.8 7.2	猪、羊、狗大牲口、鼠刺猬	猪在圈里闹，羊跑狗也叫，牲口不进棚，老鼠先跑掉，白天出来活动	震前 震前

三、地震多发地区关于地震的民间谚语

（1）云南发生的几次强烈地震，通过认真总结经验，进一步发现地震前各种动物确实有异常反应。云南地震区有这样的防震谚语[4]：

> 震前动物有预兆，人民战争要打好。
> 看着骡马不进圈，老鼠搬家往外逃。
> 鸡飞上树猪拱圈，鸭不下水狗狂咬。
> 麻蛇冬眠早出洞，鸽子惊飞不回巢。
> 兔子竖耳蹦又撞，鱼儿惊惶水面跳。
> 家家户户都观察，综合异常作预报。

（2）1966 年 2 月 27 日河北邢台发生 7.2 级强烈地震，震区的隆尧县某村全村的狗在大震中都幸免于难。当地流传的谚语说[2]：

猪在圈里闹，鸡飞狗也叫。

牲口不进棚，老鼠机灵先逃掉。

鸡在窝里闹，猪在圈里跳。

羊跑狗也叫，地震快来到。

（3）强烈地震前动物异常反应[4]：

震前动物有预兆，群测群防很重要。

牛羊骡马不进圈，猪不吃食狗乱咬。

鸭不下水岸上闹，鸡飞上树高声叫。

冰水雪地蛇出洞，大猫衔着小猫跑。

兔子竖耳蹦又撞，鱼跃水面惶惶跳。

蜜蜂群迁闹哄哄，鸽子惊飞不回巢。

家家户户都观察，综合异常作预报。

第二节　动物异常反应实例

一、辽宁海城地震

1975 年 2 月 4 日辽宁海城地震前的动物异常反应是十分明显的，但各种动物出现异常的时间却不完全一致（图 7-1）。早在 1974 年 12 月初，震中附近就出现了蛇的异常反应。接着，

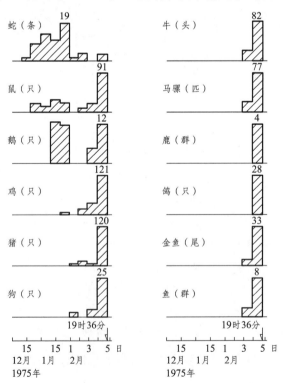

图 7-1　1975 年 2 月 4 日辽宁海城 7.3 级地震前动物异常反应的时间分布

从 12 月下旬开始，鼠类的异常反应也出现了。进入 1975 年 1 月以后，鸡、鸭、鹅等家禽出现异常。震前几天，鹅飞、狗狂吠、鸡不进窝、猪拱圈等现象不断发生；而牛、马、鹿、鸽、金鱼和鱼群的异常反应则于 2 月 3 日至 4 日大量出现。据统计，多数动物的异常反应在地震的当天达到峰值。

二、云南龙陵地震

1976 年 5 月 29 日云南龙陵 7.3 级和 7.4 级地震的前 7 天，有些动物异常反应即开始出现了，大牲畜、猪、狗、鼠的异常反应则多出现于 5 月 24 日，各种动物也均在发震当天出现异常高峰（表 7-2）。

表 7-2　1976 年 5 月 29 日云南龙陵地震前动物异常反应出现的时间统计表

动物种类	开始出现异常的时间	峰值出现的时间
鱼	5 月 25 日	5 月 29 日
大牲畜	5 月 24 日	5 月 29 日
狗	5 月 24 日	5 月 28 日、29 日
猪	5 月 24 日	5 月 29 日
鼠	5 月 24 日	5 月 28 日

三、河北唐山地震

1976 年 7 月 28 日河北唐山 7.8 级地震，常见动物的异常反应有 70% ~ 80% 集中出现在临震前的一天之内（图 7-2），只有鱼和黄鼠狼这两种动物，其异常反应出现的时间早于临震前一天，但仅占 31%。从动物异常出现时间的地区分布看，唐山—宁河地区十六个县、市的动物异常反应，均有 70% 以上出现的临震前一天内，只丰南县在震前两天观察到了动物异常，但也为数不多，仅占 23.5%[13]。

四、四川松潘地震

1976 年 8 月四川松潘—平武地震前，从 1976 年 3 月开始，在外围地区的大邑、茂汶、彭县、崇庆等地就出现了一些蛇、蛙、鼠等小动物的习性异常。5 月底至 6 月初，这些异常出现的数量显著增加，至 6 月中旬出现了动物异常反应的第一次高潮，以后略趋平静。7 月中下旬，老鼠发呆的异常反应普遍出现。除此而外，鱼浮水面，狗"哭"扒洞，猪拱圈，牛、马、鹿等大牲畜惊叫不进厩等异常反应开始增加，动物异常进入了第二次高潮，而后又趋于平静。8 月上旬，安县、绵竹直至震中附近的北川、江油一带，再次出现动物异常高潮，牛、马、狗、猪、鹿等大动物的习性异常大量出现，据不完全统计，达 160 多起；小动物的异常也相当普遍，约有 159 起。从 8 月 14 日到 15 日，震区普遍出现了牛不吃食，耕牛伏地不动，狗狂叫"哭泣"，马群牛群惊叫不止，大熊猫烦躁不安，鱼跃水面，老鼠痴呆，鸡不进窝，乌鸦、斑鸠等成群飞离震区等异常现象。

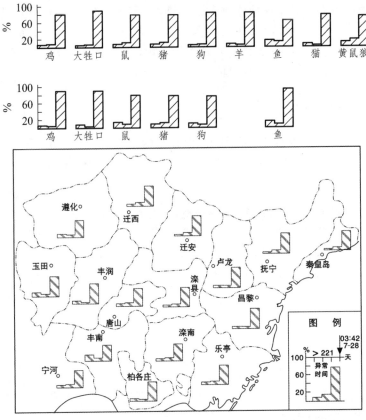

图 7-2　唐山地震前动物异常的时间分布图

第三节　动物异常反应与地震的关系

一、动物异常与地震的几点初步认识[14]

（1）越是接近临震，动物异常反应越是普遍而且强烈。一般地说，大震前的一两天，尤其是临震前的一天，动物异常反应往往达到峰值，不但数量大、种类多，而且时间集中，地区分布广，且有向震中区逐渐集中的趋势。这种现象无疑地为人们捕捉动物异常的临震征兆提供了一个十分重要的线索。

（2）从动物异常的种类看，鸡、大牲口、猪、狗、鼠、鱼等常见动物，在震前出现异常反应的较为普遍，而且前四种动物的异常反应往往更集中于临震前出现。通常，鼠、蛇等穴居动物异常反应出现的较早，如，辽宁海城和云南龙陵地震前，鼠类仅有 30%～45% 的异常反应在临震前一天之内出现；海城地震前蛇的异常反应早在两个月前就开始出现；而四川松潘—平武地震前，这类动物的异常反应出现得更早，甚至在发震前的五个月，鼠、蛇和青蛙就出现程度不同的习性异常了。大动物，如牛、马、狗、猪、鹿等的异常反应常出现得较晚，多数集中在震前一两天之内出现。这些经验对于我们判断动物异常反应是否达到了临震状态也是很有参考价值的。

（3）有些大地震，如辽宁海城地震和四川松潘—平武地震，动物异常反应出现得较早，有些甚至在震前两三个月，甚至四五个月就开始出现了，当然数量不一定很多，持续时间也不一定很长，且往往有几起几落的现象。所以，某个地区一闹"宏观异常"，并不完全意味着马上就要发生地震。那么，对于这类地震怎样判断动物异常是否属于临震征兆呢？这就不能单凭动物异常这一个因素考虑，而必须结合当地的地质构造特征，地震的长期、中期、短期预报背景和其他观测方法是否也出现异常反应，而加以综合分析和鉴别了。需要指出的是，由于各地的地质构造、区域应力场和震源物理的不同，各次地震前动物异常反应的特点也不会完全一致。因此，绝不能简单地套用某次地震的经验去判断动物异常是否进入临震状态了。各地可以通过调查研究，总结震例，摸索本区动物异常反应的特点和规律，寻找判断动物是否进入临震状态的标志。

二、认识动物异常几起几落现象

至于应该怎样认识某些地震前动物异常出现的几起几落现象，目前还没有取得一致的看法。有人认为，这与地震孕育过程中，地区应力场作用下的岩石块体相对运动有关。由于块体的相对运动在某些地区可能受到阻碍，应变能不断积累，当应变能达到一定程度后，震源区出现扩容和膨胀（即产生微破裂），并伴随着水、气的渗透作用，从而围绕着震中区出现了一系列缓慢的中长期趋势性的前兆异常。进而，随着应力的传递，外围区的岩石断层发生蠕动，反过来又使应力进一步向震源区集中；同时，裂隙不断沟通，使地下有毒和有害的气体进入地表；还可能伴随着一些其他的物理、化学现象，诸如声、光和电磁波的辐射等，从而引起动物和其他多种前兆方法出现短期的和突发性的异常变化。当应力应变传递到外围地区而引起那里的宏观异常时，震源附近地区则已进入塑性硬化阶段，震中区的各种宏观异常反而不那么明显了。至临震前，应力进一步加强和集中，震中附近地区的断裂发生稳态扩展，产生预位移、预滑，引起大量的微破裂，致使震中地区再次出现大量而强烈的宏观异常。当应力更加集中，超过岩石的破裂极限时，大震就发生了。

在断层蠕动和岩石形变的过程中，震中区与外围区的变化，在空间上是不均匀的，在时间上是不连续的，动物异常反应就可能出现几起几落的现象；同时，震中区与外围区出现动物异常反应的时间也迟早不一。

三、地震中动物异常及应实例

（1）1975年海城地震前，处于震中外围区的盘锦、丹东、油岩等地，其动物异常反映不但比较强烈，而且十分集中，异常出现的时间也较早。而处于震中区的营口、海城一带，其动物异常反应反而不如外围强烈，且出现的时间也略晚。

（2）1976年云南龙陵地震前，动物异常反应的范围比较广泛，以极震区龙陵县的镇安、朝阳、平达等三个公社和高烈度区的施甸县最为集中、强烈。

（3）1976年河北唐山地震前动物异常反应的范围更为广泛，包括了唐山及其邻近地区的四十八个县。大部分动物异常反应（约占70%）出现在Ⅶ度以上的烈度区内，并且受发震构造控制形成四个较为集中的条带。其他地区较为分散零星。

（4）前面曾经介绍了1976年四川松潘—平武地震前动物异常反应的几起几落现象。不仅如此，这次地震前动物异常反应在空间分布上也有一些特点，主要是异常现象沿着龙门山断裂（松潘—平武地震的发震断裂）由南向北几经转移，而且受当地构造控制呈明显的条带状分布。临震前三天，大量的动物异常反应出现于震中区附近，而极震区反而不那么明显和突出。越临近发震，大动物异常反应越多，且近乎集中于震源破裂的方向上。

由此看来，震前动物异常的范围和分布特点是与当地地质构造有着较为密切的关系的，动物异常反应突出的地区，很可能就是未来大震的极震区、震中区和高烈度区。

四、动物异常与地震震级大小的关系

根据我国的经验，当震源较浅时，一个 3 级左右的地震就可能引起动物异常反应。例如，1971 年湖北省远安县 3.2 级地震和谷城 3.0 级地震前，当地都观察到了猪跳圈，牛不进棚和老鼠乱窜的现象。1976 年 8 月 30 日安徽寿县 3.6 级地震前也有十多种动物出现异常反应，不过大牲畜的异常反应较为少见。

地震震级增大，动物异常的种类、数量和反应程度也会相应增加。如 1971 年 8 月 16 日、17 日四川马边 5.9 级、5.0 级地震前，有十几种动物出现异常反应。1976 年 4 月 6 日内蒙和林格尔 6.3 级地震前，有十五种动物出现异常反应，其异常反应的强度和烈度区的展布相对应。1975 年 2 月 4 日辽宁海城地震前，有二十多种动物出现异常反应，而且反应程度很强烈。1976 年 5 月 29 日云南龙陵 7.3 级和 7.4 级地震，共计有 22 种动物出现异常，其中还包括少见的野生动物雉和鹿。1976 年 7 月 28 日河北唐山 7.8 级地震前，约有三十余种动物出现异常，统计到的总数达 2093 起，其中以鸡、大牲口、鼠、猪、狗、猫、羊、鱼、黄鼠狼这九种动物较为普遍，占总数的 80%。与历次大震比较，黄鼠狼成群搬家的现象是较为特殊的。1976 年 8 月 16 日四川松潘—平武地震，动物异常的种类更多，计有牛、马、猪、羊、鸡、鱼、鹅、鸭等四十余种。据 6 月 16 日两个月内的不完全统计，异常数量共 591 起，异常的剧烈程度也是罕见的，如安县某一猪圈内的几只八九十斤重的猪，因急逃出圈而挤死一只。

五、动物在地震前异常反应数据统计

动物在地震前异常反应数据统计见表 7-3。

表 7-3　动物在地震前异常反应[14]

统计次数	有异常反应次数	动物类别	时间及次数								
			震前	几小时	1 天	1~2 天	2~3 天	几天	8 天	1 个月	几天至几个月
23	22	鱼（河中）	14				6		1	1	
	12	鱼（池塘）	8				3		1		
34	24	鸡	14	2		3	1	4			
	24	狗	13	4	2		5				
	15	猪	8	3	1	1		2			
	17	牛	8	4	1			2			
	10	猫	6	2				1			1（熊猫）
	15	鼠	7	2		1	1	2	1		1（竹鼠）

六、动物的异常行为并不都是地震前兆

必须注意的是，很多动物在地震前有明显的异常反应，可作为地震宏观异常，但动物的异常行为并不都是地震宏观异常，诸如气候的突变、饲养状况的改变，环境污染等外界条件的改变，以及动物本身的生理变化、疾病等，也可以引起动物异常（参见参考文献[3]49 页）。表 7-4 列出怎样识别动物异常行为是否可作为地震前兆。

表 7-4　怎样识别动物异常行为是否可作为地震前兆[2]

种类	正常的生活习性	有可能是地震异常	不是地震的异常行为
蚂蚁	垒巢及寻找食物	在旱季往高处垒巢，搬运食物。在严冬惊慌搬家，甚至往人身上爬	夏季天气转阴将下雨，气压变低、温度升高，湿度大，成群住高处搬家垒巢，向高处运食物
蜜蜂	天天早出晚归忙于采蜜	当发现早出晚不归，成群不归	流行病，幼蜜蜂在箱内死亡，箱内有害的昆虫，甚至成群飞走不归
鱼类	行为异常是"浮头、跳水、跑马病、蹦岸"等	晴朗多风季节，大规模浮头，跳出水面，蹦到岸上，泥鳅反应较为灵敏。水未污染，也不缺氧和饵料，出现群鱼浮头、跑马、跳跃、蹦岸，甚至大量死亡。江、河、湖、海中鱼容易上钩，网捕鱼量大大增加	"浮头"——缺氧、天气闷热，阴云密布、气压低时；跑马病——群鱼向岸边狂游，鱼塘内的密度大，饵料不足
蛙类	两栖类动物，雨蛙、树蛙爬树。青蛙是要冬眠的	反季节的活动	繁殖季节，雄蛙爬在蛙背上，还有雨蛙、树蛙有爬树现象
蛇	冬眠	冬眠季节爬出洞，非冬季成群集体搬家	
鸡		成群无缘无故地鸣叫，乱跑乱飞，飞上房顶，飞上树梢	阴雨时不愿进窝，高飞树上，鸡窝中有黄鼠狼、蛇等动物，鸡惊叫，乱跑乱飞
鹅鸭	喜水家禽	突然惊飞下水，或惊叫上岸，甚至不下水	喜水善游安详从容
鸽子		不进窝或乱飞乱叫，冲破网笼远飞离去。有时飞来一些不合时令的候鸟，或出现从未见过的野鸟，有时成群的野鸟在林中悲不止	
鼠类	夜间活动	大群老鼠旁若人地在白天活动，成群搬家，把小鼠搬到人住室或床上等，夜间，成群老鼠在屋内外乱跑乱叫甚至跑到人身上	胆小怕人
狗	见生人或受惊狂叫	成群疯跑乱嚎狂吠，乱咬人	
猪	贪吃贪睡，性情懒惰	无缘无故地不吃食，不睡觉，至刨地拱圈，越栏而逃，惊恐乱跑	
牛、马、骡、驴	温顺	惊慌不安，不进厩，不吃料，惊车嘶叫，挣断拴绳逃跑等	这些牲畜在发病时或发情时，也可能惊慌不安，不进厩、不吃料、惊车嘶叫、拴绳挣断逃跑等

第八章　地震前植物宏观异常

第一节　历史记载的震前植物异常

植物和动物一样，是具有生命活力的机体，地震前很多动物有异常反应，植物是否有这种反应呢？

在丰富的地震史料中确实记载了不少有关植物在震前异常现象[2]。

1668 年山东郯城大地震前，史书上就写道："十月桃李花，林擒实"。意思是说，我国北方十月份桃树、李树竟然繁花盛开、果实累累。1852 年我国黄海地震前，也曾有"咸丰元年竹尽花，兰多并蒂，重花结实"，"咸丰二年夏大水，秋桃，李重华，冬地震"的记载。史料上还有震前"竹花实，自冬及春"，"桃李实，群花发"等描述，近几十年来我国发生的一些地震，也留下了一些有关地震前植物异常现象的记载。

其他国家也有类似的记载：日本有不少资料谈及竹子、含羞草、合欢树等植物在震前的各种异常现象，据说印度有一种甘蓝，不仅可以预报恶劣气候，而且当长出某种新芽时，警告即将发生地震。

据有关学者[2]的研究，震前植物异常的现象有以下几种：

① 不适时令开花、结果；② 重花重果；③ 提前出苗，萌芽和成熟；④ 极不易开花的植物突然开花结果；⑤ 生态上的变异性；⑥ 植物在震前突然枯萎死亡；⑦ 植物"活动"方式的异常变化。

植物一般是不会像动物那自由做出各种动作的，但个别植物的某些部分可以自由活动。例如长叶舞草，它的两片小托叶会自动地缓缓向上收拢，然后迅速下垂，大约 30 s 重复一次，日常较多见的会动的植物是含羞草和向日葵。据报道，在一次大地震前 10 小时左右，有人发现含羞草的叶子曾耷拉下来。另外日本有一份观察报告，记述了地震前合欢树的叶子出现半合状态的现象。这种"会动"的植物震前活动方式的突然改变，已越来越多地引起人们的关注。

关于震前植物异常的原因，目前还不十分清楚，从本质上讲，植物变异是其自身为适应环境变化做出的反应，一般认为与震前所出现的一系列物理和化学的异常变化有关，其中主要的有气候和温度异常，地下水异常，地电、电磁异常，地光等。有人提出，震前空气中离子浓度的改变，也有可能对植物异常所影响。

一、20 世纪以前的震前植物异常

20 世纪以前的震前植物异常如表 8-1 所示。

表 8-1　20 世纪以前的震前植物异常

类别	植物名称	正常习性	非正常习性		地震发生时间、地点及级别		
			时间	现象	时间	地点	级别
极不易开花	竹子	不开花	1555 年	陕西秦岭竹子开花结果	1556 年	陕西华县	8.0
提前开花不适时令开花	桃李	春天开花	1667 年	山东德平县冬天开花	1668 年	（山东）莒县郯城	8.5
	李树	三月开花	清康熙十七年七月	夏大旱	清康熙十八年七月	（河北）三河	8.0
重花重果不适时令	梅、桃、李、杏	春季开花	1851 年 9 月	会理果树重花，皆烂漫如青	1815 年	西昌	7.5
	笑了子，秋桃李重花结实	春季开花	清咸丰元年	竹尽花兰多并蒂，咸丰二年夏大水	1852 年	黄海	6

二、20 世纪我国一些强震前某些植物不适时令开花发芽

20 世纪我国某些地震前的植物出现的异常如表 8-2 所示。

表 8-2　地震前某些植物出现异常与发震的关系

类别	植物名称	正常习性	非正常时间		地震发生时间、地点及级别		
			时间	现象	时间	地点	级别
不适时令开花结果	杏树	春天开花	1974 年 11 月	东北地区吉树开花	1975 年 2 月 4 日	海城	7.3
	蒲公英	春天开花	1970 年 11 月	隆德县上梁公社蒲公英开花	1970 年 12 月 3 日	西吉	5.5
重花重果	树种多	3—4 月开花	1976 年 8 月 10 日	江油县义贵公社林场苹果树重花	1976 年 8 月 16 日	松潘	7.2
	玉花	3—4 月开花	1976 年 7—8 月	彭县玉兰花重花			
	连翘木	春天开花再长叶	1976 年	北京附近 7 月长满叶又重开花	1976 年 7 月 28 日	唐山	7.8
提前出苗萌芽	青草	春天开花	1975 年海城地震前	黑山县大黑山背阴坡一处 3 m^2 雪融化，出青草	1975 年 2 月 4 日	海城	7.3

类别	植物名称	正常习性	非正常时间		地震发生时间、地点及级别		
			时间	现象	时间	地点	级别
极不易开花的突然开花结果	竹子	天旱竹忆才开花		四川绵竹县在松潘地震前竹子开花	1976 年	松潘	7.2
生态上的变异性	黄芽菜	黄芽在顶上抽心开花		启东县卫东镇的菜园有颗包好的黄芽菜在顶上抽心开花，还在叶子上开花的怪现象	1971 年	长江口	4
	南瓜	南瓜结果不开花		地震前邓陕县南瓜结果后顶上又开花	1976 年	松潘	7.2
植物震前突然枯萎死亡	柳树	树枝枝叶茂盛时期		地震前两天蓟县穿芳峪石白大队道班附近的柳树好像戴上了一顶黄帽子	1976 年	唐山	7.8
	箭竹、梧桐树、松树	枝叶茂盛时期		地震前在平武县境内，箭竹大面积死亡，有些地方梧桐树枯萎，甘肃迭部县一松树林有沿东西方向呈线状枯死的条带	1976 年	松潘	7.2
	秋桃、李重华						
重花重果	荠菜	春天开花	1971 年 1、2 月中旬	上海启东县卫东镇菜园发现荠菜开花	1971 年	上海	4

　　必须注意的是：植物在地震前是会出现一些异常现象的，但植物异常开花结果的出现不一定都是地震前兆。在植物生长季节出现旱、涝、低温、病虫害及人畜破坏，整枝的不适当，新移栽，水土流失，肥力不足，管理不善或因树木衰老等原因，也会使其生长期提前或延后。在出现花期异常现象时，我们必须对其异常现象进行认真分析，去伪存真，排除非地震因素的干扰。

　　作为地震宏观异常的植物异常，除了排除环境与条件变化引起的异常之外，还可以从异常的规模、种类、数量分布区域与地质构造的关系等方面做深入分析，如果异常规模大、分布面积广，多种植物同时出现异常，异常分布区与活动地质构造相吻合等。那么，就要认为是地震宏观异常。

第二节　可能引起植物异常的其他因素

植物发生了异常变化是不是就预示着一定要发生地震呢？下面让我们来探讨一下这个有趣而实际的问题[14]。

1975年安徽省蒙城县很多地方，本应在万物复苏的春天开花的杏树、洋槐树等却奇怪地逆时而动，打破了老规矩，在该年的八月份又一次出现了繁花满树的现象，也就是常说的二次开花了。是什么原因引起的呢？是不是地震这个"家伙"在那儿作孽呢？为了弄清情况，蒙城县科技组的同志们在进行了深入细致的调查研究后发现，这些树木春天萌发的叶子曾因不同原因（或涝、或旱、或虫、或移栽）过早地凋落了，即得过所谓"早期落叶病"，使得很多花芽没有开放，处于"休萌"状态。加之该年七月份多雨低温，叶子凋落的树木在这一时期就仿佛渡过了一个短暂的"冬天"似的。八月份气温上升，有利于树木进行养料积累。特别到了八月下旬后，天气以晴为主，气温明显升高，致使新叶大量生长，树木一片嫩绿，又如进入春天一样。在这些特殊的外因的作用下，象杏树这种具有叶、花互促生理习性的植物，就充分显示了以叶促花的特点。因此，虽值八月盛夏，这些树木却都先后不一地又开出了妖娆的花朵。奇怪的重花现象并不奇怪，只要通过仔细的调查研究，是不难找出它的真正原因的。

"春暖花开"是大家都了解的一种自然现象。但是在"夏、秋、冬"这三个季节中却仍有不少植物用它那美丽的花朵，点缀着大自然。这就说明不同种类的植物，对于外界条件的要求和适应情况是不同的。例如春天开花的树木，一般在每年的七八月份就开始孕育来年的花芽。转入秋冬后，天气变冷，这时阳光、水分、营养都不及暖季充沛，老叶就自然脱落，植物进入冬眠状态。待到来年春天外界条件适宜时，又开始发芽、开花。这是这类植物的正常生长规律。如果外界条件发生了变化，植物的正常生长规律就会被打乱，从而出现推迟或提早生长、开花、重花等所谓植物物候期异常的现象。一般认为，下述外界条件的改变可能造成植物物候期的异常：

一、气候的影响

在植物花、叶繁茂的季节，如果遇到旱、涝、低温等自然灾害，花、叶会因环境恶劣而凋落。但是，植物体内却保存着大量的养分，足够其再生殖的需要。于是到了水、肥、温度等条件适宜的时候，就会重新抽出新的叶芽和花芽，开花甚至结果。

二、病虫害的影响

病虫害能影响植物的生长发育，使植物早期落叶。如花、叶被害虫吃光，植物还会提前结束当年的生长期，待到外界条件适宜时，则重新发芽、开花。

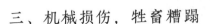
三、机械损伤，牲畜糟蹋

人为破坏可使树叶过早脱落，迫使其进入休眠状态，到了水、肥、温度等条件适宜时，树木又开始一次新的生长过程，也会重新长叶、开花。

四、移　栽

新移栽的植物，根部受伤，生长过程推迟，也可能造成植物物候期的异常。

五、修剪不当

果树修剪时间不当，特别是在花芽分化已经成熟后再修剪时，就会造成人为刺激和营养积聚，促使树木重新开花。

六、其　他

水土流失，肥料不足，管理不善等因素也可以提前或推迟植物的生长过程，造成植物物候期的异常。

从可能造成植物异常的原因分析中，大家可以了解促使植物产生异常的原因是很多的。在大自然中植物物候期发生异常的现象曾屡见不鲜，但事后却并不一定都发生地震。因此在发现植物异常后，必须详细地调查研究，并结合其他手段的观测结果进行综合分析，否则就难以得出正确的结论来。

第三节　植物异常的分析和识别

一般来说，对于植物异常原因的分析，可以分成以下三种情况[14]：

（1）属于个别植株的异常现象，如 1976 年 8 月，北京市东郊某工厂的二排丁香树，只有靠近车间门口的一株开了花。同年 9 月，安徽巢县革委会院子里的一些枣树，只有一棵开了花。这种情况大多是该植株所在的小范围环境条件变化（包括人为栽培、修剪等）的结果。这种小范围环境的变化，可以引起植物体内生理过程发生紊乱，表现在外部形态上就产生了物候期的异常，有时甚至还可以引起外部形态特征的突变，这种异常与大范围环境没有直接联系。一次大震前异常变化范围往往是相当大的，因此，这种现象可以认为与地震关系不大。

（2）同种树木成片出现花期异常，这常常是因为植物遭到了病虫害、药害等出现大片落叶而造成的。除了前面介绍的安徽蒙城县杏树、洋槐重花现象外，北京海淀万寿寺一带的洋槐，由于 1969 年伏秋遭受雹灾，叶子全部被打掉了，那年也普遍出现了二次开花。这种现象当然也和地震没有什么关系。

（3）同一种树木在相当大的面积上普遍发生了异常现象，或者是在相当大的面积上出现了多种植物的异常反应。比如陕西省关中地区的西安、渭南、咸阳、宝鸡等地，自 1976 年 7 月开始，出现了大面积的植物重花、重果等反常现象。异常的植物种类有：苹果、杏、桃、梨、枣、樱桃、石榴、榆、槐、椿、丁香、玫瑰、迎春花等近二十种。由于类似的植物异常在大震前也常出现，所以应当引起我们的足够重视。需要结合有可能引起植物发生异常的各种原因去调查核实，最好绘出植物异常现象的时间与空间分布图，以研究这些异常现象是否与本地区的地质构造活动有关，并进而分析它们的发展趋势。同时还要结合其他各种宏观、微观前兆进行综合分析。这样才能够更好地帮助我们对情况进行判断。这种对植物异常进行分析的方法是目前常常采用的比较切实可行的方法。例如对于前述的陕西省的植物异常现象，经过该地区的地震工作人员会同其他各有关方面的工作人员的调查、分析、研究后发现：

① 1976 年陕西省全省普遍出现气候前期干旱、后期降雨的反常现象。七月、八月份干旱严重，八月份的总降水量仅为 15.3 mm。进入九月份后又连续阴雨，直至十一月才转晴，总降水量达 300 mm 以上，这是 1949 年以来该省秋雨最多的一年。而且进入九月份后，最低平均气温达 16.8 ℃，为 1959 年以来同期最高值；十月上旬平均气温比去年同期也高出 0.8 ℃，而较高的气温和阴雨又造成了病虫害的流行。

② 查阅历史资料得知，这种植物反常开花结果的现象并不罕见，1939 年陕北米脂县就出现过桃、杏重花、重果。当时的气候特点是夏旱、秋涝、长期阴雨。而植物在不具备上述气候反常情况下发生异常的事例仅只一两次。

③ 植物异常分布的地区与活动的地质构造没有明显的关系。

在综合了上述情况，并对前兆仪器数据进行分析对比后，得出了结论：由于恶劣的自然环境，一些植物的生长遭到了破坏，来年孕育的花芽及一些当年的休萌花芽复发甚至结出了果实。所以说，这次植物异常反应是气候异常的伴生现象，而不是地震的短期前兆。

1976 年在江苏扬州地区江都和高邮两县的某些地方，一些在春天种植的黄瓜，秋初又一次在老藤上开花并结出了小黄瓜。这是否属于地震异常呢？对此南京地震大队的同志们进行了调查研究。他们结合黄瓜的生长习性分析，立即排除了属于地震前兆的看法。原来黄瓜除了炎热的夏天及严寒的冬天外，春秋两季都可以种植生长。这样在春天种下的黄瓜，假如由于水源充分或处于背阴之处，那么在渡过了炎热的夏季之后，它的老藤就不一定枯死，秋天重新开花结果是完全可能的。

上面例子表明，在对植物异常情况进行分析时，除了需要对异常原因进行探讨外，还常常要先对一些植物现象作出是否属于异常的判断。在这种情况下就必须结合各种植物本身的生长习性来进行考虑了。

第九章　震前中长期异常

第一节　干旱与地震

关于干旱与地震的关系，我国历史资料上有着非常丰富的记述。据不完全统计，从公元前 1711 年至公元 1937 年的 3648 年间，我国共出现 1074 次旱灾，其中发生破坏地震的有 705 次，地震与干旱之比为 70%；又如从公元前 281 年至公元 1926 年的 2207 年之间，我国华北及渤海地区（北纬 34° 至 43°，东经 108° 至 125°）共发生 6 级以上地震 72 次，其中 61 次地震发生前的一至三年，震区都出现干旱。此外，根据近年来我国大陆 7 级以上旱震震例见表 9-1 亦可得知，7 级以上地震震中区一至三年前往往为干旱区。

一、1900—1970 旱震情况

有的学者[3]在分析了从 1900 年至 1970 年我国大陆上发生的 6 级以上的 204 个旱震震例指出，在出现大面积（不少于 43.2 千万平方千米）旱区之后的一至三年内，往往发生一次 7 级以上的强震，而且旱区面积越大，干旱越严重，对应的震级越大（表 9-1、表 9-2）。此外，在一般情况下，如大面积严重干旱后马上发震，则震级可能小一些；大旱后两三年内发震，则震级相对大一些，表 9-2 中举出的几次 7.5 级以上的大震，多发生在大旱之后的第二年或第三年的事实，也证明这一点。

表 9-1　近年来我国大陆 7 级以上地震与干旱的关系[14]

发震日期	震中位置	震级	震前旱情
1963 年 4 月 19 日	青海阿兰湖	7	震前一年（1962 年）大旱
1966 年 3 月 22 日	河北邢台	7.2	震前一年（1965 年）大旱
1969 年 7 月 18 日	渤海	7.4	震前一年（1968 年）大旱
1970 年 1 月 5 日	云南通海	7.7	震前一年（1969 年）大旱
1973 年 2 月 6 日	四川炉霍	7.9	震前一年（1972 年）大旱
1973 年 7 月 14 日	西藏亦基台错	7.3	无降水资料
1973 年 9 月 29 日	吉林珲春东南	7.7	震前三年（1970 年）大旱
1974 年 5 月 11 日	云南昭通	7.1	震前二年（1972 年）大旱
1974 年 8 月 11 日	新疆喀什以西	7.3	震前一年（1973 年）大旱
1975 年 2 月 4 日	辽宁海城	7.3	震前三年（1972 年）大旱
1976 年 5 月 29 日	云南龙陵	7.5 7.6	震前一年（1975 年）大旱
1976 年 7 月 28 日	河北唐山	7.8	震前三年（1972 年至 1975 年）接连大旱
1976 年 8 月 16 日	四川松潘—平武	7.2	震前一年（1975 年）大旱

表 9-2　华北及渤海地区 7.5 级以上大震与干旱的关系[14]

发震日期	震中位置	震级	震前旱情
512 年 5 月 21 日	山西代县	7.5	震前两年（510 年）大旱
1303 年 9 月 17 日	山西洪洞、赵城一带	8	震前两年（1301 年）大旱
1556 年 1 月 23 日	陕西华县	8	震前两年（1554 年）大旱
1668 年 7 月 25 日	山东郯城-莒县	8.5	震前三年（1665 年）大旱
1679 年 9 月 2 日	河北三河平谷	8	震前一年（1678 年）大旱
1695 年 5 月 18 日	山西临汾	8	震前四年（1691 年）大旱
1830 年 6 月 12 日	河北磁县	7.5	震前三年（1827 年）大旱
1888 年 6 月 13 日	渤海湾	7.5	震前一年（1887 年）大旱

二、北京地震队对大旱与强震的研究

1. 大地震的震中区震前往往是旱区

表 9-3 列举了 7 个强震震例。

表 9-3　我国强地震震中区前一两年是旱区的实例[15]

震例编号	地震参数				震中区域特征			地震前后几年震中区降水量数据		旱震现象说明
	时间	位置	经纬度	震级	位置	经纬度	高程	年份	降水量/mm	
1	1888-06-13	渤海	38°30′ 119°00′	7	烟台	31°36′ 121°26′	13.5	1886—1965（85 年平均）1887	648.8 360.5	震前一年降水偏低
2	1937-08-01	山东菏泽 山东菏泽 山东泰安	25°21′ 115°18′ 35°18′ 115°24′ 36°13′ 117°10′	7 6	菏泽 泰安	35°15′ 115°26′ 36°13′ 117°10′	56 128.9	1931—1965（18 年平均）1936 1930—1965（22 年平均）1936	687.3 433.1 800.8 687.1	震前一年降水偏低
3	1954-02-11 1954-02-11	甘肃山丹 甘肃山丹	38°00′ 101°18′ 39°00′ 101°30′	7 6	张掖	38°56′ 100°35′	1468.5	1951—1955（5 年平均）1953	154.7 127.2	震前一年降水偏低
4	1969-07-26	广东阳江	21°42′ 111°42′	6.4	广东阳江	21°54′ 111°57′	4.2	1953—1965（43 年平均）1968	2 191.3 1 657	震前一年降水偏低
5	1963-04-19	青海 阿兰湖	35°42′ 97°00′	7	青海都兰	36°20′ 98°20′		1955—1965（11 年平均）1962	164.2 108.6	震前一年降水偏低

震例编号	地震参数			震中区域特征			地震前后几年震中区降水量数据		旱震现象说明
	时间 年月日	位置	经纬度	位置	经纬度	高程	年份	降水量/mm	
6	1970-01-05 1970-02-05	云南通海 云南峨山	24°00′ 102°42′ 24°12′ 102°18′	7.7 6.0	云南昆明 云南玉溪	25°01′ 102°41′ 24°40′ 102°17′	1891.3 1618.0	1901—1965 （42年平均） 1969 1944—1965 （21年平均） 1969	1 028 847 863 651	震前一年降水偏低
7	1973-02-06	四川炉霍	31°18′ 100°54′	7.9	四川甘孜 四川雅安	31°38′ 99°59′ 30°00′ 103°03′	3325.5 627.6	1951—1970 （20年平均） 1972 1937—1970 （30年平均） 1972	627 490 1 796 490	震前一年降水偏低

2．我国几个著名的历史大地震震前旱情史料简介[15]

为了研究旱震关系，我们系统地查阅了一千多本县志、地方志史料，了解到历史大地震发生前的一至三年内，包括震中区在内的广大地区，如下是史料上所记述的震前干旱的情况：

（1）1679年9月2日（清康熙十八年七月廿八日）在河北三河、平谷一带（北纬40°，东经117°）发生的8级大地震，史料上记载，地震前一年（即清康熙十七年）河北省大旱：

"清康熙十七年六月丁亥，（皇）上以盛夏亢旱，步祷于天坛"。

"清康熙十七年春二月不雨至于夏，六月民饥，十八年秋八月戊辰地震"。

"清康熙十七年夏大旱，七月李华（李树开花），十八年七月地震"。

"清康熙十七年大旱，十八年地震有声自东北来"。

（2）1556年1月23日（明嘉靖州四年十二月十二日午夜），陕西华县（北纬34°30′，东经109°42′）发生8级大地震，史料上记载，地震前二年（即明嘉靖州二年），陕西、宁夏大旱：

"明嘉靖州二年大旱"。

"明嘉靖州四年平凉府属大旱饥，冬十二月陕西诸郡地震"。（明平凉府包括崇信、华亭、镇康、庄浪、隆德、经川、灵台、固原）

"明嘉靖州二年冬无雪，州三年十二月壬申，以灾异屡见，即祷雪日为始，百官青衣办事"。

（3）1668年7月25日（清康熙七年六月十七日），山东郯城、莒县间（北纬35°12′，东经118°36′）发生8级大地震，史料上记载，地震前三年（即清康熙四年），山东大旱：

"清康熙四年春，朝城、城武、恩县、堂邑、夏津、莱州、东明、灵寺、武邑大旱"。

"高密自康熙四年三月至五年四月不雨大旱"。

"康熙四年夏登州府属蓬莱、福山、招远、莱阳、文登、荣城大旱"。

（4）1920 年 12 月 16 日，宁夏海原（北纬 36°30′，东经 105°42′）发生 8.5 级大地震，史料上记载，地震当年北方几省大旱：

"民国九年（公元 1920 年）陕、豫、冀、鲁、晋五省大旱，灾民二千万人，死亡五十万人，灾区三百十七县，十二月陕西、甘当地震"。

"民国九年大旱，十三个月点雨未落，赤地千里，是年贫民乏食"。

三、近年来，我国 $M \geq 7$ 级强震的震例

根据我国各气象台记录的降水量资料，研究了 1957—1971 年每年的全国旱区，发现在出现大面积（432 000 km²）旱区之后的一两年内，会发生一次七级以上强震。1966 年 3 月 22 日河北邢台 7.2 级地震前一年（1965 年），华北大旱；1969 年 7 月 18 日渤海 7.4 级地震前一年（1968 年），山东、河北、辽宁大旱；1970 年 1 月 5 日云南通海 7.7 级地震前一年（1969 年），云南、四川、西藏大旱；1973 年 2 月 6 日四川炉霍 7.9 级地震，也与震前一年（即 1972 年）四川、西藏的大旱有关。

第二节　洪涝与地震

上节叙述了有关干旱与地震的关系，但是震前洪涝多雨，特别是在干旱背景中出现雨涝的（包括大雨、大雪和大雹）也不乏先例。

一、"旱-涝-震"型或涝-震型

1954 年 7 月 21 日甘肃天水 7 级地震前一年，"五月定西及秦州雷雨暴至，平地水高数丈为害，漂没居民甚多；是年陕西、平凉等处均遭旱成灾"。

1927 年 5 月 23 日甘肃古浪 8 级大震前两年"河西走廊水旱成灾"，1926 年"皋兰永昌大旱复大雹为灾"，临震前五天，即 5 月 18 日，武威"遭大雨涝，冲没村庄一百三十三个，房屋三千多间"。

1932 年 12 月 25 日甘肃昌巴 7 级地震前一年，"甘青一带干旱并冰雹及洪水为灾"，1932 年"旱灾奇重，夏间又遭雹灾"。

1668 年 7 月 25 日山东郯城-莒县 8 级大震当年，江苏涟水"天雨五十日，地震后又雨五十日，城内大水行舟"；即墨"六月霪雨连绵，平地波涛泛涨，田禾淹没，民地涂泥"；江苏海州"水旱频仍，地震奇殃……"；河南商城"五月大水，田庐淹没，死者甚重"；河南固始"五月南山水起瀑溢，坏市集桥梁"；大震前一年，济南地区"夏大雨雹，秋大水"；德州"淫雨河溢"；莱阳"大雨自六月起至八月止，稼伤过半……"。

1679 年 9 月 2 日河北三河—平谷 8 级大震前一年，"六月丁亥，甘霖大沛；迁安夏六月旱，后大雨禾嫁成灾"；1679 年"四月乙卯甘霖随降；玉田七月十九日水深丈余"。

1888 年 6 月 13 日渤海 7 级地震前一年，"河北滦县夏旱，秋大水，濒河田庐漂没；山海

关五月大雨；天津，秋禾被水淹，武清等县水灾；黄河自郑州下游决口"；1888 年"四月山东等地雹大如鸡卵"。

另外 1568 年 4 月 25 日渤海 6 级地震前一年，即 1567 年，有"蓬莱淫雨有余，天津武清等处水灾异常"的记载。

1969 年 7 月 26 日广东阳江 6.4 级地震之前一年，即 1968 年，虽然年降雨量偏低（见前）。但据《我国灾害性天气概况》记载：1968 年"珠江流域大水，涝害较重，五月下旬到七月中旬总雨量有 500 至 1 600 毫米，比常年同期偏多五成到二倍，……沿江部分地区受到洪涝灾害，局地灾情较重"。震后第三天，即 7 月 28 日，该年第三号台风在广东汕头登陆，通过震区进入广西。

另据广州地震大队分析：位于桂、湘南、粤西的震区发震多属"涝震"型。其特点是震前一年水涝和十年降水平均值偏多，如 1936 年和 1958 年灵山地震、1960 年圻城地震、1962 年田林地震等。古代的 1558 年封川地震、1782 年零陵地震、1853 年江华地震、1893年扶绥地震、1899 年武宣地震等也属"涝震"型。1886 年汕头 5 级地震前自 1884 年至 1885年广东潮安、乐昌、南海等地大范围发水。当时怀集县志就记有："1885 年夏五月大水为灾，平地水深二丈有奇，冲塌房屋万余间，溺毙男妇六十名，受灾贫民三万余丁，实为百年所未见。"

二、"旱-涝-震"型 [15, 16]

（1）1920 年 12 月 16 日宁夏海原 8.5 级大震当年，"宁夏大旱；民国九年（1920 年）大旱，十三个月点雨未落，赤地千里……"。可是就在震中区下了两场雪，一次是临震当天"固原地区降雪"，一次是农历五月初七"在海原周围下了一场大雪"。

（2）1966 年 3 月邢台地震群，据《我国灾害生天气概况》记载，震前华北平原干旱，可追溯到 1959 年即开始出现旱象。1960 年"华北冬春雨水奇缺，一般连续 150 天至 180 天无透雨"。1961 年"旱情仍较严重"，1962 年"华北大面积春夏连旱"。1964 年"冀、鲁西、豫北出现旱象"。1965 年"华北地区春夏秋三季出现少有的大旱，河北省境内的南运河一度断流"。可见这次震前干旱持续时间较长。就在这长时间干旱背景中，1963 年 8 月"华北平原大水为历年少见，8 月上旬华北平原西部、太行山脉东侧出现历史上罕见的特大暴雨，安阳至保定一线旬雨量在 600 毫米以上"，其中万以震中区为最大。如邯郸为 1034 毫米，赞皇为 1187 米（邢台恰在两地之间），震中区隆尧县邻近的临城县"八月四日一天之内降雨 642 毫米，为河北历年所未有，在全国也少见。"总之，"这次暴雨来势之猛，持续时间之长，雨量之大，为有气象记录以来所未有"。而这次雨涝中心恰与震中区相吻合，是值得注意的。

（3）1962 年 3 月 19 日广东河源 6.1 级地震前几年，即 1958、1959、1960 年相继干旱。但 1959 年 6 月广东东江出现百年未遇的特大洪水，降水中心在河源，仅 6 月 11 日—16 日，河源降水为 734 mm，为历史上少见。

（4）还有其他不少震例，震前出现大水洪涝。简述如下：1833 年 9 月云南嵩明 8 级大震前数年为干旱期，但震前二年，即 1831 年为大水年。1955 年 4 月四川康定 7 级地震前一年，即 1954 年，震区各气象站所测的年雨量均已达到或接近历年最大值。1786 年 6 月四川康定 7 级地震前一年为全国性大旱年，全国有 303 年县份受旱灾，但长江上游（宜宾以上）却处于大水时期。1923 年 3 月四川炉霍 7 级地震前三年，即 1920—1921 年，是全国范围的干旱期，但长江上游（自宜宾以上），1920—1922 年是大水年份。1695 年 5 月 18 日山西临汾 8 级大震前一年，即 1694 年，"沁水河水溢"。1683 年 11 月 22 日山西原平 7 级地震，当年"秋大水，漂没禾黍殆尽"。1830 年 6 月 12 日河北磁县 7 级地震前一年，即 1829 年，"漳河大水，沿河被浸淹"，临震前又遇洪涝：内邱"四月大雨水"；邯郸"四月大水连旬，水暴涨"；永年"四月雨水漂麦"；1484 年 1 月 29 日河北居庸关 6 级地震前，1482 年 7 月"昌平大水，决居庸关城垣楼铺墩台"；1730 年 9 月 30 日北京 6 级地震前一年，即 1729 年，"查密云城外白河夏秋之交，山水暴涨，直逼城西"；1548 年 9 月 13 日山东蓬莱 6 级地震前一年，即 1547 年，"夏旱、秋大水"。诸如震前一年"秋大水"的例子还有不少。1739 年元月 3 日宁夏银川平罗 8 级大震后，《银川小志》上记载，有震后幸存的刘姓伙夫并二、三乡老述道："宁夏地震，每岁小动，民习为常。大约春冬二季居多。如井水忽浑浊，炮声散长，群犬围吠，即防此患。至若秋多雨水，冬时未有不震者。"在这里，宁夏劳动人民已总结出震前的地下水、地声、动物气象等前兆现象。"秋多雨水，冬时未有不震者"，虽然不尽如此，但表明当地群众已注意到"秋多雨水"与未来可能发生地震的关系。

图 9-1 是一组我国近期几次强烈地震震前降水的年际变化情况。由图可见，震前几年内降雨年变化起伏很大，即所谓"涝-旱-震"或"旱-涝-震"。

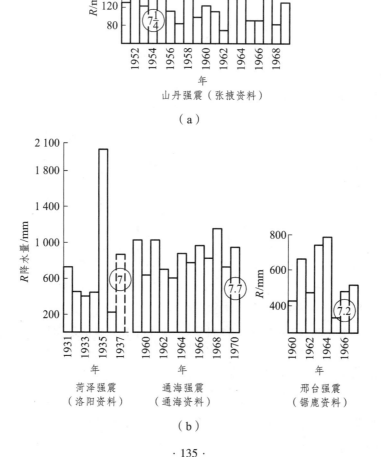

（a）

（b）

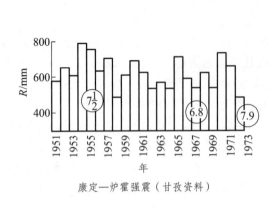

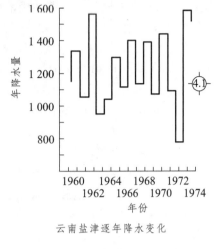

康定—炉霍强震（甘孜资料）

云南盐津逐年降水变化

（c）

（d）

图 9-1　降水与强震关系图

　　图 9-2 是 1974 年 5 月 11 日云南昭通 7.1 级地震前降水的两张分布图。由图可见昭通地震的降水年际变化是先旱后涝，即 1972 年为旱年，1973 年为多雨年，旱涝相差悬殊。在宜宾、盐津、大关一线有一个增变区，尤以盐津为最大增变中心。震前一个月，即 1974 年 4 月降水分布图，可见在雷波、永善、大关一线，又出现了最大的降水中心。

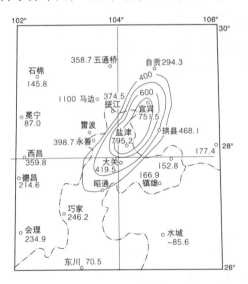

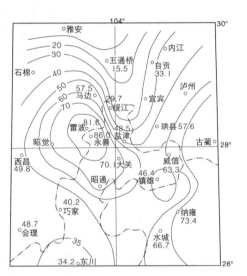

（a）ΔR 分布（ΔR 为 1973 年降雨量与 1972 年
降雨量之差值，即 $R_{73} - R_{72}$）

（b）1974 年永善地区四月份降水分布

图 9-2　1974 年 5 月 11 日云南昭通地震震前降水分布图[15]

三、大震前产生洪涝的原因

　　大震前的洪涝现象也是非常引人注意的。某些地区存在着涝震关系的原因是什么？这同样是当前解释不清的一个问题。有人认为这种现象也是孕震过程中物理的、化学的各种因素变化时的一种反映；有人认为"涝"的作用无异于水库蓄水诱发地震的过程；此外，还有人认为，降水加大了岩石的孔隙压力或降低了岩石的破裂强度，因而触发地震。

第三节 东亚大气环流与地震

大气环流，是指环绕在地球表面之上的大规模的大气运行现象及其基本状态。它是各种天气类型及其变化的主要原因，也影响着气候的形成。对大气环流有重要作用的是大型扰动涡施。由于它的存在，才有南北方向的热量及动量的输送交换，并在地球自转作用下形成东西风带。通过地面摩擦，山脉两侧气压差异，地球与大气之间就有角动量相互交换作用。因而可以探索大气环流的变化与地震的关系。大气环流的变化，一般可以从海平面气压水平环流的季节变化看出[15]。

图 9-3 给出北半球海平面平均气压形势图。可以看到我国一年四季平均环流演变的基本情况：

一月是冬季环流形势的代表，蒙古冷高压处于全盛时期，中心气压在 1035 毫巴以上，位于蒙古。整个亚洲都在它的控制之下。此时，我国广大地区频繁受到来自北方的极地冷气团运动的影响。

四月形势的特点是，原来强盛的蒙古冷高压正在衰退，印度低压正在兴起。前者寒冷而干燥，后者温暖而潮湿，两者相互交锋，进退交错，酿成我国春季天气变化频繁而剧烈。

七月是夏季环流形势的代表，蒙古冷高压已不复存在，代之以印度低压，深受南部海洋来的热带气团的影响。

十月虽是秋季，但已基本属冬季形势了。把九月做为由秋入的转换期，可能更恰当一些。

由此可见，我国平均环流形势的季节演变是十分清楚的。

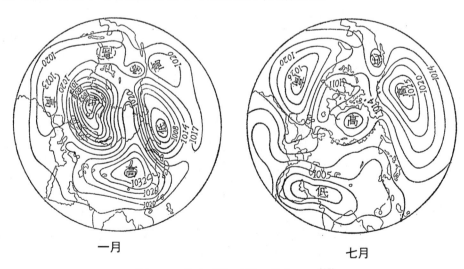

一月   七月

图 9-3 北半球海平面平均气压图[15]

我国的强震活动，据统计，也有很明显的季节分配。由此可以看出，我国强震的发生与东亚大气环流的变化有一定的关系。

图 9-4（a）是我国的一千个历史强震例在一年中出现的月频度分配曲线，以及 20 世纪以来我国大于 6 级和大于 7 级的强震月分配曲线。三条曲线不因震级和统计时限的变化而有重大改变，说明我国强震的季节分配是稳定的。

图 9-4（b）是根据 40 年气象资料绘出的亚洲北纬 30°～60°、东经 90°～120°地区月平均月际变化图。将图 9-4（a）与 9-4（b）与比较，可以看出：

（1）一年之内亚洲大陆上的两个最大变压中心出现的时间与强震频度最大月份大体一致，都在 3—4 月和 8—9 月。

（2）秋季气压变化比春季来的强烈些，强震频度也是 8—9 月比 3—4 月更大，这是值得研究的现象。

（3）十二月份强震频度也较高，但环流变化并不显著。

国外也有用气压年变程表征地区性环流改变对地震迁移的影响来进行研究的，但没有取得显著进展。这是一个矛盾现象。

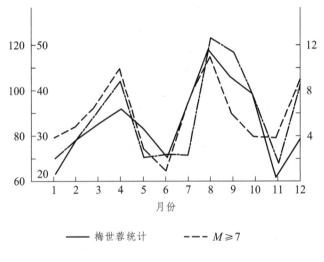

（a）我国强震月频度分配曲线[15]

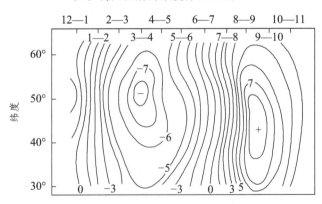

（b）亚洲北纬 30°～60°，东经 90°～120° 地区平均气压月际变化图（单位：1 bar＝0.1 MPa）

图 9-4　强震月频度分配曲线和气压月际变化图

第四节　利用气象因子做中长期地震的可能性

文献[15]指出：地震的中长期预报，目前仍在探索之中。一次大地震的孕育场能否造成中期气象异常，或者一次中长期的气象变异能否对应一次大地震，是用气象因子做中长期地震预报的基本问题，这个问题目前还没有搞清楚。现有工作仅仅是从时间尺度上寻找甲（气象）、乙（地震）两种现象的对应关系。如果这种关系在一个长的时期中是多次重复的，那么可以考虑用甲的出现来预报乙将在甲后的某时出现，关键是要选好气象因子。

几年来的实践表明，选取气候因子是比较可行的。因为：第一，它有几十年甚至几百年的资料，为研究气象与地震关系提供了依据，也为统计分析提供了高信度样本；第二，它有一定的物理意义，因为一个地方的气候变化如何，不仅与它所处的地理纬度有关，还与其地质、地理环境、下垫面和上面的大气运动及变化有关。而既与天又与地相关联的两个最重要的气候因子就是温度和降水。大量的地震现场调查表明，地震区人民群众反映最突出的震前气象异常表现也是这两个气候因子。因此目前凡开展中长期气象预报地震的都以这两种因子为主。

北京市地震队从 1900—1974 年 6 级以上地震的 204 例旱震震例中归纳出如下的特点[3]：

（1）一个 7 级以上大地震所需震前旱区面积要大于 $4.32 \times 10^5 \ km^2$。

一个 6 级大地震所需旱区面积要大于 $2.52 \times 10^5 \ km^2$。

（2）在大面积严重干旱后如马上发震，即旱后第一年发震，震级要小些；如果在旱后第二、三年内发震，震级要大些。

这样在一年完了，整理出全国降水量年变化资料图，确定出旱区位置，计算出旱区面积，就可以作为预报未来可能发生的大地震的一个参考了。

此外，云南宾川气象站利用旱涝因子做了大量统计分析，得出云南省各主要构造带破坏性地震发生与旱涝振动的关系，提出了用气象要素预报本省 5 级以上地震的经验程序。具体方法这里就从略了。

对于超过一年的趋势估计，我们可采用对某一平稳时间序列进行分波或用方差分析检验处理，寻找气象因子与长期地震活动的对应关系，做出趋势估计。图 9-5 给出的就是对某地温度经分波和方差检验后得到的十五年左右的周期振动曲线。可以看出：曲线的上升段就是气候由冷转暖的时期，它与我国三次以 8 级大震为起讫的地震活跃期恰好对应；而由暖转冷

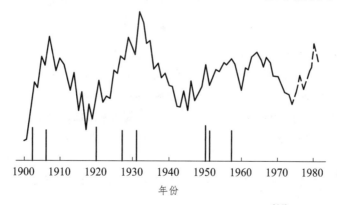

年份

图 9-5　我国某站冬季温度距平滑动曲线[14]

的气候变化则相对丁地震活动平静期。据此可以推断，1973 年至 1980 年间将是我国 20 世纪来的第四个地震活跃期。这样就用温度这个气候因子的变动，估计了未来几年地震活动的总趋势。

最后需强调说明，用气候因子作地震中长期预报只是一种尝试，在其物理机制尚不清楚的情况下，运用数理统计方法，固然在一定程度上能反映出一些客观现象并据此进行预报，但还有待于在今后工作中不断研究，反复实践，反复认识。

第五节　太阳活动与地震

地球的运动和大气层中气象变化的规律，都与太阳及其活动密切相关，太阳是大气运动的主要能源提供者。一般说来，前两者都为后者所制约。特别是近期，人们注意到地震活动性与太阳活动也有联系。因此，文献[15]介绍了太阳活动与地震，特别是与我国大地活动的关系，对研究外力作用和进行地震预报是有益处的。

图 9-6 反映太阳活动强度指标与近几十年全球地震活动的对照情况。

$$\bar{\alpha} = \frac{\sum\limits_{i=1}^{n} i N_i}{\sum\limits_{i=1}^{n} N_i} \tag{9-1}$$

式中：N_i 为太阳自转 i 次而不消失的黑子群数；$\bar{\alpha}$ 大时，地震活动增强，$\bar{\alpha}$ 小时，地震活动减弱，关系十分密切。同时，呈现出 5～6 年的平均振动周期。这对地震预报是有用的。

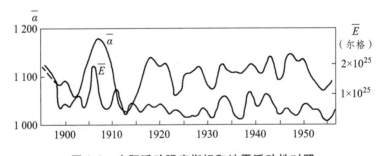

图 9-6　太阳活动强度指标和地震活动性对照

图 9-7 是最近一百年来，我国部分 7 级以上大震发生时间，与太阳黑子和行星潮汐活动峰谷周期年份的对应情况，列成表 9-4，可看到如下几点：

（1）自 1879 年到现在，几乎所有的（31 例）强震发生年份，都在太阳活动高年或低年（占 19 例），或在其前后一年（占 11 例）。只有一次黑龙江的深震偏移二年。

（2）五次 8 级以上强震，除 1902 年新疆阿图什 8 级强震外，都在行星潮汐活动的高年或低年。

（3）太阳活动低年发震概率略高于太阳活动高年，概率比值约为 17：14。

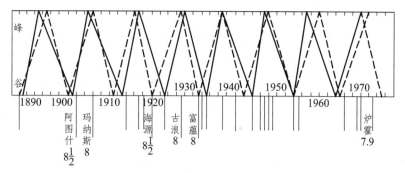

图 9-7 太阳黑子（伏尔夫数）和行星潮汐活动峰谷点年份与我国大陆地区 $M \geqslant 7$ 级强震发生年份对照图（西藏地震除外）——太阳黑子；……行星潮汐

　　上述三点情况说明，太阳活动与我国大陆强震的发生有较密切的关系。行星潮汐的活动对于引发 8 级大震似乎也有作用。太阳活动低年发震几率大。根据太阳活动的周期性，预测我国未来强震发生的时间是有可能的。

表 9-4 我国强震与太阳活动对照（M'、m' 为行星潮汐高低年；M、m 为太阳黑子高低年）

时间	地点	震级	太阳高低潮和震年相位比较
1879-7-1	武都	7	m
1888-6-13	渤海湾	7	m'
1902-8-22	阿图什	8	$M+1$
1906-12-23	玛纳斯	8	M'
1914-8-5	哈密	7	$M+1$
1917-7-31	珲春（深震）	7	M
1918-2-13	南澳	7	$M+1$
1918-4-10	珲春（深震）	7	$M+1$
1920-12-16	海原	8	m'
1923-3-24	炉霍	7	m
1924-7-3	民丰	7	m
1924-7-12	民丰	7	m
1927-5-23	古浪	8	M'
1931-8-11	富蕴	8	M'
1931-8-18	富蕴	7	m'
1932-12-25	玉门	7	$m-1$
1933-8-25	叠溪	7	m
1937-1-7	都兰	7	M, M'
1940-7-10	穆棱（深震）	7	$m'-2$
1944-3-10	库车	7	m

时　间	地　点	震级	太阳高低潮和震年相位比较
1946-1-11	牡丹江（深震）	7	$M-1$
1947-3-17	达日	7	M
1948-3-3	东沙群岛	7	M'
1948-5-25	理塘	7	M'
1949-2-24	轮台	7	$M'+1$
1954-2-11	山丹	7	$m，m'$
1955-4-14	康定	7	$m+1$
1966-3-22	邢台	7.2	$m'+1$
1969-7-18	渤海	7.4	$M-1$
1970-1-5	通海	4.7	M
1973-2-6	炉霍	7.9	$M'+1$

　　如果将太阳黑子变化曲线加以积分（它可以表征太阳活动的相对总能量），就可以看出太阳活动的平均为 80 年的长周期，与我国的历史大震活跃期（以 8 级大震为起讫），有很好对应关系。大震活跃期位于太阳活动长周期的低潮阶段内，如图 9-8 所示。

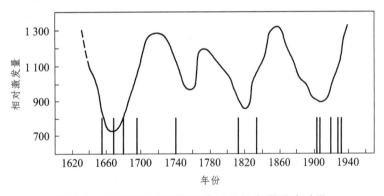

图 9-8　太阳活动长周期和我国 8 级大震活动对照

第十章 临震气象异常

根据我国地震史料的记载和震区人民群众的反映,临震时的大气物理现象包括震前的风、霾、云、雨、雷、雹、雪、声、光、电、气压、气温、涝、旱、日月光等,是非常丰富的。如何掌握这些现象并进行临震监视预报,对开展地震的群测群防工作有着直接的、现实的意义。探讨地震与气象关系也必须首先从现象入手,尽可能地搜集临震时的各种大气现象。离开对实际现象的调查,气象地震就成了无源之水。

例如我国史书上关于湖南源陵一次地震前的地光和地声的描述[2]:"五更天上红光如匹练,自西而东,没于地,声震如炮,已尔地动"。近年来,我国发生的几次强烈地震也都伴随着丰富多样的地声、地光现象,研究这些现象无疑地将为人们预报和预防地震灾害提供一些新的线索。一般情况下,地声和地光是大地震即将来临的信号,只要我们能及时地识别它们,采取必要的防护措施,是有可能避免伤亡的。和地震时发出的弹性波一样,地声和地光也是一种波动,只不过其振动的频率不同而已。随着我国地震科研工作的开展,已经掌握了地震中不同频率的振动特点,并且观察到了震前的电磁干扰现象以及次声和超声波的发射等。这些研究不仅大大开阔了地震工作者的眼界,而且为地震预测预报工作展示出光明的前景。

第一节 临震时的地声

在震前数分钟、数小时或数天,往往有声响自地下深处传来,人们把这种声响叫"地声"。利用地声预测地震,这是我国劳动人民早就注意到的一种方法,在近几年的地震预报中也曾多次被群众应用而取得了效果。

一、临震地声的实例

在我国悠久的地震历史记载中,关于震前听到地声的资料也很丰富,现在将其中主要的一些震例列入表10-1。

表 10-1 临震地声情况简表[14]

发震时间	震中位置	震级	地声现象
476 年 6 月	山西雁门崎城		雁门崎城有声如雷,自上西引十余声,声止地震
734 年 3 月 19 日	甘肃清水附近	7	先是秦州百姓闻州西北地下殷殷有声,俄尔地震

续表

发震时间	震中位置	震级	地声现象
1556 年 1 月 23 日	陕西华县	8	十二日晡时，觉地旋运，因而头晕，天昏惨。及半夜，月益无光……忽西南如万车惊突，又如雷自地出，民惊溃，起者卧者皆失措，而垣屋无声皆倒塌
1668 年 7 月 25 日	山东郯城、莒县	8.5	未震前一日，耳中闻池水汹汹之声，遣仆子探视亦无所见
1830 年 6 月 12 日	河北磁县西	7.5	磁之人或甫晚餐，或已奄息，忽大声雷吼，从东南来，莫测其自天地，如人在鼓中，呼呼四击，方骇愕间，若有千军涌溃，万马奔腾，而地皆震荡矣（戌时地震）
1855 年 12 月 11 日	辽宁金县		未震之时，先闻有声如雷，故该处旗民早已预防，俱各走避出屋，是以未经压毙多人，只伤男妇子女七名
1920 年 12 月 16 日	宁夏海原	8.5	华亭县，下午七时地震，西南先大吼，县内地继之大震。镇原县，慕子篝灯方读书，忽闻有声自西南而来，殷殷然若春雷出生，旋即屋宇动摇。固原县，未震之先，有居山之人，有时夜半看见山中闪火，并闻沟内空响。西吉县，有撕布之声自山中传来
1925 年 3 月 16 日	云南大理洱海	7	大理县将震之近兆，则每震之先，地内声响，似地气鼓荡，如鼎内沸水膨胀然。同次地震，蒙化县（巍山县）则将震之际，平地有巨大风声，呜呜怒吼
1935 年 4 月 21 日	台湾新竹	7	震前 5 min ~ 1 d，极震区北部狮潭区断裂附近听到有如打炮的声音，极震区中部听到有如远雷的声音
1937 年 8 月 1 日	山东菏泽	7	前一天下午，就听到有沉雷声，同以往不一样。到吃晚饭时，沉雷声响更勤。震前几分钟，又久久雷声，直至发震
1954 年 2 月 11 日	甘肃山丹	7	震前数天，人们听到山丹西边龙首山一带有如打炮炸山似的轰轰响声。临震前一天，响声更大
1969 年 7 月 26 日	广东阳江	6.4	震前两天，潜水员在水中听到轰鸣声自下传来
1970 年 12 月 3 日	宁夏西吉	5.1	震前几天，西吉附近群众反映，连续几天夜里都听到山中有类似撕布的声音
1973 年 2 月 6 日	四川炉霍	7.9	震前，震中附近较大范围的地区都听到地声。在烈度 X 度区内，地声和发震时间间隔短暂；IX 度区有 2 ~ 3 秒的间隔；VII 度、VIII 度区的时间间隔更长一些，有大部分人听到地声后跑到了室外
1974 年 4 月 22 日	江苏溧阳	5.5	地震之前几秒钟，当地群众普遍听到有如雷声、喷气式飞机引擎声、炮轰声或拖拉机声等比较沉闷的声音
1974 年 5 月 11 日	云南昭通	7.1	凌晨 1 点多钟有人听到地下发出"呜呜"的响声
1976 年 4 月 6 日	内蒙古和林格尔	6.3	震前瞬间，震中区和邻近地区普遍听到地声。极震区听到的声音像打闷雷或坦克、拖拉机开动声，方向不易辨认；邻近地区听到的声音象洪水泛滥或狂风怒吼，方向较易辨认

除了表中举出的实例外，近年来记述得比较详细的还有：

1970 年 1 月 5 日云南通海 7.7 级地震。震前 5～6 min，通海地区许多人听到从西向东传来狂风怒吼似的声音。峨山县在这次地震和几次强余震前也都听到闷雷似的巨响。通海四街公社，大震前 2 min 左右，听到"呜呜"的响声，声音沉闷，越响越大，接着发生雷似的巨响，地大震。通海九街公社园山大队，在震前 5～6 min 听到四周群山中发出像汽车行驶时的轰隆声响，由远而近传来，随即发生地震。通海杞麓湖当时风平浪静（风速一级左右），湖中捕鱼之人忽然听到像运输客机似的低沉"嗡嗡"声响，延续时间约 1 min。片刻，船被水浪抬起，波动幅度达 1 m 多，同时还听到放炮似的巨响。

1975 年 2 月 4 日辽宁海城 7.3 级地震。大震发生时，海城、营口、盘锦一带广大群众都听到类似闷雷的地声，极震区内有些人还听到类似岩石破裂时的"咔嚓"声。大震前两分钟，辽宁本溪北台钢铁总厂业余测报员利用倒扣在大缸内的送话器听到了地下传来有如狂风似的呼啸声，他立即把楼上的人员叫出屋外，随后地震发生。复州东岗验潮站的同志，从震前 2 h 起听到海潮击岸似的闷炮尾声，浪花飞溅时有"噼嚓"声，震前 1 h 多声响最强，震后消失。强余震前也有类似的声响出现。

1976 年 5 月 29 日云南龙陵 7.3 级和 7.4 级地震。5 月 29 日下午 6 时许，勐冒地区群众听到山里多次发出闷雷声，而当时天空并没有闪电和雷云，当地群众把这种响声叫作"山哼"。在 30 多起的地声中，大致可以分为四类。一是由远而近的"隆隆声"；二是爆破或闷雷声；三是"嗡嗡"共鸣声；四是铅球滚过地板的"辘辘"声，声音尖细。听见过辽宁海城地震前地声的人反映，龙陵地震前的地声比较单调、沉闷。

1976 年 7 月 28 日河北唐山 7.8 级地震。据不完全统计，震前听到地声的例子有几十起，比较典型的如：遵化县（现遵化市）在 27 日晚 11 时听到一种带有一定节奏感的滚动声，似一个巨大的铁球从远处滚来，由远及近，声响逐渐加强，持续了很长一段时间。28 日凌晨 2 时许，滦南县王各庄中学一位老师见西北方向有很强很亮的白光闪现，形似闪电，接着听到轰轰地声。他马上叫醒几位同志跑了出去，接着就地震了。昌黎县一社员在 28 日凌晨 3 点多钟，发现从西北方向闪过来一溜火光，随着火光的迅速接近，巨大的地声有如千军万马从西北方向奔腾而来，几分钟后，地大震起来。唐山市附近有人在 28 日凌晨 3 点多钟，先见到东南方向出现放射状的闪烁的光，紧接着从闪光处传来惊天动地的响声，好似山崩地裂一般，在这震耳欲聋的声音中还夹杂着类似炮弹爆炸的"咚咚"声，响声由远处来，又由近及远，片刻之后地面剧烈震动起来。

1976 年 8 月 16 日四川松潘—平武 7.2 级地震前也出现了极其丰富的地声，有的如点击之声，有的像滚动或摩擦声，还有的仿佛撕布声。灌县龙泉驿中学业余测报点的同志曾利用简易地声监听装置收听到了地声，并提前 106 min 预报了这次强震。他们还用磁带录音机记录了几次强余震前出现的地声，在研究地声预报地震方面取得了可喜的成绩。

二、地声的产生和特点

正如上节所述，地声是一种普遍存在的临震征兆。那么，地声是怎样产生的呢？目前一般认为它是由于地下岩石破裂、断裂而产生的。临震前，震源处积累的应力已相当巨大，达到了岩石的破坏强度，首先在将要发震的断层面及其附近处发生大量的小裂缝和微破碎，使震源断层面的摩擦阻力下降，断层盘体发生缓慢滑动；进而断层面上一些凹凸不平的地方又继续破坏，使摩擦力进一步降低，大震就发生了。震源处大量小裂缝和微破碎的产生以及蠕变滑动时凹凸不平处的破坏等，都会产生音频振动，从而使人们听到地声。除了上述的原因外，震前地下和地表的放电可以导致地声这一因素，也是不能排除的。

此外，根据国外关于一些小地震声音的研究结果看，地声也可能是由于地震时跑在最前边的纵波（P 波）振动所致。

纵波（P 波）是地震时产生的一种弹性波，它的振动方向和前进方向是一致的。在地震所产生的各种波中，纵波在地壳里的传播速度最快，达 5 ~ 6 km/s。由于声音也是一种振动，所以有人认为纵波的振动可能产生地声。

总之，地声产生的确切机理到底是怎样的，目前并不十分清楚，可以说是众说纷纭，这方面的问题有待于深入探讨。

综合历史上和近年来几次大震的地声资料，可以将地声的特点归纳如下：

1．地声出现的时间

地声一般出现在地震前几分钟、几小时、几天或几十天内。实际上以震前几分钟内出现者居多，震前几十天出现的极为少见（表 10-2）。比如 1976 年 7 月 28 日的唐山地震，在所调查的 114 起地声实例中，震前十分钟内出现的有 89 起，占总起数的 78%。所以地声是一种临震信号。

表 10-2　地声出现的时间

发震日期	震中位置	震级	地声出现的时间（震前）
1594 年 10 月 24 日	辽宁辽海卫、三万卫	4 ~ 5	1 分至数分钟
1668 年 7 月 25 日	山东郯城、莒县	8.5	1 天
1855 年 12 月 11 日	辽宁金县	5 ~ 6	数分钟至数小时
1920 年 12 月 16 日	宁夏海原	8.5	几天
1935 年 4 月 21 日	台湾新竹	7	5 分钟至 1 天
1937 年 8 月 1 日	山东菏泽	7	几分钟以上
1954 年 2 月 11 日	甘肃山丹	7	1 月
1969 年 7 月 6 日	广东阳江	6.4	2 天
1970 年 1 月 5 日	云南通海	7.7	几分至 20 分钟，4 至 5 小时，1 ~ 2 天
1973 年 2 月 6 日	四川炉霍	7.9	几小时
1974 年 5 月 11 日	云南昭通	7.1	10 天之内
1975 年 2 月 4 日	辽宁海城	7.3	几分钟 ~ 几小时
1976 年 7 月 28 日	河北唐山	7.8	10 分钟 ~ 几小时

2．地声的声学特征

根据表 10-2 所举出的地声实例，大地震前的地声不外乎以下几种。

（1）机器轰隆声：有如汽车行驶，坦克、拖拉机开动或飞机引擎发动时的声响。

（2）雷声：有如远雷或闷雷之声。

（3）炮声：有如开山打炮时的响声。

（4）狂风呼啸声：有如狂风怒吼，洪水泛滥或强台风呼啸之声。

（5）撕布声。

（6）沟内空响或殷殷之声。

应该指出的是，对于同一次地震，由于人们所处地区的不同，他们听到的地声也往往并不完全一致。例如，1935年台湾新竹7级地震前，在极震区北部听到的地声如打炮，在极震区中部听到的地声类似雷声。1920年宁夏海原8.5级地震前，在西吉县听到"撕布"似的地声，在固原县听到的地声则如"沟内空响"。这些现象可能与震前小破裂的位置，破坏应力的大小，小破裂的类型以及地、物间的反射和共鸣作用有关。由于一次大地震的震源体积相当大，它所产生的震前小破裂群的位置可以有很大差距，而且震源体中很可能包含着不同性质的岩石，它们对不同频率振动的吸收效果也是不一致的，这样就会造成不同地区产生的地声具有各自的声学特点。

此外还发现，不同时间发生在某一地区的地震往往具有相似的声学特点。例如，1920年宁夏海原8.5级地震前，西吉县听到有如"撕布"的地声；1970年发生在同一地区的西吉5.1级地震前几天，当地群众又听到有"撕布"声从地下传来，有人反映声音特点与海原地震前的声音相类似。

三、浅源地震、基岩出露及临水地区的地震容易听到地声

浅源地震的震源距地表较近，由于震源产生的微裂缝和放电等发出的声响，较深源地震更容易传至地表而被人们听到。在上述列举的地声资料中，其震源深度一般都是不大的。

基岩出露地区或山区，地声比较明显的原因是基岩对音频的吸收系数比冲积土要小得多，地下某种深度上的声源可以通过基岩传至地表，而通过冲积土时则不易传到地表。因此，在基岩出露地区和山区，当震源深度不大时，就连一些小地震也可以出现地声。例如，处于大别山区的安徽霍山地区，1级左右的小震，当地群众就能听到地声。由此看来，在山区或其他基岩出露地区，利用地声来预报地震是具有一定实际意义的。

因为声音是纵波，水是一种适合于传播纵波的介质，对声波的吸收很小，所以我国某些近海、近湖地区在大震前易听到地声。1668年山东郯城—莒县8.5级大震前一天，在极震区北边的寿光县（现寿光市）有人听到河水汹汹之声；1969年广东阳江（在海边）发生6.4级地震前两天，潜水员就听到水中有声。这两次地震之所以较早地出现地声，可能与震中发生在海洋附近有关。

四、地声的范围

关于一个地震将在多大范围内出现地声的问题，由于各次地震的发震构造和震源区物理特征等不尽相同，目前还无法较为明确地回答。但一次大震前将在相当广泛的范围内出现地声，则是确定无疑的。1668年7月25日山东郯城—莒县8.5级大震就有很多县志上都记载了地声。诸如，"有声自西北来，如奔雷，又如兵车铁马之音"，"若雷霆怒涛之并至"等形象而详细的描述。再如1976年7月28日河北唐山7.8级大震甚至远离震中300 km之处都听到

了地声，其中又以烈度Ⅷ度线内所听到的地声最为强烈。这样的事实，对于我们预防地震的意义是不言而喻的。

五、利用地声预防地震

根据地声的特点，能够判断地震的大小和震中的方向。一般地说，声音越大，声调越沉闷，那么地震也越大；反之，地震就较小。根据从听到地声到感觉地震间隔时间的长短，还可以粗略地估计震中的远近。间隔时间越短，震中越近；间隔时间越长，震中越远。

最简单的检测地声的方法是，在地面上倒扣一个水缸，上面再加一块木板，用耳朵靠近木板，便可能听到地震前地下发生的响声了。

一般来说，听到地声时，地面很快就会震动起来了，所以可以把地声当作临震的一种警报。当听到逐渐加强的地声时，应立即离开房屋；来不及时，可以暂时躲在建筑物相对安全的部位。

地声的声响特点使人们普遍地有一种奇异的感觉，令人产生警觉。关键在于能否把听到的异常声音与地震联系起来，并将其与各种干扰声音，诸如风雨声、雷声、汽车和拖拉机发动声以及机器隆隆声等区别开来，准确地判断为震前地声。

唐山地震前，滦南县某地震测报小组的几位老师，在睡眠中被巨大的声响惊醒了，他们立即判断是大地震的信息，跑出屋外，没有伤亡。居住在昌黎县海边的几位社员，临震前也被奇异的巨响惊醒，他们感到当时的响声不同于平日的海涛声，就呼唤其他社员跑到屋外，大震时全部脱险。可见，只要我们掌握了地声的特点，在听到地声之后，是完全有可能采取预防措施的。

但是，唐山地震前也有一些相反的例子，比如震区某公社7月27日晚到28日凌晨正在连夜开会，忽然听到远处有巨大的响声传来，与会同志很感诧异，议论纷纷，有人说像雷声，有人说像拖拉机声，争议了十几分钟，直到地动房摇才知道是地震。这个事例告诉我们进一步普及地震知识和提高对各种宏观异常的识别能力是十分重要的。

第二节　临震时的地光现象

1976年7月28日凌晨3时41分，从北京开往大连的129次直达快车，正通过唐山市附近的古冶车站。突然，司机发现前方夜空中像雷电似的闪现出三道耀眼的光束，并出现三股蘑菇状的烟雾，铁路旁边的信号灯也迅速由绿变红，顷刻全部熄灭。司机当机立断，沉着地扳下了非常制动闸，进行紧急刹车。列车刚刚减速，唐山7.8级强烈地震就发生了。列车激烈地上下颠簸，左右晃动。司机为了减少危险，改用小闸控制机车，终于把还在摇晃的列车慢慢停了下来，保障了1400多名工农兵旅客的生命安全。

一、地震前的地光

所谓"地光"就是由于地震活动而产生的发光现象。

关于地光，古今中外已有许多记述，现选择我国的一部分记载摘要地列于表10-3中。

表 10-3 临震发光的部分震例[14]

发震日期	震中位置	震级	发光地点	发光现象
293 年	四川		成都	夜有火光, 地乃震
1556 年 1 月 23 日	陕西华县	8	华县西南	忽见西南天裂, 闪闪有光, 忽又合之。而地在大皆陷, 震裂之大者, 水出火出, 怪不可状
1652 年 3 月 23 日	安徽霍山	6	霍山西南	红光遍邑, 人畜皆惊
1668 年 7 月 25 日	山东郯城、莒县	8.5	泰安赣榆	泰安十七日戌时, 白气冲天, 天鼓忽鸣, 地随大动。赣榆, 黄紫云亘西壁
1815 年 10 月 23 日	山西平陆	6.8	虞乡平陆	虞乡二十日傍晚西南天大赤, 初昏半天有红气如绳注下。平陆夜有彤云
1920 年 12 月 16 日	宁夏海原	8.5		未震之先, 空中发现红光如练, 瞬时即地震
1929 年 1 月 14 日	内蒙古毕克齐	6	毕克齐西北	升起一团电似的红色火球, 瞬时即逝, 接着传来"隆隆"巨响, 响声未止地震
1932 年 12 月 25 日	甘肃玉门昌马	7.5	昌马东	山上有一道白光自西而来, 紧接着有声如雷, 地大动
1966 年 3 月 8 日 1966 年 3 月 22 日	河北邢台	6.8 7.2	邢台东 新河县东	前一天晚, 气象台观测员反映东面有一道高度角为 30 度, 长约 15 km, 宽约 5 km 的白光闪现, 震前两天洼地里天然气沿地裂缝自燃发光
1970 年 1 月 5 日	云南通海	7.7		震前出现蓝白色闪光、红绿光带以及火球等不同类型的地光, 计 30 余例
1971 年 4 月 28 日	云南普洱	6.7		震前见火光、红色葫芦状火球上升
1974 年 4 月 22 日	江苏溧阳	5.5	上沛公社	震前见一银亮色光带, 自西南向北一闪而过, 持续 3～4 min, 光过声来, 即震
1974 年 5 月 11 日	云南昭通	7.1	大关县	5 月 10 日深夜, 木杆公社发现双河口附近出现红色火光
1976 年 4 月 6 日	内蒙古和林格尔	6.3	多来自极震区	震前 1～2 min 地光像闪电或电焊光, 有的呈条带状、火球状、弧状、片状等, 颜色有白、红、灰白、混黄色

除了表内列举的震例外, 这里再重点介绍国内外几次强震前的发光现象。

例如 1965—1967 年日本松代地震群活动期间有多次地光现象, 并有图例。

1936 年 5 月 22 日阿根廷圣路易斯地震时有关于强震时闪光现象的报道。1971 年 9 月 13 日苏联格罗兹尼地震时, 临震前出现"无声的闪电"。日本一位农民椋平广吉通过几十年的业余观测发现一种"前兆虹"现象，即震前天空出现一种色带光学现象。但国外仍有一些学者对震时低空出现发光现象持怀疑态度[12]。

公元前 25 年 7 月（汉成帝河平四年六月），山东省山阳有"火生石中"的记载（《嘉靖山东通志》三十九卷十六页）。宁夏隆德县志上，还叙述有古人总结出的六条"震兆"，其中之一就是："夜半晦黑，天忽开朗，光明照耀，无异日中，势必地震"。

1975 年 2 月 4 日辽宁海城 7.3 级地震：

震前发光现象普遍，形式多样。丹东至锦县（现凌海市）、旅大至沈阳广大地区的很多群众都看到了地光，震中区有 90% 以上的人看到了地光。有人说像冲天大火，有人说像电焊光，还有人说像信号弹。发光地点主要分布在海城以及营口与海城、营口与盘锦交界的地区，其方位和走向与极震区基本一致。据调查，有片状光、条状光、柱状光和火球几种，颜色有红、绿、黄、白、紫等。

强震发生前 1 h 左右，海城、营口、盘锦广大地区内出现了一种很浓的低空大雾，以致公路上不能骑自行车，汽车也只有打开黄灯才能勉强行驶。可是在强震发生时，这个地区整个天空突然很亮，能使人看清道路，甚至看清室内物品，而且，光亮随着地面晃动而闪耀。

这次地震前后，广大地区的群众在较长时间内看到了数量众多的火球，据说类似于信号弹的火球状发光，在海城地震前的两年就偶有发现了。从 2 月 3 日开始，火球状地光开始大量出现，大震时最多。盘山县古城子公社古城子大队，在震前 10 分钟左右看见岗皮岭（西南方向）那边有个锅盖大的红色火球自地面向上冒起，周围像火烧云一样，过了一会就发震了。

二、地光的形状和颜色[15]

（1）闪光：多为蓝、白色。这是地光中常见的一种类型，有如雷雨时的闪电，但时间要长些，可照清远景中的山、树等景色。

（2）片状光：即不闪动的稳定的片状光（闪动的片状光可能是前述闪光的回光现象）。有白色的，"夜半天明如昼"；也有红色的，"夜半天忽通红""红光遍邑"等。

（3）带状光：即横向的光带。有白色、红色或五色彩带，"红光如练""出现像虹一样的光"。

（4）柱状光：自下而上呈火把状，"火光如炬"，多为红色。

（5）球状光：即火球，也是最为常见的。大者如篮球、脸盆，小者如乒乓球或碗口，红色居多。大震后也颇为多见。

地光的这几种类型，恰好与平时大气中的雷电相似，后者通常也分为线状闪电、片状闪电、带状闪电、柱状闪电、球状闪电和辉光放电。闪电的形状取决于大气电场强度和介电性质等，因此观测震前大气电场的异常变化是揭示地光成因的可能途径之一。

三、地光出现和持续的时间

（1）大多在临震前几分钟到几秒钟，但也有在震前几小时，个别甚至在震前几天出现。主震后的强余震有时也有地光。

（2）地光本身持续时间较短。但即使闪光状地光也比雷雨的闪电要长些。稳定的片状光、带状光、柱状光则能维持几秒甚至几分钟以上。

（3）多数在夜间被人看见，白天的记载也有（但也限于黄昏或拂晓），这可能是因为地光的强度还不足以超过太阳光和天空亮度，因而白天发生地震时地光记载较少，但绝不能说白天的地震无地光。

大多数地光现象几乎与地震同时出现，但也有在震前或震后一段时间内出现的。例如，1976 年 7 月 28 日唐山 7.8 级地震的地光，一般出现于震前六小时到大震发生的瞬间，并以临震前十分钟出现得最多（表 10-4）。而 1976 年 8 月 16 日四川松潘—平武 7.2 级地震震前一个月左右就出现地光。7 月 6 日 22 时 55 分，灌县蒲阳镇有二十多人发现一个火球状的东西从大院地面上冒出来，飞到一定高度后逐渐消失，几分钟后又发现一次，飞到屋檐高。7 月 23 日灌县桠街公社也出现火球，有圆的，有长的，有的还把地里的豇豆烧黑了。

表 10-4　唐山地震地光出现的时间[14]

距发震时间	6 小时至 1 小时	1 小时至 10 分钟	10 分钟内	总　计
例数	42	54	134	230
占总例数的百分比	18.7	23.48	57.82	100

四、地光的发光地点[13, 15]

（1）地光多出现在贴近地面的低空大气中，高度角不大，火球是从地面升起的（升后又有下坠）。

（2）具体出处，明确记载有从地裂缝中或喷沙冒水处出来。如"火从裂地中出""震裂之大者，水出火出，怪不可状"等。

（3）对一次地震而言，特别是大地震，往往不只一处出现地光，而是经常出现在包括震中区的较大范围内的许多点上，不同点出现的地光形状和色彩也不尽相同，出现的时间也不同。

（4）出现在震中区的相当范围内的许多点上。如 1970 年云南通海 7.7 级地震、1975 年辽宁海城 7.3 级地震、1976 年河北唐山 7.8 级地震等，所见发光范围均达 200 km 以上。日本南海道（1946 年，8.1 级）地震时，发光范围超过 300 km。不但山区、平原可以发生地光现象，而且海上都有。从某些震例（如 1976 年云南龙陵 7.4 级地震）来看，地光出现的方位也较有规律，震区地光多沿构造带出现，外围地区看到的地光似在震中方向。冒光、冒火团的点多分布在极震区和高烈度区。

五、地震时地光现象的成因

目前，对地震时大气光电现象的专门观测与研究还很少，成因分析还属于推测性质，现简单介绍如下[15]。

（1）由大气电学可知，当大气中电场强度达到 10^4 V/cm 时，空气中离子便可获得很大速度，足以使空气激发而发光。因此如果局部强电场造成"闪光"状地光，那么为产生地光所需的大气电场应达到 $10^3 \sim 10^4$ V/cm 的强度。震前有没有这样大的局部强电场还有待于今后观测来证实。

（2）震区群众有"光、声、震"接踵而至的经验，由此可以推测，在主破裂和微破裂过程中，因地下岩体快速地、强烈地摩擦，断裂两壁的原子处于高度激发状态（所谓"电子雪崩"现象），当激发状态的原子返回原来状态时，就发出光子。大量光子又通过光电离过程形成新的电子雪崩（即"衍生雪崩"），继续形成"流光"，这可能形成片状或柱状地光。

（3）在地震时或地震后，地下高温高压的气体，包括可燃的、高度电离的、含放射性等性质的多种成分气体沿破裂孔隙逸出地表，因其自身的发光（等离子体发光）或燃烧而形成球状地光。

通常，地光的出现往往预示着地震马上就要发生了（当然也有在震前早一些时候就出现的），所以利用地光预防地震的关键在于及时发现和鉴别异常光象，准确地抓住地光前兆。有人认为，地光的形态、颜色、出现时间三者之间存在着密切的关系：震前早期出现的地光多无固定形态，以大面积天空泛白或发亮为主，光色不耀眼，变化不激烈，能维持较长一段时间；随着发震时间的迫近，不同形态的地光相继出现，亮度也随之强烈起来，各种形态转化激烈，瞬时出现又急速消失，颜色也不时变幻着。

值得注意的是，有相当一部分地光容易和大气中各种非地震因素引起的光象混淆，从而引起人们的错觉，所以在落实地震发光现象时，必须结合发光的时间、地点以及环境条件等进行具体分析，去伪存真，确切地加以鉴别。要特别注意区分灯光、电弧光、城市上空的反射光、磷光、闪电、焰火等的干扰。这里不妨举一两个例子加以说明。1975年6月8日晚8时40分左右，安徽肥东、庐江、巢县等地一些公社发现天空中有一明亮的"火球"向西南方向移动，持续了好几秒钟。经查核，这是一次典型的火流星现象。1974年12月31日晚，山东兰陵县反映西北方天空闪光两次，其实是山腰上的某电线杆上 1.1×10^5 V 高压线短路发光，被满山白雪反射到空中所致，与地光很相似。此外，诸如信号弹、曳光弹、探照灯和聚光灯一类的东西，也往往被误认为是地光。

总之，只要我们掌握了地光的特点，能排除干扰并准确地判断出地光，是有充足的时间采取防震措施的。例如，唐山地震时，滦南县一位教师在7月28日凌晨2时许，见西北方向有很强烈的闪状白光，他密切注意观察，当地声随之而来时，断定大震即将来临，呼喊其他同志一起脱险。汉沽有位同志在7月28日3时多，见窗外一片红光，继而转为黄色光芒，照得满屋通亮，他迅速排除了失火的可能性，当地声传来时便把全家人叫出，幸免于难。

第三节　地震前电磁波现象

大地震时，震源区将会以各种形式释放出巨大的能量，其中很可能有震源电磁波的辐射。由于震源电磁波的发射与传播，就会影响和干扰地表上的各种人工发射的电磁波，从而搅乱了接收设备的正常工作。通常把这种现象叫作电磁波现象。

电磁波现象也是一种重要的临震征兆，我们在这里介绍一些近年来地震时出现电磁波现象的实例。

1966年邢台地震时，人们就注意到收音机突然受到强干扰，后来各地几次强烈地震时也大多有这种现象。震例见表10-5。

表 10-5　强烈地震收音机受干扰

日期	地点	震级	异常现象
1966-3-8	河北邢台	6.8	前 2～3 min 收音机受干扰
1969-7-18	渤海	7.4	前 1～2 d 收音机收听不正常
1969-7-26	广东阳江	6.4	前 0.5 h 出现杂音，震前 3～5 min 收音中断
1970-1-5	云南通海	7.7	前几小时收音机受干扰
1971-8-16	四川马边	5.9	前十多分钟半导体收音机受干扰
1970-12-3	宁夏西吉	5.1	前一天收音机受干扰
1973-2-6	四川炉霍	7.9	收音机震前受强干扰
1973-12-31	河北里坦	5.3	震前广播中断 2～3 min
1974-9-23	玛曲—若尔盖	5.6	震前 0.5 h 收音机杂音很大
1976-5-29	云南龙陵	7.3	如同大雨之声的噪音干扰

另外，1970 年 1 月 27 日 22 时 19 分，广东微江附近 5 级地震前，广东微江管龙大队机电排灌站正常使用的两台三相交流变压器，于 27 日 9—16 时突然发出"吼吼吼"的啸叫声，这是历来没有过的现象。

上述几例大多属于日常生活中经常接触到的收音机、喇叭之类的电磁波现象，而唐山地震由于发生在人口稠密的工业地区，震前人们所发现的电磁波现象就更加丰富了。

据调查，在唐山地震前的 3～5 天，电磁波现象就开始出现了，临震前 24 小时之内更为突出。北起承德，南到塘沽，从东面的秦皇岛到西部的北京、天津一带，许多发射和接受电磁波的系统，如民用及军用雷达设备、电信传输装置以及收音机、电视机和晶体管闹钟等都有反应。有些现象是很有价值的临震信息。这里举出几个典型的例子[2]：

唐山地震前 5 天，昌黎县某同志的一台收音机收到了特殊杂音。唐山 7.8 级地震后，这位同志又收到了类似的信号，依此他报了一次较大的余震。承德地区某单位有五六台超外差式收音机，在大震前也受到干扰。武清县某同志的一台半导体闹钟，在唐山地震前 1 h，竟快了 15 min。北京某同志有一台改装的半导体闹钟，在唐山大震前 9 h，突然自动停摆了。此后，他利用又出现的自动停摆现象，预报了几次强余震。秦皇岛市一雷达站，在唐山地震前 10 h 受强干扰；北京附近的一气象雷达也同样受到干扰。廊坊万庄一微波站，在唐山地震前 3 天受到弱干扰，临震前十几小时干扰加强，致使传输信号出现无规律的衰落。北京的一台直流放大装置，在唐山地震前 10 小时接收到一种特殊的频率信号，某同志利用后来接收到的类似的频率信号预报了几次余震。此外，无线电通信设备、射电望远镜、超长波接收站等，在唐山地震前也曾收到各种各样的特殊信号。

从以上实例可以看出，电磁波现象很可能直接反映了震源电场的变化情况，是一种有研究价值的临震信息。对于具备大量现代化设施的工业大城市来说，由于那里有着各种发射与接收电磁波的系统，捕捉和辨别临震前的电磁波现象，就更加便利。唐山地震中，群众不仅注意到了大震前的电磁波现象，而且还有意识地作了一些分析工作。但是，目前利用电磁波现象作为临震预报的一种方法还仅仅处于开始阶段，许多问题特别是识别异常、排除干扰等，还有待于进一步深入研究。

震前无线电受强干扰表明孕震区有可变电压信号的产生[15]。这一般用压电效应来解释，如地下石英晶体可产生压电效应。但通过压电作用产生地光所需的强电场，必须满足两个条件：一是高频震动波，这可由微破裂产生的超声波来满足；二是高电阻率，即 $10^9\ \Omega/m$。通常岩石电阻率比这小几个量级，但在高应力的孕震区有可能大大增设岩石的电阻率（如地表花岗岩的电阻率为 $10^3 \sim 10^4\ \Omega/m$，但在 100 Pa 压力下上升到 $10^6\ \Omega/m$）。此外还有一个问题，即震源区的高电位压电场如何能传到地表上来的问题。这可能由震时的微破裂以及电离气体从破裂孔道逸出而临时形成高电导率的"波道"使震源处的高电位压电场传到地表，引起低空大气光电异常。一旦孔道闭合，异常也就迅速消失。由此还可说明大气光电现象在时间上的"脉冲"性和沿地表断裂分布的特点。

第四节　临震时的大风、降水

天上的云千姿万态，降下的水形式多样。液态的有雾滴、毛毛雨到大雨滴，固态的有雪花、霰粒、雹等。大气中的水分虽然仅占微量，可是它有巨量的海水作为后盾，通过蒸发和凝结、升华和凝华、融解和凝固的转化，不停地参与了大气的运动和能量交换，成为大气中最活跃的因子。临震时，怪风骤起、雷雨大作或淫雨连绵，是司空见惯的自然现象。因此，在探讨气象与地震的关系时，不能不注意这些风雨的异常现象。

一、临震时"怪风大作" [14, 17]

为便于叙述起见，在本节中我们仅列举出一些临震前突然刮风、降水的现象（表 10-6），作为震前天气突变的代表。

表 10-6　临震天气突变现象摘要表

发震日期	震中位置	震级	异常现象
1303 年 9 月 17 日	山西洪洞	8	时夜半，大风起，须臾地震
1523 年 8 月 14 日	浙江定海	5.5	风雨骤作，地大震
1605 年 7 月 13 日	广东南海	7.5	是日午时银矿怪风大作，有声如雷
1609 年 7 月 11 日	甘肃酒泉	6	肃州夜忽有猛风起，地大震
1665 年 4 月 16 日	北京通县	6.5	震时陡起劲风一阵……使北京城顿成黑暗世界
1713 年 2 月 26 日	云南寻甸	6.5	16 日夜雷雨大作，地复震
1733 年 8 月 2 日	云南东川	7.5	是日亭午，怪风迅烈，飒然一过，屋瓦欲飞，为惊异者久之
1815 年 10 月 23 日	山西平陆	6	震前淫雨连绵四旬，临震前片刻复晴，余震时大雨滂沱
1902 年 8 月 22 日	新疆阿图什	8	震前刮起阵风，下阵雨和冰雹。冰雹停后即地震

续表

发震日期	震中位置	震级	异常现象
1906 年 12 月 23 日	新疆玛纳斯	8	震前下大雪，雪厚一米多
1917 年 7 月 31 日	云南大关北	6.5	至地震前一日，大雨倾盆，天气极热
1925 年 3 月 16 日	云南大理	7	余震时，如天气晴朗，震势轻微，一遇大雨，则震动之次数多而且强
1932 年 12 月 25 日	甘肃玉门昌马	7.5	主震前降大雪 8～11 cm
1933 年 8 月 25 日	四川叠溪	7.5	而是日夜间天气突变，狂风大作，暴雨忽来，夜十时许地忽又大动
1937 年 8 月 1 日	山东菏泽	7	临震前起阵风
1951 年 12 月 21 日	云南剑川	6	地震前全区下雪
1955 年 4 月 14 日	四川康定折多塘	7.5	当天大雨阵风，震后雷电
1955 年 9 月 23 日	四川鱼鲊	6	震时狂风暴雨，树倒甚多
1962 年 3 月 19 日	广东河源	6.1	震前连日降水，并有雷暴
1965 年 11 月 13 日	乌鲁木齐	6.6	震前一日，降大雪 11 cm
1969 年 7 月 18 日	渤海	7.4	震前一日，山东沿海雷雨、闪电、大风
1971 年 4 月 28 日	云南普洱	6.7	震前下冰雹
1973 年 2 月 6 日	四川炉霍	7.9	震前几小时风尘大作，风向紊乱，上下乱窜，震区周围 200 km 内降雪
1954 年 2 月 11 日	甘肃山丹	7	震前一日午后，先由西北后由东北来风，据老乡们说：狂风为黄、红、黑三彩，好像一团一团云彩，老乡们都说是怪风
1668 年 7 月 25 日	山东郯城	8	六月十五日（农历，即地震当天）风满天
1906 年 1 月 7 日	云南宣威	5	亥刻有旋风自东南来，扬尘播土，声振林木，风过处地大震

根据上面列举的各震例，我们可以看到临震前的天气突变的确是一种较为突出的现象。概括起来，天气突变大致有以下几个特点：

（1）刮风下雨很突然，且多为阵发性，忽又猛风起等。

（2）风力强，具有"旋风""飘风"、风向紊乱等特点；降雨量大，常用"劲风""猛风""狂风"来形容。

（3）与地震在时间对应上至为密切，如"风过处地大震""须臾地震"。

图 10-1 是 1973 年 2 月 6 日四川炉霍 7.9 级强震发生前半月至震后一日的风速风向逐日变动情况。震中区 1973 年 1 月风力不大，多为静风日，最大风速没有超过 6 m/s；进入 2 月 2 日后风力逐渐加大，且风向逐日呈反时针转变；到 2 月 6 日地震将发生时，风速最大达 14 m/s，风向西南，与构造走向近于正交。从发震前几小时距震中 300 km 范围来看，风速最大的区域就在震中及其南偏西一带。

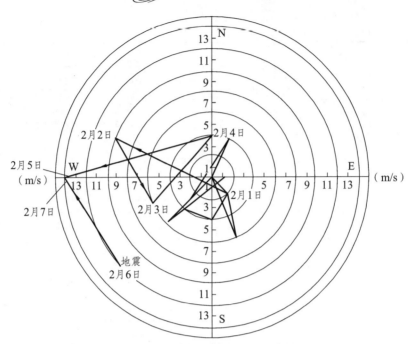

图 10-1 炉霍地震前的风速风向图

二、震前"淫雨连绵"及临震时"雷雨大作"[14]

震前"淫雨连绵"及临震时"雷雨大作"见表 10-7、10-8。

表 10-7 1955 年以前的震前"淫雨"和"雷雨"

发震日期	震中位置	震级	异常现象
1652 年 7 月 13 日	云南蒙化弥渡	6	巳时地复大震……复雷雨大作，平地水泛
1668 年 7 月 25 日	山东郯城	8	六月淫雨连绵
1713 年 2 月 26 日	云南寻甸	6	戌时天气晴朗，满天星斗，并无片云，忽然降雨，雷电不止（注：戌时地震）
1765 年 9 月 2 日	甘肃通渭	6	十六日夜雷雨大作，地复震（余震）
1815 年 10 月 23 日	山西平陆	6	震前淫雨连绵四旬，临震前片刻复晴，余震时大雨滂沱，天上地下，震声接连
1830 年 6 月 12 日	河北磁县	7	四月（农历）大雨连旬水暴涨（注：地震为四月廿四）
1833 年 9 月 6 日	云南嵩明	8	又期先降淫雨九日，雨色黑
1902 年 8 月 22 日	新疆阿图什	8	震前刮阵风，下阵雨和冰雹。冰雹停后即开始地震
1917 年 7 月 31 日	云南昭通	6	至地震前一日，大雨倾盆，天气极热
1925 年 3 月 16 日	云南大理	7	地震时如天气晴朗，震势轻微，一遇大雨，则震动之次数多而且强

发震日期	震中位置	震级	异常现象
1936 年 8 月 1 日	甘肃天水	6	又逢大雨，檐流如注
1937 年 8 月 1 日	山东菏泽	7	震前阴雨二十几天。临震时刮了一阵风，下了一阵雨
1955 年 4 月 14 日	四川康定	7	当天大雨阵风，震后雷电
1955 年 6 月 7 日	云南华坪	6	前三日金沙江一带连日闪电雷雨

表 10-8　1955 年以后的震前"淫雨"和"雷雨"

发震日期	震中位置	震级	异常现象
1955 年 9 月 23 日	云南永仁	6	震时狂风暴雨，树倒甚多
1960 年 11 月 9 日	四川松潘	6	震前连续降雨六天，雨量超过十一月全月的月平均降水量
1962 年 3 月 19 日	广东河源	6.1	震前连日降水，并有雷暴
1967 年 8 月 30 日	四川炉霍	6	震前连日闪电雷雨
1969 年 7 月 18 日	渤海	7.4	震前一日山东沿海雷雨闪电大风
1969 年 7 月 26 日	广东阳江	6.4	震前连日闪电雷雨
1970 年 1 月 5 日	云南通海	7.7	震后七日内三次冰雹
1971 年 4 月 3 日	青海杂多	6.3	震前一日雷暴
1971 年 4 月 28 日	云南普洱	6.7	震前下冰雹
1974 年 5 月 11 日	云南昭通	7.1	震前连续阴雨 13 天，临震前一小时天气突然转晴。震中区各县上旬降水超过历年均值60%～80%
1974 年 9 月 23 日	玛曲—若尔盖	5.6	7～16 日连续降雨，16～22 日阴雨，震前一日转晴
1975 年 1 月 12 日	云南楚雄	5.5	震前连日降水，临震前一日降水最大

　　由以上所举震例，可见临震前的降水是比较普遍的，除冬季外，临震时的降水有如下特点：

　　（1）降水多为阵性，如常用"风雨骤作，地大震""忽然降雨""卒然骤至"等形容之。

　　（2）降水强度较大，如"大雨倾盆""大雨如注""大雨滂沱"等。

　　（3）与地震在时间上至为密切。从"震前连日"到"震前一日"，甚至震时"天上地下，震声接连"，乃至震后"平地水泛"。

　　有些强震后的较大余震前也有阵性大雨，如"雷雨大作，地复震""天气晴朗，震势轻微，一遇大雨，则震动之次数多而且强"等。

三、临震时震区下雪（冬季）

临震时震区下雪（冬季）见表 10-9。

表 10-9   临震震区下雪

发震日期	震中位置	震级	异常现象
1906 年 12 月 23 日	新疆玛纳斯	8	震前下大雪，雪厚一米多
1920 年 12 月 16 日	宁夏海原	8	地震那天早晨，固原地区下小雪
1932 年 12 月 25 日	甘肃昌马	7	主震前降大雪 8～11 cm
1937 年 1 月 7 日	青海都兰	7	地震那天，天有雾，并下雪吹风
1951 年 12 月 21 日	云南丽江	6	地震前全区下雪
1951 年 12 月 27 日	甘肃肃北	6	震时天阴，震后当晚下雪
1966 年 3 月 8 日	邢台地震	6.8	3 月 6 日（前震），华北平原下大雪
1965 年 11 月 13 日	乌鲁木齐	6.6	震前一日，降大雪 11 cm
1969 年 2 月 12 日	新疆乌什	6.5	震前一日和当日有小雪
1973 年 2 月 6 日	四川炉霍	7.9	震区周围 200 km 内降雪

降雪不过是大气降水的固态形式，把它与前述的临震时的降雨结合起来，可见临震时的降水（包括雨、雪、雹）是一个较普遍的现象。

四、对临震时风雨现象的分析与讨论[14]

恩格斯教导我们："在自然界中没有孤立发生的东西。事物是互相作用着的"（《自然辩证法》第 144 页）。地震与风雨现象也是相互有联系的。首先，从数量上看，很多地震特别是1949 年以来大多数大震，临震时都伴有风雨（雪）现象。在夏季，多为"大雨倾盆"，在冬季则为"震区降雪"，在春秋两季，不同地区或阴雨，或雨雪、冰雹。而且，正如上面所述，临震时的风雨有着异乎寻常的特点，往往令人感到惊异。国外也有临震时奇异暴风雨的报道。但是，刮风下雨毕竟是常见的现象，不像临震时的光电那样罕见，何况在我国夏秋，多数地区本身多雨，乍一看来，多数地震在临震时逢有降水是不足为奇的。因此有必要就此进一步讨论一下，能不能在大量的平凡的现象之中，找出震前降水的一些特殊性？据初步分析，有两点是值得注意的：

一是临震时的降水是在"天旱"的背景下出现的，即所谓"旱-震"（详见下章）。如云南通海气象站总结出"降水的特点是天旱得厉害，但降水时大雨猛，与往年不同"；宁夏西海固地区在趋势上总结出"天旱地要震"，但到临震时"天不下（雨），地不震"；四川马边地区群众谚语也有"天旱年代出地震"，马边几次地震群时都下大雨。1668 年山东郯城 8.5 级大震时降雨之多几成洪涝，而震前是干旱，故有"水旱频仍，地震奇殃"的记载。诸如"前遭旱涝，现又地震，被灾百姓，生活艰难"的历史记载是令人难忘的。总之这是一个表面看来很矛盾的现象，震前气象背景干旱，意味着降雨的次数少和强度小，而在临震时却常能碰上降雨并且"大而猛"，这是为什么呢？冬季下雪较之夏季雷雨，就不是那么频繁了，而在干旱年代，更是"冬春少雪"，西北地区尤为少雪。但由震例来看，近几十年来冬季的大震几乎都是降雪，西北地区很少例外。总之，临震时的降水（雨、雪）是在干旱的背景下出现的，这是一个显著的特点。

二是震区群众提出的"雨后热"的异常现象。一般而言，雨后感到凉爽，雪后更觉寒冷，但在地震时，却有反常的感觉。如马边 1971 年 8 月 16 日震群前连续几天大雨，而"天气仍然闷热"。广东阳江 1969 年 7 月 26 日地震时，"震前几天，当地气候很特殊，每天都下阵雨，雨后仍然闷热，人感不适"。这样的震例是很多的（详见下节"临震时的热异常"）。概括起来，震前典型的情况，如在夏季为"大雨倾盆，天气极热"；在秋季为"淫雨后天大热，宜防地震"；在冬季为"方冬雷电交作，灾变非常"，即使是数九寒冬，震前人们感到反常的温暖，甚至还感到"闷热"。这的确是比较特殊的现象，因为降水是大气中冷热矛盾的产物，即大气层上冷下热形成"不稳定"状态，一旦形成降水，原来的冷与热就各自向矛盾的对立面转化，即造成上层变暖下层变冷的稳定状态，使人们有"一雨便成秋"的感觉。但雨后仍然闷热，是否表明地震区的"热"是一个相当活跃的因子呢？

根据大气物理学的研究，形成降水的因子很多，但主要条件有两个：一是空气的上升运动（不论是因动力的还是热力的作用），二是要有足够的水汽。即使天气条件不能满足，而自然或人为的原因使其具备这两个条件时，也能引起降水。如森林失火常能在该地上空形成浓云乃至降雨；又如火山爆发时，由于喷发大量水汽和热量而造成倾盆大雨。现在的问题是：孕震区能否向大气提供热量和水汽，以造成或促使大气产生降水，以后讨论。

第五节　临震时的热异常

一、大震震例[14, 15]

我国劳动人民很早以前就注意到了震前往往出现热异常的现象，并且曾用之于预防地震。如史书上关于 1815 年 10 月 23 日山西平陆 6 级地震就有这样的记载："乡老有识者，谓淫雨后天大热，宜防地震"。果然就在阴雨连绵四旬后天大热发震。近年来我国河北邢台、辽宁海城等地震前，震区群众普遍反映也有反常的升温现象，这进一步说明某些地震前的热异常确实是存在的。现将散见于《中国地震资料年表》中有关震前热异常的记载摘记于表 10-10。将近年来几次大震前有关热异常的反映记述于表 10-11[14]。

临震时的"热异常"是一种非常值得注意的现象，它和其他各种临震气象异常很可能有着某些联系。

表 10-10　1949 年以前我国部分地震震前热异常现象简表[14]

发震日期	震中位置	震级	热异常现象
1505 年 10 月 9 日	黄海	6	震前有风如火
1668 年 7 月 25 日	山东郯城、莒县	8.5	震前，酷暑方挥汗，日色正赤如血
1679 年 9 月 2 日	河北三河、平谷	8	震前特大暑热，热伤人畜甚重
1751 年 5 月 25 日	云南剑川	6.5	震前烦热气昏，惨无风

发震日期	震中位置	震级	热异常现象
1815 年 10 月 23 日	山西平陆	6	乡老有识者，谓淫雨后天大热，宜防地震。阴雨连绵四旬后，天大热发震。震前午蒸殊甚
1830 年 6 月 20 日	河北磁县	7.5	震前，日方中，色晕甚热，午蒸热
1856 年 6 月 10 日	四川黔江	5	震前先数日，地气蒸热异常，是日弥甚
1917 年 7 月 31 日	云南大关	6.5	至震前一日，大雨倾盆，天气极热
1920 年 12 月 16 日	宁夏海原	8.5	未震之先数日，四面无边变黄如火焰，晴空燥热，人均感焦灼干燥
1925 年 3 月 16 日	云南大理	7	震前晚不生寒，朝不见露
1933 年 8 月 25 日	四川叠溪	7.5	连日皆极晴朗炎热，震前尤甚
1937 年 8 月 1 日	山东菏泽	7	地震当日，人们吃过晚饭后，天气闷热的透不过气，热得睡不着觉

表 10-11　近年来我国部分地区地震震前热异常现象简表

发震日期	震中位置	震级	热异常现象
1955 年 4 月 14 日	四川康定折多塘	7.5	风吹脸上感到温热
1966 年 3 月 8 日	河北邢台	6.8	震区地面解冻早，返潮，春天来得早。震前数日，日平均气温自 −13 ℃ 升高到 12 ℃，共计升高 25 ℃
1969 年 7 月 26 日	广东阳江	6.4	震前几天，当地天气特别闷热，人感不适
1960 年 1 月 5 日	云南通海	7.7	震前几天天变热，临震前夜里感到特别闷热，不少人睡不着觉
1971 年 4 月 28 日	云南普洱	6.7	闷热，不好入睡
1972 年 1 月 23 日	云南红河	5.5	当地气温在傍晚一反十几年的规律，异常地升高
1973 年 2 月 6 日	四川炉霍	7.9	震前出现近日最高气温，比历年同期都高，炉霍震区为高温低压中心
1971 年 3 月 23 日	新疆乌什	6.3	震前几天，天气异常暖和
1971 年 8 月 16 日	马边地震	5.9	马边地区这几天虽然下雨，但天气仍然闷热
1971 年 12 月 30 日	上海长江口	4.9	地震前两三天傍晚特别闷热，人感不适
1972 年 1 月 23 日	云南石屏	5.6	当地气温在傍晚一反十几年的规律，异常地升高
1974 年 4 月 22 日	江苏溧阳	5.5	当夜雨后还出现增温，特别闷热，比白天还热，震中及附近几个县为高温低压控制区
1974 年 5 月 11 日	云南昭通	7.1	大震前几天特别闷热，比六月份还热
1975 年 2 月 4 日	辽宁海城	7.3	临震前海城附近气温突升高 10 ℃ 至 12 ℃，气压也明显下降

续表

发震日期	震中位置	震级	热异常现象
1976 年 5 月 29 日	云南龙陵	7.6 7.5	震前 28 日和 29 日，震区普遍反映闷热且人感恶心。震前几天震区出现了非大气过程所能造成的增温现象
1976 年 7 月 28 日	河北唐山	7.8	震前几天震区地温上升。震后气温有较大幅度上升
1976 年 8 月 16 日	四川松潘—平武	7.2	7 月 26 日至 8 月 4 日在松潘龙门山地震带区域内出现较明显的热异常

关于 1815 年山西平陆大震，史书记载："乡老有识者，谓淫雨后天大热，宜防地震"，果然，在阴雨连绵四旬之后，天大热，随后发生了地震。这事例生动表明古代劳动人民在与地震做斗争过程中，通过对以往地震经验的积累，已经注意到了震前的热异常现象，并用之于预防地震，为我们留下了宝贵的经验。

关于震前的热异常现象，有关地震史料中记载很多，本书仅摘选了几个典型的大震震例。须补充指出[7]，除了临震时以外，在震前几个月甚至一两年中也有热异常现象。如 1679 年 9 月 2 日河北三河、平谷 8 级大震前一年正逢"特大炎暑，热伤人畜甚重"。山东省肥城气象站调查 1937 年 8 月 1 日菏泽 7 级大震前一年，也是"天气酷热，住房墙壁如火烫，麦收时脚踩麦秆进行收割，不少老农反映竟达到有热死人的程度"。这当然是比较突出的例子。虽然还有很多地震没有直接记载"热"，而是旱、涝、风、霾、雷雨等天气现象，但正如前节已指出的，在这些现象的背后潜藏着"热"的因子。即在震前干旱的背景下，冬春多为"风霾晦暝"或"久旱不雨"，夏秋多为"大雨倾盆或淫雨连绵"，而这可能是热异常在不同季节和不同地区的表现。

我国是典型的季风气候，冬季常为干燥寒冷的大陆性气团所控制，因而震前有热异常时，就会伴有"晴空气躁，焦灼干燥"或"黄雾四塞，久旱不雨"这样典型的"干、热、霾"现象。夏季我国常为温暖湿润的海洋性气团所控制，因而震前的热异常更促进局地对流的加强，伴随而来的是"大雨倾盆，天气极热，震前尤甚"的典型现象。至于春秋两季，这种热异常在不同地区引起"阴雨连绵"或"久旱不雨"。由此我们不难理解历史地震中关于"水旱频仍，地震奇殃""阴愁霖潦晴愁暑"的记载，以及近年来震区群众普遍反映的"降水的特点是天旱得厉害，但降水时大雨猛"这样典型的"旱—涝—震"特征。

1949 年以来的震例可以看到，不少地震，特别是 1966 年邢台地震以来的 7 级以上大震，都有不同程度的热异常显示。震区群众普遍用震前"特别闷热""燥热""人感不适"来形容，尤其在临震时感觉突出，甚至有时在冬季临震时也有"闷热"的感觉。

二、震前高温低压[15]

1949 年以来，我国已普遍建立起气象台站网。人们在分析震区气象温压观测资料时，已经注意到震前常出现高温低压现象，这与"闷热"的直接感觉是一致的。如云南个旧市地震办公室在《对近距离地震前兆的一些认识》一文中，已总结出"近震前常出现高温低压现象"。马宗晋同志在《临震现象与地震发光》一文中指出：大震当天或前两三天内的"低压、高温、闷热给人留下深刻的印象"。宋群同志在《群测群防事例介绍》一文中指出："许多次大震的震中区，往往与近日的低压高温中心很接近，这看来也不是偶然的"。图10-2[15]给出一组在高温低压之中发震的典型震例。由图可见，有些地震的震前增温过程是非常显著的。各地震例的初步普查结果表明，震前的增温现象，不仅主震有，前震也有。如1970年12月3日宁夏西吉地震，在11月30日的4级前震时就有一次"爆发性增温"（图10-2）。

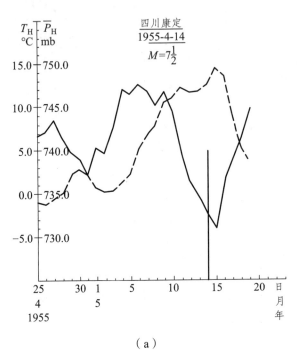

（a）

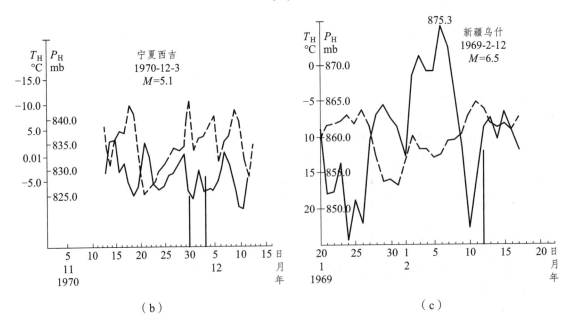

（b）　　　　　　　　　　　　　　　　　（c）

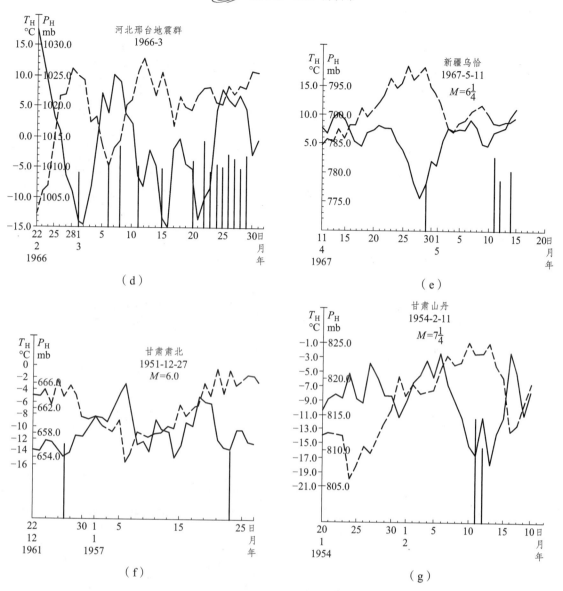

图 10-2　在高温低中发震的震例图[15]

（注：图中----表示气温，——表示低压）

对震群型地震尤要注意前震，如 1966 年 3 月河北邢台地震时，在 3 月 8 日震前的 7 天内，日平均气温由 - 13 ℃增至 11 ℃，增温近 25 ℃ [图 10-2（d）]，这是比较少见的。有些地震在较大余震前也有增温过程，如 1951 年甘肃肃北地震 [见图 10-2（f）]。这些特点往往有助于临震监视，值得进一步调查研究。从季节上来看，一般而言，冬半年震前的增温过程比较明显，而夏季则相反。这可能是夏季我国温压场本身变化较小，加之夏季震前常伴有降水，后者反过来又调节了气温，因此震前的增温过程不如冬季明显。

必须指出，仅仅用气温来表示地震时热异常还是不够的。气温固然是表征大气热力状况最直观的物理量，但却有片面性。因为空气处在不停的运动之中，比如一团空气即使不与周围空气混合和能量交换，在它升降过程中其温度也是变化的。为此，人们就用"位温"

来表示该气团的热力属性。如果再考虑到其中含有的水分相变，考虑到质能的交换等，情况就更复杂了。对一个地震而言，分析它热异常，还要考虑它随时间演变以及在空间中的分布，即震中区与四周地区之间、高低层大气之间、下垫面与低层大气之间热力的差异和变化。总之，如何应用震区及其周围气象台站网的高低空资料综合地、定量地分析地震时热异常的全过程，还有待于在今后的实践中不断认识和解决。此外，仅仅期望从气象学上去解决这一任务也还是不够的，因为要从定量上区分出地震对大气的影响与大气本身自然的变化，就如同要区分出人为的影响与大气本身自然的变化一样，目前气象学从实践到理论都还没解决。因此，我们可以参考毛泽东同志所说的"一切真知都是从直接经验发源的"，不断深入震区向群众调查学习，并尽可能采用新技术，对热异常进行直接的物理观测，这是我们的努力方向。

三、地震时热异常成因

关于地震时热异常的成因，有学者认为[15]共可能源于地下孕震区。人们自然会联想到地温是否有异常的升温现象？经过初步的普查，位于震中区的气象台站观测的表层地温（最深为 3.2 m），大都没有明显的变化；有的虽有升温现象，但幅度很小。这是可以理解的，因为岩层热传导率很小，靠分子热传导是很缓慢的。虽然造成低层大气热异常的原因是地下热异常，但地下热异常的放热过程既然不能靠分子热传导过程，那就必然会存在另一种过程，也就是一种突发性的快速过程。在震前广泛表现出的宏观现象中，如地下水的突变，动物的突然惊慌不安，以及多种前兆仪器记录到的突跳异常，震前大气电磁场的强扰动，震前发光和震前的阵性风雨，震前爆发性增温，甚至雨后天大热等丰富多彩的现象都表明：孕震区地下物理场的变化，不但有震前长期缓慢的过程，而且临震有快速变化的信息。而"地气"可能是扮演这种快速变化信息的角色之一。这里所谓的"地气"，可以广义地理解为地震过程中地下物质和能量上升到地表而形成的物质性的东西。

通过分析 1949 年以来强寒潮与地震的关系，发现二者没有明显的相关性，仅在个别情况下强寒潮可以"掩盖"震前的高温异常。

第六节　地气现象

"地气"一词，在我国历史地震记载中早已存在。最初，它的含义比较抽象，被用来表示古人对地震成因的一种看法。在《史记》中记载："幽王二年（即公元前 780 年）西周三川皆震，伯阳甫曰："阳伏而不能出，阴迫而不能蒸，于是有地震"。这是两千多年前，在我国古代第一次提出地震是阴阳二气的产物，以后被人们所沿用来解释地震，在地震平息之后，被说成是"地气已尽"。后来随着人们对地震认识的不断发展，"地气"一词已不仅仅是一种抽象的东西，而是包含有物质性的直观现象了，如 1856 年四川黔江地震记载："先数日，地气蒸郁异常，日涸甚"，这里用"涸"和"蒸"字，是对"地气"现象生动而又形象的说明，不仅表达了"震前几天空气浑浊并在临震那天更厉害"，而且还表达了"这是由于从地下'蒸'出来东西所造成的"这一种朴素的认识。

一、古今临震地气现象

1975 年 2 月 4 日辽宁海城 7.3 级地震前后，曾出现了大量的有强烈刺激臭味的"地气"和随之伴生的低雾。当时，这种现象被震区群众称之为"地气雾"。类似这种"地气雾"现象我国古代很多地震时都有明确记载。下面我们就列举一些供读者参考（表 10-12）。

表 10-12　我国史料中记载的地气雾现象简表[14][15]

发震日期	震中位置	震级	地气雾现象
1072 年 11 月 3 日	陕西华县		山之民言：比年以来谷上常有云气，每遇风雨即隐隐有声。是夜初昏，略无风雨，忽于山下云雾起，有声渐大，地遂震动
1542 年	广东曲江		方氏后园，涌土成高阜，俄陷为深坑，以火下烛之，气冲上天，火不可照
1556 年 1 月 23 日	陕西华县	8	冲天吐气，黑气盈日
1605 年 8 月 11 日	广西灵川		地中忽有声如雷，黑风，气上腾
1642 年	贵州天柱		东门城下地裂，黑气上腾
1603 年	山东菏泽		城东南里许，平地如烟如突
1666 年 5 月 11 日	广东揭阳		夜地裂一缝，有白气冲天
1831 年	云南陆凉		北门外地裂数丈，中有黑气上冲
1920 年 12 月 16 日	宁夏海原	8	晚二鼓地大震，有黄雾自地冲出，响声如万马奔腾，犬皆乱吠
1621 年 6 月 20 日	陕西渭南	8	地裂数处，初有气，人不敢下视，投石块，杳不闻声
1668 年 7 月 25 日	山东郯城—莒县		十七日戌时，白气冲天，地软如绵而热，倾之大震
1830 年 6 月 12 日	河南林县	8.5	平地崩裂二尺余，气臭，人不能近
1920 年 12 月 16 日	宁夏海原	8.5	晚二鼓地大震，有黄雾自地冲出，响声如万马奔腾，犬皆乱吠
1925 年 3 月 16 日	云南大理	7	未震一月之前，每适拂晓，平原内发现似雾非雾之气，约高五六尺。又每于将震之前，随时流出硫黄臭气，空中则发现火光
1954 年 2 月 11 日	甘肃山丹	7	早晨望见北山冒起灰尘，约三四分钟，即发生大震
1970 年 1 月 5 日	云南通海	7.7	1970 年 1 月 5 日中午一时，云南峨山小海洽大队有二人在旬百母生产队后山相遇时，忽发现四十余米远的山坡上突然传来飞机吼叫似的嗡嗡巨响声，并升起二三十卷黑色烟雾团，上升速度不大。前往查看，有一条宽六米长的裂缝，半小时后发生一次地震

近年来，我国部分地区在发生大震前，也出现地气雾现象。如 1970 年 1 月 5 日云南通海

7.7 级地震前 1 月 2 日、4 日，在峨山等地突然闻到一种难以形容的特殊臭味，到中午更浓，解放军战士反映味道像枪弹击发后的硝烟味。大震后即无此味。1971 年 3 月 23 日新疆乌什 6.1 级地震前几天，天空雾气腾腾，满天灰尘。1976 年 5 月 29 日云南龙陵 7.3 级和 7.4 级地震时，震区出现的黑雾现象也很突出。1976 年 5 月 27 日至 29 日震区的腾冲、施甸、勐冒、平达及陇川县的章风等地发现"怪雾""黑雾"，其特点是"浓黑"，群众形容它是"伸手不见五指"，而且这种雾温热湿润，移动迅速，有的地方还发出硫黄味，有的地气能燃烧，这种现象在极震区最显著，先于地声地光出现，成分多样复杂。但在分布上不同于海城地震前成片或成带出现的特点，而是集中于少数地区。1976 年 7 月 28 日河北唐山 7.8 级地震前，丰南县稻地公社的一位大娘于 27 日晚出屋时，随着一声响，有股黑气突然包围了她，不久即发震了。1976 年 8 月 16 日四川松潘—平武 7.2 级地震群也出现不少"地气""地味""地雾"现象。如一种特殊组分的常温地气在灌县酒厂、蒲江大兴公社和长城钢铁厂等地出现，导致人畜伤亡。有些地方发现带腥味、硫黄味、六六六粉味的地烟和地雾以及具有特殊怪味的地味，如 8 月 3 日在渭河五队，突然冒出一股具有六六六粉味的雾气，其味道又像火药味。8 月 23 日什邡县（现什邡市）土城公社、城关公社、江白公社，广汉县（现广汉市）永兴公社，崇庆县（现崇州市）白头公社等地，大体在同一时间都出现硫黄味。另外，有的地方出现的雾很浓，两米之内不易辨人，硫黄味使人呕吐。特别是在绵竹火车站、黄土公社、江油矿机厂、大邑动力站等地还发现一种高温地气，温度高达 80～120 ℃，使附近的树木枯干，葱烧焦，青蛙死亡。历史上震前地气有奇怪臭味的案例见表 10-13。

表 10-13　历史上震前地气有奇怪的臭味的案例[15]

发震日期	震中位置	震级	异常现象
1720-7-12	河北沙城	6	震开一个缺口，发出硫黄气味
1830-6-12	河南林县	8	平地崩裂二尺余，气臭人不能近
1902-8-22	新疆阿图什		地震甚，地裂陷，宽 4～5 尺，长约百里，深不可测，间涌黑水，俯视阴风刺骨，作硫黄臭，酉刻再震，白气自内出
1905-8-12	广东广州	8	当其地震时，一股硫黄气直刺脑海，多有感受硫黄气而致吐血者
1906-12-23	新疆玛纳斯	7	冒出的水带浓烈的硫黄味
1918-2-13	广东南澳		下午二时地震，同时空中发生一种多量之硫黄臭味直扑鼻端
1925-3-16	云南大理		未震一月以前，每逢拂晓，平原内发现似雾非雾之气，约高五、六尺。又每于将震之前，随时流出硝磺臭气，空中则发现火光。最奇者地愈震而火愈烈，地之表面，发生一种极易燃烧之碳氢化合物助之
1936-5-1	广东灵山		上午九时发震，随即发生硫黄气味，一时许始散……最为惊异者，各山岭之爆裂状态，时开时合，而平地则凹陷成潭，或小若一井，其爆裂之洞口，有煤灰物之渣，狂喷高飞百数十丈，同时并有黑色之液流出，继则流以黄液，种种不一
1967-3-27	河北河间		临震前晚上闻到硫黄味或臭煤味
1970-1-5	云南通海	8	震前元月二日、四日，在峨山等地突然闻到一种难以形容的特殊臭味，到中午更浓，大震后即无此味。战士们反映，味道像枪弹击发后逸散的硝烟味

二、临震地气特点

归纳上面列举的大震前"地气"及"地雾"的现象，具有如下一些特点。

（1）具有白、黑、黄等颜色，有时还出现多种颜色。如1872年1月5日浙江孝丰地震记载："申刻大沙雾，西乡黄色，南乡黑色，地震"。

（2）常具有奇怪臭味，大多反映为硫黄或硫化物之类，硫化氢等味。

（3）冒气处常有"烘热感觉"，有时伴有响声。

（4）高度角较低，多数人反映气从地下出且具有阵发性，如"约高五六尺""有黄雾自地中出"。再如1975年2月4日海城地震时，群众反映："雾像雾潮，一潮接一潮地涌来，来一次就震一次，雾来了就震了，震完了雾也就消了"等。

三、地气热的异常表现

（1）冒气处有"烘热感觉"，如震例中的1970年通海地震，1604年12月29日福州地震时，"先一二日，有气出如烟火"。1505年10月9日江苏松江地震时，震前"有风如火"。这些都是直接感到"热"的现象。

（2）冒气处地面有异常表现，如1668年7月25日山东郯城大震时，"地软如绵而热，顷之大震"。1739年1月3日宁夏银川平罗大震时，"地如奋跃，土皆坟起……地多坼裂，宽数尺或盈丈，水涌溢，其气皆热"。又如1900年7月甘肃漳县地震记载的"新寺南谷山连日有声如雷，地土松涌，若猪喙然"的现象，都是值得注意的。其中有的已类似于近年来震区群众称之为"地炮"的现象。

（3）震区个别地方地面解冻或返潮。如1966年3月邢台地震时群众发现"震区某些地方解冻早，地面返潮"。1967年3月河间地震前，震区某些地方"原来准备抗旱的地区，在震前一周地里突然返潮，湿土可用手捏合在一起"。1970年1月通海地震时群众也反映："震前干旱，但地却回潮，很特别。往年天旱时地开裂，但这次仅地面干，挖下去地下潮湿"。

此外，如1969年12月广东琼海中强地震也显示出局部地热异常现象：在琼海县（现琼海市）潭门公社草塘大队的海边，面积约两平方米的长条形沙地上于12月25日7时发热，延续约半小时，人站在地上感到脸、手、脚都发热。琼山县海潮观测站反映，在12月25日21—22时的一小时内，海底温度增加1℃，即由20.8℃上升到21.8℃。

由以上"狭义的"地气的直观表现，可见地气的客观存在是不容置疑的。但是目前我们对它的了解还是片鳞只爪。有时人们可亲眼看见它从地裂缝中冒出来，有时在大地震时空气中总有强烈的怪味，却未见地面裂缝，也不知它从何而出，有时见到个别地方解冻翻浆，地面开花或返潮，个别地方甚至冬季长青草，而近在咫尺处则冰冻三尺，没有发现地温大面积上升。"冒气"现象持续时间不长，有时只有几十分钟左右，有时是"黑气盈日"，有时又只能看到"一股股浑风"或"平地出烟如突"的现象。总之，"狭义的"地气的直观表现，具有在地区上零星分布、在时间上断续出现的特点。正由于它不是大面积的成片的分布和长时间持续出现，因而不易被人注意、记载也不甚详细。而地气的宏观现象，如前述的大气浑浊及日月光象、临震时的降水、震前的旱涝异常以及热异常等，又容易与气象本身的自然过程相混淆，不易识别。因为大气混合系数很大，调整本领较高。上一章所介绍的临震前各种大气物理现象，是否因地震而引起，也是引起人们怀疑的。但是，正如恩格斯所说，"辩证法在考察事物及其在头脑中的反映时，本质上是从它们的联系、它们的连续、它们的运动、它们的产生和消失方面去考察的"（《马克思恩格斯选集》，第三卷第 419 页）。从整体上说，本章各节所介绍的地震来临时的各种大气物理现象都不是孤立的，震前的旱与涝、热异常与降水、降水与大气浑浊等现象之间，正如前面已初步分析的，虽有矛盾但又是相互联系的，共存于统一体中和地震前大气光电现象一样，它们的连续与运动，它们的产生与消失，都与由地下上升到地表的物质和能量息息相关，这就是地气的宏观表现，或"广义的"地气。如图 10-3 所示。

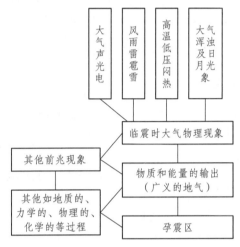

图 10-3　由地气引起临震时各种大气物理现象示意图[15]

四、地气引起临震时各种大气物理现象

根据目前对地震来临时的认识，地震主要是由地应力作用下岩体的破裂所致，但地震时伴随的大量现象表明，地震过程绝非是单一的力学过程，还伴有电、磁、热等地球物理和地球化学的复杂过程。如图 10-3 所示，图中的地气，也仅限于由地下上升的载电、载热的物质流而引起的低空大气物理现象。

当然，在地震时，还会有其他过程造成的前兆异常，而地气也可能会引起地下水、动物等异常前兆。在这里着重指出：关于气象与地震的关系，长期以来，人们仅仅从外力触发的观点，即把气象因素看成是对地震的一种外部触发条件。但根据近年来的实践，我们有理由认为，孕震区能否由地下放出的热能、电能、化学能及载热、载电的物质流而造成大气光电、大气物理、大气化学等气象异常呢？换言之，地震能否引起地震区的局地气象异常呢？气象因素除了作为外部触发条件之外，与地震有没有内部联系呢？毛泽东同志说过："事物发展的根本原因，不是在事物的外部而是在事物的内部"，"我们看事情必须要看它的实质，曾经的现象只看作入门的向导，一进了门就要抓住它的实质，这才是科学的可靠的分析方法"。在探讨气象与地震关系时，研究气象因素如何触发地震固然有意义，但更应抓住它们的内在联系，探讨孕震过程是否能引起局地气象变化，地气引起的大气物理现象是不是地震的前兆现象，这对利用震前的大气物理现象为临震预报服务，有着直接的现实意义，对探索地震理论也有一定的意义。[15]

第七节 临震时大气浑浊

震前的大气浑浊及由此而造成的日月惨淡无光现象是很引人注目的，特别是在古代，人们看到这种"黑气如雾，日月无光""天色晦暝，昏暗如暮"的景象时，自然感到"天昏地惨"，认为这是不祥之兆，就像《西游记》一类神话故事中妖魔鬼怪出现前的情景一样。现在，人们对震前的大气浑浊现象不再感到恐怖了，这是因为人们对这种现象已经有了初步认识。由于对这种现象与地震究竟有什么样的关系的认识还存在不足，因此，在进行地震宏观考察时，关注不够，记载较少，而地震区广大群众却很注意这种现象，在深入震区向群众访问调查时，群众一再反映震前"天色不对头""雾气腾腾""土雾沉沉""太阳光线也不足了"等，有些震区群众还据此成功地预测了主震后的较大余震。

一、震前大气浑浊实例

发现震前大气浑浊及日月光象的特点，以便今后更好地掌握这种现象，为临震预报服务。表 10-14 是我国历来临震时的大气浑浊现象。

表 10-14　大震震前大气浑浊[15]

日期	地点	震级	异常现象
1515 年 6 月 17 日	四川永宁	7	地震，月不止，有一日二三十震者，黑气如雾
1556 年 1 月 23 日	陕西华县	8	黑气盈日，数有蜺珥。月色尘晦，天昏惨，及夜半，月益无光
1668 年 7 月 25 日	山东郯城	8	地惨天昏蒙黑雾，薄暮天红地震
1680 年 9 月 9 日	云南楚雄	6	自西北起，黑雾漫天，声若巨雷，震惊百里
1695 年 5 月 18 日	山西临汾	8	星月无光宇宙黑……东方渐高日色红
1733 年 8 月 2 日	云南东川	6	其震之前一日，天气山光，昏暗如暮，疑其将雨，不知地震也。日有昏沉之气，非雾非烟，非沙非土
1763 年 12 月 30 日	云南宁州	6	曝光黄如金色，至亥时地大震
1815 年 10 月 23 日	山西平陆	6	傍晚天西南大赤
1833 年 9 月 6 日	云南嵩明	8	先期黄沙四塞，昏晓不能辨，凡三昼夜……将震昼晦，屋尽炬柱以烛，历十有二刻乃复明，明已震
1850 年 9 月 12	四川西昌	7	是时天色朦胧，莫辨昼夜，旋见大地划然迸裂……
1906 年 12 月 23	新疆玛纳斯	8	震前天发黄
1920 年 12 月 16 日	宁夏海原	8	傍晚天空有黄尘飞起，天色朦胧。未震之先数日，四面天边变黄如火焰。日色昏黄，晚不见月，风霾晦暝
1925 年 3 月 16 日	云南弥渡	7	未震一月以前，每逢拂晓，平原内发现似雾非雾之气，约高五六尺。日光惨淡，月色昏黄
1927 年 5 月 23 日	甘肃古浪	8	天地异色，日月无光

续表

日期	地点	震级	异常现象
1932 年 12 月 25 日	甘肃昌马	7	地震那天早晨，天虽晴，但雾气沉沉。震前几分钟，不少人看见从鹰咀山一带有一股黄风旋卷而来
1954 年 2 月 11 日	甘肃山丹	7	地震头几天，天气就不对头，太阳光线也不足了，白澄澄的，天也黄澄澄的，后来就地动了。地震当天清晨，望见北山冒起灰尘，约三四分钟，即发生地动，而且山上雾气很大
1966 年 2 月 5 日	云南东川	6.5	震前一日开始连续三天有霾，以震前一日霾的浓度最大，几次大余震前霾也大，因而群众一见霾重就防震。据气象站资料，从 1955 年至 1965 年二月份霾日均为零，而 1966 年 2 月份霾日为 10 日
1969 年 7 月 18 日	渤海	7.4	震前瞬时看到一股股白烟，震前几天有雾紧贴海面
1971 年 3 月 23 日	新疆乌什	6.3	震前几天雾气腾腾，灰尘满天
1973 年 2 月 6 日	四川炉霍	7.9	震前几小时风尘大作，尘土向高空飞去
1974 年 5 月 11 日	云南永善	7.1	震后极震区连日空气沉闷，天色黄浑，震前一小时天气突然转晴，震时木杆公社一带，月色明媚
1655 年 3 月 18 日	陕西渭南		夜子丑间云气弥天，忽大震如雷
1830 年 6 月 2 日	山西太原		日光惨淡天无色
1856 年 6 月 10 日	四川黔江	5.5	先数日，日光暗淡，地气蒸郁异常，是弥日甚
1962 年 12 月 11 日	甘肃甘谷	5	震前天气土雾沉沉

二、震例分析

（1）在生成时间上，多为震前几日，个别情况下在震前几十天内，而且愈临近愈大。现象愈明显，地震则愈重，即"震前尤甚""日日弥甚"，1833 年云南嵩明 8 级大震时甚至达到"将震昼晦"的程度。

（2）在地区上，从黄土高原的北国到常年葱绿的江南，从风沙易起的内陆戈壁到气候湿润的沿海平原，震前都有这种现象。

（3）在形态上比较复杂，有的记为"黄沙"或"灰尘"，有的记为"黄雾"或"黑雾"，有的记为"雾气"或"云气"，有的干脆记为"似雾非雾之气"或"非沙非土、非烟非雾"等等不一。从生成高度上来看，多数记载不甚明确，但 1925 年大理 7 级地震明确记为"似雾非雾之气，约高五六尺"。从 1920 年海原 8.5 级火震记载的"四面天边变黄"来看，也是贴近地面的，用气象术语来说就是水平能见度比垂直能见度更差，而"非沙非土、非烟非雾"之类的东西则比较接近于近代气象观测项目中的"霾"。

三、成因分析

（1）不仅仅是风吹起来的。如前所述，震前风多为阵性。起风时虽也伴有"风尘大作"，但大气浑浊现象一般出现在风后，与风无关的大气浑浊现象则生成时间较长，在震前几天甚至几十天内就有了。我国北方在春季常因风沙而造成类似"天黄欲雨"的天气，但震前的这种浑浊，不仅仅是在北方、在春季才有，而是任何地区、任何季节都有。

（2）在正常情况下，一般在清晨或黄昏，容易在低层大气中产生"雾气腾腾"的现象，这是因为地面长波辐射使地面冷却而形成近地逆温层（即辐射性逆温）。日出后，逆温层逐渐被破坏，由湍流反对流等扩散而使烟雾浓度大为降低，显示出明显的日变化。但在震前，这种大气浑浊却常常没有明显的日变化。白天也是"日光惨淡""天色朦胧"。其他如气象原因造成的"地形性逆温""锋面性逆温""湍流性逆温"等情况都不足以说明震前的大气浑浊是由于气象变化所造成的。

（3）与降水的关系。很多大震前都有降水，按理说雨后的空气应该洁净，即雨后震前空气不应浑浊，也就是说，"大多数地震前都伴有降水"和"大多数地震前都伴有空气浑浊"这两种现象是相互矛盾的。如1932年甘肃昌马7.5级大震前降大雪，临震时天晴，"但雾气沉沉"；1668年山东郯城8.5级大震时，大雨和大气浑浊现象兼而有之；又如1833年云南嵩明8级大震前，大气浑浊现象是很严重的，而震前"又期先降淫雨九日，雨色黑"，还有很多震例不再赘举了。在这里，留心的读者一定会注意到"雨色黑"这三个字，因为它把上述矛盾统一起来了。人们的新认识往往是通过实践，在解决问题的过程中得到的。由此给我们的启发是：地震时的降水和大气浑浊二者可能是一种"同源"现象，它们有条件地共存于同一体中，也就是第六节将要介绍的"地气"现象。一方面，地气所携带出的能量能促使或加强局地对流的发展，其中所携带出的物质——水汽及能形成凝结核的离子都是有利于造成临震降雨的。另一方面，地气所携带出的多种成分的物质进入低层大气后，通过物理化学过程而生成液、固态微粒的混合物——气溶胶，使大气浑浊。虽然降雨，但伴随地震过程的地气仍在继续释放，因而可使大气能见度又重新变坏，所以在大多数地震前虽有降雨但也有大气浑浊现象，除非是在临震前突然雨停转晴时发震，才没有大气浑浊现象，明确记载地震时天空明朗而无浑浊的例子有两个，都恰好是这种情况。一个是1815年山西平陆大震，平陆县志记载："是年八月卅日未刻天大雨，绵延至九月十八日微晴，十九日亥时又雨，片刻复晴，月明星朗而地震矣"。还有一个是1974年云南永善大震的例子，据文献记载："震前连续阴雨13天，临震前一小时天空突然转晴，震时木杆公社一带（位于震中区）月色明媚"。但震后在极震区"连日空气沉闷，天色黄浑"。这是否与余震有关，还有待于进一步研究。

关于上述成因问题的讨论，目前还属于一种推测。我们建议，在有条件的地方，特别是在地震危险区，逐步开展大气降水的化学分析和低层大气化学的测试工作，这对深入探讨孕震过程中的物理化学或地球化学过程是必要的。

第八节　利用临震气象异常和突变预报地震问题

一、目前利用临震气象异常和突变预报地震不成熟[15]

目前在利用临震气象异常现象预防地震问题上，还极不成熟，处于广泛探索阶段，我们首先要学习劳动人民的宝贵经验，如前面已提到的 1815 年山西平陆大震时，"乡老有识者，谓露雨后天大热，宜防地震。"1072 年陕西华州地震时，"山民言：比年以来谷上常有云气……是夜初昏，略无风雨，忽于山下云雾起，有声渐大，地遂震动"。1966 年云南东川地震时，"群众一见霾重，就预防地震"。又如，1972 年 2 月，云南红河县地震办公室根据群众反映的有关动物、土地电以及"当地气温在傍晚一反十几年的规律，异常的升高"等现象，成功地预报了较大的余震。有些地区有"天旱地要震"，但"天不下（雨）地不震"的谚语。还有震前的"闷热""地味""地光"等现象已被普遍注意，用于临震监视预报。

在利用大气现象作临震预报时，具体分析临震大气现象的特点是重要的，因为大气受各种因素的影响。如我国不少地区经常出现干旱，若在干旱背景中，"一遇降雨又特别猛"，就应值得注意，高温低压天气是经常出现的，但"雨后仍然闷热"，特别在秋季，一般在连绵阴雨后天气就要转凉爽，若遇有异常的阴雨后天突然大热，也应值得注意。大气浑浊现象也不是罕见的，但在震前也有它的特点，不再赘述。总之，如何抓住不同地区、不同时间震前天气反常的特点，还要继续总结各地群众的经验。

另一方面，就是进行综合分析。仅出现一两种异常情况时，把握还不大，但很多现象都陆续出现时就值得注意了。如 1815 年 10 月山西平陆地震时，有震前连续四十多天阴雨，雨后又大热，临震那天"蒸热"，傍晚出现落日处"火烧天"的现象，晚上又出现地光等。1925 年 3 月云南大理地震前期"久旱不雨"，前四十多天"黄雾四塞""晚不生寒""发现似雾非雾之气"；临震之前"均系天阴欲雨之象"，将震之际"随时流出硝磺臭气，空中发现火光"；余震时还有"如天气晴朗，震势轻微，一遇大雨，则震动之次数多而且强"。1668 年 7 月山东郯城大震前期干旱，震前十几天淫雨连绵，临震转晴天热，震时"忽然降雨，雷电不止"，并伴有"火光四散"等现象。1833 年云南嵩明大震、1920 年宁夏海原大震、1906 年新疆阿图什大震等都记有较丰富的大气异常现象。而近年来发生的大震，记载就更为丰富了，特别是 1975 年 2 月辽宁海城大震，震前有大量的大气光电现象，特殊的"地气"现象，明显的热异常，地震前期在干旱背景下伴有雨涝，临震前几天大气浑浊，雾气腾腾，临震当天震区降雪等等，本章各节所介绍的各种临震大气物理现象几乎都出现了，并有很多关于震区群众应用这些异常预防地震的生动事例。

从我国历史地震记载中发现有震级愈大，气象异常愈多的趋势。1949 年之前，由于历史原因，虽有较丰富的记载，但不可能将这些现象搜集齐全并加以综合分析，用于地震预报。1949 年以后，由于不断深入贯彻我国地震工作方针，开展群测群防运动，广大群众积极行动起来，密切注意和观察震前的各种异常现象，才会有如此丰富的材料。这些材料，已逐渐被应用于地震预报工作中。当然，各地震区在地质上、发震构造上都会有各自不同的特点，因而表现出的临震大气现象也不尽相同。但我们相信，千百万群众的实践是认识气象与地震关系的最丰富的源泉。在我国地震工作方针指引下，在多学科、多手段进行综合性地震预报的研究工作中，把震前大气物理异常现象作为临震监视预报的一个方面，是有前途的。

二、临震气象异常和突变原因处于探索

为什么在临震时会出现各种各样的气象异常和突变？多年来人们针对这个问题做了大

量的工作，可是到目前为止，科学技术还没有发展到可以圆满解决这个问题的地步，人们仍在不断地实践着、探索着。

就目前对于构造地震的认识来说，地震主要是地应力作用下岩体破裂所致。但在地震时伴随发生的大量现象，则绝非单一的力学过程所能够解释的。前面谈到的临震"热异常"和"有气自地下出"等现象则不能不引起人们的深思。它是否能说明在孕震区有着各种载电、载热的物质流自地下逸出呢？诚然，风、雨、雹等各种气象异变主要受着大气环流的影响和制约，但地球生物圈的活动（主要是指人类的生产活动）可以造成气象异常，这已是被证明了的事实。那么同样也可设想发生在岩石圈中的孕震过程（其能量之大，的确惊人）也可能引起气象异常。毛泽东同志说过："事物发展的根本原因，不是在事物的外部而是在事物的内部"。我国的浅源大地震大多以水平错动为主，断层错动倾角陡直，接近90°，这种近于垂直的裂隙发育，当然有利于物质的上涌。因此我们有理由认为，临震前孕震区很可能由地下释放出大量的热能、电能和化学能，由载热、载电等物质流带出，从而造成各种各样的气象异常和突变。例如地下热能的释放可能造成突发性增温及"暴雨骤至""怪风大作"等，而由地下冒出的地气中的质点若具有吸湿性或是带电粒子，遇到空气湿度条件适合时，就会起到良好凝结核作用，从而迅速生成"地雾"。同时根据兰州地震大队的估计，作为能造成天气异常的下垫面热源，一个 6~7 级的地震无论从几何尺度、时间周期和强度上都是可以满足形成地雾的条件的。这些都能促使人们从孕震可能会引起气候异常这个角度去探讨。

当然在探讨气象与地震这二者关系时，还有一种把气象作为一种外力触发因子的观点。如云南宾川气象站的同志就提出，气压波触发地震可能是由于共振现象，并设想如图 10-4 所示的共振草图，认为"共振"可使活动岩层的振幅达到最大值，使气压波显示出巧妙的诱发力。

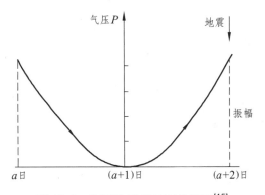

图 10-4　气压波触发地震共振图[15]

总之，目前关于气象异常的成因问题，正处于一个百家争鸣的阶段，我们相信，只要深入贯彻我国地震工作方针，对于这个问题我们是一定能够找到圆满答案的。

三、我国几次强震宏观异常实例

我国几次强震宏观异常实例见表 10-15。

表 10-15 我国几次强震宏观异常实例

唐山地震	松潘地震	龙陵地震
中期：暖冬-春旱-冷夏。 短期：23—25 日占雨量 90%。冀东地区普遍闷热，震前有雾甚低，并有六六六粉味。震前一月经度值与常年平均 −16 mm 相比，异常量为 +10 mm（或 15 mm），与同年 4—6 月相比，增加 15 毫米相当于经度值东偏 30.225″。 电磁：震前北京、天津、秦皇岛等地都发现电磁异常，7 月 27 日新装收音机，收不到中央人民广播台的短波信号。承德有一台电传打字机杂乱无章的数码，震后均正常。 地光：7 月 28 日凌晨 3 点多，129 次列车正驶向唐山时，司机发现三道耀眼光束，武清县一民兵 7 月 28 日凌晨在街上巡逻距地声传来后 3~4 分钟，一道红光凌空而至。 地声：共收集到 114 例，较早的在震前 5 个多小时，越临近地震地声现象越多，震前 10 分钟以内占 78.19%，10 分钟至 1 小时的占 1.58%，1 小时至 6 小时占 6.1%	中期：松潘干旱严重，1974 年为历年 57%，雅安为 67%，1975 年为历年 131%，旱-涝。 短期：7 月下旬气温异常，8 月上旬表现明显，康定 +3.0 ℃，马尔康 +2.5 ℃，平武 −1.5 ℃。 地光：形式多样，变化万千，如片状光，柱状光等一现即逝，难以复演，且易与虹、晕、闪电及人工发光等混淆。 地气：彭县酒厂机井化验水面气体，CO_2 占 25.1%，O_2 占 1.9%，N_2 占 72.0%，并有少量 CH_4 等碳氢化合物。1976 年 5 月 17 日崇庆县万家公社天然气逸出地表遇火燃烧，长钢一分厂预制场内一个水池逸出气体翻花。多个地方出现"地烟""地雾"和"地味"。 地声：临震前听到地声外，6 月 26 日 8 时至 10 时 15 分绵竹县清平磷矿对面山上，有人听到"嗡嗡"的响声，持续 1 分钟左右，同日 22 时 05 分，该县汉旺公社的山坡上又传来了"嗡嗡"的沉闷声音。8 月 16 日 20 时 24 分从地声监听器中，发出了类似"闷雷"声音	短期：龙陵地区的天气具有多云、多雾、多雨的特点，1976 年 5 月 12 日开始气压日均值普遍降低，比历年日均值减小 3~4 MPa。5 月下旬减至 5.0 MPa，可以认为 5 月 26 日出现的最低气压视为临震异常。震区群众反映 5 月 28 日至 29 日人们感到闷热、恶心，同时感到疲倦无力。 地气：硫黄味称为硝气，群众称"黑雾"或"黑烟"，地气可燃易炸，还可发光。以龙陵镇安一带为中心，东 150 km、西 80 km。在时间上，"黑雾""霾"等大都在震区外围出现。 地声：勐昌公社大桥村社员反映，在 5.2 级地震来临之前，坝子周围的山里发出嗡嗡的响声。5 月 19 日 18 点 5 级地震前，山野有四五声闷雷声。 地光：片状光（一片橘红色或白色亮光），持续时间长，高度大。火球或火团，由地下升向天空，上升后自行消散，大如脸盆，小的似碗口或鸡蛋，颜色有火红色、白色或由白转为红色。裂缝、孔隙喷光，主要出现在极震区，并多与地震同时发生。带状光及扇状光，勐昌公社大硝河大队社员，5 月 29 日震前见南方后山出现扫把状白光；潞西县凤平公社芒赛大队有人在震前，见东北方向两股条带状红光。有时还出现环状光圈闪状地光，震前几分形如闪电，但无雷声，亮到刺眼的程度

参考文献

[1] 天津市地震局地震处，北京市地震大队. 地下水与地震[M]. 北京：地震出版社，1976：1，7-8.

［2］　《三网一员培训教材》编委会. "三网一员"培训教材[M]. 北京：地震出版社，2015：76-79，8-83，85.

［3］　《防震减灾助理员工作指南》编委会. 防震减灾助理员工作指南[M]. 北京：地震出版社，2015：49，52.

［4］　张晓东，张晁军，王中平，等. 地震监测——人类认识地震奥秘的金钥匙[M]. 北京：知识出版社，2012：125-126，134-135.

［5］　浅田敏. 地震预报方法[M]. 强祖基，王振福，陈章，等，译. 北京：地质出版社，1987：165，269.

［6］　《地震问答》编写组. 地震问答（增订本）[M]. 北京：地质出版社，1977：170，172，176-177.

［7］　中国地震局. 地震群测群防工作指南[M]. 北京：地震出版社，2014：28-29.

［8］　陈非北，张建华，刘秉良，等. 唐山地震[M]. 北京：地震出版社，1979：100-110.

［9］　《地震问答》编写组. 地震问答（修订版）[M]. 北京：地质出版社，1989.

［10］　朱皆佐，江在雄. 松潘地震[M]. 北京：地震出版社，1978：11-19.

［11］　四川省地震局. 一九七六年松潘地震[M]. 北京：地震出版社，1979.

［12］　陈立德，赵维成. 一九七六年龙陵地震[M]. 北京：地震出版社，1979.

［13］　余仲康，毛明祥，陈烈. 动物奇观[M]. 北京：地震出版社，1988：1-2.

［14］　姜忠，金菀道. 地震之谜[M]. 北京：地震出版社，1983：69-70.

［15］　安徽省地震局. 宏观异常与地震[M]. 北京：地震出版社，1978：12-13，63，65-69，110，121，132，136-138，139-143，145-146，150-152，155-156，156-157，158-160，203.

［16］　兰州地震大队气象地震组. 气象与地震[M]. 北京：地震出版社，1976.

［17］　北京抗震知识编写组. 抗震知识[M]. 北京：人民出版社，1977：28-32，32-34.

［18］　北京市防震办公室. 地震知识[M]. 北京：人民出版社，1971：32-34，60-61.

第四编

地震微观前兆

第十一章　微观前兆观测仪器设备

地震工作的最主要任务是地震预报。地震预报是通过对大量地震观测资料的分析研究后，对未来可能发生的破坏性地震做出的预报意见。观测资料需要通过测震仪器来获得。

第一节　地震仪

一、地震仪原理

监视地面震动过程和地震的发生的仪器，称为地震仪或测震仪，它能客观而及时地将地面的震动记录下来。人们关于地震、地震动和地球内部构造的认识，都是通过地震观测设备的发明、发展来得的。我国汉代张衡于公元132年发明的候风地动仪是世界上最早的地震仪，虽然它只能探测地震是否发生，并不能记录地震波的传播过程，从严格意义上只是验震器，但开创了人类用仪器观测地震的先河。

地震仪包括拾震器、放大器和记录装置三部分。如图11-1、图11-2所示，其基本原理是

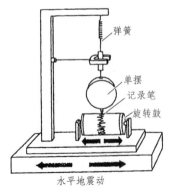

图 11-1　早期的单摆位移计

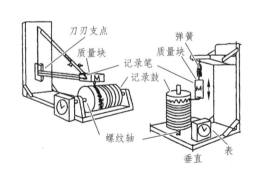

图 11-2　典型地震仪示意图

利用一件悬挂的重物的惯性，地震发生时地面震动而它保持不动。由地震仪记录下来的震动是一条具有不同起伏幅度的曲线，称为地震谱。曲线起伏幅度与地震波引起地面振动的振幅相应，它标志着地震的强烈程度。地震仪记录对于精确确定远处地震的位置、测量地震的大小和确定地震断层破裂的机制是必不可少的。用地震仪器记录天然地震或人工爆炸所产生的地震形，并由此确定地震或爆炸事件的基本参数（发震时刻、震中经纬度、震源深度及震级等）并产出观测结果的完整过程就是地震观测[1]。

二、六四地震仪

目前，地震台（站）使用的地震仪，是我国自己制造的六四型地震仪[2]，它可以准确地测量出每一次发生地震的震级、地点和时间。主要由拾震仪、放大器和记录装置三部分组成。拾震器又分水平向拾震器（图 11-3）和垂直向拾震器（图 11-4），分别接受地震时传到地面的水平振动和垂直振动。

图 11-3　六四型地震仪（水平向）　　图 11-4　六四型地震仪（垂直向）

三、六四型地震仪的原理

六四型地震仪的原理：是用弹簧或者弹簧片把一个重的用金属做的东西挂起来，使它能够左右摆动或者上下振动。为了能记录到很小的地震，还用了各种方法把小的振动加以放大，然后在一个匀速转动的卷着记录纸的滚筒上，记上地震波的振动信号。为了知道地震是在什么时候发生的，在仪器上还附带有钟表和打下时间记录的装置。

图 11-5 地震仪水平向的工作原理；图 11-6 地震仪垂直向的工作原理。

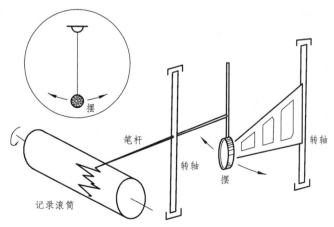

图 11-5　地震仪（水平向）的工作原理

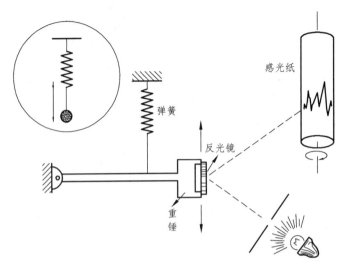

感光纸

弹簧

反光镜

重锤

图 11-6　地震仪（垂直向）的工作原理

四、宽频地震仪

从地震记录的角度讲，20 世纪 80 年代以来的变化是宽频带记录的广泛使用。从地震学角度发展史来讲，将数字记录（数字地震学）和数学计算（计算地震学）引入地震学研究，是现代地震学的开始。将经典地震学的思想从草稿纸上搬到计算机中，把传统地震学研究中量级的计算变化为可以接受 CPU 时间，地震观测频带越来越宽。现代的地震分析才真正开始揭示出传统的地震研究未曾发现或者未曾确认的地震现象。

五、地震仪分类

在地震研究中使用的地震仪主要有三种[1]。每一种都有与它们对应的测量幅度（速度和强度）和周期范围。

1．短周期地震仪

一般用于研究初次和二次震动，测量移动速度最快的地震波。这是因为这些地震波移动速度太快，短周期地震仪在不到 1 s 的时间就能完成一次摆动，它同样能够放大记录下来的地震波图，使研究人员能够看出地壳瞬间运动的轨迹。

2．长周期地震仪

使用的摆锤一般需要 20 s 左右的时间完成一次摆动，可以用来测量跟随在地壳初次和二次震动后较缓慢的移动，地震检测仪、网络，现在使用的就是这种类型的工具。

3．越长型或宽频带地震仪

具有最长摆锤摆动周期的地震仪叫越长型或频带地震仪，宽频带地震仪的应用越来越广泛，通常能够对全世界范围内的地壳运动提供更为全面的信息。

4．海底地震仪

海底地震仪是在海底观测地震及其地壳构造事件引起的振动而设计的地震仪。这些接收器必须有宽频带、大动态范围、高采样率，能在低信噪的条件下工作，而且与海底有良好耦合。按用途和仪器装置不同可分系留式、自浮式、电缆式和人造卫星式。通常都是在一般地震仪的基础上增加一些特殊元件改制而成。与一般地震仪相比，海底地震仪受到脉动的影响大，其振幅比约有 20 倍以上的差距。脉动的来源为海洋，并和风、波浪成正比。这种地震仪结构复杂，体积大，造价高，布设和回收都比较困难。海底地震仪可观测到陆上不易观测到的海洋中发生地震的前震和微震活动。

第二节　地震观测

一、地震观测

地震观测是指用地震仪器记录天然地震或人工爆炸所产生的地震波形。并由此确定地震或爆炸事件的基本参数（发震时间、震中经纬度、震源深度及震级等）。地震观测之前有一系列的准备工作，如地震台网的布局，台址的选定，台站房屋的设计和建筑，地震仪器的安装和调试等，仪器投入正常运转后，便可记录到传至该台的地震波形（地震图）。对地震加以分析，识别出不同的震相（波形），测量出它们的到达时间、振幅和周期，就可以利用地震走时表等定出地震的基本参数。将所获得的地震参数编为地震目录，定期以周报、月报或年报的形式出版，成为地震观测的成果和研究的基本资料[1]。

二、地震观测点的环境要素

地震观测点要建立在有可能发生地震，并可能造成灾害的区域，需要结合经济、社会、人口和文化来综合考虑，环境要有以下几种：（1）相关地理区域要求；（2）地震地质要素；（3）地形条件要素；（4）交通条件要素；（5）地震噪声源要素；（6）地震数据传输及电力要素；（7）气候条件要素。

三、地震观测台站

地震观测台站规模很不同，最小规模的是无人值守的，仅是将其信号通过有线或无线遥测送到别的台站的观测点。大规模的观测台站拥有数名以上观测人员，使用数种地震仪，并备有记录动态范围大和频率范围宽的地震波的设备，国际级的地震观测台一般至少要三分向长周期地震仪和三分向短周期地震仪（三分向是指东西方向、南北方向和垂直方向）。

地震观测台是汇集、接收、处理地震观测点的数据，负责对地震观测点仪器进行维护和保养，以及向上级数据中心报送地震数据的地方。

四、地震观测台网

如果在一个国家或区域有多个台站同时进行这样的观测，将其称为地震观测台网。台网主要进行微震记录。各台站间的距离从几千米到一两百千米不等。

为了研究某一地区的地震活动，可布设一个区域台网，由几十个至百余个地震台组成。各台检测到的地震信号多是用有线或无线（微波、卫星、网络）方法迅速传至一个中心记录站，加以记录处理。

地震观测台网的三个主要任务分别是地震报警、地震监测和地球内部构造的研究。

五、中国数字地震台网[1]

1. 中国数字地震台网的发展

中国的数字地震台网建设起步于 20 世纪 80 年代。1983 年 5 月，中国地震局与美国地质调查局开始规划设计中美合作的中国数字地震台网（CDSN），到 1986 年建成了由北京、余山、牡丹江、海拉尔、乌鲁木齐、琼中、恩施、兰州、昆明等 9 个数字化地震台站，以及 CDSN 维修中心、数据管理中心组成的中国第一个国家级数字地震台网。1991 年和 1995 年又分别增设了拉萨和西安两个数字地震台站。1993—2001 年，中美双方对 CDSN 进行了二期改造，使台网的硬软件系统符合美国地震学联合研究协会（IRIS）在全球建立的数字地震台网（GSN）的技术规范。目前，CDSN 是全球地震台网（GSN）的一个重要组成部分。

国家数字地震台网由 48 个甚宽频带台站组成，其中 37 个台站全部采用中国自行生产的观测仪器。改造了由中美合作建设的 11 个台站，所有数据字长均为 24 位，记录的波形数据通过卫星实时传输到国家数字地震台网中心；区域数字地震台网由 20 个台网、267 个数字地震台站组成，数据字长为 16 位，记录的波形数据实时传输当地的区域地震台网中心；流动数字地震台网由 100 套流动数字地震仪器组成，仪器配置与区域数字地震台网一致。

1999—2001 年，建设了实时传输的首都圈（包括北京市、天津市及河北省）台网。该台网由 107 个台站组成，数据字长为 24 位。

2007 年底完成了由国家数字地震台网、区域数字地震台网、火山数字地震台网和流动数字地震台网组成的新一代中国数字地震观测系统。其中，国家数字地震台网是一个覆盖全国的地震监测台网，台站布局采用均匀分布的原则，由 152 个超宽频带和甚宽频带地震台站、2 个小孔径地震台阵、1 个国家地震台网中心和 1 个国家地震台网数据备份中心组成。

2. 区域数字地震台网

区域数字地震台网是用于监视一个区域地震活动性的地震台网。中国已建立了由 685 个台站组成的 31 个区域数字地震台网，基本覆盖了中国地震活动频繁地区、经济发达地区和人口稠密地区，使中国 31 个省、自治区和直辖市都有一个区域数字地震台网，再加上已经建成的首都圈 107 个区域数字地震台站，台站总数达 792 个，台站之间平均距离达到 30 ~ 60 km，新疆及青藏高原等部分地区间距达到 100 ~ 200 km。

区域数字地震台网的主要任务是对其网内 3 级以上地震速报初报时间不超过 3 min，最终速报时间不超过 15 min；对其网内地震监测能力达到 2.5 级，对地震重点监测防御区、人口密集的主要城市以及东部沿海地区达到 1.5 级；在各省地震局的组织下编辑台网观测报告，为地震预报、科学研究提供资料服务。

第三节　地下水中氡气的测量

一、地下水中氡气测量仪[3]

1．用静电计测量地下水中氡气的仪器类型

常用 FD-105 静电计、FD-103 射气仪，FD-118 闪烁射气仪和 FD-125 室内氡钍分析器（详见参考文献[5]113～123 页）。

2．用闪烁射气仪测量地下水中氡气的仪器类型

FD-118 型闪烁射气仪系晶体管化可携式仪器，分 FD-118G1 型和 FD-118G2 型两种。用于定测测量地下水中浓度很低的氡气时，需要进行简单的改装，以提高其灵敏度（详见参考文献[5]128～131 页）。

3．自动测氡仪测量地下水中氡气

自动测氡仪，有 FD-128 型自动测氡仪、JSZ-1 型间歇数字式自动测氡仪、γ自记测氡仪。实践证明采用自动氡仪测水中氡含量变化预报地震，是一种较好的方法。

二、几种自动测氡仪简介[3]

（一）FD-128 型自动测仪

下面简单介绍仪器的使用条件和脱气装置示意图。

1．仪器的使用条件
（1）稳定的自流井。
（2）气温 0～40 ℃。
（3）水温低于 90 ℃。
（4）氡浓度 3～800 埃曼。

2．自动测氡脱气装置
仪器共分连续脱气装置和自动测量装置两大部分。
连续脱气装置分储水器、脱气器、恒温器、冷凝器、抽气泵、缓冲器、排水筒等部分（图 11-7）。

（二）JSZ-1 型间歇数字式自动测氡仪

仪器特点是根据观测工作要求，可以 1、2、3、4、6 或 12 小时的间隔，自动间歇地进行水氡观测，并能把相应的氡值由数字打印机记录下来。性能稳定、可靠，并可实现无人操作，基本上可满足当前水氡观测和预报地震的要求。
主要技术性能：
（1）测量范围：0～100 埃曼。
（2）输出波形：方波。

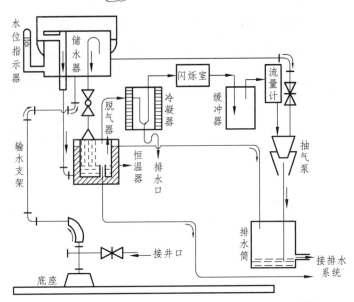

图 11-7　FD-128 型自动测氡仪脱气装置示意图[3]

（3）间歇时间程序自动控制：间隔分六档，即 1、2、3、4、6、12 小时，每次仪器运转约 20 分钟，然后自动停机休息。

（4）数据自动打印：打印信息编码为十进制，信息电压为 – 6 V。以定标器的 1 min 或 2 min 的计时信号为打印指令。

（5）脱气装置：二次自动连续式。

（6）仪器耗电：二次自动连续式。

仪器工作原理如图 11-8 所示。整套仪器由如下部分构成：

（1）时间自动程序控制装置：由间隔时间信号钟（用一般闹钟经改制而成）、电磁继电器、7×8 瓷板波段开关、多回路时间继电器（亦经改装）、电子交流稳压器、指示灯等线路组成。其工作过程为：当信号钟的时针每走到整点时，由于与其上的铜片接触，通过中间继电器把电源接入（时讯号又按 1、5、7、11，2、10，3、9，4、8，6 和 12 编组与波段开关相连而获得不同的时间间隔），致使时间继电器运转，并按接通稳压电源、开机预热（约 8 min）、定标器的停止、还原和计数动作、数字打印记录、停机的程序自动进行。

（2）自动连续脱气装置：由一次脱气器、恒压水位器、二次脱气器、排水容器和冷凝缓冲器组成。其工作过程为：当观测水点的水样以一定流速进入一次脱气器时，由于在负压下喷雾，水氡部分脱出。随后水流入恒压水位器，又以一定压力流入二次脱气器（以一次脱出的氡气作为起泡源与其相连，而多余的水则从水位器的排水口流出），水氡进一步被脱出。然后连水带气泡继续流入排水容器，于是大部分被脱出的氡气向上经冷凝缓冲器，并以一定流速经过闪烁室。

（三）γ 自记测氡仪

γ 自记测氡仪是通过测 γ 来测氡，并实现测氡的自动化。它的测量原理详见参考文献[3]146 页～147 页。

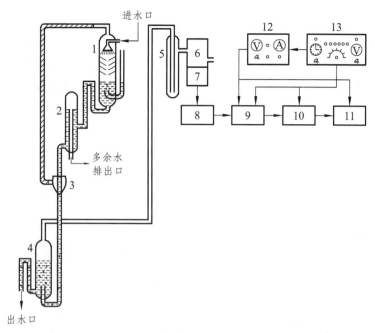

图 11-8　JSZ-1 型间歇数字式自动测氡仪原理方框图（详见参考文献[5]145 ~ 146 页）

1—一次脱气器；2—恒压水位器；3—二次脱气器；4—排水容器；5—冷凝缓冲器；6—闪烁室；7—脉冲探头；
8—脉冲放大鉴别整形器；9—脉冲自动计数器；10—数字打印信息转换器；11—数字打印器；
12—稳压电源；13—时间自动程序控制装置

仪器特点：灵敏度高，设备简单，操作方便，自动换挡（量程），连续自记。仪器的主机也可广泛应用于各种场合的辐射测量。

技术性能：

（1）灵敏度：当测量体积为 1 m³、氡与子体完全平衡（平衡度 100%）时，为 600 脉冲/（分·埃曼）。

（2）测量误差：当测量时间常数在慢挡、计数为 4 000 ~ 6 000 脉冲/分时，误差小于 ± 1%。

（3）使用温度和湿度：主机可在环境温度 50 ℃ 以下、探管可在 60 ℃ 以下、相对湿度 95% 以下正常工作。

（4）记录单元：装有 XWD-200 型双笔电子电位差计，分别记录计数率和量程。

（5）仪器供电为 50 周市电，电压 220 V ± 10%。

仪器组成：全套仪器由探管和主机组成。探管包括探测器、前置放大器和铝质外套，通过电缆与主机相连。主机包括自动计数率仪、高压电源、自动记录仪和低压供电单元等部分。附加测量装置有测量桶（φ1 000×1 200 mm，最好是 φ2 000×2 000 mm）和引水管。

基本工作原理：采用 NaI（T1）晶体，光电倍加管作为探测器件，其输出信号经放大后，由电缆输入计数率仪计数，再由电子电位差计记录显示（图 10-20）。

（1）探管部分：γ 射线射入 NaI（T1）晶体，晶体辐射出光子，经光电倍加管把微弱的光信号转换为电信号并加以放大，输至前置放大器的输入级（由场效应管源极输出器和晶体管射极输出器组成），经两级并联反馈放大级放大约 70 倍，由互补射极输出及输出，与长电缆相匹配，输入计数率仪的输入成形级。

（2）计数率仪部分：由输入成形、积分电路、量程控制和校验电路等单元组成。

输入成形单元包括极性转换、甄别成形和二分频电路。由直流恢复器构成甄别阈，甄别电压从 0.5 V 至 10 V 可调。脉冲成形电路采用差分放大器形式，接一反向饱和器。

积分电路单元包括晶体管泵和积分放大器。积分放大器为一普通运算放大器，输出幅度为 0～12 V 直流电压，分别接至指示系统和量程控制系统。指示系统有 0～100 μA 电表和 0～10 mV 电子电位差计。积分时间常数分快、中、慢三挡。

量程控制单元由输入级，上、下限甄别器，四组双稳态，继电器驱动电路以及四组继电器组成。继电器的七组触点分别转换成形脉冲宽度、积分时间常数、积分电容放电回路、计数率仪的计量电容、控制量程的双稳电路、量程指示灯以及转换记录仪量程的电平。

第四节　地壳形变的观测方法和仪器

一、大地水准测量

大地水准测量，就是测量大面积地形的升降变化。在地面布置许多路线，沿线每隔几千米埋上一个固定的标志，每隔一定的时间（如一两年），沿着这些路线用精密水准仪测量每个固定点的高程，与前一次测量结果进行比较，就可以知道该地区的升降变化。这种方法，目前由专门的地震测量队进行，主要用于探索中、长期地震预报。

水准测量是通过观测地面两点间高程差的变化，来了解地面的垂直变形的（图 11-9）。可分为大面积流动观测和台站定点观测两种。

二、断层位移测量

断层位移测量的方法，是在断裂带两旁建立几个人工的固定标志，用水准仪定时观测各点间相对高度的变化，或用一种精确度的标准尺（一般用钢尺），定时丈量各固定点间距离的变化。前一种方法叫短水准测量，可以了解断裂两盘的升降运动；后一种办法叫短基线测量，可以了解断裂两盘的相对水平移动。短基线、短水准测量路线的布置方法如图 11-10 所示。

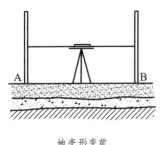
地壳形变前

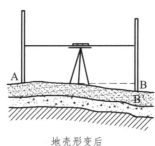
地壳形变后

水准点　断裂带　水准路线　基线

图 11-9　水准测量示意图　　　　　图 11-10　水准测量的布置方法

三、地面倾斜测量

常用的地面倾斜测量装置是水平摆式倾斜仪，如图 11-11 所示，当门框安装不正时，要么自动敞开（门框外倾），要么自动关闭（门框内倾）。如果门的质量全部集中在质心 M 点上，则如图 11-12 所示：OA 是摆轴，GM 是摆杆，M 为摆锤，i 则为摆轴倾角。P 为门的重力，分力 P' 与门的旋转轴平行，P_i 则与门的旋转轴垂直。当地面在垂直于摆轴平面倾斜而改变了摆轴 OA 的空间位置时，受重力分量 P_i 的作用，水平摆杆便开始摆动，到重心最低的位置时才稳定。根据这个道理，我们就能观测地面倾斜的情况。图 11-13 为水平摆式倾斜仪测量装置，它利用框架上两个固定点甲、乙，将金属做的水平摆（锤）用两根金属细丝悬挂起来。甲点可通过螺杆前后调节截面图，乙点可通过螺杆沿着与甲点移点移动垂直的方向调节。调节甲、乙两点的位置，可以改变仪器的灵敏度。当地面倾斜时，摆（锤）失去平衡，发生偏转，通过摆（锤）上指针摆动幅度和摆（锤）内灯泡指示的偏转装置，就可以从度盘上直接读出地面倾斜的程度了。

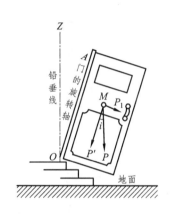

图 11-11　水平摆式地倾斜仪原理（一）

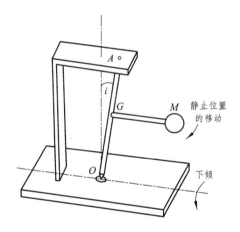

图 11-12　水平摆式地倾斜仪原理（二）

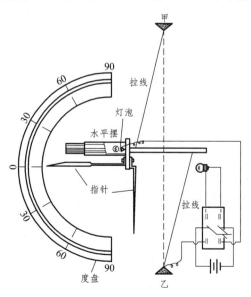

图 11-13　水平摆式地倾斜仪测量装置

为了更有效地观测地面倾斜的程度，可以在平行于断层和垂直于断层的两个方向上分别布置一台倾斜仪，或在正南北和正东西的方向上布置。观测结果可按表11-1记录。当两台倾斜的摆锤系统相互垂直时，可以求出这个方向的合矢量，即地面的总倾斜量[4]。

倾斜仪可以每天观测几次，求出每天观测数据的平均值，在方格纸上作日均值矢量图。作图方法[1]：以南北向为纵坐标，东西向为横坐标，每天两个方向上的倾斜量可以在坐标图上定下一个点，以头一天的点为起点，第二天的点为终点，两点连接起来的线段，表示一天中地倾斜的大小和方向，这样连续做下去，相邻两天的点依次连接则在方格纸上得到一条反映一段时间内地倾斜变化的矢量折线，如图11-14所示。强烈地震前，由于地应力的积累加强，地倾斜的大小和方向都有较明显的异常变化，地震常常发生在这几天。

表 11-1 观测记录表

日均值 摆系	日期	10 日 7 月	11	12	13	14	15	16	17	18	19	20	21	22	23	24	25	26	27	28
东西摆	东								3	2	4	1								
	西	0	1	3	5	3	4	2					1	3	4	1	3	6	10	15
南北摆	南	0	2	3	1					1	1	4	1							
	北					1	4	5	3	1					2	1	4	5	8	13

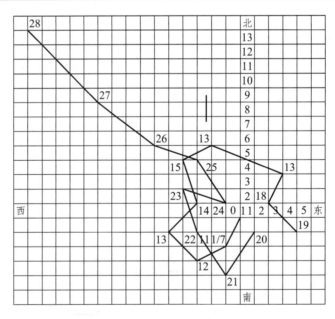

图 11-14 地倾斜的矢量折线图

四、悬锤式八方向地倾斜报警器[2, 4]

由不同方向的八个点触点与悬挂的钢锥构成电回路（图11-15），每个触点与一个灯泡及电铃接通。地面倾斜时，悬挂的钢锥与触点接触、电铃、灯光就会发出信号，并指出地斜的方向[3]。

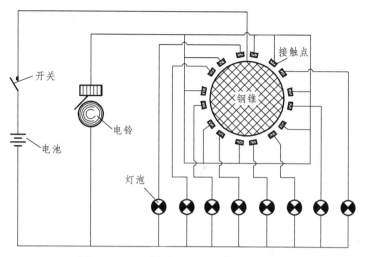

图 11-15　悬锤式八方向地倾斜报警器

五、联通管式"土"倾斜仪[4]

联通管式"土"倾斜仪，又叫长水管地倾斜仪[4]。地面倾斜时，水管两头的水面发生变动，从标尺上可以读出变化数值，如图 11-16 所示。水管长度由几米到几十米，水管越长，刻度越细，观测结果也越精确。

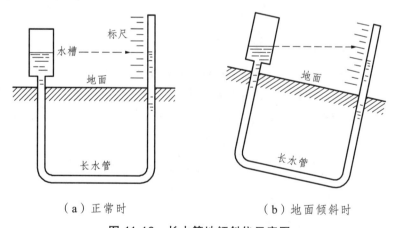

（a）正常时　　　　　　　（b）地面倾斜时

图 11-16　长水管地倾斜仪示意图

六、简易水管倾斜仪[5]

简易水管倾斜仪的原理与联通管式"土"倾斜仪相同。但在结构上采用两侧为大截面的容器，中间为截面很小的毛细管。如图 11-17 所示。

毛细管内有一小气泡，当地面倾斜时，两端液面的微波高度变化，可以推动毛细管内小气泡的移动。这种结构比起联通管式"土"倾斜仪来说，有放大作用。地倾斜量通常用角度的最小单位秒表示，故称角秒。其计算公式如下[1]：

$$\Phi = 413\frac{1}{\tau}\left(\frac{r}{R}\right)^2\delta \tag{11-1}$$

式中：δ 为小气泡移动距离；τ 为两个大截面容器的距离；R 为大截面容器的截面半径；r 为毛细管的半径。

如果 $\tau = 1\,\text{m}$，$R = 100 \sim 130\,\text{mm}$，$r = 1.5 \sim 2.0\,\text{mm}$，则公式 11-1 可写成 $\Phi = 0.1\delta$。

七、液面反光装置

液面反光装置的原理是用水银面或其他液面作水准面，当地面倾斜时，液面仍保持水平。水银面与固定在水银槽上的反光镜，将入液面的光线通过多次反射后放大，然后从灯尺上观测光点的移动。反光镜与液面选择适当的夹角，如图 11-18 所示。

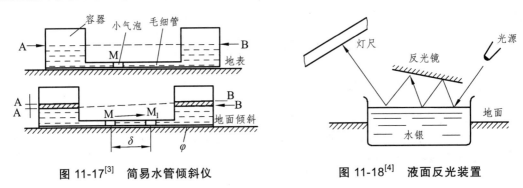

图 11-17[3]　简易水管倾斜仪　　　　　图 11-18[4]　液面反光装置

八、光点地倾斜仪

最简单的是在房梁上用细线挂起一个重锤，地面上按东西、南北方向划一个"十"字，"十"字中心正对着锤尖。地震前，由于地面倾斜，锤尖就会偏离开"十"字中心；如果重锤中放一个小灯泡，根据观测光点与"十"字中心偏离的位置，就可以估计地面倾斜的大小，如图 11-19 所示[4]。

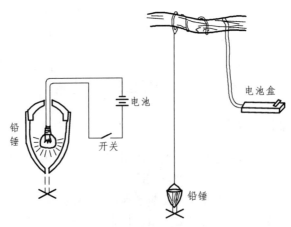

图 11-19　光点地倾斜仪

第五节　日本对地壳变形的部分观测经验

一、水平摆倾斜仪

水平摆倾斜仪可用来观测地面微波的倾斜变化，在日本，用水平摆倾斜仪观测地壳变动从多年前就开始试行。地震工作者为了观测地壳变动，制作了全部是石英的小型水平摆（图11-20）。其使用石英是为了减少温度变化的影响。石英倾斜仪的摆的周期为 15 s，地基有 1 s 的倾斜，在记录纸上就出现 1 cm 的偏移。一般的水平摆倾斜仪的灵敏度是通过提高摆的周期来提高的。如倾斜仪摆的周期为 30 s，则地面 1 s 的倾斜，记录纸上就偏移 4 cm。这样，增大摆的周期，能使其灵敏度提得非常高。

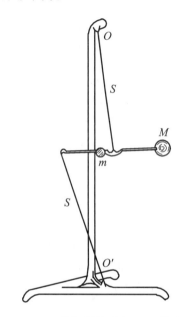

图 11-20　石英倾斜仪全部用石英作成[5]

M—锤；*S*—石英丝；*m*—镜；*OO'*—旋转轴

60 多年前日本便制成了灵敏的倾斜仪，用来观测地壳的变动。当时，就希望地震预报明天能成功，可是事实并不是这样简单。

实际上从水平摆倾斜仪所进行的长期观测的结果来看，这种仪器所记录的年变化量很大。这可能是地表附近太阳照射、降雨等引起地面倾斜变化所致。水平摆倾斜仪所记录的年变化，小至数秒，大至十数秒，有时竟达到数十秒。另一方面，从水准测量所测到的地面升降来计算倾斜角，其变化的量不大。1 s 的倾斜角变化相当于 1 km 有 5 mm 的升降，10 s 的倾斜角变化，相当于每 1 km 有 50 mm 的升降。水平摆倾斜仪在一年内记录到 10 s 的倾斜变化，并不奇怪，但这种变化从水准测量的经验来看，则是很大的变化，除随同大地震所发生的变动外，在平时不会出现这样的现象。水平摆倾斜仪所记录的变化，是地表局部的倾斜变化，并不是我们所要求的地壳真正的倾斜变化。

这一点可用具体的事例来说明。1927 年 10 月新潟县关原地震后，地震工作者在关原安装了水平摆倾斜仪，试图测量地震后地面的倾斜变化。从 1928 年 1 月到当年 12 月的时间内，倾斜仪记录了近 20 s 的倾斜变化。在地震发生前约 3 个月曾偶然地测量了这个地区附近的水准线路，在地震后立即又进行测量，确定了关原附近水准点的变动情况。根据两次测量结果，将地震前后做一比较，水准点变动最大的是 20 mm，从邻近相同的水准点的变动情况，计算相当于此最大变动量的倾斜变化，倾斜角度不超过 2 s。地震后就算有变动，一般都不大于地震时的变动量，因此，倾斜仪所记录的 20 s 倾斜角是太大了，很难认为这就是地壳变动，这样的事例还有很多。

筑波山地震研究所设有地震观测台。它是在花岗岩体内修筑起来的石屋，其中安装了水平摆倾斜仪，这个倾斜仪所记录的年变化在一年内达十数秒。在筑波山附近虽未设有一等水准线路，但在东京—宇都宫、宇都宫—水户、水户—土浦间设有一等水准线路，关东大地震后，从这些水准点的复测结果来看，筑波山周围变动量极小，在短期内不用说十数秒，就连 1 s 的倾斜变化也没有。为此，在地下 4 m 深处掘一洞，里面安装倾斜仪，其年变化减少了 5 s，又在地表下 20 m 处挖一横坑，安装了倾斜仪，其年变化减少 2 s。这样，越接近地表，年倾斜变化就越大，另外，若再对不同深度的观测结果进行比较，则不仅变化量不同，倾斜方向也完全不同，这就可以看出，它们之间并没有联系。这样，深度仅差 20 m，倾斜变化就完全不同，可见水平摆倾斜仪所记录的年倾斜变化是极其局限的，也就意味着它并不能表示在广泛区围内一致的变化。在地表附近用水平摆倾斜仪进行观测，所测得的结果，除比较快速的变化另作别论外，至于缓慢的年变化，在地球物理学上也没有多大意义。

水准测量的标石是安装在地表上的，由于标石间的距离很大，能避免水平摆倾斜仪所出现的局部干扰。用向量叠加来说明，则如图 11-21 所示。譬如在地表 A、B 两点间缓慢的倾斜变化上重叠着微波的局部起伏，则 A、B 间的平均倾斜角为 θ，而在 C 或 D 的部分，表示圈套的局部倾斜，另外在 C 和 D 点上，倾斜的方向也相反。可以认为用水准测量所能测得的倾斜变化，相当于 A、B 间的平均倾斜角 θ，用水平摆倾斜仪所能观测的倾斜变化相当于 C 或 D 点局部的倾斜变化。这种局部的变化在地球物理学上没有任何意义，这是可以理解的。

因此，为了连续记录地壳的缓慢倾斜变化，使用了水管倾斜仪来代替水平摆倾斜仪。

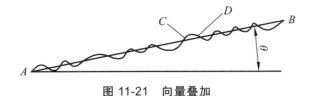

图 11-21　向量叠加

二、水管倾斜仪和石英管伸缩仪

水管倾斜仪的原理极为简单，如图 11-22 所示。将两个盛水的容器用细玻璃管连接，容器间的距离越大越好，但实际上通常为 25 m。如果地面倾斜，则一容器内的水面上升，另一方容器内的水面下降。此时两水面高度的变化用测微仪读出，就能观测微波的倾斜变化。水管倾斜仪由于构造简单，一般不会出故障。适用于测量缓慢的年倾斜变化（图 11-23、图 11-24）。

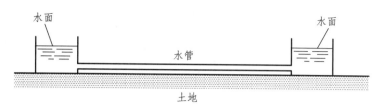

图 11-22　水管倾斜仪的原理[5]

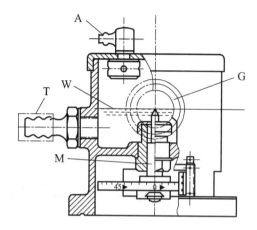

图 11-22　水管倾斜仪的水容器[7]

W—水面；M—测微仪；G—玻璃窗；T—玻璃水管；A—空气孔

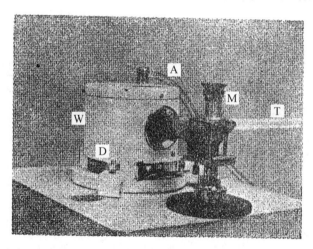

图 11-23　水管倾斜仪[7]

W—水容器；T—玻璃水管；D—测微仪的度盘；M—显微镜；A—连接两个水容器空气孔的橡皮管

　　在筑波山的观测工作中，由于水平摆倾斜仪不适于测量缓慢的变化时，便在 20 m 的横坑深处挖一横坑，安装了 20 m 长的水管倾斜仪，数年来进行连续试验性的观测。结果，水管倾斜仪所示的年变化量极小，数年内变化小于 1 s，这就说明它能作为地壳变动的连续观测仪器。地震研究所就在三浦半岛的油壶、四国的松山、新潟县的间濑、房总半岛的锯山等处，在横坑中安装了水管倾斜仪进行观测。并在其附近地区尽可能反复频繁地进行水准测量，来比较观测的结果。

水管倾斜仪不是自记的，是读数式的，因此，一天内观测者要进行两次读数。为了测量缓慢的变化，这样观测还是可以的。对于快速的变化，可以用水平摆倾斜仪来取得连续的记录，因此，现在不论在何处，必须同时安装水管倾斜和水平摆倾斜仪。

三、地面伸缩仪

关于地面的伸缩，可反复测量三角形的边长，连续记录则可使用地面伸缩仪。

伸缩仪的原理极为简单。如图 11-25 所示，在 A、B 两点上埋设混凝土块，把 CD 棒的 D 端固定在 B 点。如地表在 AB 的方向有伸缩，则 C、A 间发生相对位置的变化，再用适当的方法将变化量放大。如图 11-26 所示，在金属架上安装直径为 10 mm 的石英管，要使其不能有横向的移动。用石英管是为了避免因温度变化而导致的伸缩。石英在常温下温度变化 1 ℃ 时伸缩是一千万分之五，比其他物质的线膨胀系数小得多。但为了测量微波的地面伸缩变化，石英管还要安装在地下横坑内，以尽可能地保持周围温度的稳定。

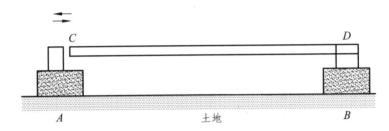

图 11-25　石英管伸缩仪的原理[7]

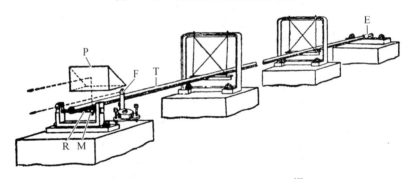

图 11-26　石英管伸缩仪的模型图[5]

T—石英管（架在鞍鞯的金属架上）；E—石英管固定的一端；R—滚柱（在其上放石英管，如在石英管和
地面之间有相对移动，则滚柱旋转）；M—镜（附在滚柱上，若滚柱旋转则反射光改变方向）；
P—使光折射的镜；F—固定的棱镜（在记录上画基线）

此外，还有一种伸缩仪，如图 11-27 所示。在 A、B 两点间悬挂金属丝。若地面伸缩，A、B 间的距离发生变化，则金属丝的中间部分就上下移动。把这个移动量再用适当方法放大记录下来。为了避免温度的影响，金属丝必须用如殷钢等膨胀系数小的特殊合金制成。伸缩仪上的金属丝在 A、B 间距离变化时，金属丝的中点 C 就上下变位而得到放大。用这个简单的装置能得到很高的灵敏度，这是其优点；但由于有张力，经过较长的时间，金属丝将因塑性变形而延伸，这是其缺点。因此，它不适于作年变化观测用。

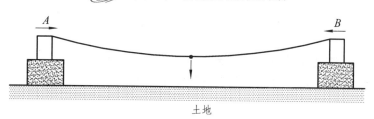

图 11-27 金属丝伸缩仪原理[7]

如图 11-27 所示，若地面收缩，则支持金属丝的 A、B 点相互接近，因此，金属丝的中点向下移动。若地面伸展则相反。若把金属丝绷紧，则 C 的移动比 A、B 间的移动大得多。

另外，若横坑中空气潮湿，金属丝上会附有水滴，虽然负载很小，但也将影响观测结果，因此，如以观测地壳变形为目的，则使用石英伸缩仪。目前，地壳变形观测站中都同时装有水管倾斜仪和石英管伸缩仪，还有水平摆倾斜仪。水管倾斜仪和石英管伸缩仪的长度都是以 25 m 为标准，但有时也有长一些的或短一些的。

水管倾斜仪在互相垂直的方向上设置两个分量，石英管伸缩仪也在互相垂直的方向上设置两个分量，同时还在另一个方向上设置一个分量。一般对于倾斜有两个分量的组合，就可求出最大倾斜的方向和倾斜值，对于地面的伸缩，为了计算水平面内各种变形，必须有 3 个分量。

观测的横坑以如图 11-28 所示的构造为标准。AB 和 BC 处安装水管倾斜仪。AB、BC、CD 处安装石英管伸缩仪。在适当的位置，譬如 E 点，安装水平摆倾斜仪。

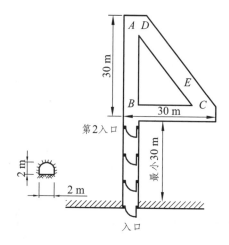

图 11-28 观测地壳变动用的横坑（左）横坑断面、（右）平面图[5]

四、千叶县锯山地壳变动横坑内观测站

千叶县锯山地壳变动观测台坑内，平行安装着 25 m 的水管倾斜仪和石英管伸缩仪。

水管倾斜仪的观测者每天两次进入坑内读取记录。另外石英管伸缩仪和水平摆倾斜仪在坑内有连续记录装置，每一周更换一次记录纸。但是当观测者进入坑内，坑内温度就起变化，这是干扰记录的因素，因此，在不远的将来，要改为用遥测的方法来取得读数或记录，使观测者不进入坑内就能进行观测。

五、日本的地壳变动观测站的仪器设备

现在，日本对地壳变动进行连续观测，其观测站的仪器是不同的。但在新设的观测站将同时装有水平摆倾斜仪、水管倾斜仪和石英管伸缩仪三种。

第十二章　群测群防自制仪器

除了专业测震人员采用的现代化的地震仪以外，在群测群防测震工作中各地群众创造了很多简易的"土"办法来观测人们不易感觉到的地震。

第一节　地震区人民自制"土"地震报警器

一、倒立瓶地震报警器

将倒立的瓶子包上铜、铝或铁片，接上线路，套放在串联有电源和电铃的铜、铝或铁环中。因瓶子头重脚轻，地面一有震动，瓶子即被晃倒，电路接通，就会发出警报。如图 12-1 所示[2, 4]。

二、落球式地震报警器

（1）将一中间包上铜、铝或铁片的圆锥体，放在能导电的金属环内，分别接上电路，串联电源或电铃，把铜放在圆锥体的顶端。地震时，铜球滚落，电路接通电铃发响。如图 12-2 所示[2, 4]。

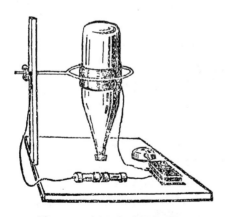

图 12-1　倒立瓶地震报警器

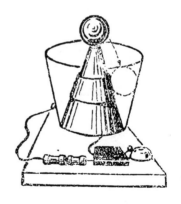

图 12-2　落球式地震报警器

（2）北京市某地震科研小组创制了一种掉牌式地震警报器（图 12-3），当地震发生或地面倾斜时，金属摆锤对其支撑轴失去平衡发生摆动，在金属摆锤的撞击下，电话交换牌掉下，电铃发响，发出警报[3]。

图 12-3　掉牌式地震报警器

第二节　地应力观测方法

地应力观测方法较多，从大的方面可分为绝对测量和相对测量两种。日常较普遍采用相对测量的电感法、振弦法、电阻片法、超声波法等。

一、绝对测量[4]

绝对测量：一般采用应力解除法。如图 12-4 所示，将测量探头放入钻好的岩孔或埋入土层，记下仪器读数 a，然后在孔的外围钻一个适当大小的同心圆槽或挖方槽（解除槽），这时外部应力已传不到孔上，即应力被解除了，仪器读数变为 b。因仪器读数变化与探头受力大小的关系已在室内实验得出，则读数之差 $a-b$ 就是探头受力的变化，据此即可求出地应力的大小和方向。在土层中进行应力解除时，需将探头埋好，等它稳定一段时间以后再作解除测量。

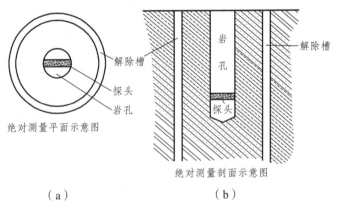

絕对测量平面示意图　　　　　解除槽
　　　　　　　　　　　　探头
　　　　　　　　　　　　岩孔

岩孔　　　解除槽
探头
绝对测量剖面示意图

（a）　　　　　　　（b）

图 12-4　绝对测量

实际测量结果，岩石中水平地应力一般在几十千克每平方厘米到几百千克每平方厘米之间，而在土层里此值较小。

二、相对测量[2. 3]

相对测量：即把探头放入钻孔内，如图 12-5 所示，观测地应力的相对变化量，而不进行应力解除。这种方法在全国的群测群防点运用较多。这里介绍国家地震局地震地质大队设计的一种简易地应力仪。这种地应力仪主要由探头和测量仪表两部分组成。探头埋在地下，以接收地应力的变化，并将力的变化变成电信号，输入到观测仪表。如图 12-6（a）所示，探头由 4 个传感元件按 45° 交角焊（粘）在金属管（圆环）里，外部用塑料筒密封，或直接粘在塑料筒上。筒盖及导线出口处，可用聚硫橡胶、沥青或热焊密封。元件用乳胶管套在绝缘子上，管里填充碳精粉和橡皮粉混合物，二者的重量比例可用 4∶3。当每个元件阻值在 100～500 Ω 时，为仪器工作的良好状态。每个元件通过焊在其电极上的导线引出来，接到测量仪器上。乳胶管里的碳精粉和橡皮粉混合物，构成一个其阻值随所受的力的变化而变化的可变电阻。在地应力作用下，传感元件的阻值会发生相应的变化，即受压力时阻值减小，受拉力时阻值增大。地震前，地应力活动增强，作用在探头上的水平应力也随之变化，于是元件产生压阻效应，即元件的电阻值和通过元件的电流发生变化，观测仪表就显示出来，从而了解地应力的异常，达到预报地震的目的。测量仪表由微安表、电位器、开关、电池等和传感元件构成一直流电桥，如图 12-6（b）所示。

当 $\dfrac{R_a}{R_b} = \dfrac{R_x}{R_y}$ 时，电桥处于平衡状态。

$\dfrac{R_a}{R_b}$ 是通过电位器 R 来调节的，调好后就固定了。

R_x、R_y 是一对互相垂直的传感元件，当 R_x 元件方向受压力时，R_x 减小；与此同时，由于容器变形，R_y 增大，$\dfrac{R_x}{R_y}$ 因此变小。反过来，R_y 受压力，R_x 受拉力，会使 $\dfrac{R_x}{R_y}$ 变大。总之，不管力来自何方，都会引起 $\dfrac{R_x}{R_y}$ 的变化，从而导致电桥平衡的破坏，即 $\dfrac{R_a}{R_b}$ 不等于 $\dfrac{R_x}{R_y}$，这样，表头的指针就会发生偏转。根据指针偏转的大小和方向可以确定地应力变化的大小和方向。

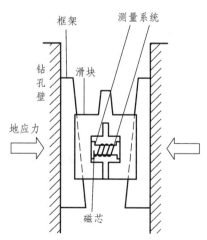

图 12-5　地应力电感法测量元件示意图[7]

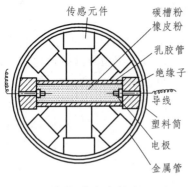

（a）土应力探头

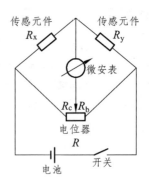

（b）测量电路

图 12-6　地应力仪[7]

这种简易地应力仪的线路布置有普及型、提高型等几种。普及型线路如图 12-7 所示[5]，这是不平衡电桥测量，探头元件阻值变化由表头读数。此线路工作可靠，读数直观，计算简单。

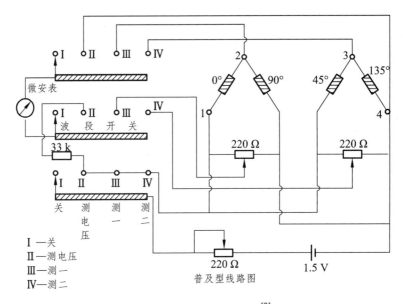

图 12-7　普及型线路图[3]

在使用时，探头应安装在较硬土层和较完整的岩石中，引线越短越好，以减少温度变化的影响。在土层安装时，先挖一个深度不小于 2 m 的坑（坑的直径以人能下去为准），再挖一小孔，然后放入探头，用土填实，如图 12-8（a）所示。在岩石里安装时，先打一个孔径大于探头直径的 3 m 深的岩孔，再填入 1 m 左右的砂土，然后把探头放入，并用膨胀水泥（自应力水泥）灌注，如图 12-8（b）所示。水泥内不掺砂石。无膨胀水泥时，可在普通水泥中掺石膏代用。安装探头时，其 0° 标线要对准地球磁北极，以便于对观测资料进行分析计算。

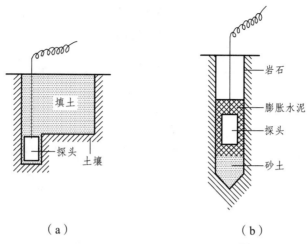

（a）　　　　　　　　　　　　（b）

图 12-8　在土和岩石中安装探头[6]

第三节　土地电

在监视地震活动的实践中，广大专业地震工作者和群众业余测报员创造了不少的土仪器，它们在地震预报中曾发挥了一定的作用。

一、"土地电"的原理和装置[2, 7]

地下有微弱的电流存在。"土地电"，就是观测大地里的自然状态的电流数值或任意两点间的自然电位差值。

"土地电"的装置很简单，用两个铅板（或两个碳棒）做电极（叫作同性极），或一个铅板、一个碳棒做电极（叫作异性极），将它们分别埋在相距几十米到一两百米的土层里，用导线把两极连接起来，在中间串联一个微安表（或毫伏表），就可以观测到地表土层中两点间的电流（或电压）变化。

装置如图 12-9 所示，在地面选择两点，分别埋入电极，将电极用金属导线连接起来，并串联一个微安表（或毫伏表），就可以测出这两点间的自然电流数值（或自然电位数值）。

电极一般用铅板作正极，碳棒作负极。用铅极作电极是因为它的稳定性好，不容易在地下起化学变化。没有铅板也可以用废电池锌片或铅丝、铜棒等作电极。电极埋在地下 1 m 左右的冻土层深处，以减少太阳照射、气候日变化和季节变化的影响。两个电极间的距离叫测量极距，一般由数米至一百余米左右。布极方向最好与当地断裂带走向平行、垂直或斜交 45°，如果弄不清地质构造方向，可以采用正东西向或正南北向。

连接电极的导线一般用塑胶线，避免漏电。为了提高观测质量，导线和电极的焊接处要涂上沥青或石蜡，进行绝缘。电极与土壤直接接触的地方，不要有草根和碎石等杂质，最好埋在比较湿润的细黏土层中。

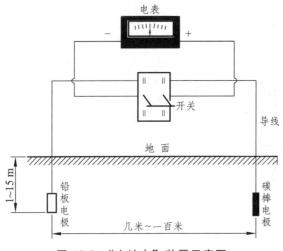

图 12-9 "土地电"装置示意图

二、土地电的观测方法

"土地电"的观测方法，一般每天早、中、晚观测三次，如发现异常，可以一小时观测一次。为了避免大雨时雷电击穿表头，在电表头两端接上一个电门开关，测完后，把电路断开。

第四节　地　磁

地磁是否随地震的发生而变化，过去就有议论。实际上在大地震前后已有很多人认为有地磁变化。但随着地震所发生的地磁变化一般较小。其变化量也只有用现代最精密的仪器才能观测到。因此，如用一般高精度的地磁测量仪器来观测，可能还在其误差范围之内。以前许多次报告之所以成为争论的对象，就是由于测量精度不够，或是在地磁和地震的关系上缺乏统计规律。为了弄清地震和地磁的关系，除用近代的地磁仪来进行精密观测外，没有其他方法。

地震前如出现地磁变化，则应比地震时小一个数量级。因此，在地震前地壳内应力发生变化，使局部地区的地磁也发生变化，所能期望的最大值是 $\gamma \sim 10\gamma$。磁偏角磁倾角的变化，最大是 $1' \sim 10'$。从地震的预报角度来说，必须以发现这种微弱的地磁变化为目标，这是不容易的，但以现在的地磁测量技术来看，并非不可能。现有测量工具磁秤、磁变仪、无定向磁力仪、感应磁变仪、地磁红绿灯、简易土地磁仪和质子磁力仪（图 12-10）等。

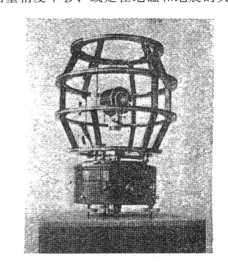

图 12-10　质子磁力仪

一、质子磁力仪的原理

在适当的容器内储水，其外侧围以线圈，通入电流，给予和地球磁场大体成垂直方向的磁场。如突然将线圈的电流切断，则在地球磁场中，水中的质子所具有的磁矩矢量因旋进运动而衰减，这个运动在线圈上又产生感应电压。这个感应电压的频率，在中纬度地区的地球磁场内约为 2 000 Hz，其正确的数值与总磁场强度的数值有关。利用电子技术可精密地测量此频率，从而计算总磁场强度，能达到 ± 0.5γ 的高精度。

二、"土"地磁仪[6]

为了有效地测报地震，我国各地的专业地震工作者和群众业余测报员在自己的工作实践中，研究和创造了很多"土"地磁仪。这里介绍两个例子。

（1）河北省某台改制的"土"地磁仪，"土"地磁仪的构造如图 12-11 所示，共 11 部分。吊丝最好采用扭力较小的蚕丝，长 30 cm。吊丝上悬挂的铁片，最好用硅钢片，以免磁化。在硅钢片上贴一个小的反射镜。聚焦镜采用 50° ~ 100° 的花镜。磁铁的位置和硅钢片保持一定的距离。铁板厚 1 mm，大小约 1 m²，大一些更好。

这种"土"地磁仪就是反映磁场总强度变化的磁感仪。外加磁铁作用于悬吊着的铁片，并在磁铁处加大块铁板以接收地磁场的变化量。通过光照反射，进行读数记录或照相记录。光源是平行光线。反射镜到滚筒或到刻度盘有 2 m 左右，如再远一些则变化更大。当地磁变化时，铁板的感磁发生变化，使磁铁和蚕丝扭力之间平衡打破，铁片要发生一定角度的偏转，照相滚筒就自动记录下这种变化。一般说来，如果地磁强度增强，也就是对磁针（铁片）的引力加强，如一旦引力下降后不久，就可能会有地震发生。

（2）云南省某地群众创造的磁偏角仪，如图 12-12 所示，用非磁性物质（木、铝、玻璃、纸等）做成底座和外罩。磁针要求体积较小，磁性较强，做成长 20 ~ 30 mm，截面积 5 × 5 mm²的长方体。用万能胶把磁针粘在胶木片（1.5 × 1.5 cm²）下方的缺口里，磁针与胶木片垂直。胶木片上再粘一个小镜片，用极细的单股生丝（长 25 ~ 30 cm）作为吊丝悬吊起来，使磁针处于水平位置。当地磁场发生变化时，磁针转动，则小镜片反射回来的光点也在标尺上移动，从而观测磁偏角的变化。

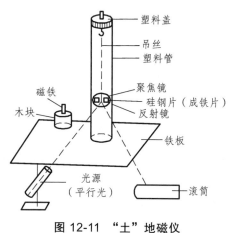

图 12-11 "土"地磁仪

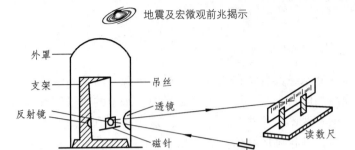

图 12-12 "土"地磁仪装置示意图[4][7]

第十三章　唐山地震微观前兆

　　1976 年 7 月 26 日凌晨 3 时 42 分 56 秒，河北省唐山市发生 7.8 级强烈地震，震中在唐山市开平区越河乡，即北纬 39.6°，东经 118.2°，震中烈度达Ⅺ度，震源深度 12 km，这是我国历史上一次罕见的地震灾害。顷刻之间，一个百万人口的城市成为一片瓦砾，人民的生命财产和社会主义建设成果受到惨重损失。地震破坏范围超过了 3 万平方千米[12, 13]。有感范围达 14 个省、市、自治区，总面积相当于国土面积的三分之一。唐山大地震是 20 世纪十大自然灾害之一。地震造成 24.2 万人死亡，16.4 万人重伤，7 200 多个家庭全家震亡，上万家庭解体，4 204 人成为孤儿，97% 地面建筑、55% 的生产设备被破坏，交通、供水、供电、通信全部中断，直接经济损失 100 亿元人民币。一座拥有百万人口的工业城市被夷为平地[12]。

　　唐山是河北省的重要工业城市。1975 年的工业总产值为 224 亿元，仅次于省会石家庄市而居全省第二位。唐山是我国重要煤炭工业基地——开滦煤矿所在地。自 1879 年建矿产煤以来，到 1976 年已近百年。唐山市出产的原煤、精洗煤，钢和钢材，铁路机车和客车，陶瓷、耐火材料，水泥，电力等在全国和区域经济中占有重要地位。

　　唐山市是我国人口最多的中等城市。震前全市人口为 106 万人，总户数 24 万户。其中市区人口 73 万人，16 万户；郊区人口 33 万人，8 万户。全市面积 630 平方千米。其中市区 66 平方千米，郊区 564 平方千米。市区人口密度每平方千米 11 000 人，郊区人口密度每平方千米 63 人。

第一节　地应力

一、中期异常[14, 15]

1．远区异常

　　唐山地震前观测到的地应力异常范围很广，东北到沈阳台，西南到太原台。多数台站的中期异常开始于 1975 年 2—3 月，结束于 1976 年 3～5 月，历时约 400 天左右。其基本形态表现为下降—平缓—回升—转平或下降后发震（图 13-1）。

2．震中区的跳动异常[15]

　　震中区的电感应力站，观测到一些不同于外围地区的异常变化。其主要特征是，观测值出现了长时间、大幅度的跳动。如唐山应力站的观测曲线，在平衡变化的背景上，于 1975 年 11 月中旬起至 1976 年 5 月中旬止，出现了大幅度的跳动，而震前两个月，又处于平衡状态。唐山市赵各庄矿应力站，也从 1975 年 11 月起，观测到类似的跳动异常。不同的是，该站的异常一直持续到唐山地震以后（图 13-2）。

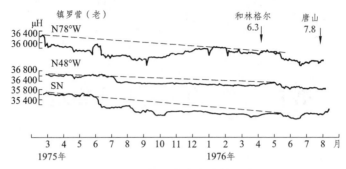

图 13-1　电感地应力趋势异常

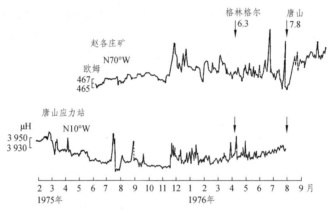

图 13-2　震中区电感地应力的跳动异常

二、短临异常[15]

唐山地震前，还观测到电感地应力多种形式的短临异常，主要有以下几种表现形式。

速率异常：对于某一个地应力站来说，观测值每天的变化量是有一定范围的，超过这一范围，就叫作"速率异常"。唐山地震前，1976 年 7 月 2 日至 11 日，在昌黎、镇罗营、蔚县等台，出现了一批电感地应力速率异常。

观测异常：唐山地震前一个星期左右，在温泉、昌平、赵各庄矿等应力站，出现了仪器指针摆和其他难于观测的现象。

跳动异常：除前述唐山、赵各庄矿观测到为时较长的跳动异常外，在震中区外围的一些台站，如昌平、延庆、大连等台，也于震前一个月左右观测到跳动异常（图 13-3）。

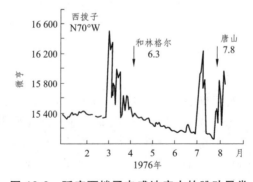

图 13-3　延庆西拔子电感地应力的跳动异常

第二节　土应力

据文献[2]，唐山地震前，共搜集到京津唐及其周围的土应力资料 102 份，除有些资料不连续、无法作图外，共整理出 88 份。其中许多有不同程度的异常变化，总结如下。

一、异常特点

异常分布面积广、幅度大，而且越近震中，幅度越大。幅度最大的是唐山市二中土应力，其幅度为 190 μA。唐山地区一般异常幅度在 90 μA 左右，廊坊地区约 55 μA，天津一带约 55 μA，北京地区约 45 μA，沧州地区约 40 μA，辽南地区约 25 μA。

异常出现的时间比较接近。而震中区的异常出现稍早。大部分异常出现在 1976 年 4—5 月，异常时间持续三个月左右。只有唐山二中的土应力异常起始于 1975 年 9 月，异常时间长达 323 天（图 13-4）。

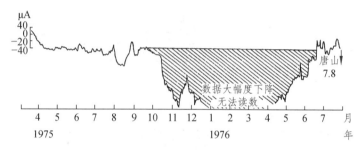

图 13-4　唐山二中土应力日均值曲线

短临异常以突跳为主。测值大幅度跳动，一般约在几十微安，有的可达 200 μA 以上，甚至超出量程范围。这种突跳大多出现在震前 3 ~ 5 天，但也有震前 10 几天或 1 ~ 2 个月的。此外，在临震突跳的同时，还伴随有指针大幅度摆动或小幅度颤动。

二、异常类型

土应力异常也是十分复杂的，初步分析有以下几种类型[16]（表 13-1）。

（1）趋势异常结束后发震的，如唐山市二中及山海关一中的土应力属这种类型，约占 28.4%（图 13-5）。

表 13-1　土应力异常统计表

异常类型	趋势异常结束后发震	有趋势异常并有临震突跳	趋势异常未结束发震的	无趋势异常只有临震突跳的	临震前指针摆动的
测点数	25	35	15	7	不完全统计20多
百分比	28.4%	40%	17%	3%	约30%

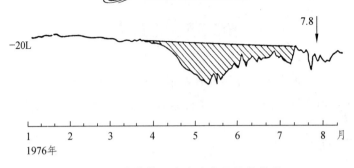

图 13-5　山海关一中土应力日均值曲线

（2）有趋势异常并在临震前有突跳反应的。有的是震前突然上升，有的是突然下降。如天津市宝坻县（现宝坻区）杨家口、三河县（现三河市）气象站、滦县安各庄丝厂的土应力属此种类型，约占 40%（图 13-6）。

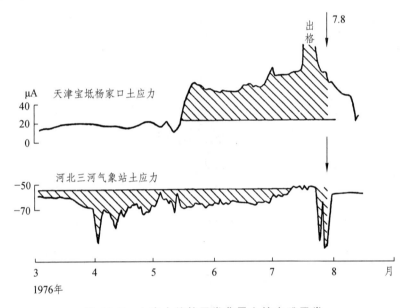

图 13-6　土应力趋势异常背景上的突跳异常

（3）趋势异常未结束就发震的。石家庄市五七干校土应力属此类，约占 15%（图 13-7）。

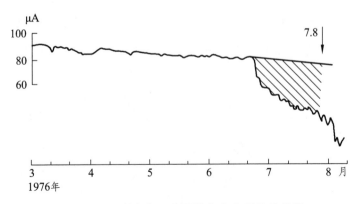

图 13-7　石家庄市五七干校土应力日均值曲线

（4）无明显趋势异常，只有短临突跳异常的。如通县（现通州区）觅子店等处土应力属此类型，只占3%（图13-8）。

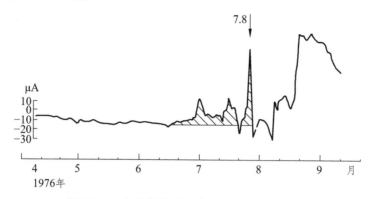

图 13-8 北京通县觅子店土应力日均值曲线

上述异常类型的复杂情况，除由于测点所在地区的地质环境和受力状态不同外，也与应力元件的埋设条件、局部应力条件改变、各种干扰因素的影响有关。对此，广大专业及业余地震工作人员，正进行各方面的实验与总结。

第三节 土地电

唐山地震前土地电异常，在唐山地区及其周围，土地电观测点很多，震后选择工作时间较长，资料较连续的 51 个点，共 124 条曲线[2] 进行分析，可见初步看出唐山地震前土地电异常的基本情况。

一、短期异常[15]

在 51 个观测点中，有 16 个点有较长的观测资料，可以进行对比分析。如唐山市河沿庄电厂的土地电，就是典型例子（图 13-9）。从图中明显看出，1973 年和 1974 年两年，曲线变化十分相似，都是 1—3 月份处于低值，且很平衡；4—7 月份缓慢上升；8、9 月份土地电值猛升；9—12 月份逐渐下降。这是随季节不同而出现的正常年变化。可是 1976 年却打破了这种正常年变动态，从 4—7 月份出现了几次突跳和阶梯式上升。这种突跳好像有一个 12—20 天的周期。7 月下旬，又出现明显的临震突跳。

在分析过程中还发现，虽然土地电的异常形态千差万别，但在时间进程中有明显的阶段性，其中尤以 1976 年 4 月中旬前后更为明显（图 13-10）。乐亭红卫中学土地电 4 月中旬以前呈锯齿状波动，而以后则十分平稳；北戴河中学土地电，在 4 月中旬以前也是锯齿形波动，而以后的波动幅度加大，波动周期回升，并出现了上升走势；宁河县（现宁河区）潘庄中学土地电，在 4 月中旬以前变化十分平衡，以后则出现会展的波动。

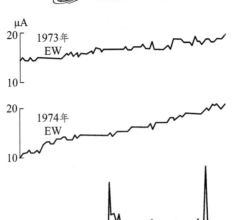

图 13-9　唐山市河沿庄东西向土地电曲线图

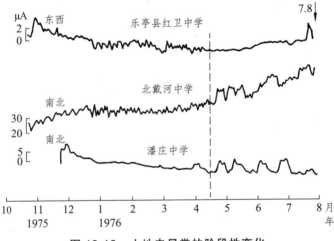

图 13-10　土地电异常的阶段性变化

二、临震异常[15]

接近发震的 6—7 月份，土地电的变化十分复杂，归纳起来有如下三种形态。

高峰式：这种观测曲线平时较平衡，震前出现峰值。如开滦吕家索矿的土地电，7 月份以前一直平衡，7 月 24 日发生突然变化，26 日达到最高值，在刚刚下降时发生了唐山地震（图 13-11）。其他如香河中学、滦南县姚王庄中学、滦县地震办公室的土地电都属此种类型。此外还有出现双峰异常的，如丰南胥各庄中学土地电，7 月 16 日有一次陡升，7 月 25 日降到最低点，7 月 26 日再次陡升，并超过了前一次的峰值，下降时发震。乐亭红卫中学，开滦林西矿机厂等土地电也有此种情况。

锯齿式：这类曲线平时有小幅度的跳动，震前一段时间产生多次较明显的突跳变化，临震时没有突出的单峰或双峰，总的来看是锯齿式的多次跳动。如滦南县胡各庄公社的土地电，在6月底和7月11日、25—26日出现三次突跳；滦县雷庄中学土地电，自6月19日到7月27日有四次峰值。还有滦南县的索里等土地电也属此类。

反向变化：有些观测点埋设有不同方向的土地电，震前1—2个月出现了由同向变化突然变成反射变化；或者从反向变化变成同向变化。滦县安各庄丝厂、迁安首钢矿山地震办公室等土地电就是这种情况（图13-12）。

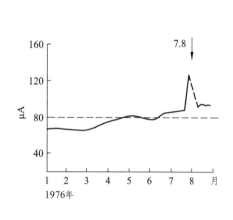

图 13-11　吕守索矿土地电曲线

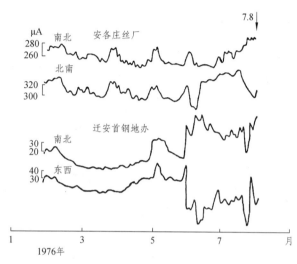

图 13-12　土地电反向变化

除上述各种情况外，还有一种值得重视的现象。在震前，有些土地电，特别是震中区附近的土地电，出现异乎寻常的平静。例如，唐山八中的土地电，在原来趋势变化的背景上，从6月以后，东西、南北两方向同步出现平稳状态，直到大震发生之前，都没有突跳显示。据观测点的同志介绍，震前观测时，指针一动不动，连往常的指针颤动也没有了。丰南县稻地、唐山二中、林西矿等单位的土地电也有类似情况（图13-13）。

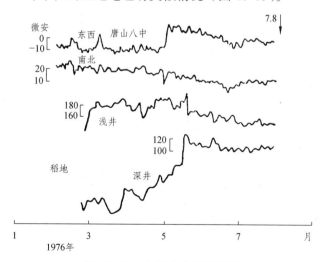

图 13-13　土地电的临震平静

唐山地震前土地电虽然有各种变化，但是有异常的观测点与无异常的观测点混杂分布，而且有异常的点并不占多数。临震时，土地电有突跳的点只占36%，而大部分没有临震突跳。这些复杂情况给判断造成很大困难。对这种复杂情况需做多方面的分析，6、7月份气候条件变化较大，几场大雨的影响，以及唐山附近地区工矿企业各种电磁干扰等因素都不容忽视。

第四节　土地磁

一、唐山地震前的土地磁[13]

唐山地震前土地磁也有一些反常。山海关一中的土地磁，在唐山地震前近一年的时间，有明显的趋势异常。异常始于1975年9月10日左右，以后逐渐上升，到1976年3月10日发展到极大值，之后缓慢下降，当异常结束时，地震发生。趋势异常与该校其他手段的趋势变化，有一定的相似处，时间变化大体同步（图13-14）。

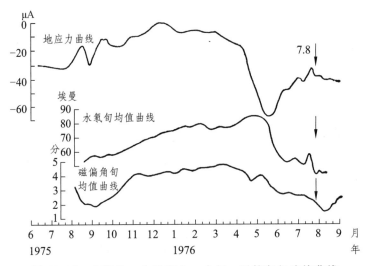

图 13-14　山海关一中地应力、水氡、磁偏角旬均值曲线

二、唐山二中的磁偏角的变化

唐山二中自制的磁偏角仪，自1974年2月开始观测，到唐山7.8级地震前，已积累了两年半的资料。从中扣除年变化的影响后，可以看出，1976年4月出现明显的下降（西偏）变化（图13-15）。

三、唐山地震前磁场异常

京津唐地区布设许多地磁台，从这些资料的分析中可以看出，唐山地震前基本磁场是有变化的。

为消除外空场的影响，常用两台观测值相减的

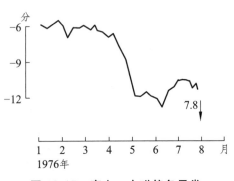

图 13-15　唐山二中磁偏角异常

办法，这就需要有一个台站作为标准，称为参考点。参考点不能太远（否则受区域变化影响较大），也不能是大震的异常点。经过资料分析，选红山基准台为参考点较为合适。

图 13-16 是各台磁场垂直强度幅差变化曲线图，其中变化明显有昌黎台、白家疃台、宁河测点、山海关测点。异常时间大致从 1975 年 11 月份开始，其中昌黎台下降 15 伽马、白家疃台下降 8 伽马、山海关测点上升 10 伽马、宁河测点上升 7 伽马，而其他台站与测点均无明显变化。

为进一步证明震前基本磁场变化的可靠性，文献[2]的作者们将各台震前（1975 年 1 月至发震）与震后（发震至 1976 年 12 月）总磁场强度幅差（ΔF）平均值及磁场垂直强度幅差（ΔF）平均值，进行比较，并做出平面分布图（参见参考文献[1]76 页）。可以看出：南区震前震后变化很小，属正常区域；而京津唐地区则变化很大，总磁场强度幅差（ΔF）变化最大在宁河，为 – 11.2 伽马，而磁场垂直强度幅差（ΔF）变化最大在昌黎，为 – 10.4 伽马。这种异常分布与极震区颇为吻合。

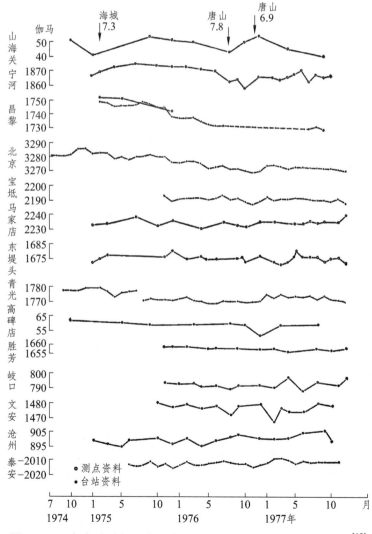

图 13-16　各台站磁场垂直强度幅差（ΔF）变化图（减红山）[13]

总之，京津唐地区地磁场的变化与唐山地震有密切关系，但异常的范围较小，其幅度也仅十几个伽马左右。可是，海城 7.3 级地震前，在离震中 200 多公里的大连，磁场垂直强度幅差上升竟达 21.5 伽马，为什么两震异常幅度相差如此悬殊，这里面的原因尚待进一步研究。

四、变化磁场的异常

人们发现，地震前，地磁要素观测曲线正常的日变形态往往遭到破坏，如幅度变小，极值出现的时间提前或推后等，其中以磁场垂直强度的变化尤为突出（图 13-17）。唐山地震前也出现了这种情况，下面略举二例。

地磁"红绿灯"法：这是一种利用垂直分量日变曲线的幅度变化预报发震时间的方法。利用两个台站的整点值相减后，求出每天的最大幅度差，当这个幅度差连续出现（比如 7 天以上）一定量的高值时，则为"红灯段"（异常段）。根据红灯段时间的一倍或两倍，可大致确定发震的时间。如：用武汉台与宝坻台和白家疃台的观测值相减，分别得到 12 天和 10 天的"红灯段"，其第一倍或第二倍的日期为 7 月 28 日或 26 日，如图 13-18 所示，与唐山 7.8 级地震的发震时间相当。

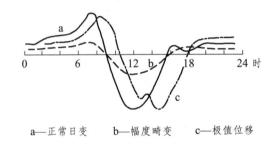

a—正常日变　　b—幅度畸变　　c—极值位移

图 13-17　磁场垂直强度日变曲线示意图[18]

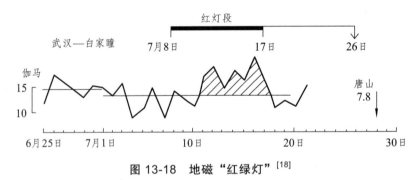

图 13-18　地磁"红绿灯"[18]

低点位移法：这是一种利用日变曲线极小值出现时间的变化，来预报地震的方法。正常情况下，地磁场垂直分量的日变化，一般中午值小，上、下午值大，成"V"形。地震前，极小值出现的时间可能提前或滞后，这就叫作"低点位移"。唐山地震前，华北地区共出现十多次低点位移，其中，1976 年 5 月 14 日的最为明显。这一天，青光、沧州、德州、红山等台的日变低点明显推后，出现在下午 5 时，其他台出现在 10 至 12 时，时差达 5 h 以上。据以往经验，出现这种情况后的一两个月，可能发生较大地震。

第五节 地下水氡含量

氡是一种放射性气体，是地壳岩石中放射性元素铀、镭衰变的中间产物。它随着时间的进展，不停地放射出 α 射线，使氡变为别的元素。α 射线可以使干燥的空气电离，也可以使荧光物质发出闪光。利用氡气这种放射性质，可以精确地测定出它的含量[13]。

一、地下水中氡含量与压力和震前的试验

氡气可以被地下水溶解，地下水中氡的含量以深度单位埃曼表示。在水中溶解量的多少，受温度和压力影响，因此，测量地下水中的氡含量，能比较灵敏地反映地下应力和热流的变化。文献[2]通过多次大爆破现场实验证明，地下水中氡含量确实与压力及震动有明显的关系（图 13-19）。

唐山地区周围，京、津、辽、鲁、内蒙古一带，有上百个水氡观测点，并且有些井孔有长达 7 至 9 年的资料，因此对分析震前的异常反应，提供了丰富的资料。唐山地震前，水氡异常的阶段性比较明显。

二、长中期异常特征

长期异常在月均值曲线中可以清楚地看到。异常起始最早的是北京市的管庄井，大约从 1972 年底开始（图 13-20）。但多数井孔的长期异常在 1973 年底相继出现。如文安、天津棉四井、坝县、安各庄、田疃、河西务一号井等。它们一致表现为缓慢上升。

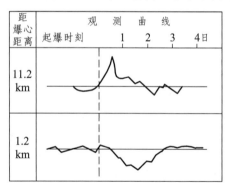

图 13-19 爆破（相当震级 4.4）的水氡效应[18]

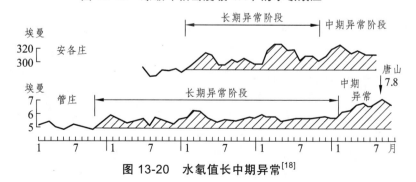

图 13-20 水氡值长中期异常[18]

　　中期异常从海城地震后陆续开始，在时间和形态上不十分一致，可分为两个异常类型。第一种以安各庄井为代表，其中期异常起始于1975年10月，表现为在趋势背景上的再次抬升，并且到1976年1月份上升到顶峰，以后稍有下降，进入短期异常阶段。这种类型占多数。第二种以管庄井为代表，1976年1月进入中期异常阶段，表现为趋势背景上的抬升，且一直保持连续上升过程。属于这一类的还有辽宁金县、盘锦、鞍山及山东的昌乐一号井等（图13-21）。

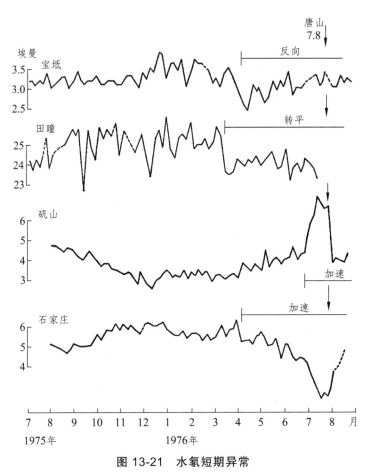

图 13-21　水氡短期异常

三、短临异常特征

　　在震前2~4个月，进入短期异常阶段，在曲线形态上主要表现为"转平""反向"及"加速"三种形式，这在五日均值图上表现较为明显。属于"转平"类型的有田疃、塘沽等井；属于"反向"的有宝坻、天津六号井等；属于"加速"的有矾山、雄县及山东泰安一号井等（图13-21）。

　　临震异常在大震前半月之内出现。主要表现是，水氡值出现单点或多点的突升与突降。如唐山电厂、天津张道口、北京管庄等井孔（图13-22）。有些没有趋势异常的井孔，也出现了明显的临震异常，甚至有的距离震中很远的井孔，如山东的曲阜，辽宁的铁岭，山西的太原以及江苏的清江，都有临震的突变异常。

值得提出的是廊坊台水氡连续自记仪的临震前兆异常。这台仪器从 1973 年 12 月开始工作，曾经历了附近两次强震和多次有感地震的检验，临震异常比较突出。唐山地震前，从 7 月 13 日起，水氡值大幅度升高，15 日达到最高值，最大异常幅度为 37.2%，异常持续到 7 月 27 日后，恢复到基值发震（图 13-23）。

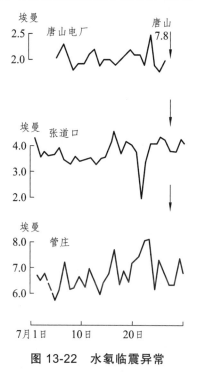

图 13-22　水氡临震异常

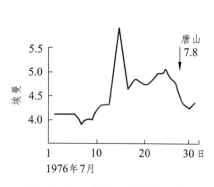

图 13-23　廊坊水氡日值曲线

四、异常现象的复杂性

唐山地震前的水氡异常分布很广。有长中趋势异常反应的最远点是沈阳，距震中 480 km。有短临异常反应的最远点是清江，距震中 640 km。

但是，长中期异常比较集中的地区，还是在以唐山市为中心的 200 km 范围之内。而在 200 km 范围以外，有异常反应的井孔数量较少，且多分布在地下水通道良好的构造带附近（图 13-24）。

从图 13-24 还可以看出，临震异常的空间分布更广、更散。距震中 200 km 范围内，有临震反应的井孔并不多，约占三分之一。有些极震区的井孔，虽有明显的中期异常，但无临震反应。这种临震异常反应面广、分散、有反应点与无反应点混杂分布的情况，是值得深入研究与探讨的问题。

异常的幅度也展现出一定的复杂性，尽管趋势异常相对集中在震中周围 200 km 范围内，但平均来看，异常幅度却是外围较大。影响异常幅度的因素很多，除观测井孔的条件、取样条件外，作为地下水通道的构造带影响很大。所以，在上述影响因素尚未搞清之前，不能仅凭异常幅度作为判定未来震中的依据。

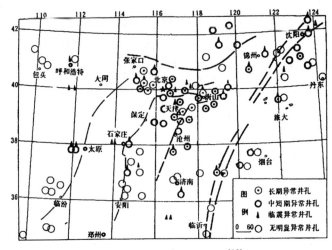

图 13-24　水氡短期异常[16]

第六节　地变形

地壳运动[15]（特别是水平运动）使地表形态发生变化的现象，叫作地壳变形（简称地变形）。为了观测和研究的方便一般分为垂直变形和水平变形两种。强烈地震前，由于地应力的积累加强，震中及其附近地区地表形态往往出现异常变化，甚至是突变。这种急剧变化，甚至是突变，可以是平时的几倍至几十倍。在某些地区，甚至会出现暂时停止运动或反向加速运动（如从上升急转为下降，或从下降急转为上升）等异常现象。这种现象一般在震前几个月至几年出现，预兆着强烈地震将要来临。对地震预报，特别是临震预报有指导意义的就是震前地表形态的这种突变，至于长趋势的缓慢变化，只不过是进行中长期预报时的一种征兆而已[14]。

一、我国地变形实例

（1）1966 年 3 月我国河北邢台地震之前，从 1920 年到 1964 年震中区的地壳变形处于缓慢变化状态，每年的变化仅 4～6 mm。而在地震前两年，变化速度开始加快，年变化率增大到 110 mm。位于震中区附近、相距 40 mm 的两个观测点（449 和 455）垂直变形的方向发生了突变。449 点由下降变为急剧上升，455 点由上升变为急剧下降（参阅参考文献[14]160 页两图），以后就发生了强烈的地震。

（2）1964 年 6 月日本新潟发生了 7.5 级地震，位于震中附近的 A、B、C 三点，震前从 1898 年到 1955 年，以平均每年 2.2 mm 的速度上升。从地震发生前五年起，A 点上升速度减慢，B、C 两点则加快，在这样的情况下发生了大地震，震时地面又急速下沉。位于震中南面的 D 点，在震前几十年内缓慢下沉，从地震前五年起，出现了反常的上升，地震时又继续下沉。只有距震中较远的 E 点，震前地壳运动的异常现象才不很显著[14]。

（3）又如 1966 年 2 月 5 日，我国云南东川 6.5 级地震前，从 1956 年到 1965 年，那里的活动断层两侧的三角点相对水平位移大约 10 cm。因此，观测震前地形的异常变化，是可以用来预报地震的[14]。

但是需要注意地壳变形不一定都是由地震引起的，在进行地震预报时必须排除干扰因素，才能收到较好的效果。

二、唐山地震和地变形的背景[15]

宁河、唐山、滦县、卢龙一带，俗称冀东地区。它东南濒临渤海，北面是层峦叠嶂的燕山，雄伟的长城沿着峰脊蜿蜒盘旋，点缀得燕山更加壮丽。西南则是极目千里的华北大平原。冀东地区人口众多，土地肥沃，矿产丰富，工厂林立，是一个美丽富饶的地方。但是，由于这块地方地壳活动比较激烈，地下构造十分复杂，也是我国容易发生地震的地方。

1．华北地块的边缘

大陆地壳并不是完整的，在漫长的地质历史时期中形成的许多大规模的断块构造，将它分成许多大大小小的块体。

华北地块的西界为贺兰山—六盘山构造带，地界为阴山—燕山构造带，南界为秦岭—大别山构造带，东界在海中（参阅参考文献[2]28页图2-1）。这些构造带附近常有从地幔侵入的超基性火成岩系，复杂的变质岩系和规模巨大的褶皱断裂系统。其断裂带有"深""大""活"三个特点。文献[2]解释为："深"，就是断开的地壳；"大"，就是延伸很长，断裂本身的影响带很宽，断层两盘的落差很大，甚至错路达几千米；"活"，就是近期还在活动，并且对它所影响的地区在活动强度、活动性质、活动方向上起着控制作用。因此，地块的边界即是构造活动带，又是各种地球物理场的异常带，也是地震活动。

2．华北地块的内部有许多大型的构造带

华北地块内部有与几个主要构造带相吻合的地震活动带。它们是：贺兰山—六盘山地震活动带、阴山—燕山地震活动带、山西地震活动带、华北平原地震活动带和辽鲁地震活动带等（参阅参考文献[15]29页图2-2）。

华北块中除某些边缘地带外，大部分地震的震源机制都很相似，最大主应力方向都是北东东的，说明华北地块受一个统一区域应力场的作用。这可能与太平洋板块、欧亚板块、以及印度板块三者之间的相对运动有关。

唐山地区就是华北地块北部边界带的一部分，阴山—燕山构造带的前缘，有人将该区叫作"燕山断褶带"。该区地震也是受华北地块这一统一应力场控制。

3．唐山地区几组构造带的交汇部位

唐山地区是处在两组区域构造交汇部位，一组是近东西方向的燕山断褶带，一组是北北东向的沧东断裂带。

三、小结

（1）唐山地震的能量巨大。所释放的地震波能量约为 3.2×10^{23} 尔格，如果把它换算成电能，相当于我国自己设计的 12.5 万千瓦双内冷发电机组连续运转八年的总电能。以 1945 年在日本广岛投的原子弹来说，它相当于两万吨黄色炸药，而唐山地震所释放的能量约等于四百多个这样的原子弹[15]。

（2）唐山地震水平错距 1.00～1.40 m，垂直错距 0.80～1.00 m。

（3）唐山地震早期变形可以追溯到 1970 年以前，而 1974 年以后的变化更为普遍；1975年 5 月以来，中期异常逐渐明显，1976 年 4—5 月转入了短期阶段，7 月以后临震异常相继出现。其观测曲线参阅本书第八章第二节部分变形图。

第七节　唐山地震的基本情况及余震

一、唐山地震的基本情况及余震

唐山市邻近地区历史上有过多次强震活动。1966 年以来，唐山及周围地区小震活动渐趋频繁。1976 年 7 月 28 日，唐山市和滦县先后发生了两次 7 级以上地震，同年 11 月 15 日，宁河发生 6.9 级地震（表 13-2）。主震后的强余震更加重了地震灾害。唐山地震序列特点是无明显前震，余震持续时间长，衰减过程起伏大。继宁河 6.9 级地震后，1977 年 5 月 12 日又在宁河发生 6.2 级地震，余震活动历尽十年仍未平息。余震活动分布广不均匀，西南起于宁河，东北止于延安、芦龙，长 110 km；西北、东南约以丰润，滦南为限，宽近 60 km。

表 13-2　唐山地震基本参数

地震日期	发震时刻（北京时间）（时　分　秒）	震中位置		震源深度/km	震级/M_S	震中地点	震中烈度
		北纬	东经				
1976-7-28	03　42　56	118°11′	39°38′	11	7.8	唐山市区	XI
1976-7-28	18　45　37	118°39′	39°50′	10	7.1	滦县商家林	IX
1976-11-15	21　53　01	117°42′	39°24′	17	6.9	宁河芦台南	VIII
1977-5-13					6.2	宁河	

二、唐山地震的中、短期及临震前微观异常[17, 19]

唐山地震的中、短及临震前微观异常见表 13-3。

表 13-3　唐山地震的中、短、临震前微观异常

中期			短期			临震[3]		
时间	地点	地震	时间	地点	地震	时间	地点	地震
电感地应力			地应力			土地应力	交河县气象站	表头正负跳动摇摆
1974-5-7	昌黎	2 次 4.8	1976-4-6	内蒙古林格尔	6.3	1976-8		
1974-12-15	宁海	4.3	1976-4-22	河北大城	4.4	震前 3～7 天	滦县安各庄丝厂	表头指针比原跳动变化量大出几倍以上

续表

中期			短期			临震[3]		
时间	地点	地震	时间	地点	地震	时间	地点	地震
距震远区多数台站开始于1975年2—3月，结束于1976年3月至5月，历时400天震中区	和林格尔1976年4月镇罗营（老）站 赵各庄矿唐山应力站	6.3 6.3	土地电1976年2月至4、5、6月 1976年5月烈度11～9度区内19个测点，9个测点有反映，8度至6度32个点无这种反映	乐亭县红卫中学、北戴河中学、宁河县潘庄中学 唐山八中、赵各庄矿河沿电站、汕榨中学	随时间呈明显阶段性变化 电位突跳，速度加大，变幅持续在10～40微安，形态异常	土地电：震前4～5天 地应力震前一个星期左右	唐山河沿庄电站、车轴山中学、吕家索矿、滦南高庄子中学、滦南胡各庄中学 温泉、昌平等应力站 唐山、赵各庄在震中外区的昌平、延庄、大连	土地电连续突变与平时相比，变幅要大一倍以上 仪器指针摆动，难于观测 跳动异常
土地磁仪	山海关一中 唐山二中	唐山地震前一年有明显趋势异常；1974年2月开始观测，1976年4月明显下降，6月开始上升到震前	1976年7月2日至11日 震前1个月左右	昌黎、镇罗营、蔚县 唐山、赵各庄、在震中外的昌平、延庄、大连	应力速率异常 跳动异常	土应力震前3～5天	唐山二中、山海关一中 天津市抵县、杨家口、三河县气象站、滦县安各庄丝厂	大幅度摆动或小幅度颤动 突然上升，有的突然下降

三、唐山地震前微观异常综合概述

1．唐山地震前兆异常

1976年7月28日唐山7.8级地震震前，在专业和群测人员之间的积极有效的合作，集中获取到临震异常6个方面的参数，这些参数说唐山地震有前兆异常。如图13-25所示[16]。即地震频次、重力、水准、水氡、水位、地电阻率等的变化曲线，从记载的前兆现象来看，有接近百分之百的可能性发出预报成功的。

2．关于地区视电阻率或变形电阻率的变化

图13-26列出的宝坻台记的电阻率曲线。从1974年它就出现下降趋势，到大地震后虽有升降，仍然是在一个宽阔的低电阻率区内，直到1981年卢龙5.3级地震后，才恢复到1974年初下降前的数值，即正常值（图13-26）。昌黎青光台的记录显示，到1978年以后，地壳

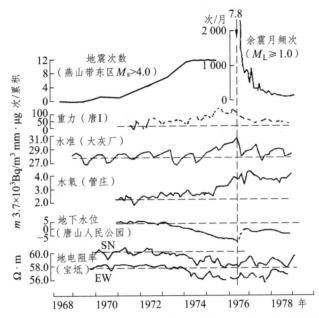

内的应力调整已完成，地下电位也稳定了，但比 1974 年的值还是低一些。

图 13-25 唐山地震前后地震频次、重力、水准、水氡、水位、地电阻率变化曲线图[17]

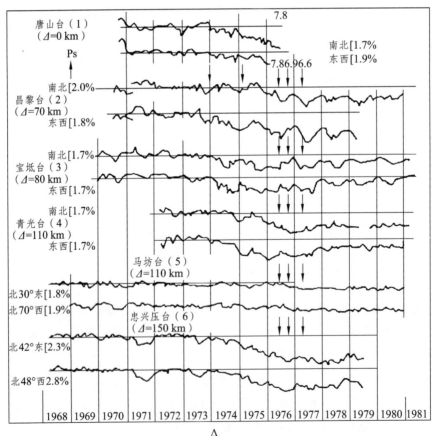

图 13-26 唐山地震前后（1968—1981 年）震中周围 6 个台的 P_s 曲线[18]（钱复业提供）[17]

　　图 13-27 为 1976 年加密观测曲线、图中的马家沟台在震前约一个月时出现下降，随后又上升，震前又出现大幅下降。塘沽台震前既开始下降；昌黎台前东西向和南北向曲线变化基本是同步的，但变化幅度更大。

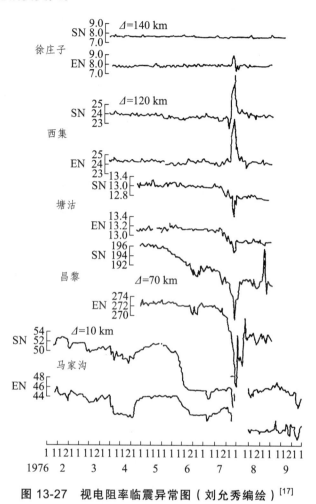

图 13-27　视电阻率临震异常图（刘允秀编绘）[17]

　　图 13-28 列出了唐山地震前一个月昌黎台地电阻率的记录。

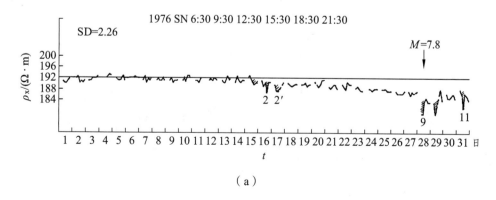

（a）

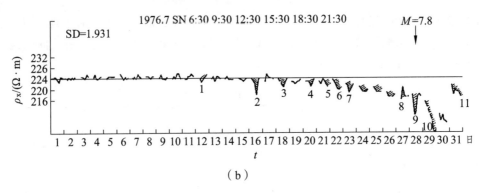

图 13-28　1976 年唐山地震前一个月昌黎台地电阻率的记录

第十四章　松潘地震微观前兆

第一节　地震概况

一、地震概况[18]

根据朱皆佐、江在雄的记录[18]，1976 年 8 月 16 日 22 时 06 分，四川的松潘、平武县之间发生了 7.2 级的强烈地震。22 日 05 时 49 分，23 日 11 时 30 分又分别发生了 6.7 和 7.2 级强烈地震。震前，地震部门曾做出了预报，并得到有关部门的重视，采取了预防措施，因而减轻了地震造成的直接损失。

这次地震是在没有明显的前震的情况下，做出中期、短临预报的，是地震系统内外相互协作、密切监视、开展预测预报的结果，是我国又一次较成功预报的实例。但是，由于预报期处在一个特殊的社会背景上，其间又遇唐山地震造成的"恐震心理"的影响，再加上地震预报本身及某些对策的失当，造成一定的损失。

该震有感范围西至甘肃高台，南至昆明，北至内蒙古呼和浩特，东至湖南长沙。最大有感半径达 1 150 km。

这次地震的震中区位于四川西北部的松潘县和平武县交界部位，距成都 240 km 左右，有公路和山区道路相通，交通较为不便。

松潘、平武二县人烟稀少，共计 237 000 人，密度每平方千米 6~29 人。县内山脉高耸，森林复盖面大。经济以农业或农牧业为主，工业经济欠发达。

二、地震简况[14]

这次地震属震群型地震，计有三次主要地震（表 14-1）。从 8 月 16 日发生地震至 9 月 30 日止，震区共发生震级（M_s）大于或等于 2.0 的地震共 4 298 次，总释放能量为 8.8×10^{15} J。除三次大震外，5.0 至 6.0 级地震 5 次，4.0 至 5.0 级地震 468 次，2.0 至 3.0 级地震 3 792 次。震前，在震中区内无明显的前震（$M_s \geqslant 1.8$）活动，这给临震预报带来了较大的困难。

表 14-1　松潘平武地震基本参数[14]

地震日期	发震时刻（北京时间）	震中位置		震源深度/km	震级（M_s）	震中地点	震中烈度
		北纬	东经				
1976-8-16	22:06:46	32°42′	104°06′	15	7.2	松潘、平武	
1976-8-22	05:49:50	32°36′	104°08′	10	6.7	松潘、平武	IX
1976-8-23	11:30:04	32°30′	104°08′	22	7.2	松潘、平武	

三、松潘地震中期预报[14]

（1）经过 1975 年 7—9 月水准线路监测后，发现松潘至南坪长达 150 km 水准线路测量结果明显出现地壳垂直变形异常，其间以漳腊一带最为突出，15 年间相对隆起达 312 mm，平均年变化达 20.8 mm，异常特别明显。据此认为距松潘不远地方存在 6 级以上强震活动背景，这些首先引起了相关人员的注意（图 14-1）。

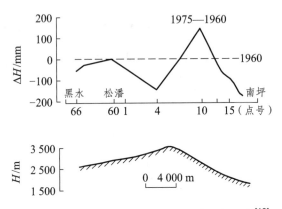

图 14-1　松南线高程变化和地形对比剖面图[18]

（2）松潘垮岷江南北构造带长 268 mm 短水准。1974 年底开始观测，变化很小。1975 年 4 月开始急剧上升，至 11 月高差变化幅度达 3.8 mm，异常很突出。之后，异常开始出现黑白恢复之势（图 14-2）。

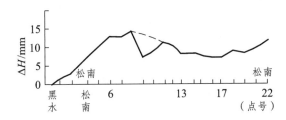

图 14-2　1975 年 9—11 月松潘—南坪水准复测高程变化[18]

（3）松潘台水氡出现明显趋势性异常，即从 1975 年 3 月开始上升，10 月开始出现黑白逐渐下降，至 11 月异常时间达 9 个月，变化幅度为 29%（图 14-3）。

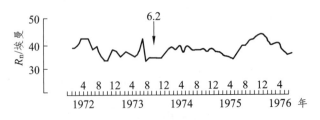

图 14-3　松潘水氡趋势变化

（4）龙门山地震带北段地区历史上就是强震区，并且该区地震与鲜水河地震带北段北区地震相关性很强，如 1923 年炉霍 7.2 级地震后，1933 年茂汶叠溪发生 7.5 级地震；而 1973

年 2 月 6 日炉霍发生 7.6 级地震后，同年 5 月开始，松潘这一带地震活动突然增强，至 1974 年年底，松潘、漳腊之间发生 4 次 5 级以上地震，最大为 6.2 级，引起了格外重视。当时在四川及邻区，再也找不到第二个有像龙门山地震带北段松潘一带具有这样多、这样长、这样异常特征的地区了。

四、短期预报[18]

（1）松潘短水准在 1975 年 11 月前 8 个月时间，西盘相对急剧上升，高差变化达 3.8 mm，异常突出，之后转折至 1976 年 4 月，一直处在异常出现前的相对稳定缓慢变化。而从 1976 的 5 月开始，西盘又急剧上升。根据地壳运动特点，认为可能进入发震阶段（图 14-4）。

（2）松潘水氡趋势异常，在 1975 年 10 月以前 7 个月的时间内，异常幅度变化达 29%，10 月开始转折恢复，到 1976 年 6 月异常已经结束（图 14-5）。

（3）茂汶地办水氡于 1975 年 9 月开始出现趋势性下降异常，1976 年 4 月以后出现转折回升，异常变化 13%，已经持久 9 个月时间，目前正在恢复之中（图 14-6）。

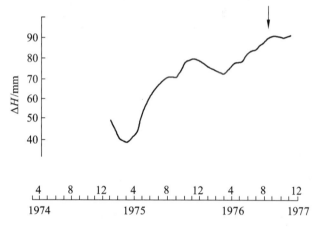

图 14-4　松潘 7.2 级地震前后松潘短水准测量变化

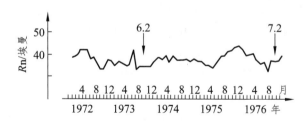

图 14-5　松潘水氡趋势变化

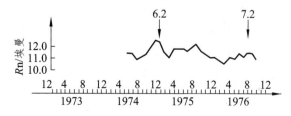

图 14-6　茂汶地办水氡观测趋势变化

（4）宏观异常较多，以地下水最为突出，主要分布在北部龙门山地震带大范围地区，尤以北段最先出现异常，随后往外发展。如 1975 年秋，松潘镇平公社突然冒出一股泉水；南坪罗依公社一生产队往年山下泉水吃不完，1975 年冬泉水不够吃；1976 年大邑新龙五队有一口井于 3 月 10 日中午突然出现水色变蓝，下午 4 时水位突然下降 1 米多，水色变为乳白色，无人为干扰；1976 年 4 月，邛崃有口井水位突然上升，水质变化与茶水相似，后变为深蓝色，用此水做不出豆腐，过去从未有过。

专家认为：松潘水氡异常是干扰引起的，不是反映地震的前兆变化；短水准测量的变化幅度太大，有异常也有干扰，可能主要是干扰。

五、临震预报[14, 18, 19]

（1）1976 年 6 月以后，四川地震局抓紧查阅、搜集、核实以往省内外 6 级以上，特别是 7 级左右地震相关资料，反映较好的临震前兆资料，包括其他单位研究的一些临震预报经验和方法。当时总结的主要经验有：

① 水氡突跳幅度若达到 40% 左右或更大，可能有 7 级左右甚至更大地震，一般不超过异常后的 12 天，尤其要注意 8 天左右发震。

② 地磁 b 变畸变出现最多半个月之内特别是 10 天左右可能发生 7 级地震。

③ 地磁红绿灯一出现红灯段，在一倍与二倍发震时间再予以综合，得出一个综合发震时间，可能有 6 级以上或 7 级地震。

④ 地磁出现低点位移之后 41 天有可能发生 7 级地震。

为此，各部门抓紧对 5 月份以后地磁日变图形的逐日检查，防止漏过红绿灯，低点位移和日变畸变异常。发现异常后，增加资料进行核实的，尽快向邻省相关单位收集核实，以便及时提供临震预报。

6 月下旬开始，地下水和地声、火球、动物等宏观异常不断增多。群众不断打来电话询问、了解震情，不少地、县地办和工厂、矿区成立了地震测报站，有的还带着资料来征询意见或参加会商。

（2）负责地磁分析的同志在 7 月 31 日和 8 月 5 至 6 日局召开的会商会议上，先后提出在 8 月 13 日前后 3 天，松潘、茂汶一带可能发生 6 级以上地震的意见。其具体资料如下：

① 地磁低点位移。地磁垂直分量日变形态曲线极小值，正常时一般在 12 点或 13 点，提前或后移即称低点位移。1976 年 7 月 3 日，四川中南部，云南北部和甘肃南部地区多数台现出低点位移异常，共计达 12 个台。其中，四川 4 个台（郫县、马边、米易、攀枝花）；云南 5 个台（下关、楚雄、昆明、通海、思茅）；甘肃 3 个台（天水、固源、兰州）。这 12 个台低点位移的时间除四川郫县台在 14 点、甘肃固源和天水分别在 14 点和 15 点外，其余 9 个台都出现时间最晚到 16 点。而四川总共 10 个地磁台除 4 个台出现低点位移外，其余 6 个属正常，低点都在 13 点。这 6 个是松潘、马尔康、甘孜、道孚、康定、西昌。将上述正常台与异常台展布在低点位移分布图上，即预示出明显的正常与异常区域，而松潘、茂汶正处于这两个区域之间。根据以往低点位移异常出现之后，相隔 41 天左右就可能发生 7 级地震，而地点一般在正常与异常区域之间。因此认为 8 月 13 日前后，松潘、茂汶地区就有可能发生 7 级地震。

② 地磁红绿灯。以松潘台地磁台为对比台，康定、攀枝花和楚雄台出现红灯段（图 14-7）。红灯段开始于 1976 年 7 月 12—14 日，结束于 7 月 22—29 日，红灯段共计 10—15 天，预测一倍发震时间在 8 月 3—13 日；二倍发震时间在 8 月 13 日、14 日至 8 月 23 日。

（3）综合认为在 8 月 13 日前后 3 天有发生 6 级以上地震的可能性。同时，宏观异常数量和种类与日俱增，微观突变也增多，其中突出的有：

① 康定台水氡于 6 月底开始大幅度上升到 7 月中旬最高异常的 70%，然后转折，8 月初结束异常，进入短期状态（图 14-8）。

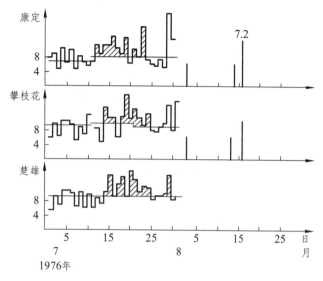

图 14-7　松潘地震前地磁红绿灯异常

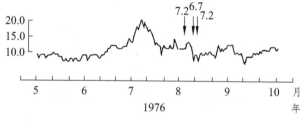

图 14-8　康定水氡日均值变化

② 康定中学土地电日均值南北向长期处于稳定状态，于 7 月上旬出现上升异常，幅度达到 45%，7 月下旬开始变平、转折，正在加快恢复，快接近基位。

③ 一直变化较为稳定的马尔康感磁观测值，7 月底开始大幅度下降，已经处于只要转折即有可能发生地震（图 14-9）。

④ 姑咱台电视电阻率 4 年多来变化相对稳定，1976 年 4 月以后出现了从未有过的大幅度下降的短期异常变化，幅度为 30%，异常虽未能转折，但要注意转折即有可能发震的危险（图 14-10）。

⑤ 7 月底开始，宏观异常不仅数量和种类大量增多，而且表现特别突出。如 7 月 29 日康定榆林宫一泉水水温由原来 89 ℃上升到了 93.8 ℃；绵竹县拱星公社保管室 8 月 5 日早晨出现一只大老鼠吃了两只小老鼠；8 月 7 日绵竹县（今绵竹市）一户人家门口树苗地内突然

四处冒浑水，每股有酒杯粗，喷高 1 米多，持续了 30 多分钟。

根据这些异常表现再结合地磁红绿灯和低点位移，认为 8 月中旬特别要注意 8 月 13—14 日前后 3 天，龙门山地震带北段松潘、茂汶、黑水一带，很有可能发生 7 级地震。

（4）8 月 10 日先后又出现了一些明显的临震前兆异常，以姑咱台水氡突跳和全川地磁日变变形畸变最为突出：

① 姑咱台水氡于 8 月 10 日出现突跳，其幅度高达 70%。该水氡在 1973 年 2 月 6 日炉霍 7.6 级地震前 8 天出现大幅度突跳 45%。认为 8 月 18 日前后 3 天可能发生 7 级地震（图 14-11）。

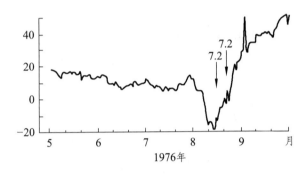

图 14-9　马尔康感磁观测变化曲线

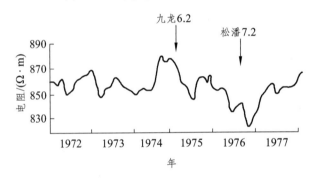

图 14-10　姑咱台南北向电阻月均值

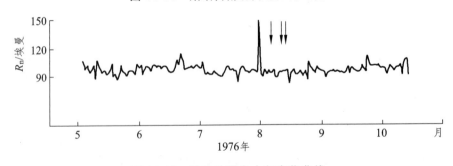

图 14-11　姑咱地震台水氡变化曲线

② 全川 10 个地磁台（松潘、马尔康、郫县、甘孜、道孚、康定、马边、米易、西昌、攀枝花）于 8 月 10 日都出现了地磁垂直分量日变形态曲线发生畸变。认为 8 月 20 日前后可能发生 7 级地震。

四川省地震局紧急报告四川省委，省委采取果断措施，作出"自 12 日起进入临震戒备状态"的决定，并要求有关部门电告有关地区和地震中心站。

1976 年 8 月 16 日和 8 月 22 日、23 日，在松潘发生了 7.2 级、6.7 级和 7.2 级地震。

第二节　地应力

一、短临异常[18]

1. 震中区的松潘小河中学和距离震中 0 km 地应力异常

从 1976 年 6 月初开始出现异常时间近两个月左右，8 月初开始回升，异常形态明显地呈分形，地应力异常幅度大，梯度陡，其幅值为 40 μA 左右，如图 14-12 所示。

2. 距震中 120 km、300 km 的茂汶、天全地震办的地应力异常

从 1976 年 6 月开始出现，8 月初下降到低值，异常时间近两个月左右，8 月初下降到低值，茂汶、天全地办的地应力异常幅度分别为 20 μA 和 7.8 μA，梯度变化缓慢（图 14-12）。

小结：以上表现为随着震中距离加大，异常幅度逐渐变小，梯度逐渐变缓。

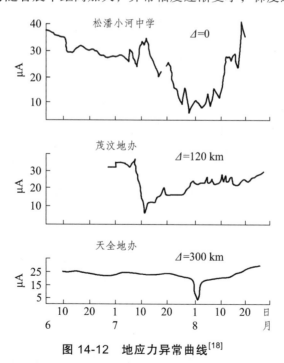

图 14-12　地应力异常曲线[18]

3. 利用地应力异常变化预报松潘、平武地震的时间、地点和震级

距离震中 180 km 的彭县（今彭州市）六〇六地质地应力短期趋势异常，开始观测数据一般在 40 μA 左右变化。从 7 月 7 日到 23 日大幅度下降，为受压阶段，压力积累时间为 10

天到 14 天；7 月 23 日至 8 月 4 日下降幅度达到最低值 5 μA，呈现出波动起伏的相特阶段，8 月 4 日后加升开始，进入应力释放阶段。假设应力积累时间与应力释放时间大致相等，震前推算出发震时间是 8 月 16 日至 18 日，与实际发震时间基本一致（图 14-13）。

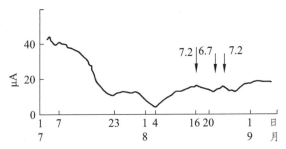

图 14-13　彭县六〇六地质队地应力日均值曲线[18]

从图 14-12 可以看到：位于松潘、龙门山断裂带附近的测报点，异常的幅度、速率一般有随震中距的远近而变化的现象，如[18]：地处震中区的松潘小河中学测报点，从 6 月初开始，每天以 0.6 ~ 0.7 μA 的速率缓慢下降，7 月 30 日左右到达最低值；然后以每天 2.5 ~ 2.6 μA 的速率加速回升，回升过程中于 8 月 16 日发生松潘 7.2 级地震。异常变化幅度为 40 μA 左右。距震中 120 km 的茂汶地办测报点，从 7 月初开始出现大幅度的下降，7 月 10 日到达最低值；之后每天大致以 0.4 μA 的速率缓慢回升，在回升过程中发震。异常变化幅度为 20 μA 左右。距震中 300 km 的天全地办测报点，从 6 月初开始，每天以 0.1 ~ 0.15 μA 缓慢的速率下降，8 月初到达最低值；之后每天以 0.4 ~ 0.5 μA 的速率缓慢回升，在回升过程中发震。近震中，异常变化的幅度和速率就大，远离震中，异常变化的幅度和速率就小。这种变化可能反映了震中区地应力高度集中和剧烈活动的特点。

二、地应力短临异常[18]

（1）根据彭县岷江齿轮厂地应力观测的自动记录，8 月 15 日 17 时、18 时出现单向振荡后，16 日 4 时左右又出现了抖动，12 个小时后发震（图 14-14）。出现类似临震突跳和抖动现象的还有彭县六〇六地质队的仪器。

（2）新津民航科研所用电阻应变片装置的地应力仪，同样在 8 月 16 日 16 时观测到单峰状的临震突跳（图 14-15），经过 6 个小时左右的平静后发震。

（3）大邑县城关中学在 8 月 16 日 20 时到 22 时观测到地应力临震异常，表现为仪器上的信号出现正弦形的跳动。结果 1 个小时后，就发生了松潘、平武地震（图 14-16）。

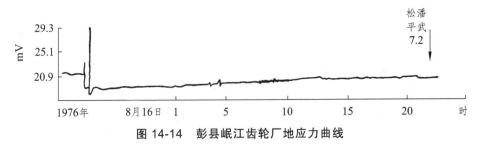

图 14-14　彭县岷江齿轮厂地应力曲线

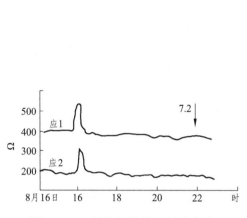

图 14-15 新津民航科研所地应力 8 月 16 日瞬时值曲线

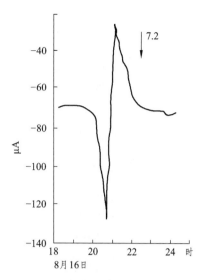

图 14-16 大邑城关中学地应力 8 月 16 日瞬时值曲线

小结：松潘、平武地震前，各地都观测到了地应力的临震异常现象，如突跳、抖动等。这些现象出现后，一般经 2 至 18 个小时的相对平静时间就发生地震。

第三节 土应力

土应力主要采用碳精粉电阻元件作探头，一般采用微安表观测部分，用人工读数方法进行记录。仅部分测报点才采用电子电位差进行自动记录[18]。

一、趋势异常特点[18]

"土应力"主要表现为短期趋势异常（未测到中长期趋势的异常变化），地震测量队、郫县走石山测报点都是在云南龙陵 7.3 级地震后即 1976 年 6 月初开始下降，7—8 月初达到最高值，就发生了松潘 7.2 级地震，异常持续时间一般为 70 天左右。异常变化幅度为 10 μA 左右，异常形态明显地为一盆状的负异常，如图 14-17 所示。

彭县岷江齿轮厂测点利用地温与"土应力"对比的方法（采用电子电位差计自动记录。单位为毫伏，图 14-18），在正常情况下，发现地温曲线与"土应力"曲线为大致同步的变化，只不过"土应力"曲线变化的时间比地温曲线变化的时间稍滞后 2 个月左右。仅在 1976 年 6 月初以后地温曲线与"土应力"曲线才出现了不同步的异常变化，异常持续时间为 70~80 天。异常变化幅度为 10 μA 左右，明显地表现为一盆状的负异常形态。

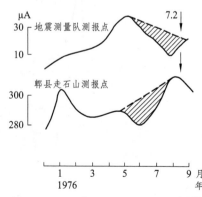

图 14-17 "土应力"月均值曲线[18]

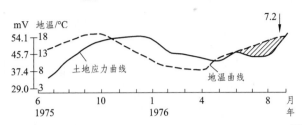

图 14-18　彭县岷江齿轮厂地温、"土应力"对比曲线[18]

二、临震异常特点

彭县六〇六地质队测报点，8 月 16 日凌晨 1—3 时和早晨 8 时至中午 12 时，连续两次出现以往从未出现的长时间的指针持续大幅度的摆动。他们结合短期趋势的预报，于当天下午及时向本单位领导和上级有关部门作了临震预报，同时采取一定的预防措施，结果在当天 21—22 时又出现指针摆动之后不久，松潘 7.2 级地震就发生了（图 14-19）。

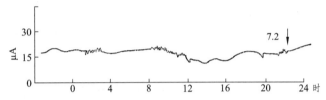

图 14-19　彭县六〇六地质队测报点"土应力"瞬时曲线（1976 年 8 月 16 日）[18]

绵竹县伐木测报点，在 8 月 16 日、22 日和 23 日，震前 6～10 个小时，都发现大幅度突跳的临震异常变化，仅 8 月 16 日第一次 7.2 级地震，由于缺乏经验未做预报；8 月 22 日和 23 日几次强烈地震都在震前向县地办做了较好的临震预报。

另外，还有部分位于大断裂附近的测报点，在震前几天至半月左右的时间，就观测到大幅度突跳的异常变化，反映了在震中附近大断裂带上地应力急剧变化的过程。在这种情况下，由于异常曲线突跳出现的时间比较早，这时如果不结合短期趋势预报的意见，而只是单纯根据突跳就进行临震预报，很明显是会出现虚报的（图 14-20）。上述情况表明了地震预报工作的复杂性。

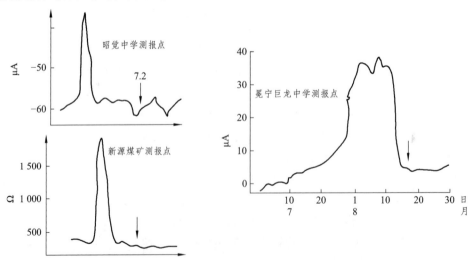

图 14-20　"土应力"日均值曲线（1976 年）（王德富、蔡乃成、李有才执笔）[18]

第四节 土地电

松潘—平武地震前[18]，有土地电反应的地方很多，北至西安，南抵西昌、金阳，西临道孚、巴塘，东到重庆。出现异常的点也多，围绕龙门山断裂带就有十个地、市、州，五十多个县出现异常，其中几百组土地电都有不同程度的反映。这些异常点出现的时间，有的长达一年，一年半，甚至有两年多的。从土地电分布看，多数在震中的西南或正南方向上一百千米至四五百千米之间。有的点在构造带上，有的点在构造带的边沿上，也有的不在构造带或远离构造带的平原区。

一、土地电中长期异常

彭县岷江齿轮厂根据两年多土地电观测资料，总结出用地温曲线与土地电曲线进行对比，确定中长期趋势异常的方法（图14-21）。从图上看出南北向土地电曲线在1975年10月以前，同地温曲线同步变化，其速率基本一致。1975年10月以后，土地电曲线和地温曲线分开，出现了不一致的变化。这种不同的变化，表明一个大的地震异常趋势的存在。

邛崃县南堡山茶场的南北向土地电曲线，从1975年4月起，由34 μA缓慢下降，1976年1月至3月降到低点，其值为2～3 μA。接着缓慢回升，到同年7月初，就停留在18 μA左右摆动，然后又下降，在8月16日降到最低值附近，发生了松潘、平武7.2级地震。比较明显地表现为一个中长期趋势异常特征（图14-21）。

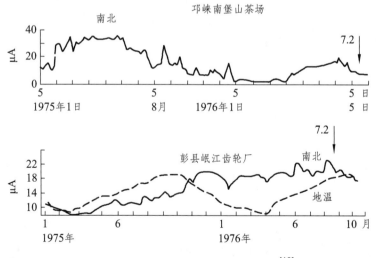

图 14-21 土地电中长趋势异常曲线[18]

出现类似情况的还有一批测报点（表14-2）。

表 14-2　松潘平武地震土地电长期异常概况表[18]

地点	震中距离/km	异常起止时间	异常时间/月	异常幅度/ μA	方向
茂汶	120	1973 年 11 月至 1976 年 3 月	28	36	北
茂汶	120	1975 年 11 月至 1976 年 5 月	14	40	西
汶川	160	1975 年 7 月至 1976 年 7 月	12	60	东西
成都	220	1975 年 5 月至 1976 年 8 月	15	16	南北
宝兴	290	1975 年 6 月至 1976 年 8 月	14	10	东西
宝兴	290	1975 年 6 月至 1976 年 8 月	14	25	南北
芦山	300	1975 年 4 月至 1976 年 7 月	15	38	南北
芦山	300	1975 年 1 月至 1976 年 8 月	19	34	东西

表 14-2 说明一次大地震发生前，在较大范围内，土地电都出现了趋势异常。地震越大，异常的范围越大，持续时间越长，异常幅度也大。

二、土地电短期异常

松潘—平武地震一二个月甚至三四个月之前，中长趋势异常出现反向或加快，土地电日均值曲线发生单调上升或下降的大幅度变化，在变化或恢复过程中或恢复后发生地震。

（1）地处震中区的松潘小河中学，南北向土地电 6 月初出现异常后逐渐下降，8 月 5 日降至低值，稍有恢复后发震，异常幅度 8 μA；东西向土地电 6 月初开始出现短期异常，8 月 6 日从低值开始上升到最高值发震，异常幅度 17 μA（图 14-22）。

（2）距震中 50 km 的平武县九〇三厂南北向土地电在 7 月底下降，8 月初达到低值，幅度 10 μA，在上升的过程中发震；东西向土地电也在 7 月底下降，而于 8 月中旬达到最低点（下降幅度 20 μA）发震，震后恢复见图 14-23。

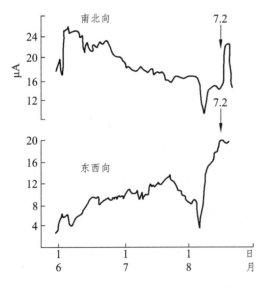

图 14-22　松潘小河中学土地电日均值曲线

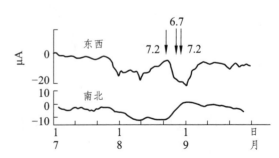

图 14-23　平武九〇三厂土地电日均值曲线

（3）距震中170 km的彭县岷江齿轮厂北东向土地电日均值曲线，在7月10日左右开始下降，7月下旬达到最低值，幅度50 μA，在将要恢复到初始值时发震见图14-24。

（4）距震中360 km的康定中学南北向土地电日均值曲线，在7月初开始上升，7月底达到峰值，幅度70 μA，在大体恢复到初始值时发震（图14-25）。

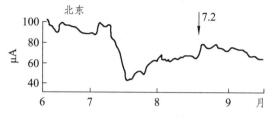

图14-24　彭县岷江齿轮厂北东向
土地电日均值曲线

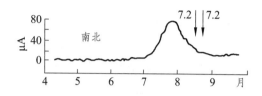

图14-25　康定中学南北向
土地电日均值曲线

从上述距震中远近不同的图像中，可以看出松潘、平武地震前，土地电短期异常形态特征大体有三种：一是上升或下降达峰值时发震，如小河中学土地电；二是下降迅速，上升缓慢，在上升过程中发震如彭县岷江齿轮厂北东向土地电；三是异常缓慢上升，达峰值后缓慢下降到基值时发震，如康定中学南北向土地电。

为了说明土地电的异常时间，异常幅度（强度）与震中的关系，现按距震中距离不同的十五个群测点短期异常资料列表14-3。

表14-3　土地电短期异常概况表[18]

地点	震中距离/km	异常起止时间	异常时间/月	异常幅度/μA	方位
松潘红星公社	40	1976年5月5日至8月1日	85	20	南北
南坪县地办	43	1976年5月25日至8月15日	83	25	北东
南坪县地办	43	1976年5月15日至8月15日	93	10	南北
南坪林业局中学	43	1976年8月5日至8月20日	16	7	垂直
平武九〇三厂	50	1976年7月23日至8月19日	27	25	东西
平武九〇三厂	50	1976年7月25日至8月26日	31	10	南北
茂汶县地办	120	1976年7月12日至8月22日	41	20	东
安县科委	124	1976年8月2日至8月24日	23	25	东西
若尔盖	140	1976年6月14日至8月8日	55	30	东西
绵竹	150	1976年8月5日至8月25日	21	20	绝对值
理县薛城	150	1976年7月13日至8月25日	43	28	南北
理县薛城	150	1976年6月11日至9月1日	80	27	北东
彭县岷江齿轮厂	170	1976年8月12日至8月22日	41	50	北东
邛崃	250	1976年8月14日至8月22日	9	90	南北
康定中学	360	1976年7月6日至8月26日	51	70	南北

表 14-3 还可看出各点所处的地质构造不同，出现异常时间也不一样。如位于文县和金汤弧形构造的松潘、南坪、若尔盖和理县在 5 月中、6 月初出现短期异常；位于龙门山后山断裂带及其附近的平武、茂汶在 7 月中下旬出现短期异常；位于龙门山前山或中滩铺断裂带附近的安县、绵竹、彭县、邛崃在 8 月初出现短期异常。这些可能与震源构造体系有密切联系。

三、土地电临震异常

松潘—平武地震前，发现临震十几个小时、几小时，甚至几分钟，土地电有明显的突跳和连续的或间断的电脉冲信号。从微安表上观测为间断的指针"摆动""扰动"和"突跳"等形式，自动记录的曲线为单一方向或双方向的脉冲振幅。如眉山五〇五厂测报组在松潘、平武几次大震前，土地电自动记录都出现了十分明显的突跳和脉冲信号。

关于土地电自动记录临震现象出现后，要多久才发生地震的问题，有的单位做了一些计算。根据国营光明器材厂对松潘、平武地震的震例统计（表 14-4），可看出临震信号出现的时间在震前几小时到几十小时，发震前均有几小时或二十几小时的平静时间。这对及时发出临震预报，果断采取防震措施、减少人畜伤亡和损失，非常重要。

表 14-4　成都光明器材厂土地电自动记录临震异常时间情况表[18]

时间	发震地点	震级	临震异常出现到发震时间/h	临震异常持续时间/h	发震前的平静时间/h
1976 年 8 月 16 日	松潘平武	7.2	7	6	1
1976 年 8 月 19 日	松潘平武	5.5	31	8	23
1976 年 8 月 22 日	松潘平武	6.7	46	40	6
1976 年 8 月 23 日	松潘平武	7.2	10	7	3
1976 年 8 月 28 日	松潘平武	4.2	9	1	8
1976 年 9 月 1 日	松潘平武	5.3	9	8	1
1976 年 9 月 2 日	松潘平武	4.3	8	2	6

土地电除了自动记录的外，还有很多群测点加密观测，用目视记录，同样获得大量临震信息。如什邡县工农烟厂测报组在几次大震前，都观测到明显的突跳和脉冲信号。

此外，像绵竹富新中学、大邑二〇二地质队、邛崃平落中学、温江地区五七师范学校等不少单位在松潘、平武地震前，都观测到临震的突跳和低频脉冲讯号。

利用土地电测报地震，要注意排除干扰因素，并结合其他方法进行综合分析和判断。

第五节　磁偏角

一、利用日幅差法测算出磁偏角的异常预报地震[18]

什邡气象站测报组，将磁偏角每天出现的极大值和极小值之差值变化作图分析，发现磁偏角异常有两个时段：一是从 1976 年 7 月 12 日开始到 8 月 2 日结束，异常期为 21 天；二是从 7 月 14 日开始到 7 月 30 日结束，异常期为 16 天。分别按二倍法算出，发震时间应是 8 月 15 日和 8 月 23 日。震前什邡气象站测报组向有关部门反映了这个意见。8 月 16 日、22 日和 23 日松潘、平武发生了 7.2 级、6.7 级和 7.2 级地震。计算的发震时间与实际发震时间相差很小（见图 14-26）。

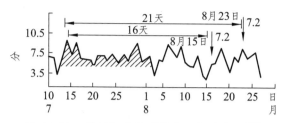

图 14-26　什邡气象站磁偏角日幅差曲线[18]

二、利用磁偏角的日均值法预报地震

灌县都江造纸厂将磁偏角每天各次观测的数值相加，除以观测次数，将得出的每日平均值进行作图分析，发现在震前一段时间里观测数值出现加强或减弱的情况，在曲线图上表现为 7 月 25 日至 8 月 5 日共 11 天的急剧下滑异常，按二倍法进行计算，发震时间为 8 月 16 日。实际发震时间与计算发震时间一致（图 14-27）。

三、利用双台日均差值预报地震[8]

彭县地震办公室利用不同地点两台土磁偏角仪对比的方法将两台日均值相减得出差数，绘成曲线，预报地震。该县湔江农机厂和锦江油嘴油泵厂的土磁偏角仪，位于同一经度，相距 40～50 km，仪器结构一样，工作原理相同。县地办利用两台同一天的日均值相减的差数作成曲线（图 14-28），从图上看出 8 月 5 日到 11 日为 6 天的异常时间根据以往经验，发震日期为异常时间的二至三倍，经推算发震时间为 8 月 17 日至 23 日。结果与实际发震时间基本一致。但是彭县地震办公室的同志原来计算在 8 月 17 日到 23 日之间可能会发生一次强烈地震，没有估计到这段时间会发生三次地震。这种利用双台磁偏角日均差值预报地震的方法值得进一步在实践中验证和研究。

四、利用磁偏角瞬时值预报地震[8]

以磁偏角每天观测的数值作成曲线，即日变曲线，根据日变规律以异常特征结合其他方法分析预报地震。排除外界干扰的情况下，从日变曲线上发现日变曲线上发现日变规律被破坏后 1 至 3 天即发生地震。如什邡县永兴中学磁偏角瞬时曲线，日变规律在 8 月 14 日、15 日被破坏，表现为幅差明显变小和低点不明显，结果在 8 月 16 日发展见如图 14-29 所示。

彭县岷山齿轮厂磁偏角瞬时值曲线的日变规律，于 8 月 13 日被破坏，在出现有两个波峰和波谷的形态后，第三天即 8 月 16 日发震，如图 14-30 所示。

邛崃县夹关中学磁偏角瞬时值曲线日变规律，在 8 月 14 日和 15 日被破坏，表现为日幅差变小和日变曲线出现明显低点位移，8 月 16 日发展见图 14-31。

中国计量科学院分院磁偏角曲线日变规律，在 8 月 21 日被破坏，出现瞬时曲线被拉平的异常现象。8 月 22 日、23 日先后发生 6.7 级和 7.2 级地震（图 14-32）。在松潘、平武地震预测预报的实践中，发现磁偏角在临震前也有突跳和低频脉冲信号。如大邑县新源煤矿的磁偏角，在 8 月 21 日 15 时 20 分摆动 0.8 分至 2.4 分后，过 14 个小时左右就发生了 6.7 级地震。8 月 23 日 8 时，11 时磁偏角出现大幅度的脉冲摆动，不到 30 分钟发生了第二次 7.2 级地震。

灌县都江造纸厂的磁偏角观测仪，在 8 月 16 日零时至 4 时出现大幅度的脉冲摆动，幅度达 5 分；21 时至 22 时又突跳 5 分，几分钟后发生了 7.2 级地震。23 日 7 时至 8 时突跳 6 分，9 时突跳 10 分，两小时后发生 7.2 级地震。

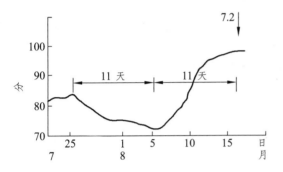

图 14-27　灌县都江造纸厂磁偏角日均值曲线

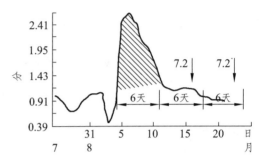

图 14-28　彭县湔江农机厂——锦江汕嘴油泵厂双台磁偏角日均曲线

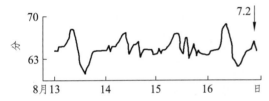

图 14-29　什邡永兴中学磁偏角瞬时值曲线

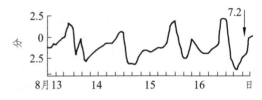

图 14-30　彭县岷江齿轮厂磁偏角瞬时值曲线

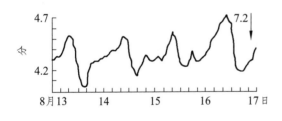

图 14-31　邛崃夹关中学磁偏角瞬时值曲线

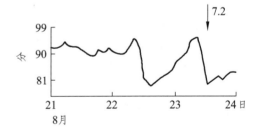

图 14-32　中国计量科学院分院磁偏角瞬时值曲线

第六节　地倾斜

一、水准倾斜仪

长钢四分厂南北水准倾斜仪，在经过较长时间平静后，从 1976 年 7 月 13 日起，水准气泡开始变化，日均值曲线开始单向偏高，倾斜量为 4 cm，这表明由于地震的孕育和发展，距离发震地点较近的地区，地壳变化比较剧烈而引起地形倾斜也较显著，显示出南高北低的短期异常状态如图 14-33 所示。

二、实验室的精密天秤

彭县岷江齿轮厂北东向平秤和大邑新源煤矿南北向天秤日均值曲线，在发震前一个月到二十天出现明显的异常。前者是东北向变化明显，北西向变化不突出，后者是南北向变化显著，东西向十分平静。对比分析后认为未来发震方向是在彭县、大邑以北的方向上，同实际发震方向一致（图 14-34、14-35、14-36）。

三、水准倾斜仪

汉旺四〇一厂水准仪地倾斜在 8 月 15 日 5 时，南北向往北出现了来回跳跃的现象，东西向往西偏离，仅在 16 日 22 时震前半小时，南北、东西方向水准仪均呈现急剧反向突跳和摆动。8 月 22 日、23 日地震也有这种情况，如图 14-37 所示。

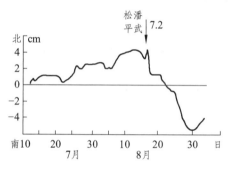

图 14-33　长城钢厂四分厂南北向水准仪日均值曲线　　图 14-34　彭县岷江齿轮厂天秤日均值曲线

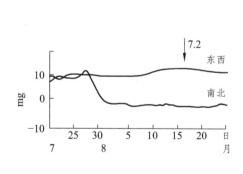

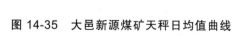

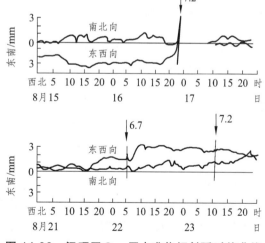

图 14-35　大邑新源煤矿天秤日均值曲线　　图 14-36　汉旺四〇一厂水准仪倾斜瞬时值曲线

四、警报器

（1）长城钢厂四分厂悬垂式八方向地倾斜警报器在 8 月 16 日、22 日、23 日几次地震均提前几十分钟至几小时发出警报。

（2）冕宁县地震办公室的垂直警报器提前一至两天发出警报。

五、倾斜仪

（1）茂汶县地震办公室重锤地倾斜仪（6米长），在8月13日至16日往北东、南西方向摆动；水平摆倾斜仪南北向光点来回摆动3 mm。

（2）四川省林业局汽车修配厂水平摆倾斜自动记录，在8月16日、22日和23日地震前一至两天记录到一种周期为5 s的脉动谐波临震异常信号。

（3）成都工具研究所电感微摆倾斜自动记录同样在震前一至两小时记录到了临震突跳、摆动的现象。

（4）中国计量科学研究院分院测报组利用激光地倾斜仪进行观测，发现在8月16日、22日和23日三次强烈地震前地壳活动相当剧烈，从仪器上看到干涉环出现剧烈摆动，干涉条纹时而不见，时而重现，这种现象持续几小时，然后经过十小时左右的平静，地震即发生。

六、天秤

（1）灌县青城纸厂8月16日21时正使用天秤做产品测量，突然天秤摆动起来光点出格，半小时后发震。

（2）绵竹县清平磷矿东西向天秤临震前也观测到了突跳、摆动情况。

第七节　水　氡

松潘—平武7.2级地震前，许多地下水点的氡含量有明显变化[19]。如松潘、茂汶、自贡、武都、宝鸡等水氡观测站。

一、松潘、茂汶等水氡观测点的中期异常

从1975年3月开始，就先后出现程度不同的异常变化。其中较为突出的是震中附近的松潘、茂汶等水氡观测点。

（1）松潘：从1975年3月份的36.90埃曼的低值开始急剧上升。10月份到达最高值47.52埃曼（一升水中有10^{-10}居里的氡含量称为1埃曼），相对变化为29%；1976年2月份又从45.32埃曼开始下降，6月低最低为35.67埃曼。3至7月氡值较稳定，基本变化不大。为长趋势正常，持续时间约16个月见图14-37。

（2）茂汶：从1975年9月的11.17埃曼开始趋势性下降，到1976年3月降到低值9.61埃曼，相对变化14%，后又缓慢回升，8月初基本回到正常值，为长趋势负异常，异常时间约11个月（图14-37）。

二、水氡短期异常

出现短期异常的水点有：平武、通渭、汶川映秀湾、自贡、康定和巴塘等。

平武点异常起于 1976 年 6 月 30 日的 20.4 埃曼，以后开始下降，8 月 9 日最低为 12.4 埃曼，相对变化 39%，在震前稍有恢复，为短期负异常，持续 41 天（见图 14-38）。

三、水氡临震异常

出现临震异常的点有康定姑咱、甘孜、兰州、南坪等。其中最为突出的是康定姑咱和甘孜两点。姑咱水点，1976 年 8 月 10 日早晚氡值分别为 16.10 埃曼和 7.26 埃曼，较平常 9～10 埃曼变化 69% 和 20%，异常出现后 6 天发震（图 14-37）。

甘孜水点，氡值从 1976 年 8 月 2 日的 12.0 埃曼起，开始跳动变化，8 月 8 日为 6.9 埃曼，12 日为 6.4 埃曼，14 日为 6.8 埃曼，与 8 月 2 日对比，氡值变化分别为 42%、47%、43%，异常出现 8 天、4 天和 2 天后发震（图 14-38）。

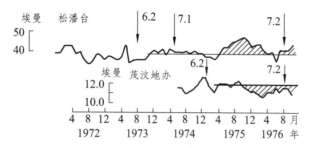

图 14-37　松潘—平武 7.2 级地震水氡趋势异常[23]

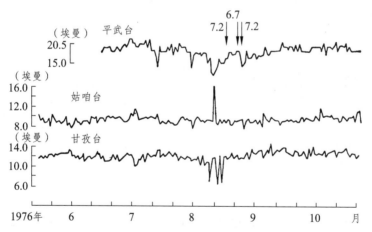

图 14-38　松潘—平武 7.2 级地震水氡短期临震异常日均值曲线图[23]

第八节　重　力

一、中短期[18]

（1）国家地震局物探队，在松潘、平武地区，于 1974 年和 1976 年进行流动重力测量，将两次测量结果进行比较，发现在距离震中约 100 km 的银杏到汶川之间，出现 440 微伽的重力负异常，异常时间一年以上。

（2）从成都基准台和甘肃天水台的定点静态重力观测资料中可以看出：成都基准台从1975年12月开始大幅度下降，到1976年4月份达到最低值，平均变化率为500微伽/月。1976年5月份开始回升，到8月份恢复到顶点，平均变化率为300微伽/月，为明显的负异常。

（3）天水台，从1976年1月开始大幅度上升，到1976年3月份达峰值，平均变化率为67微伽/月。4月开始转折，缓慢下降，到8月份，平均变化为16微伽/月，为明显正常如图14-39所示。天水台的异常比成都台出现得晚，转折较早，而且为正异常，说明由于距震中远近不同，重力的特点也不一样。

在日均值图中可以看出，成都基准台从1976年8月8日以来，连续出现低值段，18日开始增大，从8月8日到8月20日为明显的负异常段。天水台的重力值从7月22日到8月21日出现明显正负异常段。并在8月8日有一小波折。此时正是成都基准台开始出现异常时间。说明远离震中的台出现短期异常比靠近震中的台要来得早，如图14-40所示。

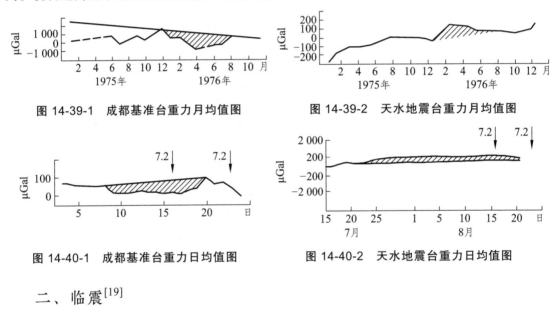

图 14-39-1　成都基准台重力月均值图　　　　图 14-39-2　天水地震台重力月均值图

图 14-40-1　成都基准台重力日均值图　　　　图 14-40-2　天水地震台重力日均值图

二、临震[19]

成都基准台的天文钟，平时走得很准，每天钟差变化不超过0.5 s。但在这次松潘、平武7.2级地震前1～2天，天文钟每天的快慢变化却达2 s左右，震后又恢复正常。这一现象说明地震前震中附近地区的重力发生了急剧的变化。因为重力小，钟摆就走得慢，重力大，钟摆就走得快。

第九节　波速比

松潘、平武的波速比值从1972年2月开始缓慢下降，由1.77降至1.67左右，1976年7月回升，整个异常持续时间为4年6个月。如图14-41[18]所示。

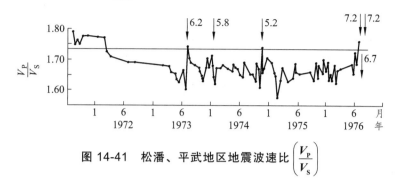

图 14-41 松潘、平武地区地震波速比 $\left(\dfrac{V_{\mathrm P}}{V_{\mathrm s}}\right)$

第十节 松潘地震微观异常特征

一、地应力、土应力中长期、短临微观异常（据王生富、蔡乃成、李有才）

地应力、土应力中长期、短临微观异常见表 14-5 所示。

表 14-5 地应力、土应力中长期及短临震微观异常

中长期			短期			临震		
方法及时间	地点	异常	方法及时间	地点	异常	方法及时间	地点	异常
地应力电感法 1971-4— 1974-10	汶川台（距震中 180km）	上升正弦曲线	1976-6-8 历时 8 天	汶川台	大幅度下降，异常幅值 300 μH	地应力 8 月 12、13 日 N50°W 元件有 80 μH 大幅度的突跳，N10°E，北 70°E 元件 40 μH 幅度的突跳，经过 3～4 天之后 8 月 16 日 22 时 06 分发震	汶川	下降达到低值松潘发生 7.2 级地震。三个元件的观察值突跳幅度较大，临震前达 140～200 μH，N50°W，N70°E 元件分别出现 145 μH 和 130 μH
地应力 1975-11— 1976-5	泸定台（距震中 350 km）	异常时间 10 个左右，异常幅值为 200～300 μH	土应力 1976 年 6 月初下降至 7、8 月初异常持续时间 70 天左右，变化 10 μA	郫县走石山	1976 年 6 月初开始下降，7～8 月达到最高值附近就发生松潘 7.2 级地震	地应力 1976 年 8 月 16 日发生地震	康定中心站，发现泸定台三个方向大幅度突跳	异常幅值达 50～100 μH，平静三天后发生地震
地应力 1975-9—	松潘台（距震中 50 km）	一直大幅度下降，低值发生地震，幅度 5.7 欧姆（1 欧姆=100 微亨左右）	土应力 1976 年 6 月初	彭县岷江齿轮厂	土应曲线开始异常，持续 70～80 天幅值 10 mV 左右	地应力 1976 年 8 月 20 日、21 日	康定中心站、泸定台	仅 N10°W 电感瞬时值异常曲线又出现大幅度跳动，变化幅度达 100 微亨以上，结果经 1～2 天平静后，于 8 月 22、23 日分别发生 6.7 级和 7.2 级地震

续表

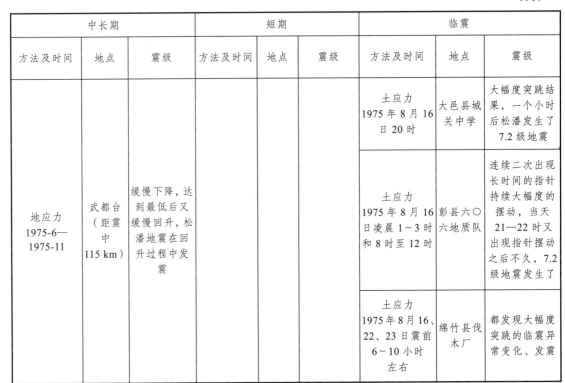

中长期			短期			临震		
方法及时间	地点	震级	方法及时间	地点	震级	方法及时间	地点	震级
地应力 1975-6— 1975-11	武都台 （距震中 115 km）	缓慢下降，达 到最低后又 缓慢回升，松 潘地震在回 升过程中发 震				土应力 1975 年 8 月 16 日 20 时	大邑县城 关中学	大幅度突跳结 果，一个小时 后松潘发生了 7.2 级地震
						土应力 1975 年 8 月 16 日凌晨 1～3 时 和 8 时至 12 时	彭县六〇 六地质队	连续二次出现 长时间的指针 持续大幅度的 摆动，当天 21—22 时又 出现指针摆动 之后不久，7.2 级地震发生了
						土应力 1975 年 8 月 16、 22、23 日震前 6～10 小时 左右	绵竹县伐 木厂	都发现大幅度 突跳的临震异 常变化、发震

（一）地应力微观异常特征

（1）电感法地应力：中长期趋势异常特征：汶川台 N10°E 元件具有较突出的异常变，从 1971 年 4 月建台到 1974 年 10 月电感月均值异常曲线表现为有规律的趋势性上升的正弦曲线。属于正常变化。1974 年 10 月份以后，电感曲线出现了偏离正常背景大幅度下降的异常变化。1976 年 6～8 月达到低值，松潘 7.2 级地震就在低值附近发生的。异常变化幅度为 300μH 左右，异常时间 22 个月，震后未回升，继续下降。

电感速率月均值主应力方向也呈现了有规律的变化，1976 年 1～3 月份电感速率月均值主应力方向是往负方向偏转，偏转角度为 1°～11°；但 4 月份以后，电感速率月均值主应力方向出现了由负方向往正方向的偏移，偏转角为 2°～7°；持续时间为 5 个月左右，到 8 月份发生 7.2 级地震后恢复到 3 月份前的正常情况。这与 1975 年 2 月 4 日海城 7.3 级地震有大致类似的情况。

（2）松潘台：采用压磁应力，单位为 Ω。距震中 50 km，地应力变化最为直接，松潘地震是下降在低值附近发生的，震继续下降。变化幅度为 5.7 欧姆（1 Ω 大致为 100 μH 左右），比其他离震中远的台明显地要大很多。这反映了震中区地应力高集中和剧烈活动。

（二）临震异常特征

松潘地震中，发现临震异常一般是在震前几天甚至几个小时才出现大幅度的突跳变化。

（三）土应力异常

在土应力观测中，位于大断裂附近的测报点，在震前几天至半个月左右的时间，就观测到大幅度突跳的异常变化，反映了在震中附近大断裂带上地应力急剧变化的过程。在这种情况下，由于异常曲线突跳出现的时间比较早，这时如果不结合短期趋势预报意见，而只是单纯根据突跳就进行临震预报，很明显是会出现虚报。

（四）小结——几点认识[19]

（1）电感异常曲线具有 1—2 年的中长期趋势异常背景。电感月均速率方向，在大震前 4～5 个月表现为有规律地向相反方向偏转，震后又恢复正常。

（2）电感异常曲线的变化幅度，一般在震中区附近异常变化幅度比外围地区大。

（3）以往震例，地应力电感异常曲线的变化，一般具有下降—平稳—回升—发震的特点；但松潘 7.2 级地震中，如松潘、汶川等台，电感异常曲线不是回升的过程中发震的，而是在异常曲线下降的过程或异常曲线下降到低值附近发震。这与以往明显不同。

（4）松潘地震，再一次证明了电感异常曲线在震前几天或几小时确有临震的大幅度突跳异常。因此，在有短期趋势预报的前提下，根据临震前出现的大幅度突跳异常变化，可以作为临震预报的一个依据。

当然，还继续解决的问题是：仪器观测条件、探头下井安装、观测点位置的选择，观测成果的分析研究及资料处理等问题，以提高预测预报水平。

二、水氡观测点中长期、短临微观异常特征（据贺天培）

（1）水氡观测点中长期微观异常特征见表 14-6。

（2）水氡观测点短期微观异常特征见表 14-7。

（3）水氡观测点临震微观异常特征见表 14-8。

（4）水氡观测点大震前群震情况见表 14-9。

表 14-6　水氡观测点中长期微观异常特征

水点	震中距/km	异常起止时间	异常时间	异常类型	变化幅度	备注
松潘	50	1975-4—1976-8	16 月	正趋势异常	29%	1974-8—1975-9 水点附近施工，对激发变化有一定影响
茂汶（I）	110	1975-9—1976-8	11 月	负趋势异常	13%	
武都	120	1975-12—	8 月	正趋势异常	30%	
姑咱	350	1976-1—	>7 月	负趋势异常	12%	
康定	340	1976-1—	>7 月	负趋势异常	61%	
自贡	360	1976-5—	>3 月	负趋势异常	35%	
甘孜	400	1976-5—1976-8	3 月	与水温变化不一致		

表 14 7　水氡观测点短期微观异常特征

水点	震中距/km	异常起止时间	异常时间	异常类型	变化幅度	备注
平武	50	1976-7-8—	>40 天	负短期异常	88%	
映秀湾	190	1976-7-23—8-16	24 天	正短期异常	35%	
康定	340		25 天	正短期异常	81%	7—8 月以后才有资料
通渭	260		27 天	正短期异常	10%	
自贡	360		≥19 天	负短期异常	45%	
巴塘	500		20 天	正短期异常	113%	

表 14-8　水氡观测点临震微观异常特征

水点	震中距/千米	异常起止时间	异常时间	异常类型	变化幅度	备注
平武	50	8-5—8-16		负突跳异常	88%	
南坪九寨	80	8-13—		正突跳异常	65%	
茂汶（Ⅱ）	120	8-16—		正突跳异常	56%	观测时间较短
姑咱	350	8-10—		正突跳异常	70%	
甘孜	400	8-8、8-12、8-14		三次负突跳异常	40%	
西吉	300	8-13		正突跳异常	15%	

表 14-9　水氡观测点大震前群震情况

时间	突跳标准	突跳次数	对应五级以上地震次数	对应的百分比
1970-10—1976-12	16.0 埃曼以上	3	3	100%
	14.0 埃曼以上	5	4	80%
1975-1—1976-12	11.0 埃曼以上	13	9	69%

根据松潘 7.2 级地震前水氡微观异常特征得出以下几点认识。

（1）各测点台站趋势异常时间的长短似与震中距离有关。离震中近，异常出现早，离震中远，异常出现晚。

（2）松潘地震前趋势异常范围达 400 km，松潘等台趋势异常达 16 个月。异常范围之广，异常时间之长，都超过以往的中强震。"总结更多的震例，也许可以从趋势异常范围和时间寻找预报震级的方法"[17]。

（3）多数台站未见有短期趋势异常。大都是在中长期趋势异常结束后发震。仅少数台在震前一个月左右出现短期异常，震前几天到十几天出现临震突跳异常。其中以姑咱台水氡临震突跳最为突出。

（4）松潘地震中，除姑咱等少数台观测到临震突跳现象外，大部分台未观测到临震突跳。其原因可能是突跳时间短暂，观测次数少（一天只测两次）而被漏掉了。因此，为了捕捉临震突跳，准确预报发震时间，应该发展连续自记水氡观测。

三、重力异常

（一）中长期、短期微观异常

成都台、天水台中长期、短期微观异常见表14-10。

表 14-10　成都台、天水台中长期及短期异常[13]

台名	震中距/km	中长期趋势异常		短期异常	
		起止时间	最大异常幅度	起止时间	最大异常幅度
成都基准台	180	1975-12—1976-8	2500 微伽	1976-8-8—8-23	160 微伽
天水台	300	1976-1—6	200 微伽	1976-7-22—8-21	40 微伽

（二）几点认识

（1）通过分析成都基准台与天水台重力资料[24]，我们发现近震中台中长期趋势异常来得早，短期异常来得晚；远震中台却相反，中长期趋势异常来得晚，短期异常来得早。当然，因台数太少，这种现象是否是规律还需进一步摸索。

（2）用重力复测方法预报地震三要素，目前还处在试验探索阶段，比其他手段更欠成熟。例如对震级的估计尚无成功的震例可供借鉴。看来，仅靠异常幅度是不够的。但如何综合分析异常的幅度和异常持续时间等因素，来估计震级等一系列课题，还有待今后工作。

（3）实践证明，重力静态观测对监视大震的中长期趋势、短期异常是有意义的。尽管震前重力观测易受干扰，但只要地震前地壳某处由于积累应力，导致地壳变形，或引起地壳内物质移动必然会引起重力场改变，我们便可在实际工作中逐步摸清它的规律，找出中长期趋势及短期异常的特点。

四、地变形

（1）一次大地震的孕育和发生，在一定范围内伴随有较长时间的地变形异常。从1960年起松潘、南坪地区的垂直变形就有异常变化。因此，可以认为，在震中地区异常出现的时间可能比外围地区更早。松潘地震的孕育时间是相当长的，在整个地震的孕育时间内，异常发展的不同阶段也是比较明显的。总的来看，异常经历了开始—加速—反向—发震—恢复的几个过程。

（2）通过松潘地震可以看到，变形异常往往和一定地区的活动性断裂构造相联系。因此，利用变形异常分析研究未来的发展构造，圈定震中的大致位置是有一定意义的。

（3）松潘地震预测预报的实践说明，地壳变形测量的点、线、面结合，对捕捉大地震是有效的。

（4）地震三要素预报。

① 关于地点预报：

a. 一般看来越近震中区的变形台站，中长期趋势异常出现越早，越明显。

b. 根据变形异常所出现的构造部位，并结合其他资料，可以判断震中的大致位置。

② 关于时间预报：

a. 根据变形差异性运动异常，做长期预报。

b. 根据形迹的加速运动（包括台站）作中期预报。

c. 根据变形的反向运动或加速后突然稳定作短期预报。

d. 根据台站观测的突跳异常作临震预报。

③ 关于震级预报：

a. 异常范围大，异常时间长，震级就大。7 级以上地震变形异常范围一般 300 km 左右。

b. 一个 7 级以上地震，台站变形异常持续时间一般在一年以上，震中越近，时间越长，甚至可达几年时间。

c. 7 级以上地震，短期趋势异常时间一般在一个月左右或更长时间。

d. 还可参考 $M = 2.67 \lg L + 2.6$ 经验公式计算震级。

（5）几点看法。

① 在离震中 500 km 范围内的各种其他地倾斜仪，对一个 7 级以上的大震，大都有短期和临震异常反映。

② 观测到的短期异常表现为平稳—上升—下降—平稳—发震几个阶段，与矢量曲线出现的打结或急拐的现象是一致的。

③ 记录到的临震异常现象比水平摆倾斜仪更为丰富多样，如垂锤在震前几分钟到几小时有摆动；天秤在震前几分钟到 1～2 天突然偏转出格，甚至无法读数；水准仪气泡在震前 1～2 小时内突然来回摆动，并且发生明显错位等特点。

④ 震前所记录到的倾斜方向有指向震中和背向震中的特点，由此根据倾斜方向可以确定未来地震的大致方向。

⑤ 观测的异常一般对于震级的大小难以估计。但有的测报点根据松潘地震及以往震例总结认为：旬均值，与日均值矢量曲线打结后，往往可以对应 5 级以上地震。

⑥ 激光地倾斜仪，CD-1 地倾斜仪具有干扰小、观测比较直观或连续可见、效果良好等优点，看来，以上两种仪器经过适当的改进，效果更好。

⑦ 水平摆地倾斜仪，在大震前所观测到的地壳运动，影响范围之大可达 700 km，异常持续时间可达数月，异常变化幅度最大可达 2 s。

⑧ 不论台址在山洞或地表，多数地倾斜台是能观测到年变化规律的。在大震前 1～2 月破坏了年变规律，并在临震前出现反向突变或急转向，故该手段可为短期和临震预报提供可贵的资料。

⑨ 震前 1～2 天，绝大多数地倾斜台倾斜矢量有指向或背向震中的特点，震 1～2 天有部分台（只占 50%）地倾斜矢量发生转向或偏转，有部分台站的倾斜矢量并不改变原来方向。根据多数地倾斜台所出现的势指向，如结合其他资料，可以判断发震的大致地点。

第十五章　龙陵地震微观前兆

1976 年 5 月 29 日，我国云南省西部地区的龙陵县先后发生了两组强烈地震。第一组地震发生在 20 时 23 分，最大震级 7.3 级，震中位置为北纬 24°22′，东经 98°38′，震源深度 20 km；第二组地震发生在 22 时，最大震级为 7.4 级，震中位置为北纬 24°33′，东经 98°45′，震源深度 20 km。两组地震的最高烈度均为 IX 度。

这两组地震使龙陵县的镇安、朝阳、勐冒、平达等 16 个公社遭受重灾，其余公社受到不同程度的破坏，全部受灾面积约 1 883 km²，房屋倒塌和损坏达 42 万余间，工农业生产建设遭受不同程度的破坏。但是由于震前做了预报，中共云南省委及震区各级党政部门采取了防震措施，死亡人数为受灾地区总人数的千分之零点五。

龙陵地震的预测预报大体经历了中期、短期、临震三个阶段。5 月 29 日有感前震发生后，龙陵县地震办公室根据中长期背景及有关前兆资料，估计前震后面可能还有大震发生，因此县委立即向全县发出了防震、抗震通知，并组织专人观察宏观异常。大震前十分钟左右，县地震办公室工作人员看到县城西山坡后出现了带状橘红色地光，立即拉响了警报器，做出了临震预报[22]。

第一节　概　述

一、龙陵县简况

龙陵县位于保山地区西南部，面积 2 884 km²，人口 20 万，主要分布在坝区，少数民族人口占总人口的 4.3%。

龙陵县地处山区，地势大体为北高南低、东高西低，东部海拔一般在 2 000 m 以上，最高的大雪山海拔 3 001.6 m，西南海拔较低多在 1 000～2 000 m。最低点为怒江流出该县的水面，海拔 523 m，最高最低两地相距 47 km，高差达 2 478.6 m。

全县以农业为主，全县 432.6 万亩（1 亩 = 1/15 公顷）土地中，林地 112.8 万亩，灌木林地 52 万亩，耕地 32.3 万亩，耕地占全县土地面积的 7.5%。稻田 14.8 万亩，旱地 17.4 万亩。

昆明—田宛町干线公路，穿过县境，有公路与腾冲县（现腾冲市）相通，还有总长为 343 km 的农村简易公路。当时仍有少数地区尚未通车。

二、地震与灾情[14]

1．地震基本参数与地震活动特点（表 15-1）

表 15-1　龙陵地震基本参数表

地震日期	发震时刻（北京时间）	震中位置		震源深度/km	震级（M_S）	震中地点	震中烈度
		北　纬	东　经				
1976-5-29	20:23:18	24°22′	98°38′	20	7.3	邦公、大厂；平达	IX
1976-5-29	20:00:23	24°33′	98°45′	20	7.4	镇安；金竹坪	IX

龙陵地震类型属震群型。前震不多，只有 15 个，最大震级 5.2 级。主震震级在同类型地震中是比较高的，且余震活动频度高、强度大。从 5 月 29 日至 12 月底止，共发生 5～5.9 级余震 14 次，6～6.9 级 6 次。余震活动具有明显的阶段性，即在每次 6 级以上地震发生之前，震区内≥4 级地震均呈现相对平静的阶段。余震分布大体呈北北西向和北东向两组相交的活动带。中强余震活动具有南北迁移的特点。

2．主要灾情

保山地区、临沧地区、德宏州灾情严重的共有 16 个区 51 个乡。人员死亡 98 人，重伤 451 人，轻伤 1 991 人。倒塌和破坏房屋约 42 万间，破坏公路 620 km，破坏中小水库 127 座和农田 40 万亩，损坏粮食 573 万斤（1 斤 = 0.5 kg），损失各种物资 4 500 多万元。

龙陵县全县 14 个区 1 个镇，126 个乡，923 个村，34 262 户，不同程度地遭受到地震灾害。其中镇安、平达、朝阳、勐冒和县城等地受灾最重。全县死亡 73 人，重伤 235 人，轻伤 965 人。全县农户原有房屋 66 925 幢，多为穿木斗木屋架土坯墙结构，全部倒平 3 867 幢，约 29 万平方米，其中 180 幢被滑坡毁坏。严重破坏的有 20 276 幢，约 152 万平方米。国家机关、厂矿企事业单位原有房屋 503 137 平方米，多为砖柱承重土坯墙或砖墙承重房屋，全部倒平 14.2 万平方米，严重破坏 25 万平方米。大坝红茶精制厂，投资 90 多万元，用 3 年时间建成。5 月 20 日试车，26 日正式投产，29 日大震时全部倒平。

第二节　地应力

1975 年下半年，云南地区的下关、剑川、昆明、建水等地应力站，先后观测到明显的中期趋势异常。1975 年 10 月前后，距震中 100～200 km 范围内的永平、下关、南涧等地的简易应力仪观测点，差不多在同一时间段内，出现了趋势性异常。1976 年 4 月底 5 月初到大震前，特别是 5 月中旬前后，地应力观测出现了大范围、大幅度的临震。

一、电感地应力仪观测到的中期趋势异常特征

龙陵地震前电感地应力的中期趋势异常在异常形态、异常起始时间、异常幅度等方面有下述特征：

（1）震前，电感地应力日元值异常曲线的基本形态为：下降—平稳—回升—发震的谷形异常和上升—平稳—下降—发震的峰形异常。异常范围远至昆明、建水等站，距震中 400～450 km（图 15-1）。

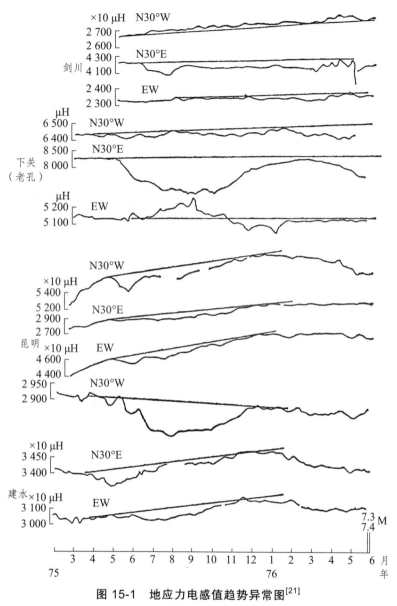

图 15-1　地应力电感值趋势异常图[21]

（2）异常时间，无论是距震中较近的下关、剑川，还是距震中较远的昆明、建水，均从 1975 年 6 月前后开始出现。距震中近的，如下关、剑川两站，其趋势异常，在震前 2～3 个月结束，持续时间长达 250 天；而距震中较远的昆明、建水等站，其趋势异常较前者早 2～3 个月结束，整个异常持续时间约 200 天（表 15-2）。

（3）异常幅度，从表 15-2 可以看出，各站异常的相对变化幅度，随震中距加大而逐渐减小，如近震中的下关、剑川两站，其相对变化幅度为 14%～22%。距震中较远的昆明、建水两站其变化幅度为 11%。

表 15-2　电感地应力中期异常特征

站名	震中距/km	异常开始时间	异常结束时间	异常持续时间/d	异常转折时间	相对变化幅度/%	备注
下关	170	1975-5	1976-2	250	1975.11	22.0	
剑川	250	1975-6	1976-4	280	1975.11	14.0	
昆明	405	1975-6	1976-1	220	1975.9	11.0	
建水	430	1975-5	1975-12	200	1975.8	11.0	

二、简易地应力仪观测中期趋势异常特征

龙陵地震前后,工作人员搜集了 15 个简易地应力观测站的资料,表明中期异常具有下述特征:

（1）异常形态与电感地应力异常形态一样,大多数观测点,经历了下降—平稳—回升—发震的过程,少数表现为上升—平稳—下降—发震,有时地震也发生在观测值开始回升的过程中（图 15-2）。

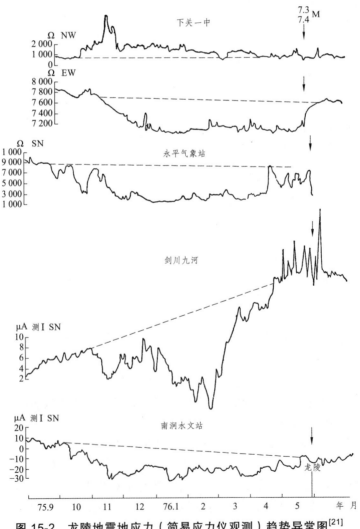

图 15-2　龙陵地震地应力（简易应力仪观测）趋势异常图[21]

异常的范围，从距震中 110 km 的永平至距震中 300 km 的武定，均观察到了比较明显的异常，但仍不及电感地应力的异常变化范围广。

（2）异常时间离震中近的开始早，持续时间长；离震中远的开始晚，持续时间短。如离震中 110 km 的永平气象站简易地应力仪测值，异常开始于 1975 年 9 月 20 日，结束于 1976 年 4 月 16 日，持续了 205 天，而距震中 170 km 左右的下关、南涧等观测点，其异常大致都从 10 月下旬开始，持续时间约 180 天；离震中 260 km 和 360 km 的剑川、武定等观测点，先后于 1975 年 11 月和 1976 年 4 月开始出现异常，异常持续时间分别为 170 d 和 60 d。异常结束时间，除个别点外，大多数都在震前一月或半月内，即在 1976 年 4 月下旬或 5 月中间结束。许多观测点的测值回到或接近异常初始值。

（3）异常幅度的变化趋势，其总的特征是近大远小。如近震中的永平气象站，异常幅度达 18.4%，而离震中较远的武定中学，异常幅度仅为 10%（表 15-3）。

表 15-3 电感地应力中期异常特征[21]

站名	震中距/km	异常开始时间	异常持续时间/d	异常相对幅度%	备注
永平	110	1975 年 9 月	205	18.4	
南涧	120	1975 年 10 月	180	45.0※	
下关	175	1975 年 11 月	175	12.8	
宾川	175	1975 年 10 月下旬	180	13.0	
九河	225	1975 年 11 月	180	20.2※	
南华	260	1976 年 4 月	60	14.0※	
武定	360	1976 年 4 月	60	10.0※	

注：凡带※者测量单位为微安，其他为欧姆。

三、短临异常特征

按照前述，短期异常的起始和结束时间，分别为第二极值点出现直至测值恢复到正常值附近为划分标准，发现下关、剑川两站电感地应力第二极值点出现于 1975 年 11 月前后，于 1976 年 2 月—4 月恢复正常值（即基线值）附近，简易地应力仪测值第二极值点出现较晚，多数出现在 1976 年 1—2 月，分别于 1976 年 4 月中下旬恢复至正常值附近，短期异常时间持续约二至三个月。

震前一个月至发震当天（即 1976 年 4 月底至 5 月下旬），电感地应力及简易地应力均出现了大量的临震异常。在大致相同的时段内，从距震中 110 公里的永平到距震中 400 多千米的昆明、嵩明的广大范围内，观测值出现大幅度的异常。

这种大幅度的异常，最先开始于剑川站，从 1976 年 4 月 15 日开始一直到发震当天，测值一直处于波动当中。跳动幅度一般为 1 040~1 260 μH，震前五天，即 5 月 25 日最大幅度达 3 980 μH。震后测值恢复至正常值附近，跳动也停止了。在剑川站电感地应力出现大幅度跳动之后几天，与该站相距仅十多千米的九河地质队的简易地应力观测点于 4 月下旬开始至发震当天，两个方向的测值亦同时出现幅度达 5~15 μA 的跳动（图 15-3）。在差不多同一时间内，出现大幅度跳动的还有永平气象站的简易地应力观测点。

　　震前 10～15 天，地应力临震显示更加明显，在这段时间内，一些离震中较近的应力站（点）测值的跳动幅度加大，频度增高。而离震中较远的一些观测站（点），如昆明、嵩明也出现了大幅度升降跳动异常。昆明站 5 月 15～18 日 EW 向元件电感值突降 480 μH，震后稳定；5 月 17 日嵩明站 N30°E 元件电感值出现跳动，跳动幅度达 570 μH；5 月 27 日下关站 N300°E 元件电感值突然上升 335 μH（图 15-4），震前几分钟该站工作人员进行观测时，发现指针摆动很大，其频度为每秒钟 5～6 次，无法正常观测。震后此现象消失。

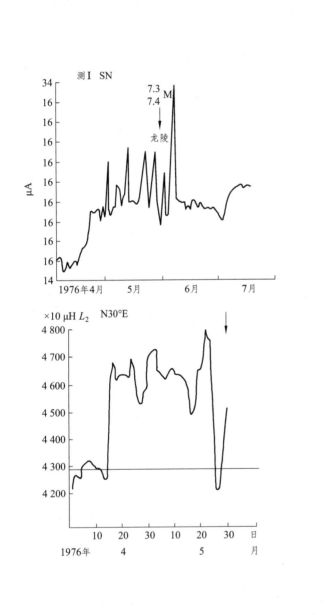

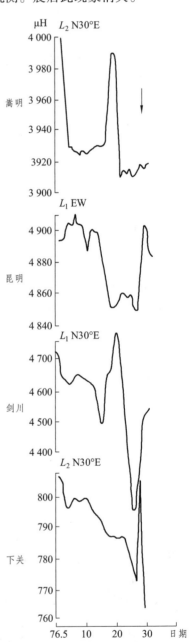

图 15-3　剑川电感应力仪、九河简易应力仪临震前观测值出现同步突跳[21]

图 15-4　地应力电厂值临震突跳异常特征[21]

第三节 土地电

龙陵地震文献[19]分析和整理了 30 多个观测点的土地电资料，发现地震前在震中距 400 ~ 500 km 的范围内，有相当一部分观测点的土地电曾出现明显的中期和短临震异常。出现中期异常的点多位于距震中 100 km 左右的范围内，位于 400 ~ 500 km 距离的点一般仅有临震异常反映。

一、中期异常特征

（一）异常发展的阶段性

震中及外围地区有几十个测点的土地电日均值异常图，按其形态大致可分为峰形、谷形、上升形、下降形等四种异常图像。距震中大约 70 km 范围之内的龙陵、腾冲、保山、昌宁等观测点的异常形态，绝大多数为峰形异常，个别点为谷形异常。

两种异常形态的共同特点是：异常随着时间的变化，大致可以分出下述四个发展阶段。

第一阶段为异常初期。在距震中 70 km 范围之内的有龙陵、腾冲、昌宁等土地电观测点，这些点的观测值差不多同时从 1975 年 12 月中旬或下旬开始，出现大幅度的上升或下降，一直到 1976 年 2 月或 4 月，分别上升或下降到最高值或最低值（图 15-5）。

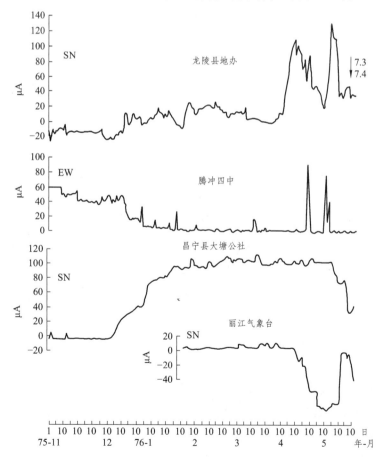

图 15-5 龙陵地震前土地电中期异常

如龙陵县地震办公室（以下简称地办）的土地电观测点，距震中 15 km，电极为碳、铅异性极，埋深 2 m，在当地潜水面以下。该点南北向土地电从 1975 年 12 月 12 日的 – 26 μA 开始逐渐上升，至 1976 年 4 月 20 日上升到 110 μA，出现第一极值点。上升幅度达 136 μA。昌宁大塘（距震中 60 km）南北向土地电，在 1975 年 12 月 12 日之前的四个多月时间内，测值一直比较稳定，变化幅度仅 4 μA 左右。同年 12 月 12 日与龙陵县地办土地电同一天突然开始上升。至 1976 年 2 月 7 日上升到 105 μA，第一极值点比龙陵地办早出现两个月左右。而同一点的东西向土地电，于 1975 年 11 月 1 日开始上升，异常开始时间比南北向的早一个半月左右。腾冲县第四中学（距震中 40 km）东西向土地电，1975 年 12 月 1 日观测值从 64 μA 开始下降，至 1976 年 2 月 5 日下降到 1 μA，也完成了第一阶段异常。

第二阶段为异常中期。上述各点，从 1976 年 2 月或 4 月第一极值点出现后，直到震前一至半月时间内，观测值处于高值或低值段上波动。在这一阶段内，多数点的曲线形态较为平稳。

第三阶段为异常结束阶段。最后一个极值点出现以后，各点观测值分别与它第一阶段相比，出现反向弯，使异常形态呈峰形或谷形。如昌宁大塘南北向土地电，最后一个极值点出现在 5 月 14 日，自此以后，观测值与异常初期相比，呈现出反向变化，表现为大幅度的下降，即从 5 月 14 日的 101 μA，至震前一天 5 月 28 日下降到了 32 μA，半月内观测值下降 68 μA。整个异常经历了上升—高值平稳—下降的过程，异常形态呈现峰形。

第四阶段为临震阶段。震前半月至发震当天，在广大范围内的许多观测点上，观测值出现大幅度跳动或腾冲（详见后续内容）。

（二）异常发展的时空演变特征

我们把三十多个土地电点开始出现异常的时间、异常持续时间和异常的最大变化幅度进行对比，发现在震中距 100 km 范围以内的龙陵、腾冲、昌宁等地的土地电，一般都在 1975 年 11 月 ~ 12 月开始出现异常；最大异常幅度为正常值的 500% ~ 700%；异常持续时间 5 ~ 6 个月。

而距震中 300 km 左右范围以内的丽江、元谋、思茅等地的土地电，除个别点外，一般都在 1976 年 4 月中旬前后开始出现异常，异常持续时间一个半月左右，异常幅度除个别点外，一般仅 100% ~ 300%。

离震中 500 km 左右的巧家、东川、个旧一带的土地电，一般多在 5 月初至震前半月的 5 月中旬才开始出现异常。异常持续时间仅一至半个月，但异常幅度却较大。

由图 15-6 来看，龙陵地震前土地电的时空演变特征，显示出异常开始和持续时间、异常幅度都有随震中距加大出现规律性的现象。一般特点是，近震中的观测点，异常开始早、持续时间长、异常幅度大。而远离震中的观测点则相反，表现出异常开始晚、持续时间短、幅度小。无论其观测点离震中是近或是远，其异常结束时间都大体相近。

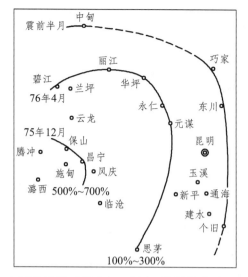

图 15-6　龙陵地震前土地电开始异常时间（年、月）、异常幅度（%）随震中距增大变化示意图

二、临震异常特征

土地电的短期异常主要表现是，在距震中 200～300 km 范围内，于震后前一个半月左右，即 4 月中旬前后开始出现异常。而震前一月至发震当天，土地电出现大量临震异常显示，其主要表现是：

（1）震前一月至半月内，许多观测点的测值，出现反向加速变化。如前所述，峰形或谷形异常，测值从高值或低值平稳段突然转折为下降或上升，完成一个完整的峰形或谷形异常形态，这就意味着异常发展已进入了临震阶段。

（2）震前一至半月，在震中附近及外围地区许多观测点上，观测值突然出现大幅度的上升或下降。在 150 km 范围内具有上述临震异常显示的有施甸中学、临沧中学等土地电（图 15-7）。距震中较近的腾冲四中东南向土地电。从 1976 年 2 月 5 日至 4 月底进入异常中期，出现低值平稳段后，测值变化一般为 1～2 μA，仅个别变化达到 16 μA。但从 4 月底开始至 5 月中旬，观测值连续多次出现大幅度跳动，如 5 月 10 日至 13 日连续三天大幅度上升，最大幅度达 76 μA（图 15-8）。在差不多同一时段内，距震中 400 km 左右的一些观测点，如峨山、嵩明、东川、个旧等地的一些观测点也出现了大幅度升降变化。

（3）震前半月至发震当天，土地电出现摆动和脉冲异常。凤庆一中离震中 120 km，该点的土地电采用连续自动照相记录，从记录纸上看出，5 月 12 日以后，东西向记录纸上呈现出突升突降的脉冲型异常（图 15-9），最大幅度达 10 多微安。距震中 400 km 的昆明地震台自然电位自动记录图纸上，震前几天也记录到了类似的脉冲信号。而距震中较近的一些观测点，临震异常则表现为微安表指针摆动或测值大幅度下降。如龙陵县地办的土地电，震前 3 天（5 月 26 日—29 日）微安表指针不断出现脉冲式断续摆动，直至发震后止。5 月 28 日腾冲四中微安表指针曾多次出现 3～4 次/min 的摆动，摆动持续时间最长的一次约 90 min 左右。龙陵县气象站东西向土地电在发震当天（震前）空降 61 μA。

震前半月至发震当天，位于 400～500 km 范围内的许多土地电观测点，几乎同时出现大幅度跳动和摆动的异常现象，这是龙陵地震临震阶段土地电表现的主要特征。

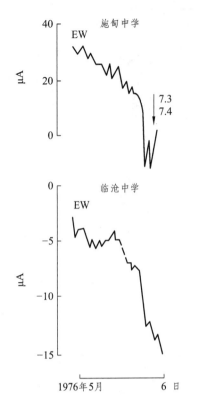

图 15-7　施甸中学、临沧中学土地电
临震异常特征——大幅度下降

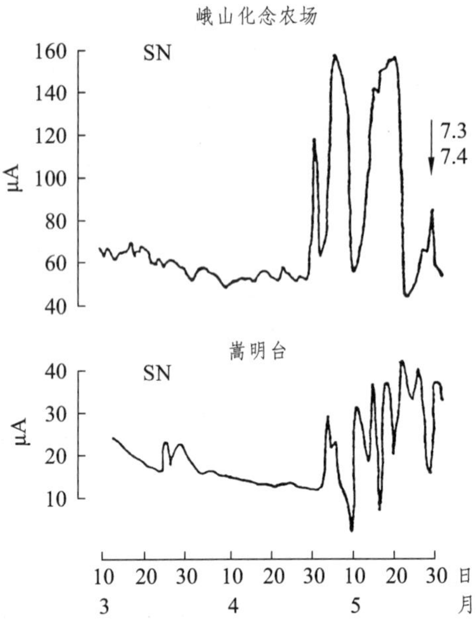

图 15-8　峨山化念农场、嵩明地震台土地
电临震异常特征——大幅度升降

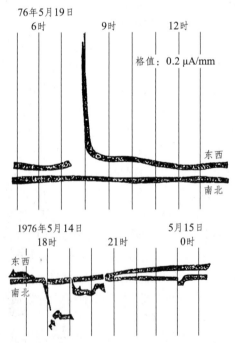

图 15-9　凤庆一中土地电临震异常特征——大幅度脉冲（据原始照像记录图复制）[21]

第四节　水　氡

一、水氡正常值的选取

关于正常值的选取文献[12]是这样论述的：水里的氡气是由于地下水在含水层中流动时，溶解了岩石孔隙和裂隙中的氡气而来。在地应力、地温、地下水的物理化学性质、流速等相对稳定的情况下，泉水中氡的含量，应该是一个仅在一定范围内波动的稳定数值。这就是我们常说的正常背景值。因此选取各水点氡含量正常值的原则是，首先考虑该水点附近没有地震的时段，然后尽可能选取连续的、长时间的数据，取其平均值，作为它的正常值——基础。由于季节变化，基值连成的基线将是一条按一定规律起伏的曲线。

文献[21]考虑到云南地区许多水点采用 FD-105 型静电计测水中的氡含量，而该仪器的测试流程比较长，步骤复杂，因此引起误差的因素和概率也就较多，因此在分析龙陵地震前水氡异常特征时，我们把超过基值 ±5% 的观测值列为异常值，而把在 5% 范围以内的波动视为正常值。

二、龙陵地震前水氡异常特征

震前云南省内开展水氡观测的水点共有 17 个，其中群众业务测报点 11 个。具有连续两年以上观测资料的点五个，连续一年以上的水点 4 个。观测点的分布及水点情况见表 15-4。

表 15-4　云南省境内各水氡观测点观测条件一览表

水点名称	水温/℃	含氡量埃曼	开始观测时间（年-月）	出水口条件	观测仪器型号	资料情况	取水条件	观测单位
龙陵黄草坝		30	1974-11	自流	FD-105	断续	抽空吸取	龙陵地办
下关	70	2	1970-4	自流	FD-105	连续	抽空吸取	下关台
曲江	65	75	1974-6	自流	FD-105	连续	抽空吸取	水化站
洱源	75	5	1975-4	自流	FD-105	连续	抽空吸取	洱源地办
澜沧	40	3	1975-4	自流	FD-105	连续	抽空吸取	澜沧台
腾冲和顺乡	冷泉	6	1975-8	自流	FD-105	连续	抽空吸取	腾冲二中
汤池	69	20	1974-8	自流	FD-105	连续	抽空吸取	阳宗海发电厂
罗茨	40	4	1975-8	自流	FD-105	断续	抽空吸取	禄丰地办
会泽	冷泉	2	1973	自流	FD-105	连续	盐水瓶	会泽地办
寻甸	冷泉	8	1975-2	自流	FD-105	连续		寻甸地办
塘子	67	2	1975-2	自流	FD-105	连续		寻甸地办
昭通	40	15	1975-4	机井抽水	FD-105	连续	抽空吸取	昭通台
安宁	42	8	1975-5	机井自流	FD-105	连续	抽空吸取	水化站
丽江	冷泉	2	1972-1	自流	FD-105	连续	盐水瓶	丽江台
盈江	温泉		1975-12		FD-105	断续		盈江一中
沾益	冷泉	5	1974		FD-105	断续		沾益地办
弥勒	温泉				FD-105	断续		弥勒地办

（一）中期异常特征

图 15-10 是一张从震中到外围 450 km 范围内，震前水氡中期趋势异常图。从图中可以看出龙陵地震前水氡有下述异常特征：

（1）大地震前，在 400 km 范围内的某些构造部位上的水点，出现了中期趋势异常，持续的时间最长可达一年以上，最短也有 3 个月左右。

（2）若将各观测点的开始异常时间、最大异常幅度、异常持续时间绘成平面图，水氡中期趋势异常表现出离震中近的水点异常幅度大，持续时间长，异常开始时间早。震中区的黄草坝从 1975 年 2 月中旬就开始大幅度上升。同年 5 月、10 月分别上升到第一极值点和第二极值点，同年 11 月以后缓慢下降，到震前的两个月，即 1976 年 3 月下降到 1974 年开始观测时的数值。1976 年 4 月虽然换了新水点，但原观测点的整个中期趋势异常还是十分清楚的。该水点的异常最大幅度达 18.3%，持续时间长达 15 个月。可是距震中 175 km 的下关水点，其异常开始时间就比黄草坝水点推迟了约 3 个月，于 1975 年 5 月才开始出现异常，整个异常时间约 12 个月，最大异常幅度为 14.8%。距震中 430 km 的曲江水点，出现异常最晚，于 1976 年 3 月下旬才开始异常，异常时间约两个月，异常幅度也较小，仅 6.2%。其余水点的异常特征见表 15-5。

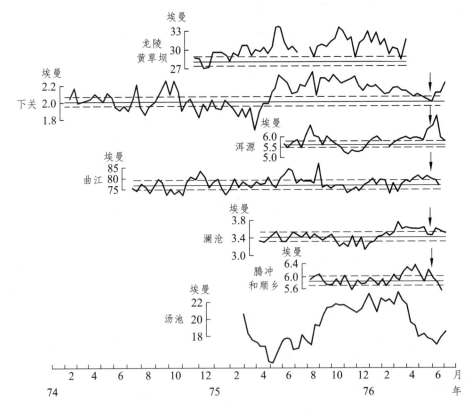

图 15-10 龙陵地震前水氡旬均值异常图

表 15-5　龙陵地震前水氡（旬均值）异常特征

水点名称	离震中距离/km	基值（埃曼）	正常波动范围（埃曼）	异常开始时间	最大异常幅度（埃曼）	相对变化幅度/%
龙陵黄草坝	震中区	28.4	1.42	1975.2-3	33.6	18.3
下关	170	2.03	0.11	1975.5	2.33	14.8
洱源九气台	220	5.62	0.28	1976.2	6.31	12.4
澜沧	250	3.42	0.17	1976.2	3.67	7.3
曲江	430	77.0	3.9	1976.3	81.8	6.2

（3）龙陵大震前水氡异常的另一个特征，就是云南境内的各个水点，其开始异常时间虽然随着震中距的不同而有早有晚，异常幅度、异常持续时间有大有小、有长有短，但是各水点异常的结束时间却大体都是在震前一个月到半月的时间内。

（4）这次地震的异常特征是上述各个水点都表现为含氡量增加，即为正异常，出现明显下降的水点。同时，在 5 月 29 日两组大震发生后，在震区附近的潞西县安装了一台 FD-128 连续自记水氡仪。分析这台仪器有关记录，发现在强余震之前其测值也表现为上升。

（5）从图 15-11 可以看出，水氡中期异常，同样可以划分出以下四个阶段：① 异常初期——其特征表现为测值上升，而且上升速率还比较大；② 异常中期——各水点这一时期内的观测值均超过各自的正常波动范围，处于高值上波动；③ 异常结束——各水点测值大幅度下降，震前一月到半月测值回到基值附近，甚至远低于基值。这一阶段的下降速度与异常初期的上升速度比较，有快有慢；④ 临震阶段——当测值从高值段开始下降，观测值回到基值附近时，就进入了临震阶段。

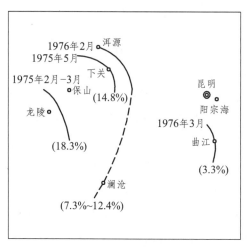

图 15-11　龙陵地震前水氡异常开始时间（年、月）异常幅度（%）随震中距离变化示意图

（二）短期、临震异常特征

水氡短期异常的表现之一就是距震中较远的一些点，在震前二至三个月内开始出现异常，如距震中 200 km 以外的曲江、澜沧等水点就在震前二至三个月内开始出现异常。表现之二是在震前一月到半月的时间内各水点的测值下降到基值附近，完成一个峰形异常。

表 15-6　龙陵巴腊掌温泉水氡 4—6 月数据

日期	含氡量			日期	含氡量		
	4 月	5 月	6 月		4 月	5 月	6 月
1				17	24.8	16.6	378.4
2		24.5		18	23.7	20.8	402.3
3		19.8	44.0	19	21.4	16.9	
4		21.6	47.9	20	23.7	18.5	
5		20.7	52.9	21	21.7	14.7	
6	20.8	22.8	66.5	22	24.8	15.7	
7	25.5	23.8	80.0	23	23.9	15.2	
8	23.7	21.5	93.0	24	23.8	16.4	
9	30.1	23.0	109.0	25	21.2	14.1	
10	22.0	21.7	152.0	26		12.5	
11	26.8	30.9		27		12.5	
12	20.2	21.8	143.0	28		11.5	
13	28.4	19.6	226.1	29		11.7	
14	27.7	20.1		30			
15	22.4	21.1		31			
16	25.8	18.6	410.8				

注：单位为埃曼。

临震显示有下述两种：（1）震前半月，测值大幅度快速上升或下降，在上升和下降的过程中发震。表现为大幅度上升的，如洱源水点；表现为大幅度下降的，如下关、澜沧、曲江、龙陵等水点（图 15-10）。龙陵黄草坝水点于 4 月停测，迁到新水点巴腊掌温泉观测。该点 4 月 6 日到 5 月 15 日，在大约四十天的时间内，其最低值为 19.6 埃曼，最高值为 30.1 埃曼，绝大多数观测值为 21~25 埃曼。但震前十二天，即 5 月 17 日突然下降到了 16.6 埃曼，18 日又突升为 20.8 埃曼。20 日以后就一直下降，至震前一天下降了 11.5 埃曼，其下降幅度与 5 月 15 日以前相比，短短半个月时间就下降了 50%（表 15-6）。（2）关于临震前水氡出现大幅度的突跳异常，由于在龙陵地震前，水氡观测未实现连续自记，因此，只在个别点上，发现有明显的突跳。如距震中 400 多千米的寻甸县塘子温泉，在震前半月、即 5 月 15 日测值由平时的 2.0 埃曼左右，突升到 7.51 埃曼，一天后又下降了。

另外，关于水氡的震后效应问题，位于震中附近的龙陵县巴腊掌温泉，震后含氡量比震前升高了约一个数量级。从表 15-6 可以看出，5 月 29 日龙陵地震前，氡含量最高的仅为 30.1 埃曼。大震后急剧上升，到 6 月 16 日观测值达 411 埃曼。这种震后氡含量的变化，显然与区内岩石应力状态的调整、变化有关。

第五节　地　磁

根据文献[19]：专业台站只有昆明、丽江为磁变仪，其余均为自记磁秤。所有磁台站采取了专门的保温、防潮装置，因此仪器比较稳定，格值变化不超过±0.2 r/mm。各群测点所使用简易磁角仪，大多数为照相自动记录，规格统一，安装时亦按统一规范要求，因此资料可以进行对比。

一、中期异常特征

龙陵地震之前9个月，部分测点的简易磁偏角仪的观测值就开始出现异常，异常范围在云南境内距震中400多千米。其总的异常特征与其他前兆手段相似。

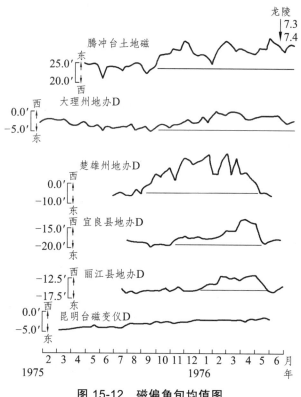

图 15-12　磁偏角旬均值图

从图 15-12 可以看出：（1）震中附近腾冲台（$\varDelta = 40$ km）的磁偏角仪测值，1975 年 8月底 9 月初开始出现东偏异常。从该台旬均值图可以看出，这种东偏异常一直持续到龙陵地震发生，异常持续时间达 282 d，最大幅度达 8.7 分。（2）大理州地办（$\varDelta = 170$ km）的磁偏角仪观测值，从 1975 年 9 月中旬开始出现西偏异常，从旬均值图上可以看出曲线从 1976 年 1 月向西偏转到了极值，然后平稳波动直至 3 月中旬，3 月中旬以后曲线转为平稳，其后略为转向东偏，即曲线稍有下降，龙陵地震即发生在下降过程中。该点整个异常持续时间达 260天，最大幅度为 6 分。（3）宜良县地办（$\varDelta = 430$ km）的磁偏角仪，从 1975 年 11 月开始至1976 年 4 月上旬为止，偏角出现由东向西偏，然后由西转向东，4 月上旬为西偏极值点（曲线上的高值），5 月足够测值恢复正常，随后发生了龙陵地震。整个异常时间为 211 天，最大异常幅度达 6.5′。（4）丽江县（现丽江市）地办距震中 298 km，但异常持续时间仅 137 天，比远离震中的宜良县地办短，最大幅度也仅 3.5′，亦不及宜良县地办的大。更值得一提的是距丽江县地办观测点约 3 km 的丽江台磁变仪的偏角，在同一时间内确无异常显示。

二、短期和临震异常特征

众所周知，地磁场被划分为基本磁场和变化磁场。对某一点而言，在短时间内基本磁场的变化是很微弱的，可以当作相对不变来处理。而外空变化磁场在几百公里范围内。其变化应该一致，即对相距仅几百公里的地磁台而言，其影响应该大致相等。如果某地因孕育地震而引起地球内部磁场的变化（增大或缩小），则可以利用一定范围内两个台的数据相减，消除外空磁场的影响，突出地球内部磁场的有关变化用于地震预报。目前在地震预报中常用的红绿灯法、平均幅差法、垂直分量幅度相关分析法等数据处理方法，基本思路均属此列。

（一）垂直分量幅度异常

1．红绿灯法

用昆明台的数据分别减下关、楚雄、丽江、渡口、郫县等台的数据做红绿灯，其中只有昆明—下关、昆明—楚雄出现异常（图 15-13）。昆明—下关台组异常从 5 月 10—18 日，共 9 天，按一倍法计算发震时间为 6 月 3 日。昆明—楚雄台组异常时间从 5 月 12—18 日，共 7 天，按二倍法计算为 5 月 31 日。

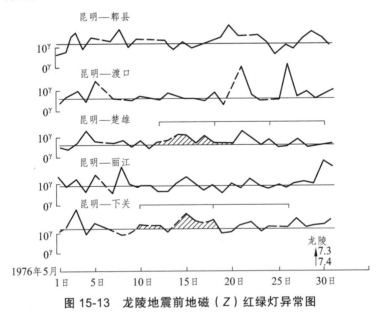

图 15-13　龙陵地震前地磁（Z）红绿灯异常图

2．平均幅差

根据以往观测资料发现，大地震前由于震磁效应多次出现靠近震中地区的地磁日变幅度减小或增大的现象。据此设想，若用距震中近的地磁台日变幅度与距震中远的台站的日变幅度比较，便可以发现异常。

龙陵地震前云县、下关、楚雄、丽江、渡口等地磁台垂直分量的上下午平均幅度，分别与昆明台和郫县台相减，得每天平均幅差值。若差值连续 7 天或 7 天以上超出基线值（基线值就是每天的平均幅差值的月均值）即定为异常。

上述台站作出的结果是，与昆明相减的台组中出现异常的有云县、下关、楚雄、丽江等台组，而渡口减昆明没有异常（异常情况见表 15-7）。与郫县相减的台组中只有云县减郫县出现异常，其余为正常（图 15-14），说明未来地震可能靠近云县。按异常结束后 27 天发展，预报时间点在 5 月 27 日 ±5 天。

表 15-7　平均幅差法异常简表

台组	异常起止时间	异常天数	按异常结束后第 41 天计算的发震时间
云县—昆明	4 月 20 日—4 月 27 日	8	6 月 6 日 ±5 天
下关—昆明	4 月 10 日—4 月 18 日	9	5 月 29 日 ±5 天
楚雄—昆明	4 月 20 日—4 月 27 日	8	6 月 6 日 ±5 天
丽江—昆明	4 月 11 日—4 月 27 日	8	5 月 30 日 ±5 天
渡口—昆明	无异常		

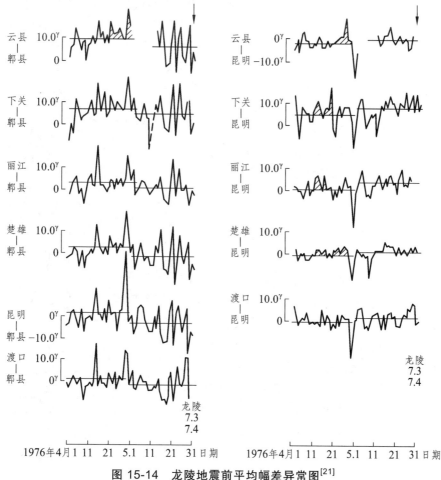

图 15-14　龙陵地震前平均幅差异常图[21]

3．垂直分量幅值相关异常

如前所述，在几百千米范围内外空磁场的变化应该是一致的。也就是说在这个范围内的地磁日变幅度值应成线性相关。若在这个范围内的某一局部地区附近的寺磁日变幅度出现与大范围外空场影响不一致的变化，那么原来与它具有线性相关变化的台站，这种相关性就会被破坏。若取恰当的时间段，对这些台组的日变幅度作相关分析，就可能发现这种局部变化，如果是震磁效应引起，则提出的便为震磁效应。

具体方法是：取每个台站垂直分量的日变幅度值，运用公式

$$\gamma = \frac{\sum (x_i - \bar{x})(Y_i - \bar{Y})}{\sqrt{\sum (X_i - \bar{X})^2 \cdot \sum (Y_i - \bar{Y})^2}}$$

计算两个台站幅度值的相关系数。

式中：γ 为相关系数；X_i 为甲台的日变幅度值；$\bar{X}$ 为甲台日变幅度值的 10 日平均值；Y_i 为乙台的日变幅度值；$\bar{Y}$ 为乙台日变幅度值的 10 日平均值。

我们取二台十天的日变幅差值计算一次，得到一个相关系数。根据自由度（$10 - 2 = 8$）在置信水平 5% 时的理论相关系数为 0.632，若计算值 $\gamma \geqslant 0.632$，则认为有相关性存在，二台幅度值未出现异常；若计算值 $\gamma < 0.632$，则认为相关性被破坏，或者说二台之一幅度值存在着异常。为确定是哪一台出现了异常，则再取第三台与这两个台分别计算共同期的相关系数，如第三台与前述二个台中的一个台计算的相关系数没有异常，余下的一个台出现了异常，则可认为其变化是余下那台附近的什么因素引起了该台日变幅度发生了异常。

我们利用 1976 年 3—7 月的资料，求出云县—丽江、下关—昆明、丽江—昆明、楚雄—昆明、元谋—昆明等台组的幅度相关系数，结果只有云县、下关出现异常，而其他台组未出现。说明出现异常的地区离云县、下关较近，而距丽江、楚雄、元谋等地较远（图 15-15）。

（二）日变形态异常

1．低点位移

"低点位移"是指垂直分量每日的最低值出现的时间与正常情况下相比，出现提前或推迟的现象。龙陵地震前 1976 年 5 月 2 日，我国地磁台网垂直分量日变低点位移相差 2 h，其分界线位于包头、蹬口、天水、武都、玛曲、阿坝、云南西部一线（图 15-16），根据以往经验，一般在出现这种异常后的 27 天有强震发生，因此震前有关部门据此估计未来大震发生时间为 5 月 29 日前后 3 天，当时有关部门还估计发震地点可能在分界线附近的云南省西南部。

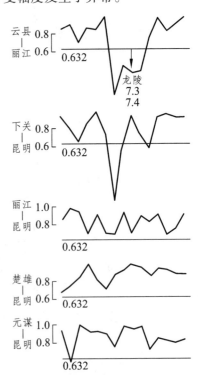

图 15-15　龙陵地震前幅度相关异常图

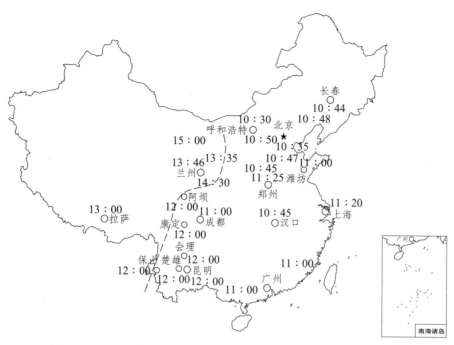

图 15-16 1976 年 5 月 2 日全国地磁台网 Z 分量低点位移示意图

2．日变幅度

4 月 10 日以来，特别是 5 月 21 日以后，发现下关、丽江等几个地磁台的日变幅度与上海松江、郫县等远台相比有明显的增大现象（图 15-17）。其中 5 月 21 日这一天，松江台的

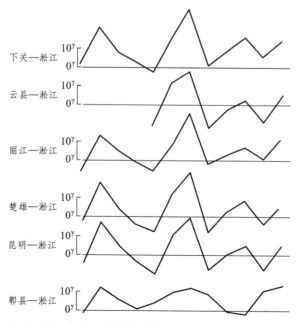

图 15-17 各台 Z 分量上午幅度与松江台差值曲线图

附：五月份磁暴简况（下为世界时）：

5 月 2 日（2^h）—3 日 22^h（$K=6$）

5 月 19 日（16^h）—20 日 13^h（$K=5$）

上午幅度为 19.7γ，与平时相差不多，郫县台为 31.6γ，而云南境内的云县为 36.8γ，下关台为50.7γ，丽江台为 44.7γ，楚雄台为 42.9γ，昆明台为 38.8γ。幅度差值显著增大的 5 月 7 日，5月 21 日均不在磁暴日中。这种近震中日变幅增大的异常特点同以往临震前日变幅度所谓的"拉平"或"反向"异常表现截然不同。

（三）噪声二倍法

噪声二倍法是磁偏角二倍法的一种改进，基本做法是，利用二台磁偏角日均值或者幅度值相减，求出一个月的标准偏差，若日均差值幅度差值超过标准偏差，则认为是一个异常点，两个异常点之间时间的一倍，即为未来地震发震时间的预报点。

据此方法对龙陵地震曾做过预报。当时计算了郫县—昆明，郫县—丽江，郫县—鹤庆，昆明—丽江，昆明—腾冲，昆明—大理，大理—鹤庆等八个台组的磁偏角日均值及幅度值的噪声限，选取其 $S_i \geq 2$ 倍噪声限的值作为有震异常点，异常情况见表 15-8。

表 15-8 噪声二倍法异常简表

台值	日幅度值噪声异常		日均值噪声异常	
	异常起始时间	异常结束时间	异常起始时间	异常结束时间
郫县—昆明	1976-1-26	1976-3-20	1976-1-11	1976-3-24
郫县—丽江	1976-1-17	1976-3-17	1976-1-11	1976-3-27
郫县—鹤庆	1976-1-1	1976-3-26	1976-1-20	1976-3-23
昆明—丽江	1976-1-3	1976-3-25	1976-1-10	1976-3-24
昆明—腾冲	1976-1-31	1976-3-20	—	1976-3-8
昆明—大理	—	1976-3-27	1976-1-21	1976-3-27
昆明—鹤庆	1976-1-2	1976-3-20	1976-1-2	1976-3-7
大理—鹤庆	1976-1-11	1976-3-21	1976-1-1	1976-3-7

由表 15-8 可见，各台组幅度值与日均值噪声异常的起始和结束时间各不相同，在选取异常开始和结束时间以推算未来地震可能的发震时间时，又分别取 8 个台组异常起始和结束的中值，作为与 8 个台组相对应的幅度异常和日均值异常的起始和结束时间。这样处理的结果是：

8 个台组的幅度值噪声异常开始于 1976 年 1 月 16 日，结束于 3 月 22 日，异常时间 66天，预报时间为 1976 年 5 月 22 日前后五天。

8 个台组的日均值噪声异常开始于 1976 年 1 月 10 日，结束于 1976 年 3 月 18 日，异常时间为 68 天，预报时间为 1976 年 5 月 25 日前后五天。

综合上述中期及短期地磁异常表现，龙陵地震前的地磁异常大致具有以下特点：

（1）地磁偏角异常，在异常开始时间、异常幅度、持续时间方面，除个别点外，一般显示出离震中近的台（点）异常开始早、幅度大、持续时间长的特点。另外，地震发生在近震中的台站异常还未结束的过程中，如腾冲台、大理州地办等。而离震中较远的台站，如楚雄、宜良、丽江等，地震则发生在它们的异常已经结束之后。

（2）异常的空间分布，作为中期异常显示的磁偏角旬均值异常，在云南境内最远可达

400 km 的宜良；但作为短临显示的日变幅度异常只出现于云南西部离震中近的云县、腾冲、下关附近的几个台。如与昆明作对比的红绿灯异常只出现在楚雄、下关以西；平均幅度差与郫县对比的台组，仅有云县一个点出现异常；相关系数异常只有云县、下关才出现。因此可以认为龙陵地震前在距震中 200 km 以内的点，无论是垂直分量还是偏角，其异常表现是比较明显的。

第六节　重　力

一、流动重力

大震前，根据震情趋势的估计，云南省地震局有关单位曾于 1975 年 10 月在震区进行过一次流动重力测量，组成了保山—腾冲—龙陵—保山闭合环。环线全长 376 km，共 10 个测段。该期作业中取用格值 0.091 8 mGal/格，环线闭合差 + 0.505 mGal。

大震后，1976 年 6 月下旬又沿第一期测量环线进行了复测。采用格值为出测前测定的 0.0920 mGal/格，环线闭合差为 + 0.347 mGal。

两期作业中，均采用三次三程得出两个结果，对结果均进行了固体潮改正，并作了闭合差分配。

流动重力的关键在精度，因此在分析中对地震前后所测的两期成果，按测段都进行了复查。复查结果认为，成果是基本可靠的。

震后的复测结果表明，以怒江为界，靠近震中区内部的重力值普遍降低约 300 μGal。在区域布格重力异常图上，沿怒江有一重力高异常带存在，它正好与震后重力变化的分界线相一致（图 15-18）。

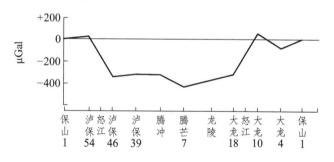

图 15-18　重力复测剖面图

震后水准测量变化较大的地段，大体东到腊勐、西到团田。而同时进行的重力测量所显示出来的变化范围，其东界稍向东移。显示出重力变化可能不受断裂的直接控制，因此变化的范围大一点。

靠近震中区的一些重力点，经水准复测发现其高程变化最大只有几十毫米，因而可以肯定，这些点出现重力值下降约 300 μGal 的变化，主要不是由于高程变化所引起的。很可能与地下深部物质在孕震及发生地震过程中的某种变异有关。

海城地震前，震区附近的重力值是相对下降的，震后则回升。龙陵地震后的复测结果却

与之相反，5月29日大震后重力值反而下降，这或许是与其后7月21日发生在腾冲南面团田附近的6.7级地震有关。

二、昆明台定点重力观测

昆明台距龙陵420多千米，于1972年8月正式投入。从图15-19可以看出：1975年10月中旬至12月初，日均值的视掉格约 - 8 μGal/d；1975年12月中到1976年3月底的视掉格是 - 10 μGal/d；1975年4月初的视掉格先是 - 5 μGal/d，到5月14日前后，其视掉格恢复到了1975年12月初以前的状态，即 - 8 μGal/d。在视掉格速率恢复后的约半个月，即5月29日就发生了龙陵大震。龙陵地震前，1976年4月3日前后，昆明台重力仪日均值减小了250 μGal左右，其最大幅度为270 μGal。

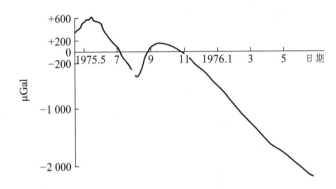

图 15-19　昆明台重力观测日均值图

经分析，龙陵地震前昆明台重力仪观测值出现上述变化，可能主要反映了昆明及其邻近地区地球内部物质状态和结构的改变，是否与龙陵地震有关，有待进一步研究。

第七节　地变形

一、区域变形特征

滇西一带变形测线比较稀疏，因此对区域变形场的细节，目前还难以勾画。根据近年来对该区水准干线的复测，可以看出本区构造活动还是较强的，其主要变形特点表现为：变形大小受断裂控制。凡是变形测线通过断裂，特别是通过一些主干断裂附近时，变形速度和梯度均陡然增大。

图15-20为下关到芒市的垂直变形图。这条线的第一期成果为1958年施测的二等水准，1973年云南省地震局地震测量队又按一等精度进行复测，龙陵地震后，对芒市到大官市一段按一等精度再次复测。从图13-20可见，凡是测线通过较大断裂带，如澜沧江断裂、怒江断裂附近时，变形速度就变大，变形梯度就增高。同时还可看出，以澜沧江断裂为界，断裂以西的保山、腾冲、龙陵一带，1973年与1958年相比，表现为块断式的上升，而且上升幅度有明显差异。以澜沧江和怒江等主要断裂为界，呈现出阶梯状的差异运动，其特点是越接近

龙陵地震震中区，其上升幅度就越大。如澜沧江断裂与怒江断裂之间的保山地块十五年内最大上升量为 63 mm 左右，而怒江以西的腾冲、龙陵地块同期内最大上升量达 80 mm 左右。

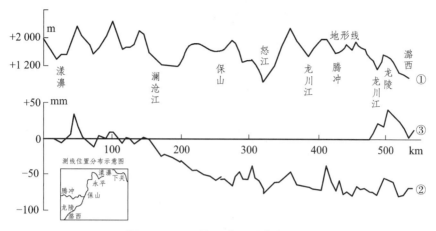

图 15-20　下关—潞西垂直变形图

①—地形剖面线；②—1958 年测值减 1973 年测值；③—1976 年震后测值减 1973 年测值

上述资料表明，龙陵地震前，本区规模较大的一些断裂带都曾有过比较明显的活动。如果认为这是龙陵地震前较大范围内变形场的一个特点的话，那就可以说，一个强烈地震的发生，除震中区及其附近一带随着应变的积累将产生明显的变形外，在更大范围内也会有所表现，据图 15-20 所提供的资料计算，在龙陵地震前 1958—1973 年的十五年内，变形发生明显变化的范围，从龙陵经保山至澜沧江岸直线距离大约 100 km。但这是否代表其长期最大变形异常呢？仅此一例还难定论。因在多震区和构造活动比较强烈的云南，龙陵地震未必是引起这种异常的唯一原因。

二、变形的中期趋势异常

除上述大面积水准干线复测所显示的区域性变形背景外，在一些跨断层的流动和定点变形测量中，也同时发现了龙陵地震前的一些异常显示。这种跨断层的流动和定点短水准、短基线测点，震前在云南地区共有 13 处（图 15-21）。其中楚雄、下关短水准为每日观测，其他各点均为每月观测一次。这些测点离龙陵地震震中最近的为漾濞和下关点（震中距 170 km 左右），最远的为小江断裂带上的小新街、汤池等点（震中距 430 km）。上述十三处变形点对龙陵地震的反应并非完全一样，如位于小江断裂上的测点，在震前未发现异常变化。大致以元谋断裂为界，位于它以西并横跨北西向断裂的一些测点反映较好，这些点在震前曾有过明显的中期趋势异常，而短期临震异常，除楚雄测点外，大多显示不够清楚。异常比较明显的绘于图 15-22。

1. 下关水泥厂测点

下关水泥厂测点，距震中 170 km，1970 年以来就有比较连续的观测资料，1975 年 4 月开始，短水准改为每天观测。从 1966—1975 年 9 年测量结果中发现该处断层存在明显的张性反扭活动，北东盘相对南西盘下降。从图 15-22 中可以看出跨断层的基线 2—3 边，对这次龙陵地震反应明显。该测点异常从 1975 年初开始，表现为其长度变化偏离正常曲线轨迹，至

1976 年 3 月回到正常变化线附近，异常形态为 W 型。分析认为在异常的发展中还可能叠加了 1975 年 9 月 4 日的漾濞 5.0 级地震和同年 12 月 1 日丽江 5.0 级地震的影响。龙陵地震发生在整个异常结束之后，即观测值的变化恢复到了 1972 年至 1974 年线性延伸线附近，异常持续时间为 14 个月左右。

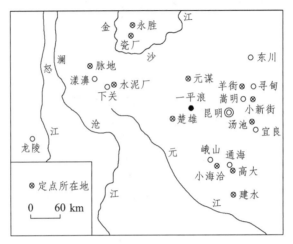

图 15-21　云南定点变形观测台分布示意图

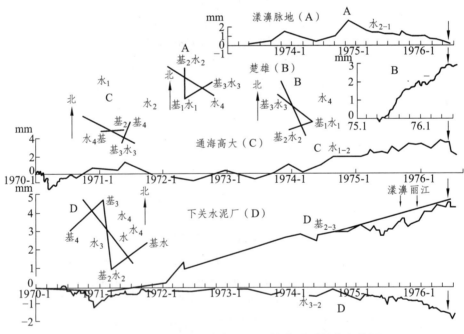

图 15-22　龙陵地震前定点水准、基线观测异常变化图

3—2 边为位于断层同一侧的水准测线，从图 15-22 可见该边自观测以来，曲线一直比较平稳，表明受外界其他因素的干扰较小，只有 1970 年 9 月以后曲线下降，11 月前后降到最低值，1971 年 2 月回到正常值附近，结果 2 月 5 日在其西边 100 km 的保山丙麻发生了 5.5 级地震。可以认为 1970 年 9 月至 1971 年 2 月的曲线下降是这次地震的前兆异常。从 1971 年 2 月以后至 1974 年底 4 年时间内，这条边的测值一直比较稳定。从 1975 年初开始，该边

测值大幅度下降，表现为该站水3号点相对水2号点上升。即南西盘向南东方向倾斜。龙陵地震发生在异常发展过程之中，震后并未出现回升现象。从1975年开始的异常可能就包含了龙陵地震的异常。

2．漾濞麦地测点

该点距离下关水泥厂测点约40 km，从1973年4月开始有观测资料。根据1974年底以前的资料似乎可以看出，在正常情况下，该点水准2—1边（图15-22）。

有比较清楚的年变，即每年的4月和10月前后分别为这条测线的低点和高点。同样清楚的是，1975年以后其年变消失，可以认为是这次龙陵地震前的异常显示。其异常持续时间亦大致为14个月左右。该点的其他几条边，在同一时期内也有程度不同的异常。

3．楚雄测点

距震中270 km，该点1975年4月建成，从建成以后就每日连续观测，观测成果中除个别观测值受雨水干扰较大外，总的来说资料是比较可靠的。图15-22中选绘的是该点2—3号水准测线的高差变化。从总趋势看，3号点相对2号点上升，断层西南盘向东南方向倾斜。通过几次中强震检验，发现其2～3边的异常特点是：异常初期和中期表现为变形加速，曲线大幅度上升，而短期的临震异常表现为平稳，地震发生在平稳段上。如1976年2月16日普洱5.6级地震就发生在曲线从大幅度上升转为比较平稳的时段内。这次龙陵地震也是发生在1976年5月的平稳时段内。

4．通海高大测点

测点设在通海地震的发震断裂带上，距离震中约430 km。图12-22中选绘了水1—2边。从图可见该边自1970年建站至1971年底这段时间，可能主要受通海地震震后效应的影响，因此变化幅度较大。1972年开始的变形特点是：变形速度和幅度均相对减小，1972年初至1973年6月有清楚的年变，即在近两年的时间内每年的5、6月前后测值下降，11月前后，测值上升，形成一似正弦曲线的变化。可是在1974年5月昭通地震之前，该点水1—2边出现了近一年的异常，其特点是破坏年变，从图15-22可见，如前所述以往正常年变表现为每年11月前后测值上升，1973年的测值虽然也上升了，但上升幅度远大于1971年和1972年同一时间的测值，1974年明显的破坏年变。其后曲线继续上升。在1975年上升过程中于1月和7月，在距它约100 km以内，先后发生了楚雄的双柏及建水的贫科两次5.5级地震。这两个离它很近的地震发生后，测值并未下降，而继续上升，当上升到顶点时，发生了龙陵地震，震后曲线大幅度下降。通海高大测点的水准1—2边，在龙陵地震前所显示出的异常特征，是破坏年变。但由于该点从1973年下半年就因昭通地震及其以后距它100 km以内的两次5级以上地震的前兆及后效的影响，使其很难判别出龙陵地震前兆异常的开始时间，这是在西南地区预报实践中所遇到的难题之一。

三、震区变形特征

龙陵地震区及其附近已有水准路线4条，其中腾冲—保山，腾冲—芒市两段为1958年施测的二等水准，1973年按一等精度进行复测。大官市—龙陵是1973年新设的一等路线，还有一条由芒市经朝阳、平达到耿巴的二等水准。龙陵地震后按一等要求复测了大龙线的大龙 27 到大龙 6，腾芒线的芒耿 1 至腾芒 8，共 187 km。

震中区及其附近一带已有的三角测量情况为：保山—孟定一等三角锁通过震区的东部，为 1956 年施测，三角中误差为 0.55″；西部腾冲二等基本锁和二等补充网，均为 1959 年施测，测角精度分别为 0.86″和 1.40″，三角网平差后求得最远点中误差 m_s 为 0.12 m。龙陵地震后使用 $D_1 50$ 型微波测距仪复测了十二条三角边（见文献[22]28 页，图 1-28），其中重合一等边一条（大雪山—牛峰包山）。测前对石英晶体频率作了校对，根据微波仪几年来的工作情况，测量精度大约在 1/20 万左右。这次在龙陵地区工作期间，正值雨季，湿度大，对测量精度必然会有影响，估计地震前后这两期成果求得的边长变化的相对精度，在 1/10 万以上。震后震区的微波测距由国家地震局地震测量队承担。

1．垂直变形

图 15-23 绘出了龙陵地震前后水准复测地区各点的垂直升降变化。显而易见，由芒市到龙陵的震中外围地区，其垂直变形特征表现为梯度不大（1 mm/km）的上升趋势。接近震中区的龙陵到黄草坝一带，上升梯度约增加到 2 mm/km，累计上升量为 51 mm。从龙陵往西北方向的团田，表现为明显的下降，大致呈现出一个以黄草坝为中心的隆起区。由于它两侧无测线控制，故该隆起区的轴向尚不清楚。

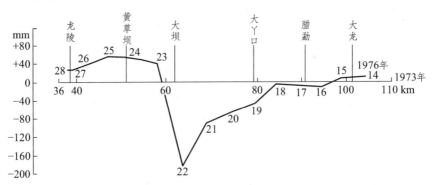

图 15-23　龙陵震区地震前后（1973—1976 年）垂直变形示意图

从震区全部水准复测资料看来，变化最突出的是在图 15-23 中的 23—22—21 等几个测段，其中 22 号点相对 23 号点下沉 231 mm。该点位于镇安盆地南端，在大坝汽车站东北几百米处，测点埋于山前洪积层上，震后发现点的外侧边坡有多条裂缝，点的内侧也有裂缝。据实地考察估计，滑坡造成的下沉量可能有 10 cm 左右，如果照此估计扣除这种干扰，该测线的变形量仍为全大龙测线之冠，该处变形量如此之大，除边坡条件外，是否还与发震构造通过 22 和 23 点之间的地段有关。如果仅仅是因为边坡裂缝引起点位移动，它只应该是孤点变化。但从图 15-23 可以看出，22 号点以后，21、20、19、18 等几个点均有较大变化。18 号点以东，变化就很小。这说明 23—22 号点甚至 18 号点与 19 号点之间可能有发震断层通过的推测，并非完全臆断，图 15-23 的整个变形剖面，呈现为一个以大坝为中心的西陡东缓的沉降区。

2．水平变形

利用震后微波测距复测结果求出的边长变化，标绘于图 15-24 中。其中负号表示缩短，正号表示伸长。从三角边长度变化的总貌来看，是北东和近南北方向分布的边都出现缩短。

其中变化最大的边为老将卡—大矿山，缩短量达54 cm；而北西或近东西方向分布的边，恰恰相反，多表现为伸长，或变化较小。

上述伸缩变化的趋势，可以大致认为，它直观地反映了复测区域内总的水平变形情况。显而易见，该区是受着北东到近南北方向强烈水平挤压的结果。应当指出，由于两期成果相隔时间较长，上述三角网，各边长的变化，可能既包含震前的应变积累或块断的相互移动，也同时包含了地震时地面上点位的相对移动在内。

为了进一步分析本区断层错动和应力场及应变的释放情况，又按地应变的计算方法，求得了每一个三角形的主应变的值和方向，其结果也标注于图 15-24 各三角形中。

由图 15-24 不难看出，主压应变（也是主压应力）轴的优势方向应为北北东到近南北向，因为应变量值最大的三角形的主应变的方向，应反映本区区域应力的情况。

龙陵震区所观测到的应变最大的为大矿山—老将卡—牛峰包山和大雪山—牛峰包山—老将卡两个三角形。其主压应力的方向为北东 22° 到北 2°。平均应变释放在 $2 \times 10^{-5} \sim 3 \times 10^{-5}$ 量级。另外，从图 15-24 还

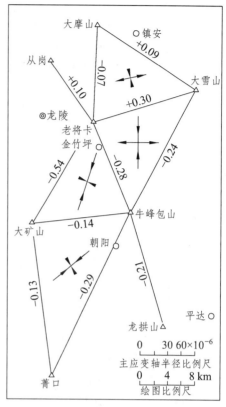

图 15-24　龙陵震区三角边长度变化及水平应变图

可看到，其主应变轴由南向北有一个明显的偏转，即由南部的北东 50°，到北部偏转为北西 14°。造成上述偏转的原因可能是多方面的。一方面测量本身不可避免地存在着误差，而位于测网两端主应变由北北东偏转为北北西的两个三角形，其本身的应变比较小，相对而言其测量误差就可能增大；另一方面还可能与龙陵地震的破裂机制及区域构造特征有关。

3．地倾斜

根据文献[11]所掌握的倾斜资料来看，比较可靠的趋势异常除个别台站开始于 1975 年 11 月底前后外，多数台站开始于 1976 年 3 月以后，属于短期异常反应。

（1）下关台：距离震中 170 km，使用的是金属水平摆倾斜仪，仪器架设在建筑于砂页岩基础上的摆房里。1971 年开始有比较连续的资料，仪器格值 0.03″ ~ 0.04″。一般情况下日变速率为 0.50″ ~ 0.90″ 左右。由于没有山洞，因此温度、特别是降雨对其干扰较大。当降中雨或大雨时，倾斜量可达 1.00″ ~ 3.00″。虽然如此，根据资料分析，在龙陵地震前仍然有比较明显的趋势异常和临震异常反应，其趋势异常的主要形态特征是破坏年变。

图 15-25 为该台 1973 年至 1976 年 6 月地倾斜南北、东西分量的旬均值图。由图可以看出，由于温度及降雨影响，1973—1974 年的南北和东西分量旬均值图呈现出比较清楚的年变。以东西分量为例，每年 9、10 月到最低值（向西倾斜到极值附近），4 月前后到最高值（向东倾斜到极值附近），两者相差 15″ ~ 18″。1975 年 5 月下旬以后，东西、南北两个分量都破坏

年变。以往 7 月至 9 月东西分量由东向西的倾斜量，1973 年和 1974 年达 7.4″～8.4″，而 1975 年的同一时段仅 3.0″，出现了明显的畸变。结果 9 月 4 日，在下关西北 30 km 的漾濞发生了 5.0 级地震，在异常发展过程中，距它 300 km 以内的丽江、思茅等地，分别于 1975 年 12 月、1976 年 2 月先后发生了 5.0 级和 5.6 级地震。关于下关地倾斜反映龙陵地震的趋势异常的起始时间问题，如果认为 1975 年 9 月离它 30 km 左右的漾濞地震对其异常发展有影响的话，那么龙陵地震异常开始的时间就从 1975 年 11 月算起，到地震发生仅有 7 个月的趋势异常。

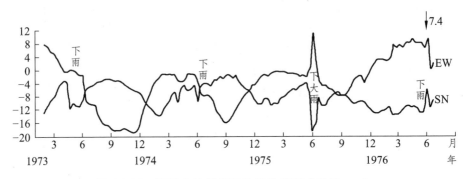

图 15-25　下关台地倾斜旬均值分量图（单位：s）

　　（2）云县台距震中 150 km，倾斜仪放在山洞内，覆盖浅，温度干扰较大。它对龙陵地震异常反映，表现在日均矢量图上。于 1976 年 4 月 5 日到 23 日，4 月 30 日到 5 月 4 日；5 月 24 日到 28 日这三个时段内，分别打了三结（图 15-26），在第三个结即完成的时候，发生了龙陵地震，这三个结的长轴方向与该台 3～5 月日均矢量总的年变方向基本一致，而地震发生在这个方向的垂线方向上。

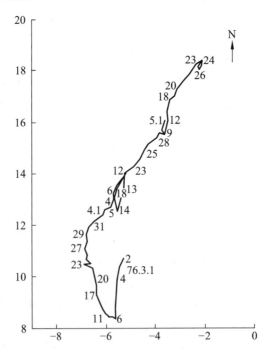

图 15-26　龙陵地震前云县台地倾斜日均值矢量图（单位：s）

（3）通海台距震中约 420 km，使用的是石英水平摆倾斜仪，架设在山洞里，洞内年温差约 ±5 ℃，倾斜仪的日变化速度为 0.02″ ~ 0.10″。

1976 年 2 月 16 日思茅 5.6 级和 5.5 级两个地震后，从石英水平摆倾斜仪的日均值矢量图上可以看出，它对龙陵地震的短期异常的形态特征主要表现为打结及蛇行弯曲，1976 年 2 月 19 日于 3 月 6 日完成第一个结，然后速度稍有增加，并向西南方向倾斜。4 月 5 日开始，日均值矢量图上速度忽快忽慢，并在北西——南东方向呈蛇行来回弯曲摆，继续往西南方向倾斜，直至震前半月，即 5 月 15 日前后结束（图 15-27）。5 月中旬至大震发生这半月内的日均值矢量图所反映的主要异常特征是倾斜速度减小，化作方向由原来的西南转为近南北。

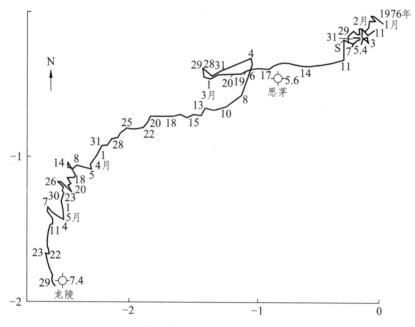

图 15-27　通海台地倾斜日均值矢量图（单位：s）

通海台在龙陵地震之前的日均值矢量图短期异常显示打结—蛇行弯曲—速度减小—发震等几个阶段。

（4）建水台，建水台距离震中大约 430 km，所使用的仪器，为金属摆倾斜仪，放于山洞内，干扰较小，资料连续。

从图 15-28 可见，龙陵地震前它的主要异常特征是矢量图打结拐弯。1976 年 3 月 4 日开始到 4 月 30 日，完成了一个复杂的结，然后突然拐弯折向西倾之后发生了龙陵地震。

四、临震异常特征

以往地倾斜仪所观测到的临震异常显示，主要有：出结，倾斜速度突然增大或突然减小，日变形态畸变等。在龙陵地震时地倾斜仪所观测到的有关临震异常，其特征主要是倾斜速度的突变。

如前所述，下关台地倾斜观测值，每天的日变化速度正常情况下为 0.50″ ~ 0.90″左右。遇着中或大雨，可以突然增大到 1.00″ ~ 3.00″，有时甚至更大。图 15-29 为下关台地倾斜日均值矢量图。由图可以看出，龙陵地震前自 5 月 15 日至 5 月 28 日，矢量图上打了一个东西向的结，当 28 日出结之后发震。同时还可以看出 5 月 22 日—25 日三天日倾斜量仅为 0.1″ 左右，即相当于正常情况下倾斜幅度的 1/5 ~ 1/10。5 月 25—28 日下关地区降雨，日倾斜速度增大到 1.0″ ~ 1.50″。29 日，即发震当天，日倾斜量又突然减小到 0.04″。可见下关台临反应，即有打结又有速度的增加和减小。

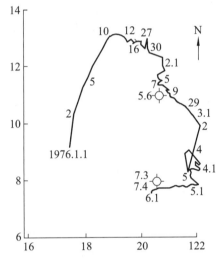

图 15-28   建水台地倾斜日均值矢量图（坐标单位：s）

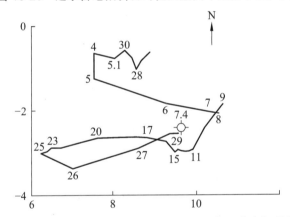

图 15-29   下关台地倾斜日均值矢量图临震异常图（坐标单位：s）

位于震中区的龙陵县地办的倾斜仪，东西向从 1976 年 3 月初开始向西缓慢变化，4 月上旬向西倾斜的速度加大，下旬转向东倾，震前 9 天即 5 月 20 日出现突跳，一天内倾斜幅度达 4 mm，其后急剧波动直至发震。南北方向上，4 月 15 日转向北倾，下旬转向南并且速度加大，倾斜幅度达 10 mm，震前 5 天，即 5 月 23 日出现了临震突跳，幅度达 5 mm，以后剧烈波动直到发震。

另外距震中 250 mm 的鹤庆黄坪中学，安装有水平摆倾斜仪和单摆重锤倾斜仪各一台。震前一天，两台地倾斜仪在同一天，同一方向（东西向）同时出现大幅度的倾斜（图 15-30），该校水平摆东西分量，平时日倾斜量为 2.5 mm，5 月 28 日相对于 5 月 27 日，突然增大达 73 mm；单摆倾斜仪东西向平时每天变化 1 mm 左右，28 日那天出现了 40 mm 的突变，其日倾斜量分别等于平常的 10 倍和 30 倍。发震当天则相对稳定，变化量与正常情况相近。

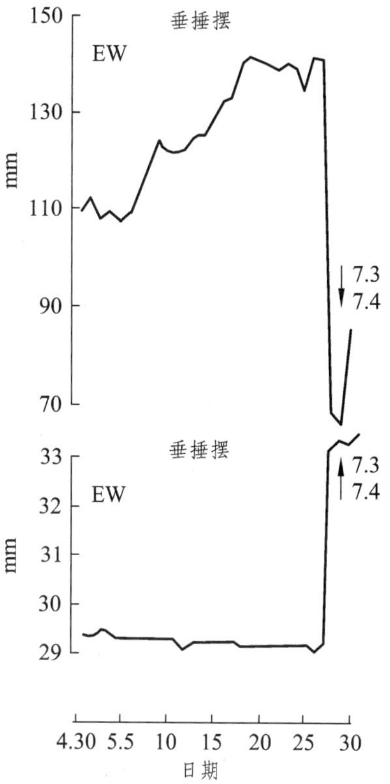

五、小　结

综上所述，龙陵地震前的中期趋势和短临异常具有下述特征：

（1）龙陵地震前部分干线水准、部分跨断层的定点水准基线测量资料表明，干线水准测量，震前 3 年在距震中 100 km 以内澜沧断裂以西地区有较明显的上升异常，震区附近及怒江断裂以西地区 15 年内的最大上升量达 80 mm 左右，整个垂直变形剖面的变形特征表现出离震中越近上升幅度越大。震前一年左右，在距震中 400 多千米的一些特殊构造部位的定点水准和定点基线测量也有异常显示，异常的主要形态特征是破坏年变。

（2）镇安盆地震后变形资料和其他大震的经验表明：构造上的断陷盆地，特别是断陷盆地边缘断裂通过的地区，是垂直变形的敏感带。这在水准测线的布设时，应加以重视和考虑，使路线尽量横跨断层线。

（3）本区水平变形资料所揭示的该区区域应力场的主压应力轴方向，为北北东到近南北向，这与多种资料分析结果，包括以前对这一地区所做的震源机制结果基本吻合。这就再一次证明，可以用变形测量来研究震源的应力状态和区域应力场。

图 15-30　鹤庆县黄坪中学重锤及水平摆倾斜仪东西向临震异常图——震前一天出现倾斜暴

（4）龙陵地震的水平变形量与云南通海、昭通两次 7 级以上地震相比，其变化量要小得多。这可能与这次地震的震源深度、岩性、构造等方面的特殊性有关。

（5）龙陵地震前各台站地倾斜仪观测到的异常，主要是短期趋势异常和临震异常。

如位于震中距 200 km 以内的云县、下关、龙陵县地办等台站和业务测报点，地倾斜异常开始时间，除下关台较早（可能开始于 1975 年 8 月）外，其余各个台站和测报点，大致开始于 1976 年 2—3 月前后。4 月中旬至 5 月初远至 400 多千米的通海、建水等台站出现了明显的短期异常，主要异常特征是在这一时段内，几乎均完成了 2～3 个小结，并大都在 5 月中旬结束异常。震前半月开始至震前 1～2 天，即 5 月中下旬进入临震阶段。龙陵地震地倾斜观测的临震异常的主要特征是：日均值矢量图上表现为打结和倾斜速度的突然增大或减小。

第十六章　中国特色的地震预测创新探索

第一节　地应力异常与地震三要素的预测

1976 年龙陵地震陈立德、赵维城等对地应力异常与地震三要素的预测介绍如下：

一、震级的预测

根据云南境内发生的一些 5.0 级以上地震总结，认为未来地震震级与电感地应力的异常最大幅度、异常持续时间以及异常范围等有一定的关系，一般是异常持续时间长、幅度大、范围广，未来地震的震级就越大。从 16 个 $M_S \geqslant 5.0$ 级地震震例中，选取了 10 个震级与异常持续时间（T）线性关系较好的数据，求得了下述震级 M_S 与 T 的经验关系式：

$$M_S = 4.5 + 0.11T \pm 0.5 \quad （r = 0.93） \tag{16-1}$$

震前用下关地应力站的异常持续时间，代入式（16-1）计算，求得未来的震级 $M_S = 7.3 \pm 0.5$，其结果与实际震级相差不大。

另外，还有利用异常幅度和异常持续时间两者的综合，即异常半面积（S）与震级（M_S）之间的经验关系式：

$$M_S = 2.4 \lg S - 1 \tag{16-2}$$

由式（16-2）求得的震级为 7.4 ~ 8.6 级，与实际震级相比偏高。

二、地点的预测

利用地应力异常来预测发震地点，目前我们采用了两类经验性的方法。其一是，根据地应力异常近震中出现早、幅度大、持续时间长，离震中远则相反的特点，可以通过多站（点）的资料对比来定性地分析出来地震可能发生的大致区域。其二是，通过以往几次地应力异常与地震关系的震例总结，认为各站最大主应力方向大致交汇在震中附近。这也是目前用作预报发震地点的一种方法（图 16-1）。

三、发震时间的预测

用地应力异常来预报地震可能发生的时间，根据部分地震震例总结，初步认为 $M_S \geqslant 5.0$ 级的地震，大多数台站在趋势异常结束后 15 天之内可能发震。但也有少数台站和少数震例，在异常结束后一至三个月内发震（如龙陵地震前，下关地应力早在 1976 年 9 月异常就已结束），或者在异常还未完成结束，即在第二极点出现后，测值在反向转折回升（下降）过程中发震。此外，龙陵震前一个月到半个月至发震当天，距震中 400 km 的广大范围内，发现较多的点测值出现大幅度跳动或摆动异常的事实，也可以作为大震临震预报的参考指标（表 16-1）。

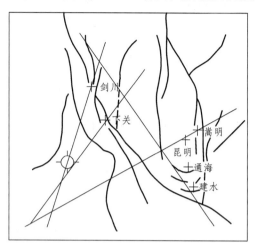

图 16-1　用最大主应力方向交汇法估计未来震中

表 16-1　地应力异常特征一览表

站名	异常起止时间		地震		异常结束天数	临走特点	备注
	元件方向	日期	日期	震级			
嵩明	L₁EW	1971-2-10—4-23	1971-4-28	普洱 6.7	2~5 天	L₂于 4 月 23 日出现速率异常	
	L₂N30°E	1971-2-12—4-26					
嵩明	L₁EW	1972-6-24—73-1-5	1973-2-6	炉霍 7.9	32~36 天	1972 年 12 月下旬与震前均出现速率异常	
	L₂N30°E	1972-7-5—73-1-1					
嵩明	L₁EW	1973-10-7—74-5-8	1974-5-11	昭通 7.1	3 天		
	L₂N30°E	1973-10-5—74-5-8					
通海	L₂N60°E	1973-9-1—74-5-4	1974-5-11	昭通 7.1	7~4 天		
	L₃SN	1973-9-1—74-5-7					
昆明	L₁EW	1975-6-1—7-9	1975-7-9	建水 5.2		负异常突出、速率大	
	L₃N30°W	1975-5-26—7-9					
建水	L₂N30°E	1975-4-19—7-6	1975-7-9	建水 5.2	3 天	震前 10 天三元件突跳，速率异常	
剑川	L₂N30°E	1975-7-4—9-2	1975-9-4	漾濞 5.0	2~4 天	震前 5 天出现速率异常和突跳	
	L₃N30°W	1975-7-18—9-2					
昆明	L₁EW	1975-12-10—76-2-15	1976-2-16	思茅 5.7、5.4	1~4 天	速率大	
	L₃N30°W	1975-12-11—76-2-15	1976-2-19				
嵩明	L₂N30°E	1974-11-1—75-1-5	1975-1-12	双柏 5.5	7 天	震前速率异常	
建水	L₁EW	1974-8-10—75-12-31	1975-1-12	双柏 5.5	12 天	震前突跳	
下关	L₂N30°E	1975-3-29—76-2-29	1976-5-29	龙陵 7.3、7.4	90 天	震前 5 天速率异常，27 日突跳	

第二节　地磁异常预报地震要素

关于地磁异常预报地震要素的预测如下：

（1）我国多年来以磁报震，一般认为，幅度相关异常出现在震前 40 天至 2 个月左右；与昆明和郫县作对比的平均幅差异常又分别出现在震前 41 天或 27 天左右；全国性的低点位移异常出现在震前 27 天或者 41 天左右；日变形态异常出现在震前 7 天左右；红绿灯异常预报点取其红灯段的一倍或两倍时间，预报时到底取一倍还是两倍，以视各台组预报时间更集中为原则，同时结合形态异常来确定发震时间的预报，另外再结合噪声二倍法、偏角二倍法及外围区偏角旬均值（或日均值）异常是否结束等指标。取上述分析方法所得到的比较集中的时段，作为预报地震的可能发震时段。

龙陵地震前，用各种地磁分析方法求得的可能发震时间比较集中的时段，大致为 5 月 25 日至 6 月 6 日（图 16-2）。

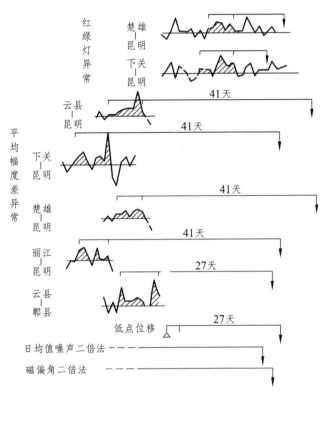
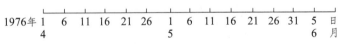

图 16-2　地磁预报发震时间综合图

（2）关于地点的预报。

利用地磁异常预报地震发震地区，通过近年来多次大震总结，已积累了一些经验。如震前磁偏角异常出现的范围可能较大，但由此就可估计未来震中可能靠近异常开始早、持续时间长、幅度较大的地区。再结合短临异常，一般垂直分量幅度异常也是靠近震中的台站明显，未来地震一般落在大范围低点位移的分界线附近等，这就可以大致估计未来地震可能发生的地区，即从一个比较大的范围，采用多种方法逐步缩小到一个较小的地带。

针对龙陵地震，采用了多种方法，进行综合分析，就可以圈定出未来地震可能发生在下关以西的云县、腾冲一带（图 16-3）。

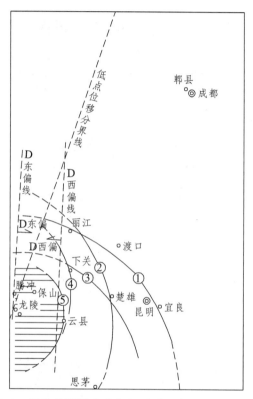

图 16-3　异常范围综合分析图（暗影部分为预测区域）

①—磁偏角异常范围；②—以昆明对比平均幅差异常范围；③—红绿灯异常范围；
④—幅度相关异常范围；⑤—以郫县对比平均幅度差异常范围

（3）关于震级的预报。

一般磁偏角异常时间越长，震级越大。云南以往磁偏角异常天数与对应震级之间的经验关系式为：

$$M = 0.3 + 3.0 \lg T \qquad (16\text{-}3)$$

式中：T 为 D 异常的天数，M 为未来地震的可能震级。以龙陵地震前各台异常天数代入上式，求得：

腾　冲　台：$T = 282$ 天　　　　$M = 7.65$ 级

大理州地办：$T = 250$ 天　　　　$M = 7.55$ 级

宜良县地办：$T = 211$ 天　　　　$M = 7.3$ 级

丽江县地办：$T = 137$ 天　　　　$M = 6.7$ 级

噪声二倍法，求未来震级的经验关系式为：$M = 3.4 \lg T + 0.8$，用日均值噪声异常的时间，$T = 68$天代入公式，求得 $M = 6.8$ 级；幅度相关系数异常法中，若相关系数为 0.2 左右，可能对应 6 级左右地震，若为 0 左右，则可能对应 7 级左右地震。

这次龙陵地震，运用以上各种方法处理的结果，计算未来地震的震级为 6.7 级至 7.6 级之间。

第三节　地变形对地震三要素的预测

四川地震局在总结 1976 年松潘地震时，对地震预报三要素也作了如下探讨[19]：

一、关于地震地点预报

（1）一般看来，越近震中区的变形台站，中长期趋势异常出现越早，越明显。

（2）根据变形异常出现的构造部位，并结合其他资料可以判断震中的大致位置。

二、关于时间预报

（1）根据变形差异性运动异常，作长期预报。

（2）根据变形的加速运动（包括台站）作中期预报。

（3）根据变形的反向运动或加速后突然稳定作短期预报。

（4）根据台站观测的突跳异常作临震预报。

三、关于震级预报

（1）异常范围大，异常时间长，震级就大。7 级以上地震变形异常范围一般在 300 km 左右。

（2）一个 7 级以上地震，台站变形异常持续时间一般在一年以上，震中越近，时间越长，甚至可达几年时间。

（3）7 级以上地震，短期趋势异常时间一般在一个月左右或更长时间。

（4）还可参考 $M = 2.67 \lg L + 2.6$ 经验公式计算震级。

第十七章 渐近式预测地震是具中国特色的创新道路

自 1966 年邢台地震以来，随着我国大陆一系列大地震的发生，我国地震工作者进行了地震预测的广泛实践。在此基础上，地震科研人员对各类方法的观测技术、前兆现象与地震的关系、预测地震三要素的方法、地震前兆机理及孕震模式等进行了广泛的深入探讨，取得了许多有价值的成果。40 多年来，我国的地震预测工作采取了从观测实际资料入手，通过边观测边研究边预测实践的工作方法和多路探索，综合分析，努力寻找各种地震前兆信息，形成了长期、中期、短期、临震渐近式地震预测思路。

第一节 渐近式地震预测工作的要求与内容

（1）长期地震预测工作主要有：① 开展地震活跃期与地震平静期的研究；② 对地震活跃期的时间尺度和活跃期内主要活动地区及总强度与频度的估计；③ 选定十年尺度的重点监视防御区。

（2）中期地震预测工作主要有：① 各种前兆性异常的分析研究；② 圈出异常集中区，选定重点危险区；③ 对重点危险区进行异常的综合分析与追踪研究。

（3）短期地震预测工作主要有：① 短期异常现象的分析研究；② 比较异常集中区的发展趋势，选出短期内可能发生地震的地区，加强震情监视工作；③ 对未来可能发生的地震的地点、时间、震级作出预测。

（4）临震预测工作主要有：① 突发性异常现象的分析研究；② 对地震发生有触发因素的天文、气象等领域的有关参数的研究及对发震危险时段的预测；③ 根据突发性异常和现象的时空分布，对发震地点与发震时间作进一步判断。

第二节 地震预报工作的制度与权限

一、地震预报发布的权限

地震预报意见由国家专门的部门或者机构统一发布，无权发布地震预报意见的部门或者机构不得发布地震预报。同时，根据地震预报意见的类型和所涉及的范围，对不同级别的政府作出了发布权限的划分：① 全国范围内的地震长期和中期预报意见，由国务院发布；② 省、自治区、直辖市行政区域内的地震预报意见（包括长期、中期、短期及临震预报意见），由省、自治区、直辖市人民政府按照国务院规定的程序发布，详见表 17-1。

表 17-1　破坏性地震预报类型

预报类型	时间尺度	预报主体	地震预报程序			备注
			依据、提出	批准、发布	发布方式	
长期预报 （1）全国； （2）省级	十年（地域强度）	国务院省级人民政府	国务院地震行政主管部门；省级政府地震行政主管部门	国务院省级人民政府	文件	确定全国地震重点监视防御区的依据
中期预报 （1）全国； （2）省级	一、二年（地域强度）	国务院省级人民政府	依据年度地震趋势商会国务院地震行政主管部门；省级政府地震行政主管部门	国务院省级人民政府	文件	部署防震减灾工作的基础
短期预报	三个月内（时间、地点、震级）	省级人民政府	中期预报基础上的跟踪监测分析；月会商会	发布前报告国务院地震行政主管部门	文件	加强监视，捕捉临震异常，做防震减灾准备
临震预报 特殊情况	十日内（时空、强） 四十八小时	省级人民政府 市县人民政府	已经发布短期预报地区；即时会商提出发现临震异常	发布前报告上级地震工作部门，市县人民政府	书面；广播；电视；边报告边发布	采取避震防护、应急措施临震应急

二、单位和个人任何情况不得向社会散布地震预测意见

《防震减灾法》对组织和个人确立了不得向社会散布地震预测意见、地震预报意见及其评审结果的禁止性规定。明确了除发表本人或者本单位对长期、中期地震活动趋势的研究成果及进行相关学术交流外，任何单位和个人不得向社会散布地震预测意见；任何单位和个人不得向社会散布地震预报意见及其评审结果。

第三节　唐山地震的中期预报

文献[14]指出：1969 年 7 月 18 日渤海发生 7.4 级地震，其后的四年里，华北没有发生 5 级以上的地震。1973 年 12 月 31 日在河间地震余震区发生了一次引人注目的 5.3 级地震。随后中等地震相对活跃，震中相对集中在天津、沧州、滦县、渤海一带，如 1974 年 5 月 7 日的昌黎两次 4.8 级地震和同年的 12 月 15 日宁河的 4.3 级地震，引起了人们更大的注意。与此同时，地形变、重力、水氡、地电等项目观测到较为集中的趋势异常。

（1）根据以上情况，1974 年 6 月国家地震局召开了"华北及渤海地区地震形势会商会"，会上据多数人的意见提出了华北一、二年内可能发生 5～6 级地震的若干危险区，其中首先提到的是京津一带、渤海北部。还有一些同志根据强震活动规律的历史情况及大区域地震活动

的综合研究，并考虑到西太平洋地震和 400～500 km 的深源地震对华北的影响，认为华北已积累了 7～8 级地震的能量，加上华北北部近年长期干旱，1973 年又出现少有的暖冬冷春，干湿失调的气象异常，提出华北有发生 7 级左右强震的危险。

（2）这一中期预报意见提出后，国家地震局及时上报到国务院，国务院审查了这一预报意见，考虑到这一地区的重要地位，作出了发布中期预报的决策，以国务院 1974（69）号文的形式，下发到危险区的政府、军队等部门，部署了防震抗震准备。

（3）1975 年 2 月 4 日海城地震发生后，京津唐张地区多种观测曲线曾一度出现转折。在人们思想上产生了混乱，提出了海城地震是否是预计中的地震，华北地区是否还有大震。经过一年的工作，意见逐步得到统一。在 1976 年初的全国地震趋势讨论会上提出：京津唐渤地区，1976 年内仍然存在发生 5～6 级地震的可能，唐山与朝阳之间、京津之间两个地区尤应注意。决定不撤销中期预报意见。

第四节 唐山地震的预防及短期分析情况

一、防震抗震工作

国务院的中期预报发出后，国务院有关部、委、驻预报危险区的部队以及地方政府迅速部署了防震抗震工作，其主要工作有：

（1）建立各级抗震防震领导机构和办事机构。

（2）进行防震抗震宣传教育。

（3）开展建筑物检查鉴定和加固：① 制定建筑物抗震鉴定标准；② 进行房屋普查鉴定。

二、进行建筑物的普查鉴定

1974 年后，天津、北京二市不同程度地开展了建筑物的抗震鉴定工作。

天津市在 1967 年河间地震后，就曾根据《京津地区旧有房屋抗震鉴定标准（草案）》开展过此项工作。然后曾一度中断。1975 年起，又开展了全市性的房屋抗震鉴定工作。天津市先后分四批送出 300 名技术人员到清华大学抗震短期训练班学习。后以这些人为骨干，在各区（县）、各大单位层层培训干部，根据重新制定的《京津地区工业与民用建筑抗震鉴定标准（试行）》开展鉴定工作。经过近一年时间的工作，重点单位共鉴定了工业与民用建筑 58 000 万间。

三、唐山地震短期分析预报情况

1976 年 4 月 6 日在内蒙古和林格尔发生 6.3 级地震，紧接着 4 月 22 日，在河北大城又发生 4.4 级地震。为了研究这两次地震后京津唐渤张地区的地震趋势，国家地震局于 5 月再次召开会商会。当时摆在人们面前的情况十分复杂，对异常的分析与认识存在很大分歧，因此会议对京津唐渤张地区的地震趋势没有下结论，仅部署各单位进一步开展工作，准备七八月份再开会讨论。

1976 年六七月份，京津唐及外围地区陆续出现了一些突发性异常，引起了大家的注意。这期间在国家地震局统一部署下，许多单位派人去现场调查情况，核实异常，其中河北省派往唐山的 6 人地震地质考察小组，在 7.8 级地震时不幸全部遇难。此外，有关单位频繁会商，对 1976 年下半年做了不同程度的估计。但估计的地区分散，京西北、京津之间，津、唐、渤海都提到；震级很低，一般估计震级在 4～5 级或 5 级左右；时间更不准确。客观地说，当时已模糊地觉察到有些情况，但终因各种原因，未能作出短临预报。

第五节　松潘地震的中期预报

根据文献[14，19]，1974 年四川省地震部门提出了在川、青、甘交界地区近年内可能发生强烈地震的估计。1975 年 11 月，四川省地震年度趋势会商会议正式提出了这次地震的中期预报意见，1976 年上半年，松潘、茂汶一带有发生 6 级或 6 级以上地震的危险。

一、发生 6 级或 6 级以上地震的原因

1．松潘、龙门山地震带地震活动增加波速比异常

1973 年四川炉霍地震后，松潘、龙门山地震带地震活动显著增加，并出现"围空"区。特别是 1975 年小震活动沿龙门山构造带呈北向条带分布，并且在松潘、南坪、茂汶、黑水、川北一带有近四年的地震波速比异常，b 值也有异常变化与之配合。

2．地形变异常

水准环测量结果显示，垂直形迹最明显的一段是松潘至南坪 50 km 的地段，相对隆起达 312 mm，形变梯度达每年每千米 0.6 mm，形变速度平均为每年 20 mm，松潘川主寺台跨断层的定点水准也存在着较明显的异常。

3．水氡异常

松潘台水氡出现长达 9 个月，上升幅度为 29% 的趋势异常。

4．电阻率趋势异常

1975 年松潘台视电阻率存在 36 个月的趋势异常。1976 年 6 月以前甘肃武都台亦出现中长期趋势的缓慢下降。

5．地下水位异常

1975 年下半年起，南坪、松潘、茂汶等地出现地下水位异常，多数表现为泉水量减少，甚至出现断流现象。熊猫之乡的平武、南坪以及甘肃文县的竹子干死开裂，熊猫因缺食而死亡。

6．该地区 74 年干旱

1974 年松潘、龙门山地区有较大范围的干旱现象，1975 年干旱消失。据以往四川的震例统计分析，发现中强地震一般都发生在干旱后 1—2 年，其相关系数为 0.9。

二、松潘、茂汶全国会商会列为 1976 年重点危险区——松潘地震中期预报

1976 年 1 月全国地震趋势会商会议审议了上述资料和意见，进一步强调指出，川、青、甘交界地区，特别是松潘、茂汶在 1976 年可能发生 6 级或 6 级以上地震，并将这一带列为全国第三个重点危险地区。

三、中期预报提出后的对策

中期预报意见提出后，未对社会发布，仅作为政府部门和地震专业系统内部掌握，开展必要的监视工作。1975 年起在松潘、南坪一带组织了群测群防工作，增建了群测群防机构和群众测报网点。并对这一地区进行了大面积的水准复测工作。1976 年 4 月份在成都召开的全省第四次地震工作会议上进一步讨论了这一带的震情，对今后捕捉这次地震做了进一步的安排布置。省地震局分析预报部门还在会议后派出专业人员去马尔康、汶川、松潘、南坪一带的台站、群测群防机构通报趋势意见和震情，普及单台分析及地震前兆分析知识，把工作做在地震发生之前。全国地震趋势会商会议之后，很快增设了南坪、平武两个地震台。

第六节　松潘短期预报及其对策

一、短期、地震预报意见的形成

这次短期地震预报意见的形成，大体分为以下几个阶段：

1. 短期异常的出现

1976 年 3—5 月，以宏观为主的各种异常现象不断出现，并时有起伏。首先是大邑邛崃、茂汶等地出现了一些宏观异常现象，如茂汶有 8 眼泉水从 1975 年下半年起水量开始减少，至 1976 年 3 月干枯；大邑县五龙公社一口井水位下降，并呈乳白色，经化验，水中含有较多的 Ca、Mg、Al、Si、Cu、Pb、Zn 等元素，这些元素可能来源于 400 m 以下的深处石膏，芒硝和更下部的蚀变围岩（层）；邛崃也发现井水变色变味，做不成豆腐的现象；南坪，松潘也有地下水异常变化；崇庆县万象公社地下天然气顺裂隙冲出地面，被山火引燃等。

① 1976 年 5 月 29 日云南龙陵、潞西发生了 7.3 和 7.4 级的强烈地震。据四川省地震局分析预报部门的分析，由于构造上的联系，滇西腾冲、龙陵、耿马一带的地震与四川松潘、龙门山地震带关系密切，彼此似有相互呼应的规律。这两次地震的发生，预示着松潘、龙门山地震带的危险性。

② 四川和西南当时正牌地震高潮时期，在存在着发生大震的背景下，省内自 1975 年 1 月 25 日康定九龙 6.2 级地震后，已长达 18 个月没有发生 5 级以上地震。这种异乎寻常的平静是个很反常的现象。

2. 短期预报意见的产生

进入 1976 年 6 月以后，特别是 6 月中旬，由于龙门山断裂带中南段：大邑、邛崃、天

主、宝兴等地地下水、火球、地光、动物等宏观现象突出，异常范围大、数量多，而松潘、平武一带反而比较平静。据此，6 月 14 日省地震局召开了紧急会商会议，提出了短期预报意见，发出了《地震简报》第二期，明确地指出：龙门山断裂带中南段的茂汶、北川至康定，在一、二个月内可能发生 6 级左右地震，特别是 6 月下旬尤其要注意。

二、松潘地震短期预报的发布

《地震简报》第二期发出后，四川省政府部门和国家地震局对所提出的预报意见非常重视，于 6 月 22 日在成都组织召开了有四川和全国 13 个单位出席的"南北带中段近期地震趋势会商会议"。会议肯定了这一预报意见，并在此基础上提出了在 8 月底以前，龙门山断裂带的中南段有发生 6 级或 6 级以上地震的危险的意见。四川省政府根据会商会意见并考虑到震情会商中有不少人认为有发生 7 级以上地震危险的意见，6 月 23 日正式以《川委发（76）28 号文件》发布了"近一、二个月内龙门山断裂带的中南段有发生 7 级以上地震危险"的短期预报意见。

三、临震意见的提出及大震的发生

（1）短期预报意见发出后，至 7 月底，龙门山中南段并没有发生大震，仅 6 月 21 日（距未来震中 200 多公里的）大邑西发生了 3.7 级地震，因此 6 月下旬可能发震的意见未能对应。这期间，专业人员对各种异常进行了调查落实，确认一些异常的存在。没有发生大震的原因，关键是标志着与临震有关的异常尚未发生和出现，如大动物异常，观测值的突跳，异常曲线的转折等。于是，四川省地震局又相继发出了第三、四期《地震简报》，指出危险性依然存在，但 7 月底以前发震的可能性不大。

（2）7 月底 8 月初，大多数短期异常曲线已经开始转折，地下水等宏观异常现象又开始显著增加。省地震局结合省内 6 级以上地震在 8 月份发生较多的特点和根据地磁 7 月份出现的低点位移的推算等，发出带有星城预报性质的意见；8 月份，尤其是 8 月 11 日、17 日、22 日前后，龙门山中南段，茂汶、北川一带或康定、泸安一带可能发生 6 级以上、甚至 7 级左右地震的危险。于 8 月 2 日、7 日又发出《地震简报》五、六期，通知有关单位及领导。

（3）《地震简报》第六期发出后，各种异常显著增加，特别是靠近松潘、平武的北川、安县、绵竹、茂汶等一带较前期的前兆更集中，更突出。牛、马、猪、狗、鹿等大动物习性异常也比以前增多。如茂汶一农场有 50 多头猪拱圈；江油、北川、安县、绵竹等地的牛、马乱叫乱跑，有的甚至挣断缰绳，火球大量出现，井水翻花冒泡，有的溢出地面，有的地气、地下水冲出地面，喷起几米高。更引人注意的是，康安姑咱地震台的水氡，8 月 10 日发生了 16.1 埃曼的单值突跳，比基值增加了 80%。这是个突出的临震异常，因为这个水点，以往发生过三次大的突跳变化，都对应了一周以后或左右时间周围 300 公里左右发生的 5 级以上地震。此外，8 月 10 日四川和云南部分地磁台站观测到了地磁垂直分量的日变形态畸变异常。据此，地震部门作出了地震临近发生的判断。8 月 12 日两次书面紧急报告省政府部门和国家地震局。

四、松潘地震临震发布

8 月 12 日省防震抗震指挥部和省地震局经决策，发出星城预报意见，紧急电告了预报区的地震台站和地（州）地震办公室，并迅速通告到地震危险区的各县，进入临震状态。

地震发生后，省地震局分析研究室派出了部分分析人员进入震区的平武县，开展了现场的余震监视和预报工作。由于有了第一次 7.2 级地震预测预报的经验，根据地震序列衰减最大震级变化情况及部分宏观微观前兆反应等，又较准确地预报了 8 月 22 日和 23 日两次强震。

五、短临预报期的预测预报对策

自短期异常出现起至大震发生，这个阶段主要采取了以下预测预报方面的对策：

（1）调集队伍加密网点，捕捉"短临"信息，为了弥补这一地区台站网点的不足，准确地捕捉各种短临信息，国家地震局和省地震局迅速抽调专业人员，增上了江油、安县等 10 多个测震流动台站和各种可望能抓到短临前兆的手段和仪器。中国科学院地球物研究所、生物所、国家地震局物探大队、地震测量大队、河北、广东、福建、山东、陕西、宁夏、武汉、南京等兄弟地震局（办、队），日夜兼程前来支援。四川省内的有关单位如地质局、石油局、生物所等也给予了密切配合。他们到危险区落实各种宏观异常，对地下水、地气等异常现象进行了大量水化分析和光谱分析工作。成都电视台，峨眉电影制片厂，"八一"电影制片厂，科技情报所也派人前往危险区拍摄各种珍贵镜头。

（2）加强群众测报，发挥群众测报在捕捉短临异常上的作用，当地震的短期预报发布后，地震危险区政府及其地震部门，广泛进行地震知识宣传，组建群众预测网点。至 7 月底，沿松潘、龙门山地震带的群测点已发展到 4 000 多个，测报人员有 8 000 多人。州县的地震办公室和群测点，自力更生，研制了观测仪器。如大邑计量分院研制了激光倾斜仪；成都工具研究所、眉山 505 厂等单位试制生产了观测地倾斜和电磁扰动自动记录土简仪器；温江地区某工程单位紧密协作，积极生产了 DD-1 三分向地震仪 7 套。据不完全统计，阿坝、绵阳、温江、雅安和成都等 5 个市、地、州的 30 多个县和上百个厂矿、企业单位共印发了地震宣传资料近 300 000 册，挂图 10 000 多套，放映地震科教片 5 000 多场。由于群众懂得了地震知识，并开展了群众性的监测工作，对于及时发现和广泛收集来自群众中的宏观异常信息，进行短临预报决策，起到了关键作用。

（3）建立宏观异常调查落实组，面对大量的群众报来的宏观异常现象，省地震局预报部门及时地建立宏观异常调查落实组，派出专业人员，先后到松潘、南坪、平武、茂汶、汶川、黑水、理县、江油、大邑、邛崃等地、落实各种宏观异常，并进行统计分析工作，保证了宏观异常的可靠性。

（4）建立并加强震情会商及报告制度，短期预报发布后，省地震局建立起震情报告制度和行政值班制度。坚持及时地向省政府、省防震抗震指挥部和有关部门汇报。坚持每班均有处以上干部参加，统管和主持包括震情在内的值班工作。省内各级地震部门也相应建立了有关制度。

（5）地震预报的审定、发布和传递，当短期预报提出后，四川省地震局及时向省政府和国家地震局做了汇报，6 月 22 日省政府和国家地震局组织召开了"南非带中段近期地震趋势会商会议"。邀请了全国地震系统的专家、学者和科技工作者，对预报意见及其各项依据进行了讨论审议，并加以肯定。

松潘地震预报的发布，实行"中期不对外、短期靠政府"的做法。

第七节　龙陵地震中期预报对策

一、预报意见的提出[14]

1970 年以后，滇西小震活动逐年增加。1972 年 9 月，在震区周围出现了波速比异常。云南省地震局根据地震活动性部分前兆观测趋势异常，在 1975 年全国地震趋势商会提出"云南西部及川、滇、藏交界地区近一至二年内有发生 7 级大地震的危险"。会商确认了这一意见，并列为全国重点监视区。1975 年 11 月，云南省地震趋势会商会根据地震活动性、水氡、形变、地温和气象等观测资料，一致认为澜江以西的碧江—泸水—瑞丽一带，近一、二年内存在发生 6 级左右地震的背景，1976 年 1 月，国家地震局召开的全国地震趋势会商会，再次肯定滇西地区有发生大震的可能，仍把这一地区列为全国重点监视区。

二、中期预报后的对策[7]

全国地震趋势会商会在中期预报意见，云南省政府和地震部十分重视，并相应采取了相应措施。

1．健全各级地震工作领导小组

1970 年通海地震后，根据省政府决定，建立了省、地、县地震工作领导小组。由于调整机构很不健全。中期预报意见提出后，省政府召开了全省群测群防工作会议，并批转了座谈会纪要，向全省下发了（75）14 号文件，强调必须健全地震工作领导小组，加强对地震工作的领导。

2．加强危险的地震工作

（1）成立滇西地震工作指挥部。
（2）健全专群观测台网。
（3）开展房屋抗震检查。
（4）现场综合分析灾情。
（5）广泛开展地震知识宣传普及工作。

3．注意地震危险区外围的地震动态

1975 年下半年开始，云南省滇东地区的专业台站、地震办公室和群众测报点的观测手段陆续出现了较大的异常。滇东地区的震情，引起了党政领导和有关单位的重视，在加强滇西重点危险区地震工作的同时，加强滇东地区的地震工作。

龙陵地震前，滇东协作区根据宜良、建水、曲江、寻甸、通海等地的多种观测发现异常，1976 年 5 月 13 日省地震局召开的震情会商会上提出"5 月下旬至 6 月上旬，泸水至腾冲一带可能发生 5.5 级地震"的意见。龙陵地震后，在外省预报云南省有 7 级大震的情况下，提出了"云南省近期不会发生 7 级大震，一月内本区不会发生 5 级以上地震"的意见。为判断全省震情，提供了有价值的资料。

第八节　龙陵地震短临预报对策

一、加强分析、掌握震情

1．云南省地震局提出短临预报意见

1975 年下半年，云南专业台站和群众测报点的观测手段，陆续发现的异常变化，在 1976 年 4 月下旬大部分接近结束，有的并出现短临前兆。这些异常的形态，都是从比较平稳的趋势异常转为突升（或突降）甚至出现脉冲，异常结束时间大体一致。根据经验判断云南省即将发生强烈地震。

从 1976 年 4 月开始，云南省地震局陆续收到各地提出的短临预报意见，根据各地的震情报告，结合专业台站的前兆观测资料，云南省地震局经过多次分析、会商后提出"5 月至 6 月我省将发生 6 至 7 级地震，第一点地点是滇西""5 月中旬至 6 月初""在滇西可能发生 6 级以上地震，小江断裂带亦应注意"的意见，并于 4 月 13 日、5 月 7 日两次书面向云南省地震工作领导小组汇报，5 月 8 日，省地震工作领导小组组长听取了省地震局的震情汇报。5 月 13 日在昆明召开了云南省地震趋势紧急会商会。会议提出了"5 月中旬，我省可能发生 5 ~ 5.5 级地震"的预报意见，同时提出"我省今明年内仍存在发生大震的可能"。5 月 14 日，云南省地震工作领导小组听取了汇报。5 月 15 日云南省政府电话通知有关地、州政府，要求认真做好监测预报工作。

2．国家地震局提出短临预报意见

1976 年 5 月 18 日国家地震局预报：在 5 月 21 日至 6 月 3 日前后三天，滇西南普洱—思茅地区有可能发生 6 级以上地震。云南省地震局 20 日会商后，书面向云南省政府汇报，云南省政府办公厅电告峨山至宜良一线及思茅地、县政府，坚持值班，5 月 25 日国家地震局坚持原预报意见，并进一步指出南北地震带南段有发生 7 级地震的可能。

二、发布短临预报

在云南省地震局、国家地震局连续提出短临预报意见的情况，1976 年 5 月 27 日晚，云南省委召开常委会议专门研究地震问题，决定发布短临预报和采取相应的措施。

参考文献

[1]　张晓东，张晁军，王中平，等. 地震监测——人类认识地震奥秘的金钥匙[M]. 北京：知识出版社，2012：26，32，37-38.

[2]　北京市防震办公室. 地震知识[M]. 北京：地震出版社，1971：40-45；50-56.

[3]　天津市地震局地震处，北京市地震队. 地下水与地震[M]. 北京：地震出版社，1976：112，128，138，144-145，149.

[4]　《地震问答》编写组，地震问答（增订本）[M]. 北京：地质出版社，1977：129-132，158-159，184，192.

[5] 《地震预报》翻译组. 地震预报[M]. 北京：科学出版社，1971：167-168.

[6] 浅田敏. 地震预报方法[M]. 北京：地震出版社，1987：74，183-184.

[7] 陈非北，张建华，刘秉良，等. 唐山地震[M]. 北京：地震出版社，1979：83，93，97.

[8] 《"三网一员"培训教材》编委会. "三网一员"培训教材[M]. 北京：地震出版社，2015：62-63.

[9] 陈非北，张建华，刘秉良，等. 唐山地震[M]. 北京：地震出版社，1979：25，27-30，74-81，84-87，91-97.

[10] 《地震问答》编写组. 地震问答（增订本）[M]. 北京：地质出版社，1977：95-96，159-161.

[11] 《唐山地震前兆》编写组. 唐山地震前兆[M]. 北京：地震出版社，1977.

[12] 赵文津. 就汶川地震失报探讨地预的科学思路——再论李四光地震预报思路[J]. 中国工程科学，2009：4-15，9-10.

[13] 钱复业，赵璧如，钱卫，等. 汶川 M_S8.0 地震的短临地电波动（潮汐力谐振和共振波——HRT 波）前兆[J]. 国际地震动态，2008(7)：2-3.

[14] 郭增建，陈鑫连. 地震对策[M]. 北京：地震出版社，1986：384，397.

[15] 朱皆佐，江在雄. 松潘地震[M]. 北京：地震出版社，1978：47-53，55-58，58-61，62-64，66-67，70-71.

[16] 张珍. 我们是怎样预报松潘 7.2 级地震的[J]. 四川地震，2007(3)：22-29.

[17] 四川地震局. 1976 年松潘地震[M]. 北京：地震出版社，1969：110-112.

[18] 陈立德，赵维城. 一九七六年龙陵地震[M]. 北京：地震出版社，1979：6-8，9-11，12-14，16-17，17-23，22-24，24-32，33-34.

[19] 天津市地震局地震处，北京地震大队. 地下水与地震[M]. 北京：地震出版社，1976.

第五编

中国特色防震减灾的预防预报方针方法

第十八章　地震工作的法律、法规和方法

防震减灾工作是为防御和减轻地震灾害而进行的一系列活动。《中华人民共和国防震减灾法》（以下称《防震减灾法》）规定：防震减灾工作，实行预防为主，防御与救助相结合的方针。"预防为主"是人类防御各种灾害的基本思想，是千百年来人类面对各种灾害的经验与教训的高度概括。联合国前秘书长安南曾经说过："预防比救援更人道，也更经济"。

防震减灾不仅涉及政府，也涉及社会各种组织，同时也涉及每个公民个人。只有充分了解法律法规，规章和规定，才能保障有序地开展各种防震减灾工作和活动。

第一节　法律法规、规章制度和规定

以下列出我国已有的法律法规、规章和规定[1]的名目：

（1）《中华人民共和国防震减灾法》。

（2）《地震群测群防工作大纲》。

（3）《地震预报管理条例》。

（4）《地震灾情速报工作规定》。

（5）《中华人民共和国突发事件应对法》。

（6）《破坏性地震应急条例》。

（7）《地震安全性评价管理条件例》。

（8）《建设工程搞垮设防要求管理规定》。

（9）《城市抗震防灾规划管规定》。

第二节　防震减灾工作的方法措施

我国地震工作实行国家地震工作同地方地震工作、专业队伍同群测队伍相结合的体制和政策。地震工作，尤其是地震预报工作，除具有很强的任务性、探索性和社会性外，还具有很强的地方性和群众性。

根据《防震减灾法》有关规定和现时期我国防震减灾主要工作方针和任务，群测群防工作可定义为[1]：非隶属地震系统的公民和组织依法开展的地震监测、预测和地震灾害防御工作。现阶段群测群防的主要内容包括：地震宏观和微观观测、防震减灾宣传和震情灾情上报等。

根据以往经验，群测资料在多次地震成功预报中发挥了不可替代的作用。根据地震现场考察，很多中强地震发生前，都有不同程度的宏观异常显示。这些宏观异常的搜集报送主要依靠群众测报队伍。例如，1976 年龙陵 7.3 级、7.4 级地震、1994 年台湾海峡 7.3 级地震、1998 年宁蒗 6.2 级地震、1999 年岫岩 5.6 级地震和 2000 年姚安 6.5 级地震，还有 1976 年唐山地震的"青龙奇迹"和松潘平武地震，以及 1976 年以前短临多次地震的预报成功，都是坚持专群结合、"土洋结合"的群测群防的方针取得的。

实践证明，我国地震工作中的群测群防为成功地预报地震积累了丰富的经验，构成了中国地震工作的一大特色，在地震预报工作中具有重要意义。

2008 年汶川地震以后，为适应新形势、新任务，本着防震救灾工作服务于群众、服务在地震多发区的乡（镇）设立防震减灾助理员，形成"横向到边、纵向到底"的群测群防的网络体系。

一、"三网一员"的建设

为加强群测群防工作的政策措施，全国各省市积极推进"三网一员"的建设。所谓"三网一员"，三网指地震宏观观测网、地震灾情速报网、地震知识宣传网，一员就是防震减灾助理员[1]。

二、防震减灾图书的出版

为了做好新时期的防震减灾工作，调动全民防御力量，构造全社会参与的群测群防工作机制，指导我国市、县地震主管部门的业务管理工作，为防震减灾助理员，日常工作的实际过程和可能遇到的问题入手，并为基层群众群测群防人员提学习和参考资料。由中国地震局组织专家编著出版的有：《地震群测群防工作指南》《"三网一员"培训教材》《防震减灾助理员工作指南》。

第十九章　李四光论地震[①]

李四光先生是我国的卓越科学家，他长期以来在辩证唯物论的思想指导下，创立运用力学原理，观察研究地质构造现象及其与其他地质现象的内在联系，在不断总结群众的实践经验、批判传统地质学的基础上，创立了独具中国特色的地质力学，为我国社会主义建设做出了重大贡献[2]。

李四光先生在晚年积极从事地震预测的研究，并亲自领导了中央地震工作小组。他以地质力学理论，分析地震发生、发展的原因，独排众议，提出了"地震是可以预报的"的见解。他指出：地震之所以发生，主要是地应力活动与组成地壳岩石抵抗能力之间矛盾激化的结果，是现今地壳运动的一种表现。地震的分布与现今活动的构造体系，或某种构造体系的活动构造带有密切关系。从而提出地震地质工作要以调查研究活动的构造体系和构造带为基础，圈定地震危险区和相对的稳定区即"安全岛"。在此基础上，在危险地带选择适当的地点，观测现在地应力的变化过程，探索地震预报的途径，经过邢台地震几十年的实践检验，证明这条预测地震的途径是正确的，是有一定效果的，是大有希望的。

地震是一种自然现象，人类当前还无法准确预测地震的发生，也还没有能力阻止。自邢台地震后，周恩来同志制定了"以预防为主、土洋结合、专群结合……"的"群测群防"的方针，李四光先生确立了以测地应力的方法为主其他方法综合测震的方法，到2007年止，我国的地震工作者做出了30余次较为成功的短临预报。本章简要摘录李四光先生对地震的论述。

第一节　地震是可以预报的

一、地震预报问题

（1）地震预报，这是一项艰巨的任务。要搞预报，一定要摸清地震发生的原因。现在有两条路可走，一是根据历史事实加以推断，不过这是一种外推的办法，如果说它有一点根据的话，就是历史资料的外推。另一条路就不是这样了，而是要找出构造活动发生的原因，推测发生地震的可能性。因此，重点就不同了。和前者相比，后者的重点在于确定构造活动的程度和频度，频度很大就标志着那么地带的某些地点特别需要注意。只要我们能做到这一点，对国防和工农业建设就会起很大的作用，特别是在某些重要建设地区是关键性的工作。

---

① 本章部分内容根据李四光先生《论地震》一书摘编，有删减。——编者

现在，如何使用我们有限的人力和物力去观察它们，是一个非常重要的问题，这项工作做起来确有困难，但不能不做，做好了就为地震的预报工作打下了基础。

究竟哪些地区、地带、地点的活动性最大呢？这要很好地去做工作才能知道。近年来，我们在这方面做了些工作，但还没有来得及很好的总结。现在看来，在那些活动构造带交叉及转折的地方，是很值得注意的。

（2）地震预报问题，地震能不能预报？有人认为是不能预报的。如果是这样，我们做工作就没有什么意义了。这个看法是错误的。我认为地震是可以预报的。

地震是自然界某种运动发展过程的一个阶段，因此，如果我们能够抓住地震发生前的变化，我们就可以预报地震的发生。要知道它的发生和发展，就要知道哪些现象与地震有关，并抓住这些现象进行观测。

地震是地球上的震动，由于地球内部和作为天体中成员的变化而引起的。天文方面我看不能忽视，因为主席讲事物是相互联系的。这方面我知道得很少，要向同志们请教，我不多谈了。当然，主要还是要研究地球内部，具体一点说，就是地壳的运动。我认为地震是可以预报的。地震与任何事物一样，它的发生不是偶然的，而是有一个过程的。地震就是岩石受到力的作用，达到某一临界程度，岩石受不了的时候，便会发生破裂而产生地震。

地震发生的因素很多，我们要尽力找出最重要的因素。要认识地震发生的规律，需要我们做更多的调查研究，由于影响因素很多，我们在实践中，还有一个逐步认识和逐步掌握的过程。如果我们能把大的，具有破坏性的地震抓住，这就对人民有很大的贡献。

二、目前地震预报工作上存在的主要问题

目前地震预报工作上存在的主要问题是什么呢？关键是发生地震的规律问题。地震是地壳运动的一种特殊形式，是地壳运动某些阶段急剧的变化，有的人认为，地壳的变化起源于地球的深部，他们从地震仪看到过这种现象。但是，绝大多数的地震是属于浅震，在十千米、二十千米、六十千米的范围，而以五至十千米为最多。地震主要是在地壳上部（莫霍洛维奇面以上）破坏性的变化？地壳上部发生缓慢褶皱的变化，与那种急剧的断裂就不同了，前者就不会感到震动，而后者就可能产生强烈的地震波传播到地表。因此，现在关键在于找出它的主导因素，是否应该注意到地壳上层运动的变化规律，这就涉及地球物理和地震地质了。

三、预报地震用物理和地质两种方法探测

地球是由不同的物质和形式组成的。解决地震预报这个问题，一方面用物理方法；另一方面要采取地质的方法。因此，要注意在某些地区进行物理和地质的探测，同时注意历史资料，找出地壳构造和结构的特点。在地球这样大的地区，如何去找危险地区？过去的方法，是根据历史资料划出等值线范围，今天看来，这样按圆圈划危险区范围的方法是不切合实际的。地震波实际是受构造所控制，沿着某些地带传播的。因此，在一些活动地带中，也是有相对安全的地区（又叫"安全岛"）。这一点，对我们的建设是很有意义的。关键在于找出活

动带，从目前重点建设的地区看，我们就是要确定这些活动地带和相对安全的地区。但遗憾的是内地的地震工作开展晚了一些。

地球物理的方法，在地球物理工作者当中认识比较一致，问题不大。但是，在地质队伍中，情况就不同了。苏联的和脱胎于苏联的大地构造学派，他们认为地壳是一块块拼凑起来的，地震多数发生在边缘地带；而另一种是看地表的构造带以及它们之间的相互联系，从这些现象去推测深部的变化，这就是地质力学的看法。我们不反对用沉积物的变化去研究地壳运动，但我们认为研究构造与地震的关系，关键是在于寻找活动构造带。从历史资料和现在的资料看，有些构造带现在还在活动，那么我们用什么方法去了解呢？

要认识现在还在活动的构造带，也有几种方法。我们在邢台的尧山西部，首先使用了地质的方法。同时通过电法则到两个逆掩断层，古老的石灰岩压在很新的地层之上，这说明他们在很新的时代还有活动。如果不清楚，就打钻证实。由此可见，在证实活动带的分布范围方面，还是容易的。但是，如何知道它现在还在活动的情况呢？还有一个办法是作微量位移测量。再就是现在运用的地应力测量的方法。

地震是岩石受力的作用而发生破裂，产生震动的。不论这种力量是从哪里来的，总是一种机械力引起岩石变形、破裂而产生震动的。那么，有没有办法探测地应力呢？是有办法可以测量的。有两种不同的情形，如果岩石是塑性的，不能积蓄地应力（力量随形变而消失）就没法测量；如果岩石是有一定弹性的，它就能积蓄应力，当地应力积累到超过岩石的强度极限时岩石就发生破裂，并产生震动。因此，地应力积蓄得愈多，力量就愈强，破坏性就愈大。目前，我们采用的电感法，受力作用压磁感应很灵敏，不过温度的影响很大，地磁场影响不大。地应力是否存在呢？经过应力解除试验结果证实，地应力是客观存在的。现在，对应力如何反映到曲线中来，还有待进一步研究。现在看，地应力观测这条技术路线是正确的，是有前途的。我们的工作做得很不够，还要在实践中不断提高。

其他，如水位的升降、地声、生物动态的观测等方法都可以做。今天，我主要是侧重谈谈地应力的观测，有不对的地方，请大家提出批评。

如何摸索构造规律，从地质力学的观点，主要是研究构造体系，确定构造型式。

四、地震是可知的，是能够预报的

记得，邢台地震后，在周恩来同志召集的一次会上，有人认为搞地震预报是笑话，为什么？因为洋人没有办到。我们有些同志就不是这样认识，相反，大家是有信心的，认为地震是可知的，经过努力是能够预报。同志们要有一个战必胜的信心，要有一股敢于超前的劲头，我们一定会在世界各国之前解决这个问题。这一点，我们大家是有信心，有决心的……几次大地震发生后，当地革委会、军管会建立指挥部，领导群众预防预测地震，战胜困难。现在，我们不能总这样议论纷纷，不要"议论未定，兵已渡河"。说不定什么时候又崩一个。跟在地震后边跑，总是被动，我们要赶到地震前面去……

1. 地震预报如何走上正确的道路

目前一个具体的问题是，怎么样走上正确的道路。现在，不是成因的问题，这个问题可以通过实践逐步地认识它，现在要把重点摆在我们的工作方法上去，要有步骤地去做工作，譬如说，首先抓哪一步，然后在这个基础上再做哪一步，使认识逐步地前进。要搞地震预报是一致的，但哪一步先走，哪一步在后，步子怎么个走法有分歧。当然，开步走也不是主观决定的，要从实际出发。

地震是怎么发生的？尽管有不同的认识，但有一点是值得我们注意的，我们所说的地震，是不是发生在天空，是不是在太阳上，是不是在月球上，都不是，而是在地球上，在地壳里。有人作过统计，一年地球上的地震有五百万次左右，百分之九十五以上都是浅震，都在莫氏面以上的地壳内。有的震源很深，可以到七百公里，那很少，绝大部分是在浅部地壳内发生的。云贵地区也都是浅源地震。从实际出发，绝大部分地震是在地壳里发生的，我们要抓住这个事实。应该把重点移到这儿来。因此，台站的安排与地质构造条件是不可分割的。我们目前动手行动，以革命精神行动起来就是要搞地震预报。

地震预报的范围，从实际出发来看，地震既然发生在地壳内，要解决这个问题，起码首先要知道地壳下面，特别是地震频繁地区、地段的地质构造条件。预报有个空间问题，地震都在哪些地方发生，要有依据就要了解地震区的地质构造。在哪个地区容易发生地震，要搞清楚。不管力量是哪里来的，总要在地壳内引起岩石的变化，强烈的剧变，才可能引起破裂，产生震动。因此要预报地点，就要了解最可能发生的地区。我们要从历史的情况，从地质构造的分析中，查明哪个地方今天还在继续活动，就是我们常说的活动地带，这是预报要考虑的第一点。光说空间还不够，因为空间面积很大，在地区上还要找出可能发生地震的地点，也就是要集中到哪个地区、地段、地点。把范围缩小，指出在哪个地区有特殊危险。这个工作我们还是可以做到的，过去已经做了，今后大家还要做。从空间上讲，地点要肯定下来。

2．地震预报从时间上讲有短期、中期、长期

从时间上讲，有短期、中期、长期。说地球表面一定在若干年内发生地震，这不解决问题，因此，时间很重要。现在广东就要做这一工作，因为广大群众都住在房子外边。但是也要提高警惕防止阶级敌人造谣。邢台地震后，也搞得很紧张，造成了损失……预报时间要抓紧，最好能报出几小时以前，一两天以前就更好了，要在这个范围内找到地震前兆。要说很有可能发生地震，震级多大不知道，知道几级更好。总之，时间范围、震级、地区都要知道，都是地震预报的范围，要做大量的工作。特别是预报最后几小时，发生多大地震，在哪里发生一定要过关。最后再追地震的原因。过去，采用的方法很多，要按"双百"方针来指导工作，但在工作中有共同要做的，那就是地质工作。有长距离跑，短距离跑，目标是一致的。要能报出时间、地点、震级，就很不错了，这样就要细致地摸清地下的情况，台站也要搞，两者要密切的配合起来。我们有这么大的力量，而且团结起来了。看来，首先要弄清先做什么，后做什么，按着一定程序去做。

地震，一定是地壳中发生了强烈的变化，很可能是断裂了，这个变化一定有很大的力量作用，力量哪来的？要追。但不能等追清楚了才开步走。没有力量不会发生破坏，力在地壳中分布是有规律的，分布在什么地方，是个地应力场吧！叫应力场是好算大小。一提应力就有人反对了，加上个"应"字便有压力，提力还可以，提应力就不行了。地应力活动，你从那个角度说，初步摸索这个是没有分歧的，而追索力从哪儿来的就有分歧了。争论不要紧，将来在实践中解决嘛。同一观点，还有不同重点摆在什么地方的问题。从实际出发，一步一步地做，不要提以什么为重点就不高兴，总是要有个一、二、三嘛！

3．从中国实际出发，从实践中去探索地震发生的原因

地震发生的真正原因在哪里，力怎么来的，看法有分歧，但不能等它搞清楚再工作……从观察地震现象中，才会发现力是从哪里来的，这个问题有待将来去解决。目前要从中国的实际出发，不能根据外国的什么情况和空想出发。这里我看不出有什么矛盾不可解决，说没有应力？不是的，应力场是存在的，可以用不同手段去测应力活动情况，知道地应力集中的地方。用各种手段去测，磁的干扰要争取排除。认识事物是发展的，要从实际出发，规划计划要落实。革命形势大好，有这么大力量完全可以搞好地震工作。原则上没有分歧，目的是一致的，重点有所不同。应该没有什么麻烦……

1954 年山丹地震，山都成了开花馒头了，引起了重视。再一次是 1962 年新丰江地震，大坝裂缝了，搞得很紧张。搞了一阵子，慢慢冷下来了，刺激一下动一下。1949 年以来的地震工作经验对我们有帮助，还有不少搞过地震工作的人员，可以动员起来……

五、地震是有前兆的

当前关键的问题，在于抓住那些危险的地带。什么是危险地带？看来是地壳构造活动的地带。对这些地带，用不同的方法去测定这种力量集中、强化乃至释放的过程，并且进一步从不同的途径去探索掀起这股力量的各种原因，是我们当前的主要任务。因此，我们要……制定一个以预防为主、最短期间在地区上和时间上实现地震预报的宏伟规划。

六、解决地震预报的方法与途径

现在的问题是，地质部的地震地质工作搞不搞？要搞，又怎么搞？地震地质工作的内容都是些什么？地震地质有没有意义？

地震与地质构造有没有关系？我看是有关系的。地壳它要动，就要有一定的力量在活动。当地壳里的岩石承受不了这种力量的作用时，便发生急剧的破坏性运动，产生地震。看来，地震的发生，与现今的地壳运动有关。事实上，从一千多年来的地震记录看，绝大部分地震的位置都是在构造带上，与断裂有密切关系。这一点，历史资料可以证明。最近几年发生的地震活动，也绝大部分与断裂有关。所以，地震现象之所以发生，除其他各种因素之外，活动构造带（各种断裂带）是很重要的因素。譬如延庆、四海的地震，都是在一个构造带上。甚至，在大地震发生以后的活动方向，也是与活动构造带一致。

地震与地质构造有没有关系呢？这个问题，可能有不同的看法，但我们说，有，而且关系很密切。从历史震中的分布看，个别的不在构造带上，这可能是因为我们不了解那里的构造情况；而绝大部分震中都落在活动构造带上。当然，我们也不排除其他因素。

地质部是地下情况的侦察部，不是月球部，也不是太阳部。所以，我们地质部的任务之一就是要搞清地下构造与地震的关系。我们就要首先观测现今还在活动的构造体系。历史地震资料和位移资料都可以用。地震地质大队的人，如果分布在这些活动构造带上，并不显得多。

第二节　地震预测

一、坚持双百方针总结预测手段

地震工作本来就是一项科研工作，在奠定这项工作的基本指导思想的问题上，它的要求，和其他科研工作的要求，可以说是完全一致的。在发动群众的问题上，地震工作，比其他科研工作，具有更优越的条件。地震工作的重要环节，是地震预报，而预报必须根据预兆……这是千真万确的事实……首先，我们必须贯彻以预防为主……的指示，在"双百"方针的指引下，总结我们近几年来的经验，已经可以看出有几种预测手段，对应地震比较灵验。那么，为了达到"四年放异彩，七十年代放原子弹"这个伟大的目标，我们是否可以首先把那几种比较灵验的预测手段，一个个地在不同的地区，分别进行检验，看它对应地震好到什么程度，也看它不对应地震到什么程度。不能只看正面，还要看反面的经验。我们当然还要努力创造新的预测手段，停止不前的论点是错误的。我们探测出来的预兆（如果确实是预兆的话）只是一些现象，只是探明地震入门的依据，问题的实质，在于摸清预兆和地震内在的联系和内部的矛盾，查明某些预测手段为什么有时灵验，有时不灵。对于这些问题的分析，存在着两条路线。……在我们的地震工作队伍中，地震工作机构中，这一类问题，看来，还很难说完全、彻底解决了。事情如果真是这样，我们就必须端正态度，在根本问题上狠下工夫……

二、地震预测应该试用各种预测方法

地震预报是地震工作当前最重要的一个环节。为了搞好地震预报工作，我们应该试用各种预测方法和预报手段，同时同等地予以提倡和支持，并力求改进，特别是在探索前进的现阶段，不宜让重此轻彼的趋向出现，以致不利于贯彻执行"双百"方针。

我们现在采用的一些预报方法和手段，可以说绝大部分是用来揭露可能与地震有关的现象。实质问题是地震。用那些方法和手段揭露的现象到问题的实质——地震，还有一段距离。在这段距离中，就存在着当前地震预报工作中的主要矛盾。

大家都很清楚，某一种现象的产生，可能有不同的因素，也可能有几种不同因素联合起来起作用。因此，我们采用的地震预测方法和手段所揭露的现象，可能是地震的前兆，也可能是其他因素的反映。如若这种变化所揭露的现象是各种不同因素的联合，其中可能包括地震活动的因素。在这种情况下，我们一般都把非地震的因素叫作干扰因素。如何把那些不同的因素，全部都分析出来，把那些与地震前兆无关的因素识别出来，并把他们排斥出去，这就需要做大量的细致工作——包括一系列的观察、分析、研究工作——才能得出可靠的论断。

如若我们所用的方法是以历史地震为依据的，我们就得对历史地震的资料首先加以严格的审查和校正，在这个基础上得出的结论，需要明确一下，它是受到历史资料所涉及的范围的局限的。

如若我们所用的手段是探测仪表，仪表本身的缺点、性能和可能在安装以后所发生的各种变化，都必须予以考虑。因此仪表的设计、制造，原材料的选择和处理以及仪表的维修，应该是和观测、分析、科研工作一起都是地震预测手段的组成部分。

假定预测手段，改进到完全可以反映地震前兆的程度，也不一定能百发百中地预报地震。因为，地震之所以发生，在围绕着将要发生地震的那个地点的地下岩层中，必然有一股力量，使岩层产生了剧烈的形变，以至于在比较脆弱处所发生破裂或者沿着已经存在的断裂面和软弱的结构面，两盘的岩石相对挪动，那股产生这种形变的巨大力量，不可能突然出现，必然有个积累加强的过程。我们的探测手段如若正确地反映那股力量加强的过程，那就等于正确地反映地震将要发生的前兆。但是力量加强和能量聚集是一回事，如何释放能量，则是另一回事。它可以突然产生破裂，或在受力的岩层中某处突然发生局部剧烈的变化；也可以沿着软弱的结构面，或者已有的断裂面，或者通过小幅度、大面积的地形变而释放能量。这些不同的情况是由地质条件来决定的。

根据上述情况，可以预料，一种观测手段，即使如实地反映地震前应有的预兆，也就是说，如实地反映发动地震的那股力量积累的过程，地震不是万无一失地就会发生，即使发生，也不一定达到预料的强度；反之，在地震发生以前，任何可靠的预测手段，一定有明显的反映，至于反映强弱的程度，是应由震级的高低和当地地质条件来决定的。

三、几点建议

地震工作的进展，在很大的程度上，取决于地震预测手段的效果。为了加速提高地震预测手段，建议采取以下几项措施：

（1）由地震办公室组成若干预测台站政工小组，分途轮流到各台站去了解并就地解决观测台站人员中存在的问题，力求贯彻每一观测人员都能够确实在学习毛主席著作的基础上，不断提高政治觉悟，以创新的姿态，执行各自的战斗任务。彼此之间，加强团结，争取更大的胜利。

（2）就各台站从事每一种预测手段的工作人员中，组成一个专门对那一种手段的攻研小组，其任务是为那一种手段服务的仪器的试制、改进、装置、使用以及排除干扰的措施，作出详细的观察、分析、实验以及在一定范围内，对地震正面和反面的对应关系，通过一定的时间，譬如说一两个星期，总结一次各组自己的经验。在总结经验时，一定要把实际资料和分析的意见，明确地分开，向中央地震办公室汇报，然后由办公室把各组的资料和意见分别综合起来，分发给各台站参考。由办公室指定适当的地点和时间开一次各组经验交流会议，集中正确意见，采取进一步的措施。

（3）各组可根据工作的需要，向办公室提出要求，调动他组人员参加工作（暂时的或较长期的调动，由办公室与有关单位协商办理）。

（4）办公室从事"作战组"工作的人员除了处理日常情报和有关各种手段的事物以外，应该分别对一种比较重要的手段，进行深入的钻研，由办公室配备必要的设备。

（5）办公室从事"分析"工作的人员应分期分途到各台站去参加台站的工作，同时各台站的"分析"工作人员也应分期到办公室工作，以利交流。

（6）地震办公室应与地方领导协商，在地震战线上，因地制宜地制定大打人民战争的具体方案。

第三节 地震地质是地震工作的基础

一、地震地质工作是开辟地震预报道路的工作

（1）地震地质工作的主要研究内容：主要是搞地质与地震的关系，所以叫"地震地质"，这个名词可以用在什么地方？地震的发生和发展可能很复杂，但可以肯定地震是地球表层构造变动的结果，地球半径有 6 370 余千米，地壳仅 20 至 60 千米，许多地震就发生在 10 至 20 千米甚至只有五六千米的深度，这是地壳表层的现象。地震是地球表层发生构造变动的结果，这样地震与地质就有关系了。

地震地质工作跟过去搞地震的做法不同，我们着重地质构造条件，主要是地壳表层构造特点的研究，就是地质构造工作。对地壳表层某些地区的特点，要进行地质调查。地壳表面的构造是很复杂的，我们要研究现今还在活动的构造，主要是第三纪、第四纪以来的活动构造带。地震的发生，大多数在现今还在活动的断裂带的转折点（转弯处）或不同方向构造线交叉点。这是根据历史及现今地震资料证实的。我们不但要找活动性断裂带，还要找出危险点。

（2）地震发生的地方一定是现今还在活动的地区：现今活动的地带不一定发生地震（如前几年渤海湾上升没有发生地震），但是，在地震发生的地方一定是现今还活动的地区、地带、地点。这些地区、地点是经常可能发生地震的中心。因此，地震地质工作应找这样的地带，这不是一般的地质调查所能办到的。一句话，地震地质工作是开辟地震预报道路的工作，是为地震预报打基础的工作。

二、地震地质工作的内容

（1）现今活动构造带的调查研究。

这一部分工作是地震地质工作的基础。它的主要任务，在于鉴定构造带的活动性，查明活动构造带所属构造体系的某些特点及其在空间分布的范围。这是开展地震地质工作的第一步。它可为社会主义工农业建设、国防建设提供必要的资料；为地震地质工作的第二步——地震预报开辟道路。

地质构造的活动不一定引起地震，但地震之所以发生，必然由于某一个构造带的局部或者全部甚至整个构造体系活动达到了一定激烈程度而引起的。

这一部分工作应该包括：

① 对某些重要地带和地区，使用宏观的地质构造观测方法和必要的物探手段，开展构造活动性的调查研究。

② 使用仪器沿着某些断裂带测量微量位移，或者用快速的大地测量方法，观测地形的变化和海面与陆地的相对运动。

③ 搜集历史地震资料，确定震中的分布与构造带或构造体系的关系。

④ 通过地震仪测出震源，用来检查和补充历史地震的震中与现夸活动构造带的关系。

（2）地震预报。

一般的地震几乎都是构造地震。构造地震起源于构造运动，要有一定的力量推动地层才

能发生构造运动。地层中每一单位面积所承受的力量或本身所产生的抗力，叫作地应力。不管地应力是怎样产生的，在岩石带有一定弹性的条件下，它有可能而且必须加强到地层中某些部位，遭受破坏性形变，才有可能引起地震。

根据上述理由，我们认为在一个构造带上互相联系的地区中，选择适当地点，观测地应力加强的过程是探索地震预报的比较可靠的途径之一。地应力在地层中是否存在？通过地应力解除的方法，已经得到了肯定的答复。地应力在地震发生前是否在某些地点发生变化？这个问题，只有通过长期观测的实践才能得到解决。

1962 年河源地区发生地震以来，特别是 1966 年邢台大地震以后，我们一直在摸索观测地应力变化的方法，其中比较简易的有五种：

① 电感法。

② 地下水位观测法。

③ 超声波法。

④ 形变电阻法。

⑤ 钢弦法。

目前，我们正在集中力量，从事以上五种方法所需要的仪器试制、试用和改进，同时，在人力、物力许可的范围内，我们还考虑对某些构造活动的地区，进行重力值和地电值等变化的观测。

三、地震地质工作的任务

（1）地震地质工作首要的任务就是：侦察地震这个地下"敌人"的潜伏场所，并进一步监视它的活动，为保卫广大人民生命财产的安全和社会主义建设的安全服务。这项工作分为两大部分：一是调查和鉴定现今还在活动的构造地带和构造体系，观测、检验、鉴定它们活动的程度和频度；二是在某些具有在关键性的地区或地点建立地震预测试验站。

（2）地震地质工作首要的任务就是：

① 查明活动构造带的所在，追索它伸展的方向和范围。

② 鉴定它的性质，是单纯的褶皱、断裂、破碎带，或是几种构造现象结合起来的构造带，是压性、扭性、张扭性的构造带，抑或是断裂带两盘以相对平错为主或相对升降为主的断裂带。

③ 测定它的活动程度和频度，如断裂带的断距，它开始出现和持续的时期，间歇性或连续性，剧动或蠕动等。

④ 尽可能找出一切和它有密切联系的构造带，也就是它所属的构造体系。

为了贯彻执行上述任务，地震地质工作的方法和内容，应该初步有所规定，并且在可能范围内明确观测精度的要求。例如某些地方的第四纪冰碛层、冰水沉积层、河床沉积层、甚至洪积层或古人类居住的遗址，受到活动构造的影响以致其中发生可以察觉的位移。现时正处于活动状态的断裂，究竟是什么时代开始出现的？这涉及古构造运动继承的问题，也涉及所谓"新构造运动"。就地震地质工作的要求来说，还不是活动从何时开始的问题，而是活动构造现今活动的程度与频度是首要的问题。这两个问题，特别是前者，又往往牵涉到一个构造带，譬如说，一个断裂带发展的历史过程，也牵涉到历史地震的记录。极堪注意的事实是历史地震震中的分布，在很大程度上与构造的展布是一致的。这条规律突出地证明：地震震中所在与某些构造带和与那些构造带有密切联系的构造带是息息相依的；反过来，追踪彼此相关互联的活动构造带，对发现潜在的地震危险带，有很重要的指导意义。

四、地震地质工作的目的与方法

什么是地震地质工作？它搞些什么？为什么要搞地震地质？要解释这些问题，首先要考虑地震与地质现象的关系。地震现象是大家都知道的。

国家对地震问题很重视，今年三月邢台地震以后，周总理为此亲自召开了两次会议，并确定了地震工作中的"保卫四大"（大城市、大水库、电力枢纽、铁路干线）任务。目前就我们的情况来看，要在上述地区全面的开展地震地质工作，力量是很不够的。第一，我们对地震地质工作的认识不够；第二，地震地质工作的经验不够；第三，地震地质工作在当前最重要的中心环节是什么还不明确，抓得不稳。因此，应该调什么样的人，要什么样的物资还不明确。但是有一点是明确的，这就是为什么要搞这项工作，目的在哪里，这是明确的。这项工作就是毛主席提出的"备战、备荒、为人民"，向自然灾害做斗争的重要工作。因为四级以上的地震，就会给我们造成损失。

研究地震的目的：① 首先就是尽量避免地震时造成的损失，或者使损失减少到最低限度。地震这个"敌人"是潜伏在地下的，它曾数次突然袭击过我们，今后还可能再袭击我们。因此，我们应该时刻有所准备，以免造成伤亡和损失。② 另一个目的是抗震，当我们在某些可能发生地震的地区非要进行建设不可时，则必须考虑如何能使建筑物抵抗住地震的破坏。上述两个目的我们都是明确的，这具有重要的政治意义和经济意义。这项工作在建设地区，大厂矿、大水库地区特别重要，恰恰在那些地区可能会发生地震。所以说，这项工作更是一个迫切的重大的政治任务，也是战斗性的任务。这项工作就是战斗，我们如果打不过它，就会有牺牲。

为了达到上述第二个（抗震）目的，我们得弄清楚第一个问题。首先，要对地震的发生和它的分布情况有所认识，要掌握它的规律性，把可能发生地震的地带和酿成震中的地点搞清楚。其次，要把可能发生的最大地震的震级搞清楚，这样对于抗震工作就很有帮助了。如广东新丰江水库，因为地震加固坝体用了十几万吨水泥，是否完全有效还不知道。抗震是力学问题。用什么物资，怎样设计是工艺问题。我们是要解决地质上的问题。

我们要认识地震将在哪里发生，最大震级可能有多大，这是我们当前工作中的关键性问题。因此，要研究地震的发生原因。根据过去的经验，结合世界各地的情况，有百分之九十以上都是构造地震，就是由于构造变动使地壳发生断裂引起的。

"安如泰山"，"坚如磐石"，这两句话，用地质的观点看，值得探讨。其实磐石是很不安的，地下有力量压迫它，它就相当紧张，如果它抵抗不住地应力的作用，就要发生破裂而引起地震。凡是抵抗不住地应力作用的地方，特别是对那些地应力现今最活动或可能发生地震危险的地点、地带或地区，应该搞清楚。要从地质构造的角度对此调查清楚，其做法有两条道路：

第一，用地质的方法，进行详细的地质构造的工作，了解哪些地区、地带或地点最危险，可能发生地震。这要由研究地质构造的人员去做，这项工作是整个地震工作中不可少的，是特别需要的。研究地质构造有两种不同的看法：一种是苏联大地构造学派及其变种的看法，主要搞地层，搞沉积，如研究新生代，中生代的沉积变化，从而了解地壳升降运动，升降幅度大的地方就可能发生地震。他们的看法是否完全如此，我还不甚了解；另一种看法是找断层，注意地应力与岩石的抵抗性能，断层受不住地应力的压迫到一定阶段就会发生地震，因此新、老断层都可能发生地震。但有的断层僵化了，问题就不大，活动性的断裂影响就大了。

所以要注意老断层的新活动（例如断过的骨头，还没有完全长好时就很麻烦，用点力就痛）。我们要在建设地区找活动性断裂，要以地质构造的办法寻找活动的迹象，例如北京平谷、云南小江、广东新丰江的人字石附近都有活动性断裂的迹象。此外，还要用仪器的办法对活动性断裂带进行长期观测。

我们用地质的方法和仪器的方法，寻找地壳的活动性构造带。这与苏联大地构造学派的做法是有所不同的。断裂可以上下动，水平动或者局部转动，对此要做全面的调查。他们的观点主要是上下运动，如苏联和日本都侧重地倾斜仪的观测，用此方法帮助了解地壳的上下运动，是否有用处？我看可能用处不太大，而且影响因素很多。我们是想用各种方法抓活动性断裂带。

第二，搜集历史地震资料。人类几千年的历史是很短的，历史地震资料主要是收集历史记载和访问老年人。这些都属于史学工作或考古工作，对此我们没有力量，也不打算去做。这项工作是重要的，中国科学院有专人搞，我们对别人的这些工作成果可以参考。现今地震在有的地方尚有遗迹了，而地下还是有伤痕存在的。

我们是用地质的方法中第二种观点搞地震地质工作的，但并不排除第一种观点。我们认为单靠地质方法判定地震，判定构造活动性是不够的，还得用仪器去观测它，这样做更为现实。

我们的奋斗目标是地震预报，周总理在邢台地震会议上提出了这个问题，以便免除和减少地震灾害。

五、地震地质工作的性质和特点

地质部搞地震地质工作的性质和特点是什么呢？我看，一是搞地震地质，研究活动构造带；二是探索地震预报。我们的台站该是叫试验观测站，过去都错误地叫作观测站，好像就很成熟了似的。

地质部门搞地震，主要是搞地震地质的工作。在地震地质工作中，要研究构造体系。从构造体系着眼的方向是正确的……从这里，我们就可以看到我们工作的范围和投入的力量要多少；点面如何结合。从这点出发，看来还是研究活动构造的规律问题，相互联系的问题。因此，主要抓住关键性的地方，进行观测研究工作，重点是以国家建设的重要地区为中心。这是第一步。

要根据构造规律，它的活动情况以及这些地区的建设情况，计算一下所需要的力量。在这个问题上，我们要挖掘潜力，最大程度地动员一切力量，不仅注意干部的数量问题，还要注意干部的质量问题。这就是说，在技术上要有大体比较一致的认识。

关于地震预测试验站的建设问题，不可靠的可以缓一缓。全国应该有几个试验观测站，选择探索能力很强的人去做工作，做法上不是在室内，而是在野外联系实际做工作，这是一个很重要的问题。看来，现有台站应该做适当调整，在方法没过关前，台站设得再多，又有什么用呢？提出要监视地震，目前这个提法是不妥的，因为，许多技术问题还未解决。关键是人的思想革命化，要有正确的指导思想，踏踏实实地做工作，走自己的道路。对技术方法要在总结实践经验的基础上，不断改进、完善和发展。

在方法未过关的情况下，我们不能铺得太开了，摊子太大影响不好。当前要把力量做到西北、西南这几个山字形构造上去。

各地震工作队要增加工人成分。我们的实验车间，要亦工亦研、工人就是研究人员。

省里要做，下面设分队或台站都可以，但各区（按体系有跨省的情况）要有统一的领导（大队）由部里直接领导或由省代管，双重领导都可以。

除设固定的实验站以外，还可以搞一两个流动性的观测试验站（要有修配车间），人不一定很多，但思想觉悟和技术水平要比较好。

六、关于地震地质工作的几点意见

地震地质工作，对我们来说，还是生疏的。为了能保证正确地贯彻执行上述伟大教导，我们的工作一定"要从客观存在的事实出发，从分析这些事实中找出方针、政策、办法来。"

地震的发生，经常有个震源，震源的位置，绝大多数在某些地质构造带上，特别是在断裂带上。地质构造带，是地应力按一定的条件，在岩层中作用的反映，若干不同性质的构造带在一定的地区中的分布、排列和配合往往呈现某种规律，它反映应力场在那个地区中作用的特点。如若应力场稳定了或者消失了，构造带也就稳定了或者僵化了；如若应力场加强了，而且达到了一定的程度，稳定的构造带就会重新活动，乃至有所发展，或者产生新构造带。

长期地震工作的实践经验，证明了地震震中（即震源在地面上的铅直投影）是与活动地质构造带不可分离的。那种活动构造带，有的暴露在地面，有的隐伏在地下，为较新的、平敷的岩层所掩盖。

不管地震发生的根本原因是什么，不管哪一种或哪几种物理现象，对某一次地震的发生，起了主导作用，它总要把它的能量转化为机械能，才能够发动震动。震波有的属于高频率弹性波，也有的属于低频率、破坏性较大．传播范围较小的塑性波。震源大多数在地壳中，少数在地幔中，这些都不是我们现在要考虑的问题。关键之点，在于震动之所以发生，可以肯定是由于地下岩层，在一定的部位，突然破裂。岩层之所以破裂又必然有一股力量（机械的力量）在那里不断加强，直到超过了岩层在那里的对抗强度，而那股力量的加强，又必然有个积累的过程，问题就在这里。逐渐强化的那般地应力，可以按上述情况积累起来，通过破裂引起地震；也可以由于当地岩层结构软弱或者沿着已经存在的断裂，产生相应的蠕动；或者由于当地地块产生大面积、小幅度的升降或平移。在后两种情况下，积累的能量，可能逐渐释放了，那就不一定有有感地震发生。因此，可以说，在地震发生以前，在有关的地应力场中必然有个加强的过程，但应力加强，不一定都是发生地震的前兆，这主要是由当地地质条件来决定的。

地应力加强活动，不仅会引起地震，还几乎可以肯定地说，在一定的地区范围内，引起其他许多物理的变化。譬如说，大地电流、电位场、磁场、重力场、地下水位和某些气体冒出等等异常现象，但反过来说，这些异常现象的产生，并不一定意味着局部地应力场的变化。它们产生的原因太复杂了，当然，也不能排除地应力作用的可能性。

因此，我们认为，地震地质工作是地震工作落到实处的一个必不可少的步骤，在寻找可能发生地震的危险地带，特别是危险地区的工作中，它应该起先行作用。在茫茫大地上，如果我们对可能发生地震的地带或地区，完全无所察觉，我们的"以预防为主"的工作和措施，将从何着手？反之，一旦我们获得了确凿证据，证明某些地带或地区，确有发生地震的危险，那就不仅在地理上（空间的意义）起了预报的作用，而且对地震预报观测台站的部署，也具有一定的指导意义。

总起来看，地震地质工作，也和一般地质构造工作一样，不能离开在空间调查，即静态的观测，而且还要进行构造带在时间上的变化，即动态的观测。第二项要求，指出了地震地质工作的特点。

根据上述地震地质工作的一般要求和特点，我们当前的任务概括起来是要回答两个问题：

第一个问题：哪里有活动构造带？它是怎样活动的？第二个问题：构造带的活动是怎样引起地震的？

先就第一个问题，分几点扼要地回答如下：

1．查明活动构造带的所在，追索它伸展的方向和范围

一个构造带活动不活动，通过一般地质观测方法，包括观测新第四纪地层、挽近冰碛物、冰水沉积、冲积层以及古代人居住遗址和坟墓等现代构造运动所造成的地面形变或裂隙，活动构造带的存在是可以初步鉴定的，但对地震地质工作的要求来说，用这种方法做出的鉴定，大都不够肯定，不够精确，还需要辅以仪表观测，才能达到要求。

对一个构造带，譬如说一个断裂带，在一般地质观测工作中，大都只限于它大体上展布的范围，很少严格地要求查明一条断裂带达到何处，才完全消失，一条断裂带两头的终点和断裂带中发生曲折的地点附近，看来，往往是地震这个敌人，隐藏在活动构造中的据点，也就是说，可能是潜伏的震源所在。

2．测定活动构造带活动的程度和频度

用普通地质观测的方法，例如在一个断裂带的两盘，往往能够发现一些标志，它们标志着两盘相对移动的平错距离或垂直断距，如果在那种标志上也标志着它们存在的时间，那更可以确定在某一时期中，有关的活动构造带两盘，发生了相对位移的方向和错距。

我们可以用人为的标志来测定断裂两盘活动的程度和频度。例如在一条断裂的两旁，建立几个横跨断裂的固定观测站，经常测定两盘相对位移的数值，再辅以流动观测站，探明断裂带全部各段活动的程度。有种种办法可以采用，如钢弦测距、倾斜仪、光速测距、地面三角测量和水准测量等等，最后一种办法，对地形变与地震的关系，具有重要意义，但工作量较大，需要时间较长，如若用来预测地震，一般是缓不济急的。

构造带的活动，有间歇性的，也有连续性的。连续活动，有随时间而发生缓急的变化，也有活动的程度均匀地持续下去。也有极为缓慢但长期继续下去的变动，称为蠕动。这些不同程度和不同形式的构造运动的测定，在地震地质工作中，具有极其重要的意义。

有些特殊宏伟，深入地下的断裂带，分布在太平洋周围。如东亚大陆东部边缘与太平洋相连接的地带，从堪察加半岛东部边缘，沿着千岛群岛，到北海道东部和本州东北部边缘，

直到横断本州的大断裂向太平洋伸展的处所。从这里分为两支：一支往南偏东沿小笠原群岛和马里雅纳群岛方向伸展；另一支沿着日本本州西南部、琉球群岛，经过我国台湾东边，转向菲律宾东部边缘伸展。又如阿留申群岛，阿拉斯加沿岸，沿着北美、南美大陆西部边缘和太平洋连接的地带等等，他们长期以来，相当强烈的构造运动，看来是在不断地进行，或断断续续地进行。断裂的深度和长度，不是大陆上的断裂所可比拟的。因此，在这些地带，地震频度之大、震源之深、震级之高，也不是大陆上其他大断裂带所可比拟的。

3．鉴定活动构造带的性质

活动构造带，可以是单一的断裂，也可以是由若干断裂组合而成的复式断裂带，更可以由褶皱和断裂夹杂在一起组成的褶皱带，也有时由单一的破碎带组成。不管活动构造带属于哪一类型，如果有地震震源或潜伏震源存在其中，断裂总是活动构造带的重要组成部分。

活动构造带可以是压性的，可以是张性的，可以是扭性（剪切性）的，也可以是压扭性的或张扭性的。在强烈地震发生的时刻，地面往往出现呈雁行排列的裂隙群。沿着那些裂隙伸展的方向，在大震正在进行的时候，地面往往反复剧烈摆动，同时在水平面上产生大距离的错动。断裂两盘垂直的相对位移，一般较小于水平相对错距。精确观测活动断裂带，在一定的时期内，两盘相对平错和起落的距离，是测定活动构造带活动程度的有效办法之一，也是鉴定活动构造带的性质的重要手段。

前述太平洋东西两岸的大断裂带，无疑是挤压性和剪切性的，东非大裂隙的性质，虽然还有争论，看来主要是张裂性的。是不是挤压加剪切的断裂带比张裂带更容易引起强烈的地震？这个问题提醒我们为什么在地震地质工作上要注意断裂的性质。

4．尽可能找出和一个活动构造带有密切联系的其他构造带

一切事物都不是孤立的，活动构造带的存在，也不可能是孤立的。究竟一个构造带和哪些构造带有密切的联系？这是个实际问题，必须联系实际情况，才能获得解决。当我们对一个活动构造带开展工作时，我们必然遇到这个问题。我们也必须解决这个问题，才能查明哪些地带属于可能发生地震的同一危险地区。明了这一点。对一个地区全部地震工作，才好作合理的部署。

有密切联系的构造带，由于都是受同一地应力场的控制，它们的各别形态、性质、排列以及它们的分布，一般有规律可循。就是说，如果发现某一条构造带有活动的迹象，我们就得注意属于有密切联系的同一构造体系的其他构造带，很可能也有些相应的活动。从这一观点出发，我们在野外的工作，就有了线索可导，危险区的圈定，就可以落实到一个活动构造体系分布的范围。通过地质观测实践经验，我们认识了一些类型的构造体系。

通过模拟实验。也可以用人为的方法在一定的介质中，做出类似在自然界产生的某些构造体系，从而得以了解产生的条件和过程。

我们还可以进一步，根据野外地质观测和重点应力解除的结果，并参考模拟实验所提供的旁证，进行地应力场的分析。这对地震发生根本原因的探讨和地震预测方法，也是打基础的工作。

现在回答第二个问题，即怎样通过活动构造带中的哪一点或哪些点的活动引起了地震？

震源有时在活动构造带中流窜，位置不定；也有时偏向于大致固定在活动构造带上的某一点或某几点，这种现象不是偶然的，不能没有客观存在的规律。不掌握这条规律，光讲活

动构造带，对我们的地震预测工作的要求，起不了多大的作用。

有几种情况，值得注意：

（1）活动断裂带曲折最突出的部位，往往是震中所在的地点。因为在那样的部位往往是构造脆弱的处所，也往往是应力集中的处所。

（2）活动构造带的两头，有时是震中往返跳动的地点。因为活动断裂带，在应力加强而被迫向外发展的时候，它的两端，是按过去构造运动的轨道，进一步推动它继续发展最有利的部位。

（3）一条活动断裂带和另一断裂带交叉的地方，往往是震中所在的地点。因为断裂交叉的处所，断面多半崎岖不平，或者有大堆破坏了的岩块聚集在一起，容易导致应力集中。

（4）前面已经提到，当强烈破坏性地震发生时，活动断裂带上的整个段落，有时呈现沿着那一段落反复摆动的模样。在这种情况下，断裂两盘如果极为平滑，或者断面上只有一些容易铲平的岩块疙瘩，在剧烈的运动中就被铲平了。如果断面上有较大的岩块伸出，或者断裂带中有许多断裂，不是彼此互相平行，或是雁行排列，而是犬牙交错，在那里两盘的相对运动，就会被阻止。由于被阻止，局部的应力就越来越集中，到了阻止两盘相对滑动的力量，抵挡不住那一段断裂带两盘相对滑动的力量的一瞬间，轰然一下，阻挡了的岩块或犬牙交错的断裂被粉碎了。地震就可能在那里发生。这样去理解强震地段在地震正在进行的短时间中，有时连续不断发生强震的现象，看来是符合"不塞不流，不止不行"的辩证逻辑的。

（5）曾经发动过一两次破坏性强烈地震的处所，一般是脆弱的。构造带中那种剧烈的破坏，不是短短的历史时期中可以恢复的。因此，在几百上千年的时期内，在那里不允许地应力高度集中，以致再一次发生破坏性的强烈地震；而只能够继承那种已经造成的弱点，在地应力加强的时候，比较容易发生一系列小型破裂，从而发生一群或几群小震。

然而这种推论，不能适用于太平洋西岸那样的大断裂带，在那些地带，大规模的构造运动现今还在不断地进展，因而大型裂缝不但沿主断裂的两侧蔓延，而且还可能向地球深部发展。我们还没有掌握足够的事实，也没有做过深入的钻研，不能把上述各种情况，说成是带有规律性的东西。我们更不能把活动构造带中已经发动过或潜伏的震源都归纳到上述的一些特殊部位。在这里只能指出这样一些看法，即把活动构造带中某些具有特殊构造形式的部位，当作可能发动地震的危险点看待，这不是什么"庸人自扰"，是为了供地震线上广大革命战士参考，以便结合各自的经验和看法，进行讨论补充和修改。

第四节　地质构造与构造运动

一、地质构造与构造运动的联系

地质构造是一回事，构造运动又是一回事。

了解了地质构造的有关现象，不等于说了解了构造运动的形式和特点。构造运动包括各种不同方式的运动。譬如，我们说大陆运动，这就是说，可以是整块的大陆作为一个整体发生了运动，或者其中某些部分作为一个整体发生了运动。同是一种构造运动，但不一定都反映到岩层、岩体的结构中来。大陆运动可能在地壳的上层或下层发生了各自不同的运动，也可能上层发生了运动，不显著地影响下层。同样可以举许多例子来说明，下层（古老）的运动根本就不影响上层。总起来说，构造运动（包括褶皱运动），只有依靠岩层、岩体、地块或者某些地带的形变，相变和它们之间的相对位移才能认识。研究地壳运动也只有这条路。

二、地质构造是过去地壳运动的陈迹，只有追踪它的遗迹，才能了解在某区域、某时间发生过什么样的运动

一般讲运动，不论是机械的还是物质变化的，特别是前者，都不能没有力的作用，没有力的作用就不会发生运动，有一种"外力"（实际上不一定是外力），作用于地球表面的某些部分，那些部分就会产生应力。岩块、地块受力后，在它内部也不可避免地要产生应力、即产生抗拒的力量。当地块受到应力的作用后，就要发生构造运动。

三、地应力是产生地质构造现象不可缺少的条件

（1）地应力也必然是某种力量在某种条件下活动的结果。因此，我们了解运动的方式，追索运动的起源，就需要了解地应力分布的情况，或分布规律。这对全球有困难，但可以先了解一个或几个地区的应力分布情况，了解多了，然后再总起来看整个地壳内地应力的分布情况究竟是怎样，才能全面了解地壳中应力分布规律。

（2）简单说，要了解应力的特点，才好追索构造运动的起源，这一步是非常重要的。过去国外把这个问题搞混乱了（国内也有类似情况），他们不是通过应力的分析，就直接从构造的特点对运动的方式、程序作了结论。这是危险的。请同志考虑，这个问题是不是也值得议论一翻。

我们的看法，从应力场的特点来考虑，就不是这样，而是要全面分析，有仰冲，就有俯冲。确定构造运动的方向，恐怕对开始形成的应力场的特点要加以考虑。从构造现象到构造运动，应力场的分析是必不可少的。这是应该注意的一个方面。同时，还有另一方面的问题也应加以注意，即岩石性质的问题，刚才讲到，形变、相变、位移等都反映地应力的作用，应力作用在什么地方呢？作用在岩层、岩体和地块上面，因此构成它们的岩石的机械性质（力学性质）和化学性质，是很重要的决定因素。在同样形式的应力场中不同性质的（力学的、化学的、矿物的）岩层、岩体和地块，在构造方面的反映是不同的。同样大小、同一方式的应力和加之于不同性质的地块上所产生的构造现象和构造特点可以完全不同。这些现象是常见的。例如一个地区受水平压力时，有些软弱的地层发生褶皱，而另一些坚硬的地层则发生破裂和矿物相变。这样，我们就应该注意到，力作用的方式是一个主要因素，被作用的岩体的性质，也是一个重要的因素。这两种因素结合起来，才产生某种构造现象。所以，我们在考虑地壳形变时，需要把这两个因素同时并重地加以考虑和分析，这才是全面的看法。

这是力学的问题，过去做得不多，现在也做得不够，今后需要发展。

这个问题，特别在工程地质、矿山地质等方面是必须考虑的，应该加强研究。这不是纯理论的问题，而是关系到生产实践的问题。

四、地震工作中的构造地质工作

我们怎样对待新构造这个课目是当前迫切需要考虑的问题之一。现在正在进行的构造运动，无论在地壳上部，或者是在地壳深部，算不算是新构造运动？是不是把这种运动划归新构造运动的范围？应该作为一个问题来考虑。为什么？我们知道，绝大部分地震的起源，牵涉到现今正在进行的构造运动。有些地区在五至十公里深度的范围内，经常发生地震，通过观测这些浅震震中的分布和它们变化的过程，使我们认识到那些地区现在还在发生运动和形变。这对解决生产问题有很重要的意义。谈到地震地质，我们不是从地质构造的角度来考虑地震问题吗？根据虽然是有限的经验，我们有理由相信沿着这条道路去摸清震源的分布，并且探索它发展的趋势，是一条正确的道路。当然，这并不排除从地球物理的观点来研究这个问题。相反，这两方面的工作应该紧密的互相结合，不断地取得联系。如若要问这两方面的工作哪一方面应该走在前面，我想构造地质工作应该走在前面，请大家考虑一下。

地质工作应该是从地表看得出的现象着手。从地质构造角度来研究地震现象也应该从地表可以确定的构造迹象着手。譬如说某些地带，现在还在继续发生和发展着各种性质不同的断裂，那就显示有关的地块和岩块现在还在不断发生形变：水平的、垂直的、扭动的、隆起、挠曲和凹陷等等现代构造现象。这些现象都是我们应该考虑的对象。通过这些现象，可以清楚地看到，古时各个时代的构造中也有这些现象，没有什么实质上的差别，只是在认识的过程和鉴定的方法中有所不同。因此，我想搞新构造或者现代构造的同志们应该想一想，如何来进行测量地应力现在活动的情况，是解决我们在这里所考虑的一些问题的重要环节。

地震地质理论性的探讨也不可避免地要联系到生产实践，关于这方面的问题前面也谈过。由于在我们的社会主义建设中，尤其在基本建设中，有关地震地质的问题，显得特别重要。地震现象在我国较普遍，在某些山岳地带尤其强烈。这样，我们搞构造地质工作，联系到基本建设方面的问题时，就不能不把地震地质工作摆在前面。在当前这方面工作经验比较少，理论水平也比较低，但这不等于说不能进行工作。只要方法对头，并把它放在适当的地位，和其他工作并肩前进，一定会取得必要成就。如不注意，很可能会对基本建设造成巨大的损失。

总起来说，关于理论联系实际问题，既包括当前迫切需要解决的问题（这属于应用基础研究范畴）；又包括为了长期打算而从事探索性的问题（这是属于理论基础研究范畴）。脱离实际去搞理论，固然是不对的，根本不要理论去指导实际工作也是不对的……。

五、对地质构造的两种看法

对地质构造的看法有两种。一种是传统的看法，什么这个地台、那个地台，这个地槽、那个地轴的。我总觉得不解决问题。如江南古陆、淮阳地盾等，究竟江南古陆边缘在哪儿？和矿有什么关系？在哪里找矿？为什么在那里找矿？当然，也有些地层资料，但不确切。所用的古地理资料，很多是臆造出来的，恐怕还没有达到认识的第一个飞跃阶段，而我们一用就用了二十年，国内国外，专家权威都这么说，就成了板上钉钉。写报告不写那"地台"不行，一写就算是正统的了，就没有问题了。但究竟有多大依据？尤其是把中国的情况硬套上去，这就等于把马车放在了马的前面去套，不管是否适合中国的情况，就把它框死了。这些方法没有经过两次飞跃，甚至没有经过一次飞跃，那是不是唯心的、形而上学的东西？我想可能是形而上学的东西。

有个非常顽固的思想，这个思想也存在于我们自己的思想中。批判"专家""权威"，我们过去很少想过自己有没有这些思想。我感到自己就还受着洋框框的威胁、包围和束缚，因为吃过洋饭嘛！但也有个好处，自己有感觉，意识到它是个讨厌的东西。

……你能找到就是你对吗！我们也不是说我们全对了，我们还要时时检验，看是否有预期的结果，有就对了，没有就错了。是否飞跃了？可能自己认为飞跃了，实际并没有真正飞跃。

六、地震波的传播受到岩石的岩相和地质构造等特点的影响

地震的产生是由于地下岩层发生比较强烈的破坏性变动，由这种变动而产生的能量，以地震波的方式向四周围传播出去，直到地表的各个方面。这就像一个人钻到水中去做一个动作，引起水的波动而向四周传播达到水面一样。由于这种地震波的传播会受到岩石的岩相和地质构造等特点的影响，因此，地震有可能沿某些断裂带发生特别强烈的破坏，而在某些地方的破坏则可能比较微弱。

如果结合地质构造来考虑，首先要考虑断裂带，特别是现今还在活动的断裂带。要注意某些比较大的断裂带和其他较小的断裂带之间的关系，并注意它们的伸展方向、排列形式和每条断裂带各自的力学性质，即把断裂带所属的构造体系摸清楚，才好采取适当的措施（例如在何处设地震台，进行地应力测量等）来观测和验证它们之中哪些断裂带是主要的，是具有强烈活动性的。

我们要老老实实地做工作，不做无谓的、费力的、空洞的争论。学术观点和方法可以不统一，但目标应该是一致的。如果对自己的学术观点和方法信得过，有事实根据，就应该坚持。但是，也要参考别人的东西。

总起来说，这个工作很重要，很有意义。大家都很年轻，现在正是"英雄大有用武之地"的时候，我相信你们一定能够做出成绩来的。

第五节　地震地质工作就是要确定地震危险区

云南的情况实在使我们伤心……地震是有前兆的，我们是搞地震的，却没有能预报出来。我们天天讲为人民服务，没有为人民服务好。我们要化悲痛为力量……要戴罪立功，我们是有罪的人。

我们地震工作还没有达到准确预报，看来短期内还不能做到从必然王国到自由王国。目前没有征服，只有预防，尽量减少损失。以预防为主，重要是确定危险区。昆明地区明明知道是个危险区，两年前就要开展工作，人已经去了，不晓得是什么原因两年多还没有上去。昆明有个地震台一直坚持工作，用的工具方法只是地震仪，只能是这一条道路？因此，不能怪昆明台的同志。他只有这么一个工具嘛，现在强调这个工具是对的，但强调它做预报是办

不到的。地震仪只能记录地震，有的小震发生在大地震前，有时只在一二秒钟以前有预震，能不能发出预报，不可能；还有的没有预震就突然袭击，所以光靠这个方法不行。

一、怎样确定危险区

怎么样去确定危险区，这是个地质构造问题。这里是写了，一是历史地震；二是活动构造资料。这点很值得注意。不稳定很有可能发生破裂，构造活动就是这个危险的现象。怎样侦察活动现象呢？就要靠地质工作，这不是台站的工作能办到的。主要是在广大危险地区、地带中寻找、鉴别、鉴定活动的地区、地带、地段、地点。这个工作要赶上前去，只要活动就有可能发生地震，就是危险地区。这需要有个机动队伍，根据地质构造与地震资料去寻找活动地带，肯定活动地带。这要用很大力量去做，要投入大量的工作。要工作的地区很多，地带也很长，而且构造带之间又是有联系的，有时主要地带活动，分支也连带在活动，因为他们是一个体系的。我们要去认识它、分析它、鉴定它是在哪里活动，这项工作应当走在前一步，有了这一步，建台站工作才比较好办。全国那么大，不可能都建台站。目前对这些地带多少心中有点数，但还不确实，应当把它肯定下来。我们应当有一个大的流动性的队伍，跟着追，确定构造带的活动性。这是首先要进行的侦察工作。开展这个工作，有的同志认为有三百多人搞地质就够了，认为台站可以控制全国了，我看不行，我们坐在台站不行，非要到现场去才能确定危险地区、地带、地段、地点。只有三百多人的队伍，这么大地区怎么够啊！

二、搞地震地质工作就是要确定危险区

搞地震地质工作，就是要确定危险区。这是很重要的工作，要经常追着做。当然是分主要危险区、次要危险区、不太危险地区的。但是，只有三百多人做工作，我就很担心会不会发生事故，台站又控制不了。

过去，国外不关心这方面的工作，他们做不做与我们无关，但我们自己有我们自己的特点。台站是需要的，但我们有过惨痛的教训，因此，必须认真开展侦察工作，肯定危险区。要组织个队伍，现在地方领导动起来了，可否从地方调动一部分地质力量参加这个工作，中央搞一部分专业队伍，出去还要和广大人民群众结合起来，才比较有效。这个问题我先把它提出来，请大家研究。

四川西部是个危险地区，我们有没有力量去把这个危险地带搞清楚。我看，这是首先要抓的工作。我有一点经验，这就是要搞地质构造的工作。关于活动断裂带、地质构造的概念，在国内还存在两种不同的观点。有一种主要是根据苏联那一套"地槽""地台"的看法；另一种从地质力学的观点搞地质构造。两个不同观点，经常在工作中，有"你死我活"的斗争，甚至写报告也是你写你的，我写我的。知识分子不好搞，相当顽固，不大好改。这不是闹意气的问题，而是能不能为广大人民服务的问题。我很伤心，弄不好要出大事情……

工作是不是就用过去的办法了？广东新丰江人字石断裂带中，充填的泥上有擦痕，说明构造带有活动，但光靠过去的办法是不行的。还要采用其他方法。大地测量对鉴定危险地带是很重要的方法，证明了小江断裂带的活动。要能够用测量的力量，还可以想办法用激光测距……诸如此类都可以做的，变化一半个厘米也是很大的了，搞地质的肉眼就看不出来。测量和地质人员结合起来就很起作用。

三、在活动地带找重要地点设置仪器进行观测

在活动地带找重要地点设置仪器进行观测。断层位移观测也可以预报地震，不过它主要目的还是有肯定断裂带是否活动。这些办法可以搞，目前既需要又有能力把它开展起来，但我们的计划上没有十分强调，这一点很值得注意。

四、确定危险区的原则及特别危险地带、重要危险地带和一般危险地带

确定的原则：① 历史记录；② 地下构造的活动情况。要抓典型，面上的工作要先抓好三分之一。因此，首先要确定危险区和危险地带。譬如峨山—通海断裂，就是条老断裂，有新活动。通海地震时损失很大，假若工作开展得早，并同广大群众结合起来就会减少损失。

我们提危险地带有好处，可以集中注意力监视它。由于每个带往往不限于某一省区内，危险地带定下来后，这样可以把几省的联合起来，把它看成共同的敌人。我想来想去，对计划中提的危险区有些怀疑。行政区划和地震危险地带往往是不一致的，若各抓一段，不免造成损失。因此，我们不仅提出危险区，而且要指出危险地带。要指出危险地带，可能会涉及学术争论的问题，这不要紧，各自可以把理由摆出来嘛。我的意见，要划分出头等危险地带，如果是战略部署重地也处在危险地带内，就可以把它看成特别危险地带；其次是重要危险地带和一般危险地带。在危险地带中，还要指出特别危险点。对这些点进行工作时要特别过细。关于要划分特别危险带和特别危险点的问题，我想总有一天工作要落实到这方面来的。

地震预报，不是什么的东西，群众敌后后会创造出很多方法来的。因此，我们要宣传群众，组织群众。专业队伍要和群众鱼水相融地结合起来，真正地打一场人民战争。要落实具体的计划，落实的目的，是全心全意为人民服务，为无产阶级政治服务。

五、鉴定危险地带要依靠搞地质构造的队伍

鉴定危险地带要依靠搞地质构造的队伍，如地震地质、钻探、深部物探等。但光靠专业队伍还不能完全解决问题。专业队伍的工作可以大致确定活动构造带的展布方向、范围和与它有联系的地带，我们叫它一个构造体系。任何断裂（如通海—峨山断裂）绝不是孤立的，断裂群是有联系的。因此，要查明构造体系，这是必须要搞的。目前，对这一点有分歧，有些同志不愿听，有的半信半疑，这不要紧。构造体系的存在，不仅在地质上而且在矿床上也得到了证实。断裂、褶皱、凹陷、隆起都是有联系的。不要提应力场，这贫下中农听不懂，但提有一种力的作用，大家都懂。专业队伍不光自己知道断裂是否在活动，还要告诉群众，把道理说清楚。

六、宏观地质考察要确定断裂的活动性，查明构造体系的分布

宏观地质考察，要确定断裂的活动性，查明构造体系的分布。第一，要搞测量，但测量工作要和地质工作结合起来，单独搞测量还发挥不了作用，必须与地质工作结合起来，才能很好地鉴定活动地带。第二，物探工作要跟上去，很多覆盖区发生地震，地下的工作必须靠物探，但不要单独搞，也要和地质工作结合起来，这样才能减少工作量。第三，在必要的地区设立观测站，了解它的频度、幅度和程度。是继续不断的活动还是间歇性活动，是小幅度

的蠕动还是大幅度的移动。这些工作也要和地质工作结合起来。可以用各种各样的办法，如测量、激光测距、倾斜仪、电阻丝等。第四，要建立地震预测台站。在危险区要集中上去。过去有一种思想，认为只要有了台网就能控制全国。话是这么说，但是控制不了。看来，危险地带一般都较窄，最重要的是建立综合性的野战军。

过去是发生地震后一拥而上，但不能解决根本问题。我们要"以预防为主"，要事先确定危险区。四川西部是危险区，现在我提心吊胆地工作，要赶快上去。在体制没解决前，各单位要照顾一下，目前的编制不能打乱，要很好地组织。我们从工作入手，等尝出味道后再解决体制问题。体制不摆在第一步，现在就怕"议论未定，兵已渡河"……我们的工作要落实到每一个地区、每个人、每件仪器。

第六节　强烈地震发生在地质构造带

一、强烈地震发生在地质构造带[1]

（1）从历史的记录看，破坏性大以致毁灭性的地震，并不是在地球上平均分布，而是在地壳中某些地带集中分布。震源位置绝大多数在某地质构造带上，特别是在断裂带上。这些都是可以直接见到或感到的现象，也是大家所熟悉的事实。

（2）地震是与地质构造有密切关系的。地震，就是现今地壳运动的一种表现。也就是现代构造变动急剧地带所发生的破坏活动。

（3）地震与任何事物一样，它的发生不是偶然的，而是有一个过程的。从邢台地震工作的实践经验看，不管地震发生的根本原因是什么，不管哪一种或哪几种的物理现象，对某次地震的发生，起了主导作用，它总是把它的能量转化为机械能，才能够发生地震。

关键之点，在于地震之所以发生，可以肯定是由于地下岩层，在一定部位，突然破裂，岩层之所以破裂又必然有一股力量（机械的力量）在那里不断加强，又必然有个积累的过程，问题就在这里。逐渐强化的那股地应力，可以按上述情况积累起来，通过破裂引起地震；也可以由于当地岩层结构软弱或者沿着已经存在的断裂，产生相应的蠕动；或者由于当地地块产生大面积、小幅度的升降或平移。在后两种情况下，积累的能量，可能逐渐释放了，那就不一定有有感地震发生。因此，可以说，应力加强，不一定都是发生地震的前兆，这主要是由当地地质条件来决定的。

不管那一股力量是怎样引起的，它总离不开这个过程。这个过程的长短，我们现在还不知道，还有在实践中探索。因此，如果能抓住地震发生前的这个变化过程，是可以预报地震。

（4）抓住地壳构造活动的地带，用不同的方法去测定这种力量集中，强化乃至释放的过程，并进一步从不同的途径去探索掀起这股力量的各种原因，看来，是我们当前探索地震预报的主要任务。

二、地震的发生与活动地质构造带有关

长期地震工作的实践经验，证明了震源所在，绝大多数与活动地质构造带有关。那些构造

带大部分露出地面，但也有些潜伏在地下；有些活动构造带是古老结构，而在今天还表现着活动的迹象；另外又有些活动构造带，是挽近地质时代，甚至是今天才产生的构造现象。一般地说，活动构造带，大都有它各自的历史根源。所谓历史根源，就是古构造带的复活，或者是复活了的古构造带进一步发展的产物。后者与古构造带有密切的联系，但位置并不一致。

地震地质工作首要的任务，就是查明活动构造带的所在，鉴定它的性质，追索它的伸展方向，尽可能找出一切和它有密切联系的大、中、小型构造带。

不管地震发生的原因是什么，它总是在活动构造带上或其附近发生的这个事实，说明不管我们从哪些方面，或者根据哪些线索去找地震发生的原因，我们总不能离开活动构造带这一点。因此，地震地质工作是地震工作落实到实地的一个必不可少的步骤。在发现可能发生地震的危险地带，特别是危险地带中的特别危险地段或地点的工作中，它应该起先行的作用。在茫茫大地上，如果我们对可能发生地震的地带、地段等等危险地区，完全无所察觉，我们的"以预防为主"的工作措施将从何着手？一旦我们获得了确凿证据，证明某些地区，确是危险地区，那就不仅在地理（空间的意义）上起了预报的作用，而且对地震预测手段的部署也具有一定的指导意义。

活动构造带究竟是怎样活动的？这是问题的关键，是地震地质工作最后的目的。从强烈地震现象看，可以断定，地震之所以发生，在绝大多数的场合是由于某一个地区或地带的岩层发生了断裂，那些断裂露出地面的时候，就很清楚地揭露断裂的性质和断裂两盘相对位移的方向，有水平错动，也有垂直起落，在许多场合，水平断距比垂直断距大得多。根据这一事实，我们有理由推测，当地震发生，地面不出现裂隙时，是否掩覆在地下的岩层会发生断裂？地震是岩层中强烈的震动，如果在震源没有突然发生急剧的强烈的形变，很难设想有其他原因会激发震动。但是急剧的强烈的形变，是不是除了断裂以外，就不会有其他的形式？这确是个问题，我们不好一口气做出武断的答复。

可以设想，地下的岩层在覆盖层的巨大压力下，在强大的地应力推动下，发生剧烈的挠曲而很少有断裂伴随。在这种情况下，尽管地应力在局部高度集中，不一定发生相应的剧烈地震，但也可能发生一些小地震，不过这种情况看来是少有的。

在考虑活动构造带怎样活动的问题上，还有一种可能性是不应忽视的。当断裂的两盘发生猛烈相对运动时，一般沿着那个断裂或断裂带的断面上总存在着一些不平滑的处所，当断裂两盘相对错动已经开始的时候，断裂面上崎岖不平的小疙瘩或突出的小块，不足以阻碍已经发动了的强大的滑动运动，它们都被磨光了，或者铲刮掉了，但是如果在断裂面上有大块固结的岩层伸出，这种伸出的岩块如果强大得能够起阻挡滑动的作用，两盘的相对运动，在那里就会被阻止，由于被阻止，局部的应力就越来越集中，到了那块阻止运动的突出部分抵挡不住推动滑动的强大力量的一瞬间，轰然一下，阻挡的岩块被粉碎了，地震就会以那里为震源而发生。

以上的推断，只是个推断，还需要从地震地质工作的实践中获得大量证据，才能在实际地震工作中，放心使用。不过上述的设想，对某些震中分布的特点也提供一种看法，对危险地带中某些地区的工作，似应特别加强，提高警惕。活动断裂带交叉地点和一条断裂中呈现曲折的地点等等，都属于这种特别值得注意的地点。

地震地质工作的方法，基本上是和做地质构造的工作相同的。其不同之点在于地震地质工作要求查明地质构造带活动的情况。构造带当然包括挠曲、褶皱和张性、压性、扭性断裂等等成分，其中断裂和破碎带与地震活动关系更为密切。有些古老的构造带，譬如说，一条断裂一部分基本上僵化了，但另有一部分今天还在活动。因此，地震地质工作的方法，不仅要有效地鉴定哪一段古构造今天还在活动，哪一点特别危险，而且还要尽最大的努力找出新构造带的萌芽。一切活动构造带，不管新、老，都需要鉴定它们活动的程度和频度，继续性和间歇性。

以上种种要求，不是一般地质构造工作方法和手段所能满足的。因此，在运用一般地质构造工作方法的基础上，还需要辅以特殊的方法。什么样的特殊方法最为适宜？……就目前我们已经具备的方法和手段来说，有以下几条可供考虑：

（1）密切与地面测量方法配合起来，对某些活动断裂（构造带）以快速的手段观测断裂两盘之间的微量位移。观测不仅限于垂直的位移，而且还要测出水平的错动，在某一段时期中，有什么样的变化。

（2）要用物探手段测定潜伏构造的特征，并在可能范围内鉴定它的活动性。

（3）沿着某些活动构造带，选择适当的地点，设置观测站，不断观测断裂两盘相对位置的变化。同时组织流动观测队，在活动构造带上，按时进行两盘位置变化的测定。

（4）必要时，在活动构造带上进行坑探、槽探乃至钻探，鉴定断裂面的性质，断裂两盘相对错动的方向和局部应力作用的强度。

（5）沿海在适当地点设若干海面升降观测站，测定海面对陆地的升降高度，是否在大震前后有一定的规律。要注意局部海滨地区发生构造性的升降运动对海面升降的影响；要注意新华夏系海域（即日本海、东海、黄海、渤海、南海）的海面对我国滨海地区一般相对升降的关系；也要注意我国南部海面（如海南最外围）对陆地升降程度或升降率与北部海面（如渤海）对陆地的升降程度或升降率在同一时间差异。

三、活动构造体系的调查研究是地震地质工作的基础

现今继续或断断续续活动的构造带的调查研究，这一部分工作是地震地质工作的基础。它的主要任务，在于鉴定构造带的活动性，查明活动构造带所属构造体系的某些特点及其在空间分布的范围，这是开展地震地质工作的第一步。这不仅是为社会主义工业建设、国防建设布局服务的，而且也是为地震地质工作的第二步——地震预报开辟道路的。

地质构造活动不一定引起地震，但地震之所以发生，必然是由于某一个构造带的局布或者全部甚至整个构造体系活动，达到了一定激烈程度而引起的。因此，调查研究构造体系的活动性，观测、检验、鉴定它们活动的程度和频度，对发现潜在的地震危险地区、地带、地段或地点，有很重要的指导意义。

地震地质工作的首要任务要回答：一是哪里有活动构造带？它是怎样活动的？二是构造带的活动是怎样引起地震的？为此，必须查明活动构造带的所在，追索它伸展的方向和范围；鉴定活动构造带的性质，测定活动构造带活动的程度和频度；尽可能找出和一个活动构造带有密切联系的其他构造带，也就是它所属的构造体系。调查研究活动构造带中某些具有特殊构造形式的部位，譬如；活动构造带曲折最突出的部位，活动构造带的两头，一条活动断裂与另一条断裂带交叉的地方等。

这一部分工作应该包括：

（1）对某些重要地带和地区，使用宏观的地质构造观测方法和必要的物探手段，开展构造活动性的调查研究。

（2）使用仪器沿着某些断裂枯测量微量位移，或者用快速的大地测量方法，观测地形的变化。观测不仅限千垂直的位移，还要测出水平的错动。

（3）必要时，在活动构造带上进行坑探、槽探乃至钻探，鉴定断裂面的性质，断裂两盘相对错动的方向和局部应力作用的强度。

（4）搜集历史地震资料确定震中的分布与构造楷或构造体系的关系。

（5）通过地震仪测出震中，补充和检验历史地震的震中与现今活动构造带的关系。

（6）在沿海适当地点设若干海面升降观测站，测定海面对陆地的升降变化，研究海而与陆地的相对运动。

有密切联系的构造带，由于都受同一地应力场的控制，它们的各别形态、性质、排列以及它们的分布，一般有规律可循。就是说，如果发现某一条构造带有活动的迹象，我们就得注意属于有密切联系的同一构造体系的其他构造带，很可能也有些相应的活动。从这一观点出发，我们在野外工作，就有了线索可寻，危险区的圈定，就可以落实到一个活动构造体系分布的范围。把活动构造带中某些具有特殊构造形式的部位，当作可能发动地震的危险地点看待，这不是什么"庸人自扰"。

我们不仅提出危险区，而且要指出危险地带。要划出头等危险地带，其次是重要危险地带和一般危险地带。要划分特别危险带和特别危险点，总有一天要把工作落实到这方面来。

明了这一点，对一个地区全部地震工作，才好作合理的部署。因此，我们要在调查研究构造体系活动性的基础上，划分危险区，并在关键性的地区建立地震预测试验站。

第七节　预报地震需要重视地应力方法

一、对地应力的认识

地应力是地质力学的一个内容，一个组成部分。它包括地应力的分析、测量、科学实验等方面的工作。但地质力学不止这些方面，还有许多其他方面。一部分搞地质工作的人对地质力学有要求，有一定的实践经验。

地应力工作的开展对两方面工作都有推动，一是从事地震预测，二是作为找矿的一个指导。

地应力是个抽象的东西？从实践的经验，多少已经上升到理性的认识阶段。它究竟是个抽象、空洞的概念，还是个客观存在？过去做过一些工作表明，它不仅是有关地质构造现象的提高，更重要的它是客观存在。在今天，地球上许多地方都有个力量在活动，这一股力量就是地应力。

对地应力的认识，主要是从历史上找矿取得经验；其次是从表面地质现象的规律性，逐步分析得到的认识。到了搞地震工作以后，就把它落实了，认识达到了第一个飞跃。从此以后，形势就不同了。

通过变革现实，证实了地应力的确实存在。

应力这个东西在工程上。在一般弹性力学教科书里都讲。有的是讲弹性问题，有的是讲弹塑性问题，也就是部分还原，部分永久形变的。这里面技术性问题很多，我们只谈这个认识过程。这些情况，在座的同志有的知道，有的不知道。对于这一点，我们参加过工作的同志，可以说认识是一致的；地应力是存在的，过去存在，现在也存在。

这个认识很重要。确定之后，再用这个认识解决实际问题，如地震问题、矿产问题，看它灵不灵。关键要看走错了路没有？在我看来，现在不是灵不灵的问题，而是灵的程度问题。有些曲线变化与地震对应性较好，曲线变化就常有地震相应发生；曲线大幅度缓慢的下降，往往反映远处将发生大的地震。

地应力今后作为一个专业，应找出地应力有关的一切性质，它的特点，它作用的方式和变化的规律。在现在地下构造和现代地应力存在的问题与传统构造地质学的概念，是很难同舟共济的，是在思想上的两条路线斗争的问题，有的同志没有说话，说明他是有意见的。我们决不能强加于人。有人说地质力学能解决问题，他说不然，一定用这个套上他，不叫他讲话没有用处，我们希望能叫他讲话。过去我们受过压，我们的同志在大宝山就有这样体会。封、资、修的东西压在我们身上，妄想世世代代传下去。

地应力是个现象，是地质力学的一部分，地质力学研究构造体系、构造型式和复合关系等，不只用于找矿；还要搞地震工作。

关于地应力测很重要，但也有人反对。在地应力作用下，岩石产生应变很小，即在单位长度内的缩小度或伸长度微乎其微，而应力相当大。所以我们测应力，不测应变；而外国（如日本、美国）测应变，不测应力。地震地质和地应力测量两个方面的工作应互相配合。

二、研究地应力作用的过程是地震预报的关键

有不同的认识是自然的，不要紧，要互相交换意见，在矛盾和斗争中达到认识上的统一，达到团结。我们不能回避矛盾，是统一就是统一，不统一就是不统一，老老实实，不能文过饰非，文过饰非就是自欺欺人。统一认识不是一个简单的过程，当然也不是一下子就能得到效果的。认识是个自我改造，通过实践把自己的错误革掉，不经过斗争，不通过实践是解决不了问题的。只有揭露矛盾，分析矛盾.解决矛盾，才能逐步达到统一认识，变被动为主动。

我们地震工作的程序，可不可以联系到自然的发展程序。地震的成因，是在实践中认识的，不管是那种场，我想总是地壳中的力场引起破裂，产生震动的。不论这种力是引力、重力、热或是其他什么能，但总是以机械力的形式反映出来，是个机械的运动。它的存在和变化是肯定的，有了这一点，就有了共同的语言。

我看，研究力的作用过程是很重要的，抓住了这个过程就好做工作了。从实际的观测出发，如果确实观测出力量的变化，然后就可以看看力量的变化与地震的关系。

在地震的问题上，不仅是空间上，更重要的是时间性。因此研究应力的变化，加强到突变的过程，是解决地震预报问题的关键。

实践证明，地应力是客观存在的，不但存在，而且还在变化。很多情况下，地应力是在水平面上起作用。

三、地震预报重点在于地应力的作用过程

（1）地应力是客观存在。地应力存不存在？我们一次又一次，在不同点，通过解除地应力的办法，变革了地应力对岩石的作用的现实状况，不独直接地认识了地应力的存在和变化，而且证实了主应力，即最大主应力，以及它作用的方向，处处是水平的或接水平的。从试验结果看，地应力是客观存在的，这一点不用怀疑。瑞典人哈斯特，他在一个砷矿的矿柱上做过试验，在某一特点上的应力值，原来以为是垂直方向的应力大，后来证实水平方向应力比垂直方向的应力大五百多倍，甚至有的大到一千倍。

（2）构造地震之所以发生，主要在于地壳构造运动。这种运动在岩层中所引起的地应力与岩层之间的矛盾，它们即对立又统一。地震就是这一矛盾激化所引起的结果。因此研究力的变化，加强到突变的过程是解决地震预报的关键。抓不住地应力变化的过程，就很难预言地震是否发生。

（3）我认为，在一个构造上互相联系的地区中，选择适当的地点，观测地应力加强的过程，是探索地震预报比较可靠的途径。

四、构造地震总是地壳发生形变的结果

在形变的地区，一定会有一种力量，使它发生形变，我们要抓住这一点。因此，采取以下步骤。

（1）我们第一步要做地面地质观测。对区域内的断裂进行观测，尤其是在那些新断裂的存在地带，以及日断裂复活的地区开展工作。

（2）第二步，要测量地应力的变化。考虑到岩石的力学性质，只要岩石是具有弹性的东西，地应力就会逐步集聚增强，当其超过岩石的强度极限时，就会发生破裂产生震动。如果岩石是塑性的，加力可以产生形变，但不一定发生断裂。在地震发生的情况下，岩石的力学性质主要还是弹性的。如果这样，我们就利用这个特点，打钻到岩石中去观测地应力的变化，研究这个变化过程。

五、地震预报地应力作用过程是最重要的因素

（1）构造地震的发生，主要是在于地质构造运动，是这种运动在岩层中所引起的地应力与岩层抵抗能力之间的矛盾，地震就是这一矛盾的结果。

（2）地震的成因，是在实践中认识的。不管那种场，我想总是地壳中的力场引起破裂，产生震动的。不论这种力是引力、重力、热或者其他什么能量，但总是以机械力的形式反映出来，是个机械的运动，我看研究的作用过程是很重要的，我们主要是观测应力的变化，这与美、日在指导思想上是不同的。他们主要是研究应变，应力和应变看起来好像差不多，实际上是走两条道。应变有时变化很小，而应力却很大。

地震是地应力作用于岩石的直接结果，地震产生之前，地应力有个积累过程，因此，研究应力的变化，加强到突变的过程，是解决地震预报的关键。

（3）抓住地震前地应力变化这个关键后，还要配合其他方法。如地形变、地下水位一变化，各种物理场的变化等等，它们和地应力的变化都有密切关系，地应力的变化必将引起这

些因素改变。但是，这些因素的改变并不一定就反映地应力场的变化。因此，直接测量地应力的变化就成为实现地震预报的主要手段。

在地应力与岩石抵抗能力的矛盾斗争中，地应力经常属于主导地位，地应力是积极的活跃的，决定的因素。所以抓住地应力的变化，就抓住了矛盾的主要方面。当然被作用的岩石性质，无疑也是一个起作用的因素，需要进行研究。

六、仔细研究构造应力场

地震之所以发生，是由于地下产生了一种力量推动地壳中的岩石，在地壳构造比较脆弱的处所，到了承受不了的时候，就会引起破裂，发生地震。

（1）在地震发生前，在有关的地应力场中必然有个加强的过程，但应力加强不一定都是发生地震的前兆，这主要是由当地地质条件来决定的。因此研究地震预报，首先，要查明地震频繁地区的地质条件，找出最可能发生地震的地点。如果我们能够准确地划分出危险区，这就给出了地震发生的空间性。这样，地应力测量必须同构造体系的研究结合起来，找出彼此之间的关系，才能了解地震的发生。其次，其预报的时间上讲，最好能报出几小时以前，一两天以前更好。如若在这个时间范围内预先发现地震的前兆，是很有意义的。

（2）对地应力进行观测，不仅要测量它的绝对值，而关键还在于测量其变化，找出地应力有关的性质、特点以及作用方式和变化规律。也就是研究某一个地区地应力分布规律的问题。如果我们的方法确实观测出力量的变化，又能看出这种变化与地震之间的内在联系，我想是能够摸索出地震发生的时间。当然，地震的频度和强度也在研究解决。

（3）从构造现象到构造运动，应力场的分析是必不可少的，但是，只研究地应力的变化过程还是不够的。因为，地震的发生不是地应力一个因素决定的，还有矛盾的另一方面，即岩石的性质问题。地应力作用在岩层、岩体和地块上面，因此，构成它们的岩石的机械性质和化学性，是很重要的决定因素。在同样形式的应力场中不同性质的（力学的、化学的、矿物的）岩层、岩体和地块，在构造方面反映是不同的，同样大小、同一方式的应力加之于不同性质的地块上所产生的构造现象和构造特点可以完全不同。这样，我们在研究构造应力场的时候，就应该注意到力作用的方式是一个主要因素，被作用的岩石性质也是一个重要因素。所以，我们在考虑地震预报时，需要把矛盾双方的情况同时加以考虑和分析，才有可能对地震发生的地点、时间、频度和强度做出科学的判断。

第八节 地应力测量

地震地质工作要加强，要与台站的部署、地应力观测工作平行进展，对应研究，才能了解自然的本质。

一、地震预测工作是一项很重要的工作

地震预测工作，在当前科研各部门中是一项很重要的工作。同志们所走的道路，是前人没有走过的道路。我说的前人，不仅是中国人，恐怕整个世界上也没有人用地应力预测地震

的。我最近查了资料，邻近的日本，搞地震很起劲，还有美国、苏联，都没有这样做……我们要胸怀祖国，放眼世界，把认识提高一些。这样，我们肯定可以得到很大的精神上的鼓舞。

我们走的是前人没走过的道路，是创造性地往前走，那么，即便是有一点成绩，也不要骄傲，我们要谦虚谨慎。"虚心使人进步，骄傲使人落后，我们应当永远记住这个真理。"但是，也不要妄自菲薄，过分地轻视自己。首先向同志们提出这一点，不知对不对。

……我们正在做前人没有做过的事业。这个事业关系广大人民的生命财产安全，关系国防安全，关系到其他很多方面。没有正确的世界观指导，就没有办法把这项工作做好。从这方面看来，我们的工作可以说有伟大的政治意义。这是一个很大的鼓舞。

……我们走自己的道路，在科研领域，在地震工作上，我们有希望有信心走在别人前面。我看了一点国外资料，没有人走这条路，最接近的是提到地形变。他们很注意地震前后进行三角测量、大地水准测量，进行比较。有的还利用地形变预测地震，说得神乎其神。说是那么说，做起来确实很困难。事先不知道哪里要发生地震，到哪里去测呢？那就只能在全国范围内，大规模地用很大力量去搞。往往只是事后了解到有地形变了，象地震仪一样。要事先预测究竟什么时候，在什么地方、发生多大震级的地震，那就只能推测。当然推测有时也有点用，但不可靠。因为历史记录并没有给我们肯定的规律。最近日本根据历史记录的统计，预报十二月某日几点几分要发生大地震，算得这么准确，我感到有些渺茫……要掌握自然规律，且需要实践，从实践中逐步发现客观规律。只有从实践中得出的，又经过实践检验的认识，才是可靠的、科学的认识。譬如地应力电感曲线，经过这一段实践，全国几十个地应力观测站基本上有一个共同的认识，大致是曲线下降一回升一发震。这就不是主观的东西，不是"我认为"，而是"大家认为""实践认为"了。这是靠得住的。所以，我们大方向是正确的——始终不离开实践。这一点，在这次会上看得很清楚。今后的发展也还是这样，离不开实践……

现在地应力测量有了四种方法，很使人受鼓舞。应变片法很早就有了，但用到测地应力上来还是最近的事。

下面我谈另外一个问题。我们的认识是从哪里开始的？同志们忙，也许顾不上想这个问题了。有的同志也许觉得反正是搞地应力嘛！有什么了不起！地应力不是从天上掉下来的。现在说说实践从哪里开始的。就我所了解，地应力这个概念的产生，是由于过去国内的、国外的几次大震，搞的没有办法，只好跟着地震后边跑。做一些调查了解工作，发现了一些情况。对地震发生后一些现象的观测是要的，但是如果不走在地震前面，那还是老跟在地震后面爬。能不能根据历史地震的记录和现在地震的记录找出一个办法来？历史的记录，过去做了不少，当然，不是不可以做，问题是如果不联系地壳构造运动的实际，而是从现象到现象的统计，那就很难触及问题的实质。

1962年新丰江大地震发生，广州受到很大威胁，中央很重视，动员了全国的力量，二十多个单位到那里去搞。有的人看完了说地震不会发生了，就走了。有一部分人认为地震的发生和当地地质构造有一定关系，地震迟早总还会有的，解决东江的问题，对全国都有用。这部分人留下来，联系到震源，调查了地质构造特点，发现人字石、双塘等断裂有活动迹象。过去国外也有过地时断裂发生永久形变的详细记载。如美国的圣安德烈斯断裂。地震这种高频率短时间的活动，至少有一部分是弹性形变。如果有弹性形变，当然就有应力和应变存在。一般地讲，应变在一定时间里，数值往往很小，很难测得准确。但一点点应变可以有很大应力数值，容易测得比较准确。所以我们就抓住这一点，这是我们与国外在作法上不同的一个很重要方面。测地应力的想法就是这样产生的。这不是那一个人或几个人凭空想出来的，而是实践中产生的。从实践到认识，还不一定靠得住，还要经过实践的检验。先是在实验室做出来了，但认识还很初步，很粗糙。还有反复实践认识。1962 年从新丰江开始以来，最大的发展晨 1966 年邢台大震以后。当时对测地应力也是有议论纷纷，有时悬空元件与受力元件一同变化。后来就搞地应力解除，来一个过硬的看看。要知道地应力是否存在，就要变地应力。许多同志参加过地应力的解除工作，亲眼看到当钻头逐步靠近元件时，应力就解除不少。我在房山也参加过这样的实践。东江也做过应力解除。这样证实了地应力的存在，肯定了我们的认识。这是一件大事情，知道地壳里面存在着应力。

有的同志不大了解这段认识地应力的历史过程，这是一个斗争的过程。有些人不喜欢这样做。地应力存在的证实，就为科学领域打开了一条新路子。它不仅和地震有关。例如，对地质学院领域在构造地质、工程地质方面也有重大意义。

二、谈地应力测量方法预报地震问题

预报成功与否是一件重要的事情，但更重要的是预报的根据。为什么呢？假定元件测的是地应力的活动，那我们就要落实应力活动的方式，它是怎样活动的。地应力不是在天上，而是在地壳里面活动。如果活动的方式不同，那么在曲线上是应该有反映的。例如，一般认为曲线的下降反映了地应力的加强。但地应力加强是否意味着必然要发生地震？反过来说，在地震发生以前地应力是否一定要加强？一般地说，地应力加强不一定发生地震，但是地震前地应力必然要加强。在加强的过程中，构造运动的形式可能不同，因此，结果也可能不同。我们要根据地下的构造情况，确定观测台站的位置。地应力测量与天然地震台的观测不同，这就是说，不能说震中远地应力就反应慢或不反应。还要看悬空和受力元件的曲线差别，如果百分之六十至八十能反映出地应力的情况，如悬空元件的曲线平缓，受力元件的曲线变化显著，这就是一个很重要的成绩。这个问题要搞清楚，这是一个根本的问题，它涉及我们测的究竟是不是地应力的问题。现在，三条曲线的变化就不等，这就说明了不同方向的地应力是不同的。茅山应力解除已证实了应力是存在的。过去，应力解除解决了地应力有无的问题，但没有解决应力的变化问题。应力的变化和地震的关系尚待我们去解决。

关于地震预报问题，我看首先要着重在曲线的变化对应地震灵不灵，至于震级、地点的预报放在第二步或第三步去解决。一口吃三个馒头不好消化，预报是工作的自然结果。如果把预报摆在前头，那就要头重脚轻。一切方法都集中搞预报，当然是目的，但要站稳，有靠不住的东西要排除掉，才能达到预报的目的。因此，要先解决技术路线是否靠得住，把根子扎稳……目前，我们不怕报不准，而是怕工作没有走上正确的路线。

在哪个地方震，震级多大，这个问题更复杂，根据经验可以推断，但毕竟是推断。能预报出来那是大事情。预报地点、震级摆在后边，现在不要着急，但还要下很大的决心，解决这些问题。

地震是不是地应力活动的反映，要从几方面做工作。现场的试验可以排除部分干扰因素，在实验室也可以排除一些干扰。悬空元件为什么也变化，有些与受力元件的变化差不多，我想这是否是磁化的影响，强磁场作用的影响能持续多久，可以通过实验加以解决。有些现象要穷追到底。

新丰江站曲线大幅度的下降，是否意味着日本有大地震发生。很可惜，这里以后没有继续观测。这个情况，很可能就给日本做了地震预报。因为同是在一个新华夏构造体系之中嘛，不同的只是一个在西，一个在东而已，这反映整个构造体系的活动。新丰江这个地区的地应力工作开展是最早最久的，是一个基础较好的点。

我建议邢台和新丰江这两个重点地区工作的同志与仪器试制小组的同志很好地交换一下意见。现在看，整个新华夏系都在活动，这个地区一直是程度不同、时间不同的在活动。在这个活动地区工作，战场很辽阔，英雄大有用武之地。看来，深孔一般要好些，当然技术困难也多一些。不过我看问题不是很大，反映活动的构造体系的地应力场是一个整体。

你们可以先搞一百六十米深的孔，五百米深的孔可以放在后一步去做。构造体系在空间上是一脉相承的，因此对深度的问题应该这样来看，应该上下、深浅都来搞，打个歼灭战。我看，不一定钻孔愈深就愈好，打到海平面以下，可能出现的问题更多。

三、地应力测量仪器的试制

1. 观测地应力关键在仪器和元件的性能及稳定性

观测地应力变化是抓本质的问题，它的大方向是正确的。工作中可能有很多具体问题，但不能说这个方法就不行。关键在仪器和元件的性能及稳定性。一是仪器的精度；二是仪器精度与元件不相适应。

钻孔浅，位置高，接受应力是小的（分力），这就关系到今后选点的条件，同时也说明今后的钻孔应该深一些。还应当考虑在平原地区测量应力的问题。

目前对应力场的分布还不清楚，为了提高认识，能否考虑做一些模拟试验。我们的目的是搞地震预报，前两年做了些工作。去年根据工作中存在的问题，改进了仪器；野外观测中对于干扰因素，有了进一步的认识，两方面都取得了进展……电感法测量工作是困难的，但前途是光明的。现在看，地应力的存在和地应力变化与地震有密切关系，这一点是明确的。

地应力的存在和它与地震发生的关系应该分两个问题谈：

（1）对地应力的存在是不能否定的，参加实际工作的同志，都有这样的看法。

（2）地应力的变化有没有？变化与地震是否有关系？这是根本性的问题，这个问题现在还处于摸索过程中。

我们解决地震预报问题。关键在于观测地应力的变化。地应力的变化，用什么测量，这是方法问题。电感法测量地应力，使用时间长了。我们最先用的方法是形变电阻率法，后来采用了电感法，电感法虽然灵敏，但对其他因素反映也灵敏，这样就产生一系列的干扰。真正的认识是从实践中得来的，经尧山站实验发现一些问题，因此成立仪器试制小组（包括超声渡、钢弦、电感等方法）。看来磁是讨厌的东西，干扰因素很多，如天体、地壳、大气都有影响，因此要完全排除这些因素的影响是困难的。仪器要拿到野外去试验，室内试验和野外观测要结合，观测和研究要结合，这是个很重要的组织工作。岩石被压后内部应力的变化很复杂，应力分布条件问题，需要做很多工作。

从目前的技术水平看，元件的绝对相同是很困难的，也只能相对地排除干扰。磁的干扰因素太复杂，是否要花那么大的力量去做，请大家考虑。

2．仪器制造要与观测工作相结合

仪器试制要与观测工作进行合作，就像仪器和元件两者配合一样。这种合作形式，不仅电感法要这样，其他方法也要这样。

松散层是否可以做应力观测，可以试验。前年邢家湾的圆水井被压成椭圆形，看来，松散层中的地应办也是可以探测出来的。

我们早已注意了这个问题，但为什么又要上山呢？当时，总认为震源较深，震源深度在十公里左右，要开展电感法深部测量困难很多，但可以试验。尧山不是漂在地面上的山，它是有根的，底下有大山被第三系、第四系覆盖着，它是平原中基岩的出露。从应力空间分布来看，在地应力发生变化时，地应力场活动是整体的问题，在尧山测应力，就像医生看病按脉一样。应力活动下面可能大些，上面也会有变化，但可能不那么明显。尧山站地下是有应力分布的。但应力场到底有多大？这是一个地下构造体系的研究问题，要把这个问题的研究同观测结合起来，找出彼此之间的关系。构造应力场的研究，关键还是要到野外去，结合野外实际进行。

3．用构造体系特点推测地应力集中情况来布置台站

临汾地震前电感值是有反映的（不一定测到地应力），白石桥地震时电感值没有反映，这可能是受地质构造控制的结果，说明我们要把构造体系搞清楚。我们的工作和其他工作不同，我们要研究岩石应力和应变，弹性和塑性。在短时间内我看它是弹性的，它才能集中应力。因此，我们必须在构造上找出地应力分布规律，同时在构造上找出地应力可能集中的地点，再用各种方法探测地应力的变化，这是我们所有方法的共同点。只在实验室试验是不够的，必须到野外去，有这样好的天然条件，对仪器试制十分有利。

地应力场的分布是一个很重要的问题，地应力场与地质构造体系分布情况，是一个很复杂的问题。理论上讲，可用模拟实验看应力场的分布情况，但实验很困难，1964年做过一点，很费力气。我看，还是要在实际工作中逐步解决。

用构造体系特点推测地应力集中情况来布置台站，了解地应力的变化情况。地应力测量在松散层中不一定用电感法。邢台是一个很好的试验区，尧山这个地区，应很好研究。对灾区人民的痛苦，要从根本上解决，就要把地震预报搞出来。我看，光明就在前头，我们要努力。

四、建立地震预测试验站

现在仍有两种现象，一种是比较注意地震现象，而对待地壳上的活动断裂带的工作就不那么注意，因此只注重台站的布局；另一种是，地震发生在地壳构造的活动地带，不管什么原因发生地震，它总要归结到力的作用，从而使构造发生急剧的变化，产生破裂，形成地震。因此，比较注意开展地震地质工作和研究地应力的作用过程。看来，这个问题，值得我们注意。

我的想法，搞物理的、搞力学的与搞地质的，应该联合起来，当前关键的问题，在于抓住那些危险地带。什么是危险地带？看来是地壳构造活动的地带。对这些地带用不同的方法去测定力的集中、强化、乃至释放的过程，并进一步从不同的途径去探索掀起这股力量的各种原因，是我们主要的任务。

天文方面：我看，不能忽视……地震的发生也有外因的影响，但不是起决定作用的。主

要还是要研究地球内部，具体一点说，就是研究地壳的运动。

地震台：记录地震，这很现实。它能比较准确的记录地震震中和震源深度等，是研究地震的重要方法之一。历史地震的研究分析很有必要，在指导工作的方向上很有意义。危险的确定：一是历史地震资料；二是构造活动情况。因此，测震资料是很重要的，它对我们有很大的帮助，我们不能轻视它。

形变电阻率：形变电阻率变化的实质性原因，目前还不能肯定。但是，有一点是比较清楚的，这就是岩石受应力作用电阻率会发生变化，而这种变化又是可逆的。看来，形变电阻率法是比较好的方法，现在看，对地震有反映，在很大程度上与地下的地质情况有关。

地磁：它的变化非常复杂。从天体、大气、地球几乎同时在起作用。震前地磁的变化，总是一种与应力有关的压磁效应。

重力：它反映大块岩石密度的变化，这种现象不能忽视。策略的变化只能间接测应力的活动，因此在使用上必须是大面积的。

地下水：水位、水质、水温的变化与地下构造的活动是有一定联系的。这变化肯定与应力作用有关。地下含水层就像海绵一样，在受压力的情况下，水位就会升高或下降。

生物物理：观测动、植物的反映，一般是可以注意的。不过都是一些微妙的观测，尚在探索当中。目前，不要作为规律性提得太高。

地形变：作为地震预报来说，应该研究地壳形变在震前的变化。因此，用大地测量的方法去找地面形变的现象，慢慢发现形变规律，这是一个很重要的手段，及时抓住震。用三角测量办法可能需要的力量大，时间也很长。

海平面观测：海平面升降的情况与地形变的观测又有所不同了。这里，有地球运动的问题，也有局部构造变动的问题。

地应力：主要是研究应力的变化，加强到突变的过程。现在用应力解除的办法，已经证实了它的客观存在。对应力的研究，还要通过实践不断改进测量的方法。

第九节　关于大力加强某些地区地震地质工作的意见

地震现象在我国较为普遍，尤其在一些重点建设地区，有史以来一般是地震强烈的地区。在这些地区的许多地点，现在还陆续发生强度不等的地震。要在这些地区进行厂矿、水电、交通乃至住宅等建设，都涉及安全问题。抗震问题，主要是由工程部门去搞。工程设计要考虑到抗震的措施。如果地震地质工作做不好，抗震工作也有困难。因此，必须大力加强地震地质工作，并努力把这项工作做到建设工作的前面去。这不但是直接为社会主义工业建设，国防建设布局服务的，而且也是为地震地质工作的第二步——地震预报开辟道路的。这样，在一些具有重要政治、经济意义的地区，重点建设地区，我总感到要尽快把这项工作首先做上去。

一、华北地区

（1）京津地区：这里是一个构造比较活动的地区。它的活动不是偶然的，是与整个华北新华夏构造体系活动有关。

（2）北京：我看还是处于比较安全的地位。从构造情况看，虽然整个新华夏构造体系在活动，如果北京外围，譬如邢台、河间、延庆等外围地区活动比较频繁的话，相对来说，应力在那些地区释放了，我觉得北京反而是比较安全的。现在看，我对北京的情况还是比较乐观的。当然，外围地区有大的地震，其震动也可能涉及北京。因此，力量要部署在北京外围的关键地区，不要都集中在市区里，市区有一定力量即可。

（3）天津—北京：有一个清楚的北西向的断裂带。北京西山到西北旺一带，可能是一个由剪切力形成的北北西向的羽状断裂。我们要密切注视京津，密切注意这个地区北西向的构造带。现在，就是怕北西方向的断裂带活动出问题，所以要注意对北西向断裂活动的观测。即使京津不发生地震，是在京津以外的地方发生地震，它的影响是很远的，也有可能影响到京津。

（4）房山—密云：这个北东方向的断裂带上，可以多布置一些观测点。

（5）滦县—迁安：可能东西向构造带的活动更重要一些。东西构造带很深，范围很大，很强烈，发生震群的话，可能延续的时间长，释放的能量也比较大。这里，地震沿构造向南延展的可能性小，而向东西则可能大些。因此，我们应向滦县、迁安这个东西构造带地区做些观测。

（6）三河—平谷：1679年平谷马坊大地震达到八级。就是在这个弧形构造带的顶端，看来是山字形构造在活动。因此，要确定山字形构造反射弧的位置，有无其他构造与其复合，在交叉的地方做些物探和钻探工作，搞清楚构造活动情况。

（7）怀来—延庆：如果历史地震不多的话，地震地质工作还是应当做一下。沿水库北东方向要做些地质和物探工作，把这个地区的主要构造搞清楚。做长期打算，设一两个地应力观测站也是值得的。

（8）昌平地区：北东方向的山字形构造的反射弧地带与脊柱部分也要做些工作。

（9）邢台地区：尧山，它不是漂浮在地表上的。它离太行山很近，是有根的，底部还有大山，只不过是被第三纪、第四纪岩层覆盖就是了。所以，我们说尧山的出现不是孤立的，而是地下构造体系突出地表的部分，在这个地方可能观测有关构造体系的活动。在尧山观测地应力，就像医生看病按脉一样。因此，邢台的地震地质工作应当加强。

过去，在邢台预报搞的多一些，而地质工作搞得少。我们要用物探、钻探把深部构造搞清楚，要摸清地下隆起、拗陷和断裂的情况。如果地震地质工作没有做到家，别的工作是不好做的。根据总理的指示，要抓住邢台地震不放。这里是个很好的试验场所，我们要作为一个重点来看待，加强以尧山为中心的观测工作。我看，可以在这里建立一个"邢台地震预测试验站"，附设一个实验工厂，就地实验。我们要把这个样板搞好，找出多快好省的办法来。要从这里培养技术力量去支援其他台站的工作。

这样，邢台地区的工作范围应该扩大一些，可以包括河间、沧县，甚至包括滦县、迁安。

（10）林县—汤阴：这一带仍属于华北平原这个构造体系之中。这里既是交通要道，又是水库的所在地，因此，林县的地震是一个重要问题，要尽力投入一定的机动力量，做些工作。

（11）渤海地区：渤海海域，一个是北北东—南南西向的构造带，一个是旋卷构造，一个是北西西向的构造带，可能还有东西向的构造带。除东西向是另一个构造体系而外，其他看来都是一个类型的构造体系。

（12）郯城—长岛—辽宁：看来这个断裂带的确是在活动。1969 年 7 月的渤海地震，就是与郯城断裂有关。这次地震的前几天，辽宁复县发生过海啸；震后不久，在临沂又发生了一次 3.5 级的地震。联系到 1888 年的大地震，是否有可能向天津、北京发展，值得我们注意。我们说要密切注视京津，就是要注意这个地区北西方向的构造带。断层的活动是很不同的，在断裂交叉的地方，活动时最容易出问题。因此，地震地质工作要做得细致一些。这个北北东向的断裂带是什么性质？是正断层，还是平移或逆掩断层，要把性质很好的弄清楚。

（13）郯城—庐江—临沂断裂向南延的部分，白垩纪地层相对移动了二百多公里。郯城—庐江断裂两侧还有分支断裂穿插其中。看来，一些有联系的分支断裂，在它们的两头，有可能发展成为地震的危险地点。

二、西北地区

"祁吕—贺兰"山字型构造体系，是我国一个强烈的地震活动带，历史上有许多大地震就发生在这个带上，因此，要动员足够的力量迅速开展这里的地震地质工作。范围就是"祁吕—贺兰"山字形型构造。

（1）海源—固原—平凉地区：从构造体系看，从兰州的白银厂到海源、固原，有一系列向东北方向凸出的弧形构造带，即陇西系。有些构造还在活动。这个地区有东西向、南北向、北西向构造与陇西系的构造交汇在一起。因此，要在这个交汇地区调查构造带活动情况，开展地应力的观测工作。

（2）天水地区：秦岭西部，在礼县以北，静宁以南，这里花岗岩呈南北向分布。过去有人说北西西方向的断裂很重要，有的又说北东向的重要。看来，问题还在天水，这个地区在活动。历史地震跳来跳去，是一个很不稳定的地区。选择这里做些工作是很有必要的。

（3）静宁—松潘地区：甘肃的静宁到四川的松潘，这个地震带目前还是推测的。1952 年有十次地震连续在活动。是否有断裂从这里通过？看来，今后的地震地质工作要注意一下。

三、西南地区

西南地区的地震地质工作要加强。西南地区据一千多年的历史地震记载，曾发生过多次强烈地震，最近时期也曾发生过强震。在这个地震频繁的地区进行建设，安全是一个很重要的问题。在一些活动地带中，也还有相对安全的地区，我们又叫它"安全岛"，这一点，对我们建设是很有意义的。我们就是要确定活动的地带和相对安全的地区，但遗憾的是内地的地震地质工作开展晚了一些。因此，我们要迅速加强这个地区的工作。

西南，说穿了有一个山字形构造，部分南北向构造是脊柱。弧形构造不是一个，有好几个。

（1）云南地区：昆明地区，是个地震危险区。1970 年 1 月 5 日通海地震发生以后，从一些活动迹象看，我们不仅要注意脊柱（南北向构造带）的活动，还要注意前弧两翼的活动。这里，南北向脊柱的特点，不仅是受挤压，而且还有南北方向的扭动，南北延展的范围可能比较远，因此，余震也可能多，有时还可能有大震。普渡河断裂一直通到四川西部。云南山字型构造体系范围内，地震地质工作及地应力测量工作要赶快上去。四川西部的工作，要请四川省的同志引起注意。

（2）四川西部地区：盆地西部：这是个危险区。这里过去做工作是不够的。现在，要把危险地带搞清楚。

（3）金川—泸定：有几种构造集中通过那个地方，要弄清楚构造穿插情况，要集中力量去做，把主要断裂带活动的程度肯定下来，把工作做得更详细些。

（4）甘孜地区：甘孜地区发生的地震与云南中部地区的地震，在方位上，活动的程度与频度上是否有关系？目前尚不清楚。

（5）成昆路沿线：看看哪些地方，哪一段有活动断裂，要把重点地区的工作赶快跟上去。

（6）西昌地区：要有重点的做工作，不要全面铺开，渡口做一点详细工作。沿安宁河谷地震带做，必要时可稍宽一点。要确定断裂的性质，看它两边分支断裂以及附近的旋扭现象。详细做工作的地点是渡口和鱼鲊地区。选择适当地点，进行地应力测量工作。

（7）贵州西部地区：晴隆地区：几次发生过四级地震，这说明云南山字型构造的东翼与广西山字型构造的西翼相交的地段似乎在活动。可否再做些工作。

（8）西藏地区：波密地区：是交通要道的重要地区。泥石流很多，冰川泥石流覆盖了大片地区。这种现象，有时往往是由于地震而引起的。

四、中南地区

江南六省，地震地质工作应有所侧重。

（1）鄂、湘、豫西部地区：鄂西、湘西、豫西地区。我们要及早开展这里的工作。从这个地区的地质构造特点看，它与东面的北北东向构造带的走向大致平行。我们要注意这些活动构造带在哪里，是怎样在活动的？这个地区有两种可能性：① 是太平洋西岸有大地震，要准备它有可能一下子推到这个地区来，但这种可能性较小；② 主要是考虑浅震，要注意经常性的小震、浅震。

（2）大别山地区：安徽霍山一带，有很多大型的水库等建设工程。我们要下决心，重点加强这个地区的地震地质工作。

（3）广东地区：广东要选择重点地区去做工作。现在看，可以新丰江为重点。

（4）新丰江：1962 年地震，搞得很紧张。这个地区，是地应力测量工作开展得最早、最久的，基础也较好的一个点。因此，可以把新丰江作为探索地震预报的一个重点，从这里总结出经验来。这里，所测的地应力曲线，特别是长时间大幅度下降的情况，往往意味着日本、我国台湾地区一带将有大地震的出现。这就很可能对日本和我国台湾地区做了地震预报。因为，它们同是在一个新华夏构造体系之中，反映了整个体系的活动，不同的只是一个在西，一个在东而已。

（5）从海南岛直到粤北，有好几条东西向断裂带。因此，除了注意北北东向的断裂带活动而外，还要注意东西向断裂带的活动。

五、东北地区

东北近年来地震又有所活动。因此，我们应该严肃对待东北地区的地震问题。

1966 年 10 月范家屯发生了五级左右地震。这次，地震发生的构造部位靠近北东向沉降带的边缘。1966 年 3 月邢台地震以后，我们根据邢台地震地质特点，曾作过地震有可能沿北北东向构造发展的推断。当时，怕邢台地震向北发展影响北京。四、五月份北票发生了地震，震动很大，我们担心直接威胁着大庆油田。看来，这是北北东向沉降带的活动，因此，范家屯地震不是孤立的现象。今后，有无可能再往北迁移，影响工业基地，这个可能性不能排除。这样，我们就应该严肃对待东北的地震问题。要迅速组织力量开展东北地区的地震地质工作。

六、沿海地区

我国海岸线很长，海上发生的地质现象，我们不了解是不行的。譬如，海平面变化的规测将直接关系到港口建设、海岸设施、海上交通、地震预报等重大问题。海啸的产生就有两种原因：一是气象；二是地壳的运动。因此，要摸清海岸和海底情况，在适当地点设置若干海平面观测站，研究海陆相对运动。要注意局部海滨地区发生构造性的升降运动对海面升降的影响；要注意新华夏系海域（即日本海、渤海、黄海、东海、南海）对陆地升降程度或升降率与北部海面（如渤海）对陆地的升降程度或升降率在同一时间的差异。研究在大震前后变化的规律。这是值得我们注意的问题。

七、北京附近的构造带与地震的关系

怀来以北东西构造带比较发育，小地震看来与东西构造带有关系。

邢台、河间地震与北北东向的构造有关。

北京正处于隐蔽的地区。北北东向的构造穿过了东西构造带。坏处是哪个构造带发生地震都会对北京有影响。可能东西向构造的活动更重要些。东西带很深，范围很大，很强烈，震群可能延续长久，释放能量比较大。向南延伸可能性小，而东西则大些。

震群释放能量很大，可能不会发生大地震，如若构造活动很强烈，挤压到最后可能来大的地震，影响整个构造带。因此，我们的工作应向滦县迁安东西向构造地区做些观测。如果这里也在活动的话，那就很难排除大地震发生。反之，如果只限于怀来的话，则大地震发生的可能性就很小。最好用测量位移的办法来观测断裂活动情况。此外，北京地下构造情况应搞清楚，平谷地区的地质构造也应搞清，可能是个山字形。

八、谈北京地区的地震趋势

如何通过现象抓住本质，这是一个原则性问题。

对地震的历史统计分析法，基本上还是一种外推的方法。历史能否重演？看来，用这样的方法去探索地震预报的规律是困难的。关键还是要从这个地震的现象到本质，找出它最根本的东西来。当然，本质的东西不是一下子就能抓住的。但是，要解决这个问题，看来还是要抓本质，要去寻找事物的内在原因。在未找到内在原因以前，也可以根据过去的经验推测未来，不过这种推测不是内推，而是外推，外推的方法总有不容易抓稳的情况，内推当然可能更可靠一些，这是很自然的。

我们做过一些工作，有了一些概念，但这些概念还没有经过实践的考验。

地震预报是个实质性的问题，要根据情况做出判断，不说不行，说了影响又很大，在未抓着本质的情况下怎么办？这是领导部门要注意的问题。说不准，就说哪些地方地震的可能性较大，哪些地方地震的可能性比较小些。

技术上我们要尽快根据现象抓住本质。现在有两个问题值得注意。一是地震的发生，还是沿着现有的断裂带发生了活动引起的震动，特别是在一些构造转弯、交叉的地方发生地震；二是为什么在这些断裂上发生？因为是应力集中活动的地带。一般在脆弱的地方总是容易受应力活动的影响，这就是说，应力场的活动与构造体系有密切的联系。

关于北京地区，我看是处于比较安全的地位。从构造情况看，虽然整个新华夏系是在活动的，如果北京的外围，譬如邢台、河间以及延庆等外围地区活动比较频繁，相对地说来，应力在那些地方释放了，北京反而是比较安全的，因此，我对北京的情况还是比较乐观的。当然，外围有大的地震，其震动也可能会影响北京。因此，力量要布置在外围活动地区，不要都集中在市区里面，市区有一定力量即可。

重力的变化只能间接测应力的活动，因此在使用上必须是大面积的。这种方法外界干扰小，有前途，但局部测量是不能解决问题的，它不像直接测应力。

也要把历史地震的分析方法结合起来，这与台站的布置很有关系，只有这样才容易抓住要害。

过去，我们是跟着地震跑，很被动，现在要打破这种局面。周总理讲，抓住邢台地震做试验。同时，适当考虑其他地区的台站布置。看来，预报手段以集中于地震活动频繁的地区为宜。工作部署，方法手段，要根据历史资料、现在的记录和地下构造的特点来考虑。这两个方面都不能轻视。

对预报地震的时间，我是乐观的。但是要预报在什么地方发生地震，就困难一些，这就要做地质工作，搞清地下构造。构造活动不是一些孤立的点，而是整个地区在活动，是集中在某些活动的地带和地点上。

地下水观测，要发动群众来做，要测得准确，否则反而不利，这种方法还是有前途的。

参考文献

[1] 《"三网一员"培训教材》编委会."三网一员"培训教材[M]. 北京：地震出版社，2015：57，202-271.

[2] 李四光. 地震地质[M]. 北京：科学出版社，1977：6-10，36-37，48-49.

[3] 李四光. 论地震[M]. 北京：地质出版社，1977.

第六编

结 语

第二十章 地震预测预警的几点思考

一、地震之前"打个招呼"或预警

（1）广大人民群众面对一次又一次破坏性地震造成的巨大经济损失和人员伤亡，千百年来广大人民群众强烈地呼唤"地震之前能打个招呼"。我国各级人民政府是广大人民群众根本利益的代表者，十分重视地震预测研究。

① 邢台地震后，周恩来同志到邢台指导救灾，看望受灾的人民群众，一位年长的老人走在周恩来总理跟前说："出现了这样大的灾害，能不能做到在震前给老百姓打个招呼呢？"

② 唐山地震时，一个 9 口之家的唯一幸存者站在 8 个亲属遗体旁喃喃自语"震前能给我们打一声招呼该多好！"

③ 汶川地震时，"一位母亲在她孩子被埋于教室倒塌的废墟发出的绝望呜咽！教室能不倒该多好！"

④ 原中国地震局预测咨询委员会副主任汪成民等向周恩来同志汇报说：目前很难达到准确预报。周恩来同志说："精确的科学预报暂时做不到，你们力所能及地、实事求是地向"政府打个招呼，不行吗？"

⑤ 在以上的思路指导下才出现了：1974 年 59 号文件的这种"打招呼"的方式。这种打招呼的方法与"科学的精确的预报"当然有区别，但仍然能取得防震减灾的良好效果。

（2）地震预警的社会调查[1]。

作为一种减灾方式，地震前"打招呼"，就是在目前准确地震预报尚不能实现的情况下，减轻地震灾害的一种"地震预警"形式。

为了使社会公众接受"地震预警"这一减灾方式，2008 年 5 月底，广东省地震局杨马陵、海南省地震局沈繁銮等同志在"天涯社区"网站开展了为期一个多月的地震预警问题社会调查。通过互联网对地震预警问题进行了社会调查、统计和分析，获得问卷 10 349 份，见表 20-1。

表 20-1 地震预警社会调查结果表

被调查者态度	认同内容	被调查者认同百分率%
被公众接受	绝大多数的被调查者接受通过地震预警来减轻地震灾害的方式	97.7
	认同地震预警主要目标是减少人员伤亡	98.5
	表示如果事前了解所要采取的应急措施，在本区地震预警时不会产生恐慌情绪	93.9
公众要求预警具较高实效	公众认为：应权衡发布预警可能减少的伤亡与发布预警却没发生预期地震所造成的损失之间的利弊关系，说明社会公众要求地震预警方案需具备较高减灾实效	63.7
地震部门发布地震预警	一半的人认为：由地震部门来发布地震预警更加合适。由地震部门承担发布地震预警的职责反映了社会公众的要求。在这种机制下，地震部门的责任是搞好预报，而政府的责任是根据预警做好各种应急准备。它不但能够形成有效的问责和激励制度，促使地震部门去努力提高预报水平，也有利于提高政府威信，避免预警不成功面对公众	51.2
地震知识普及率仍然较低	超过四分之一的被调查者表示对地震科普知识了解不多，虽然我国的防震减灾工作和地震知识宣传进行了几十年，但总体上地震知识普及率仍然相当低。地震预警能否真正实施，当公众的地震知识普及程度很大关系。因此，努力提高全民防震减灾意识仍是一项长久的工作	29.9

（3）地震之前"打招呼"的实际效果[1, 2]。

① 1976 年唐山地震时的"青龙奇迹"。距唐山市 115 km 的青龙县，属唐山地震的重灾区。唐山地震前的 7 月 14 日，国家地震局分析预报室汪成民研究员在唐山召开地震工作经验交流会，河北省地震工作重点县都参加了，青龙作为重点县，负责地震工作的王春青也参加了。7 月 14、15 日上午介绍经验，下午参观唐山二中、八中等观测点。17 日晚饭后：汪成民向参会的 56 人讲震情：一是世界地震活跃期的现状；二是华北地区一两年内可能发生 7 级以上强震；当前京津唐渤海地区有七大异常，震情严峻，7 月 22 日—8 月 5 日可能有 5 级左右的地震，下半年到明年有 7 至 8 级强震的可能，要注意采取措施。

a. 11 月 19 日，青龙县王青春及时向县领导作了汇报。1976 年 7 月 24 日青龙县成立了以县委书记冉广岐为防震指挥部主任的领导班子，做出了几项规定。

b. 全县 43 个公社的干部按照县委的要求全部到岗，通报全县的每一个群众，开始了震惊中外的临震总动员，特别是距唐山市 75 km、90 km 的榆槐村、虎店村，距大地震 44 个小时群众陆续从住宅搬出……。

c. 1978 年 7 月 28 日 3:42 唐山 7.8 级地震发生，青龙县无一伤亡。

d. 唐山地震 20 周年时，联合国代表科尔授予冉广岐纪念章，表彰他的功绩。

② 海城地震的预报成功，不是从理论上，而是从人民群众需要出发在地震前给党和人民"打招呼"，在这方面取得了突破。联合国到目前为止，只承认中国辽宁海城地震是世界上唯一成功的预报案例。其经验有三点[1]：

第一点：中央重视，由于中央重视，下面有关领导和科技人员都动起来了，这个动起来很重要。心里头"有"和"没有"差距很大。

第二点：确实有一些仪器上的微观信息，现在看来海城地震站的"土地电"就是一个主要信息，这应该加以总结。

第三点：动物异常。海城地震前发生了大量宏观动物异常现象。

二、地震之前"打招呼"或"预警"局限于市县级政府或以下的区乡镇行政单位

（1）地震科学预报仍是世界难题，特别是"地震地域性因素非常大，各地地质背景、活动规律不一样，若地方领导能果断，就有可能取得好成绩。"假如要在全国范围发出一个地震预报，换哪个领导都不敢，但是一个乡村、一个县范围就不一样了。据了解，进行短临预报，需先"填单子"，再经过地震系统负责短临预测工作的部门汇总、讨论和处理。年度全国地震危险性预测要在汇总各地会商会的意见基础上，召开全国会商会，再经讨论、审查，提出会商意见，并经中国地震预报评审委员会投票评审才能报给政府，这样拖的时间太长，贻误时机。

根据 2008 年底修订通过的《防震减灾法》明确规定，任何单位和个人不得向社会"散布"地震预报意见及评审结果。

（2）错报一次地震的损失和影响。

① 中国地震台网中心主任林木森认为：错报一次地震所造成的社会经济损失，相当于一次五六级地震所造成的损失[4]。目前全世界地震预测的水平都不成熟，所以在没有很大把握的情况下，地震预报是十分谨慎的。

② 刘小汉研究认为：任何一个政府在发布临震警报时都是非常慎重的，尤其是在大城市和经济发达地区，因为其中的社会责任实在太大了。暂且不提"人的生命高于一切"这个原则，有人做过统计，由于流言蜚语而导致的社会恐慌给社会经济带来的损失，大约相当于一次漏报的突发大地震造成损失的三分之一。也就是 3 次虚报或者错报约等于一次漏报的损失。因此，各国主管行政官员都宣称"我们要有绝对把握，才发布地震预报"。

（3）由于预警具有成败因素，建议：

① 对于地震前"打招呼"或"预警"局限于市县级和以下政府单位。

② 努力提高地震带及其地震周围群众的地震知识。

③ 根据活动地震的中期预报，对该区域的人民群众举办轮训班，轮训地震地带及其周围群众，普及地震知识和防震减灾措施以及避灾方法，并能吸取群众智慧。

三、地震预测项目或内容的认识和方法的有效性

（1）中国选用短临地震前兆进行地震预报。

文献[4]指出：地震前兆应该是"大震"孕育过程中震源区及周围区域应力状态和介质性质变化的反映。在地震预报中，人们往往习惯于把"大"震前在震中区及周围一定区域范围内所观测到的异常现象称为地震前兆。

从科学的角度看，强地震短期预测综合预报方法中预报项目包括地震活动性、地壳形变

（应变）、地下流体、地电、地磁、重力、地温、动物习性行为等 8 类[5]。

（2）中国 1975—2001 年做出的预报中的依据见表 20-2[1]，日本[4]684 年 11 月 29 日在九州四国东海地区发生 8.4 级地震，1978 年 11 月 4 日伊豆大岛近海发生 7.0 地震，在 684—1978 年间共发生 113 次地震，伴随的地下流体现象见表 20-3[4]。

表 20-2　1975—2001 年中国地震系统做出的 25 次预报中的主要依据及其次数

前兆	地震活动	地形变	地下流体	电（地）磁	地电	重力	地温	动物习性	地震序列	地应力
次数	13	12	15	10	1	3	4	5	7	3

表 20-3　日本 685—1978 年间 113 次地震伴随现象统计

前兆	地下水				水质	浑浊	气体释放	喷水冒砂	其他
	流量		水温						
	增	减	升	降	15	28	9	52	21
次数	49	43	22	10					

（3）关于地震预警、预报的主要依据是地应力以及相应的其他综合异常现象。

李四光先生强调，一要调查研究地下发震层以上地层的力学性质及破裂强度；二要抓地应力场及其变化，并研究两者的关系[5]。下面就以地应力为主，介绍中期和短临预报的部分成果。

① 四川地应力台站的中期异常和短临异常（图 20-1、图 20-2、表 20-4）。

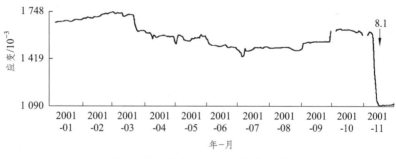

（a）钻孔应变 EW 向日均值曲线

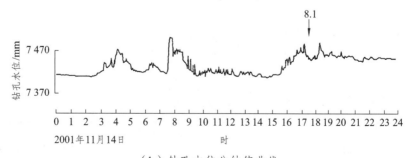

（b）钻孔水位分钟值曲线

图 20-1　攀枝花仁和台应变与水位在 8.1 级震前的临震异常（昆仑山口西 8.1 级地震）

表 20-4　四川地区强震孕育从中期向短期过渡的区域性前兆异常指标与判据、预测方法及检验[4]

学科手段	指标与判据		预测规则与范围	内符检验
应变	西昌小庙台	**中期异常：** 应变观测曲线出现上升—转平—下降的凸形，持续 3 个月以上，幅度为 5×10^{-6} 以上 报准数次 3　虚报次数 0　漏报次数 2　应报总次数 5	在异常结束后 2 个月内（仁和台钻孔水湿异常结合后 4 个月内），距台站 300 km 范围内有发生 6 级左右地震的可能。（仁和台应变观测曲线出现阶跃，幅度达 4×10^{-6} 以上，钻孔水位观测曲线出现"前驱波"，其后 10 天内，距台站 2 000 km 范围内有发生 7.5 级以上地震的可能）	$R = 0.47$ $R_0 = 0.45$ R 值具有 97.5% 置信度 $R = 0.31$ $R_0 = 0.35$ R 值未通过 97.5% 置信度检验
		短临异常： ① 应变观测曲线出现凹陷形并伴有应变波动，幅度约为 10^{-6} 报准数次 2　虚报次数 0　漏报次数 3　应报总次数 5 ② 钻孔水温观测曲线出现 2 ℃ 以上的突跳或下降—转平—上升的凹形，持续 1 个月以上 报准数次 2　虚报次数 0　漏报次数 2　应报总次数 4		
		异常从中期向短期过渡的特征： 当应变测值曲线经过稳定变化、加速变化阶段后曲线转平，并大幅波动时，标志着异常由中期进入短期阶段		
	攀枝花仁和台	**中期异常：** ① 某一个方向的应变测值曲线变化趋势与其他方向相反，且异常持续 3 个月以上 报准数次 2　虚报次数 0　漏报次数 2　应报总次数 4		$R = 0.37$ $R_0 = 0.43$ R 值未通过 97.5% 置信度检验
		短临异常 ① 应变观测曲线出现 N 形异常，幅度达 4×10^{-6} 以上 报准数次 1　虚报次数 0　漏报次数 3　应报总次数 4 ② 应变观测曲线出现阶跃，幅度达 4×10^{-6} 以上 报准数次 1　虚报次数 0　漏报次数 0　应报总次数 1 ③ 钻孔水位观测曲线出现"前驱波"，周期为数分钟至数十分钟，幅度为几至几十毫米 报准数次 1　虚报次数 0　漏报次数 3　应报总次数 1 ④ 钻孔水温观测曲线出现 0.5 ℃ 以上的向上突跳或波动 报准数次 2　虚报次数 0　漏报次数 2　应报总次数 4		$R = 0.69$ $R_0 = 0.56$ R 值未通过 97.5% 置信度检验

注：以上使用 2 台 RZB-1 型压容应变仪进行观测，钻孔深分别为 83 m 与 60 m，传感器由 4 个互成 45° 的差容式电容传元件（WN、NS、NE、EW 间）和一个悬空元件构成。其他应力曲线如图 20-1、20-2 所示。

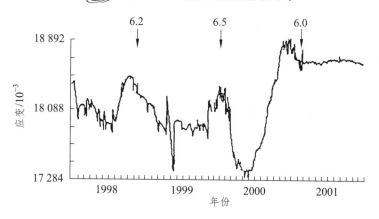

图 20-2 西昌小庙台钻孔应变 NS 向日均值曲线

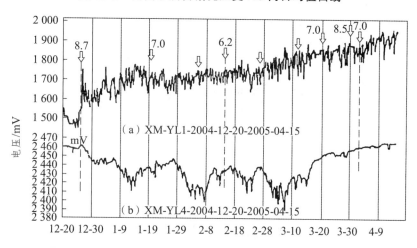

图 20-3 辽宁新民台 2004-12-20 至 2005-04-15 应力曲线[8]

② 印度洋 8.7 级大地震的临震信号（图 20-3、20-4）。

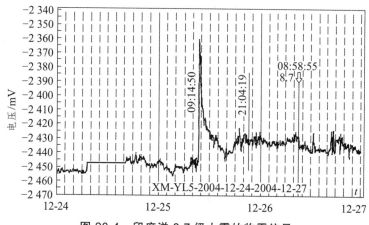

图 20-4 印度洋 8.7 级大震的临震信号

③ 北京和辽宁新民应力台站分别监测到印度洋 8.7 级地震。

a. 图 20-5 是辽宁新民台于 2004 年 12 月 1 日到 2005 年 4 月 10 日的 130 多天里记录到

的 47 个强震信号，即发生 4 次强震。

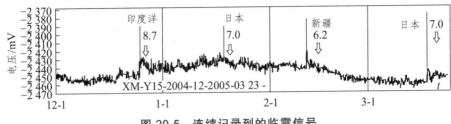

图 20-5　连续记录到的临震信号

　　b. 中国北京、辽宁新民等地应力台记录到印度洋 8.7 级地震的短临地震曲线，如图 20-6 所示。

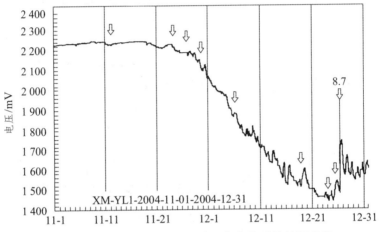

图 20-6　卸载阶段及 8.7 级地震发生前后的地震曲线

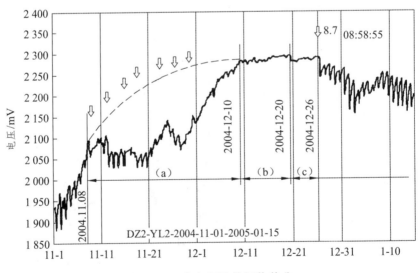

图 20-7　北京记录的短临前兆

　　c. 北京地应力台、新民地应力台分别准确记录 4 800 km、5 300 km 印度详 8.7 级地震前后的应力曲线（图 20-8）。

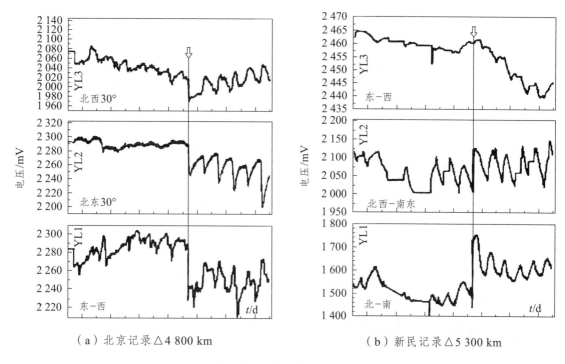

（a）北京记录△4 800 km　　　　　　　（b）新民记录△5 300 km

图 20-8　印度洋 8.7 级地震前后应力波形对比

④ 青海德令哈地应力观测台站[2, 9]。

a. 德令哈地应力定点观测台站位于青海省柴达木盆地北缘，于 1997 年 1 月 1 日正式投入观测。该观测点井孔深度为 87.25 m。安装型号为 PLY-3（由中国辐射防护研究所生产），探头所处位置的岩性为花岗岩，探头的灵敏度为 50～200 Pa。

从各道的观测值分析，存在长短不一的稳定阶段（主要是受应力元件与地下岩体固化过程的影响）。1997—2001 年青海及其邻近地区发生 $M_s \geqslant 5.9$ 地震 4 次，其地震参数见表 20-4，在这 4 次地震前不同方向的测值分别显示出较好的前兆异常。

表 20-4　青海及其邻区 $M_s \geqslant 5.9$ 地震参数（1997—2001 年）

发震日期	北纬	东经	地点	M_s	距德令哈 /km	震源双力偶解（Harvard）			
							走向	倾向	滑动角
1997-11-08	35.2°	87.3°	西藏玛尼	7.5	940	I	79°	69°	2°
						II	348°	88°	-159°
2000-06-06	37.1°	104.0°	甘肃景泰	5.9	590	I	96°	68°	-6°
						II	188°	85°	-158°
2000-09-12	35.3°	99.3°	青海兴海	6.6	290	I	343°	80°	170°
						II	251°	80°	-10°
2001-11-14	36.2°	90.9°	昆仑山口西	8.1	590	I	94°	61°	-12°
						II	190°	60°	150°

b. 德令哈地应力曲线变化特征分析。

德令哈 3 号元件：3 号元件自 1997 年投入观测以后，从图 20-7 中可见，1998 年 8 月以前，该方向应力表现为张性，期间发生玛尼 7.5 级地震，临震前有一个由张性转为压性的突变；1998 年 8 月以后应力 5 日均值呈缓慢上升趋势，总体表现为张性应力。从图 20-7 中可以看到，在玛尼 7.5 级地震前 14 天、景泰 5.9 级地震前 47 天、兴海 6.6 级地震前 7 天和昆仑山口西 8.1 级地震前 5 个月出现短期异常，以及震前 35 天应力性质在张性的背景下发生改变——由张性至压性的前兆过程。对 3 号元件资料进行斜率法处理后，结果表明在这 4 次中强地震前均出现了短期和临震异常，其异常比 5 日均值多。

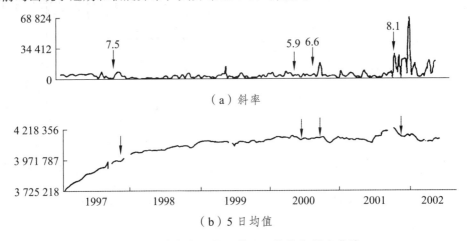

图 20-7　地应力 3 号元件 5 日均值和斜率曲线

c. 德令哈最大主应力。

图 20-8 为该台最大主应力的理论计算值，除玛尼地震外几次地震前均表现为短期阶段的主应力值上升—临震—突降的形态。每次异常幅度是随着震级和震中距的变化而有所不同，震级越大，震中距越小，最大主应力异常幅度就越大。利用斜率法处理该资料后得到的结果也表明：最大主应力值也随着震级和震中距的变化而表现出幅度不同的前兆异常（见图 20-8）。

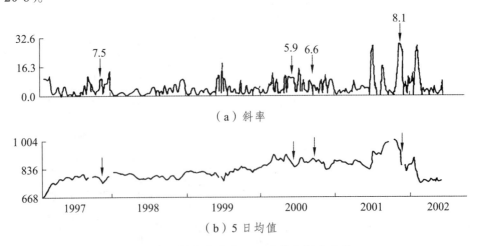

图 20-8　最大主应力 5 日均值和斜率曲线

d. 德令哈最大主应力方向。

从最大主应力的方向来看，该台的最大主应力方向在这 4 次地震前均有一些变化，震前向西倾，在回返以后发生地震，但变化幅度不大（图 20-9）。其斜率法处理后的资料在这几次地震前都出现了不同程度的前兆异常，特别是对玛尼 7.5 级地震和昆仑山口西 8.1 级地震反应较好，玛尼地震前 3 个月有幅度较大的短期异常出现，昆仑山口西 8.1 级地震前 14 天也出现了较大临震异常（图 20-9）。

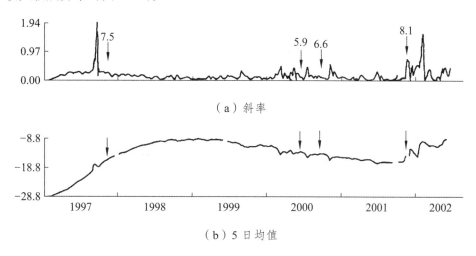

（a）斜率

（b）5 日均值

图 20-9 最大主应力方向 5 日均值和斜率曲线

e. 德令哈地应力异常特征。

对德令哈地应力 1 号、2 号、3 号元件的异常特征进行统计分析，结果见表 20-5。

表 20-5 德令哈应力异常统计

异常项		1997-11-08 玛尼 7.5 级地震	2000-06-06 景泰 5.9 级地震	2000-09-12 兴海 6.6 级地震	2001-11-14 昆仑山口西 8.1 级地震
1 号元件	起始时间 结束时间 异常类型 分析方法	1997-10-15 1997-11-08 临震 形态分析、斜率法	2000-02-15 2000-06-06 短期 形态分析、斜率法	2000-06-27 2000-09-12 短期 形态分析、斜率法	2001-06-13 2001-11-16 短期、临震 形态分析、斜率法
2 号元件	起始时间 结束时间 异常类型 分析方法	1997-10-20 1997-11-08 临震 形态分析、斜率法	— — — 形态分析、斜率法	— — — 形态分析、斜率法	2001-06-20 未结束 短期、临震 形态分析、斜率法
3 号元件	起始时间 结束时间 异常类型 分析方法	1997-10-25 1997-11-08 临震 形态分析、斜率法	— — — 形态分析、斜率法	— — — 形态分析、斜率法	2001-06-10 2001-11-16 短期、临震 形态分析、斜率法

异常项		1997-11-08 玛尼 7.5 级地震	2000-06-06 景泰 5.9 级地震	2000-09-12 兴海 6.6 级地震	2001-11-14 昆仑山口西 8.1 级地震
最大主应力	起始时间 结束时间 异常类型 分析方法	1997-10-25 1997-11-08 临震 形态分析、斜率法	2000-02-22 2000-06-06 短期 形态分析、斜率法	2000-06-27 2000-09-12 短期 形态分析、斜率法	2001-06-10 2001-11-14 短期、临震 形态分析、斜率法
最大主应力方向	起始时间 结束时间 异常类型 分析方法	1997-10-20 1997-11-08 临震 形态分析、斜率法	2000-02-20 2000-06-06 短期 形态分析、斜率法	2000-06-27 2000-09-12 短期 形态分析、斜率法	2001-06-12 未结束 短期、临震 形态分析、斜率法

f. 德令哈地应力分析的结论。

通过对发生在青海及其周边地区的 4 次中强地震的异常特征的分析，特别是对德令哈地应力前兆特征的分析，可以得到以下结论：

◆ 青海及其周边地区在发生中强地震前地应力短期和临震异常较为明显，特别是对 7 级以上的强震震前均有短临前兆异常出现。

◆ 在这 4 次中强地震发生前各方向的应力性质均有不同程度的改变，这可能与发震断裂的震前产生预位移有关，这方面有待于结合地质构造做进一步的研究。

◆ 通过这 4 次地震的库仑破裂应力地表空间分布的计算，初步解释了在这 4 次地震前，不同分量的地应力异常在不同地震之前的不同表现（压性或张性）。

◆ 通过对德令哈地应力的这 4 次中强震前兆特征的研究，认为其异常出现的时间特征是震级越大，震中距越远，异常出现的时间越早；如果震级越大，震中距越小，则异常幅度越大。青藏高原东北部这一地区地震活动强度大，频度高，目前由于青海省只有一个地应力监测台站，因此，对中强地震的发震时间能作出判定，但对地点判定有一定的困难。

⑤ 地应力预测地震的结论。

在地层受力后有的地方产生压应力，有的地方产生张应力，还有的地方是中立带。说明我们对地质构造和应力状态还需要加强研究。不过相对来说，地应力还不失为最稳定的监测地震的因素，所以，我们一定要以地应力为主，综合使用其他监测地震的方法。

四、短临预警前兆观测项目的探索

（1）宏观前兆异常与地震的关系。

从已整理的资料看，目前地震宏观前兆异常与地震没有唯一的、固定的对应关系。但是强烈地震从古至今都有不同种类、不同形态的前兆宏观异常。这可能是地域性因素和各种地质背景使动态规律不一样，所造成的宏观前兆异常也就不同。

（2）实行开放式的地震预测研究和百花齐放、百家争鸣的预测探索。

正确处理继承与发展的关系，已有的监测预报成果是我们的宝贵财富，是发展的基础，既要继承好，又要不断向纵深发展，同时必须不断地引进新理论、新技术、新思路，全面加强地震预测研究，建立地震预测研究可持续发展和监测、预报、科研有机结合机制，既要重视发展机理的研究，又要重视地震前兆现象的研究；实行开放式的地震预测研究，欢迎国内外、行业内外和广大人民群众参与我国的地震预测研究；鼓励多路探索、百花齐放、百家争鸣。

（3）地震临震预警的核心是地震孕育、发展、发生，在特定的地区总有一个从量变到质变的过程，地震的孕育和发展过程可以简单分为震前、震时和震后三个阶段。震前，对应地壳内应变能的积累；震时，对应应变能在短时间内的快速释放；震后，对应地壳内应力场的调整。地震能量的积累和释放不是突发事件，其发展过程与多种因素有关。

鉴于地震活动成因涵盖了板块运动、地球物理场的变化、地震断裂运动、地壳形变场变化、地下水变化、地球化学异常等，实现地震预警目标，必须对上述观测的数据信息进行计算处理，并按地理位置存储，为地震预警服务[1]。

（4）最有减灾实际意义的应属中期预报、短期预报、临震预报以及震后趋势判定中后续地震的临震预测。

① 中期预报：有了中期预报，就可以对该地区加大投入，进行防震减灾的注意事项的安排和布置，达到防震减灾的目的。

② 在短期到临震阶段的预报中，以预测发展时间和地点来决定预警的等级，是较为合适的。这样既能满足社会减灾的需求，又基本回避了地震三要素准确预报的难题。可以科学、合理地使用预警方式达到最大限度减轻地震灾害损失的目的。

（5）短临预警前兆观测应当在较大的范围内开展。

对于地震预测而言，不能仅限于几十千米内、只进行局部异常资料分析，需要在更加广大的区域内进行全盘考虑。自然电位异常、地下水异常距离地震中心 500 km 以外都有可能测到[9]。2008 年 8 月 30 日 16 时 30 分，四川省攀枝花市仁和区、四川省凉山彝族自治州会理县交界处发生 6.1 级地震，显然与汶川地震有关。大地震能够诱导小地震，小地震也能够触发大地震，关键是该地震带是否已经处于不稳定的临震状态。

① 地下水异常包括地下水位异常和各种水化学分析异常。

② 地应力：

a. 北京地应力台记录到 4 800 km 的印度洋 8.7 级地震前后应力波形。

b. 辽宁新民地应力台记录到 5 300 km 的印度洋 8.7 级地震前后的应力波形。

c. 辽宁新民地应台记录 2004-12-20 至 2005-04-15 的应力曲线。

d. 辽宁新民地应台 2005-03-01 至 2005-03-31 记录到南北方向、北西—南东方向、东西方向 8.5 级地震的应力曲线。

e. 北京电业中学应力台连续记录印度洋 8.7 级地震的短临前兆。

f. 辽宁新民台 2004 年 12 月 1 日至 2005 年 4 月 10 日的 130 多天里，记录 4 个强震临震信号，即发生 4 次强震。事实证明地应力预测自然地震是最基本的。

③ 自然电位：云南省元谋地震台、新疆乌鲁木齐地震台、青海省西宁市二十里铺地震台等观测结果表明，自然电位临震异常出现在地震发生之前，利用自然电位预测地震是可行的。唐山地震前，土地电测点普遍发现微安表指针摆动，67% 的土地电观测单位观测到了异常。

④ 动物行为异常：辽宁海城、河北唐山、四川松潘、云南龙陵均有较多的动物行为异常。一般根据地应力、地下水、自然电位等的异常曲线预测地震是有可能的，作者根据地震部门和群测群防、土洋结合、专群结合不同的工作性质和要求做了图 20-6 的区分，供研究参考。

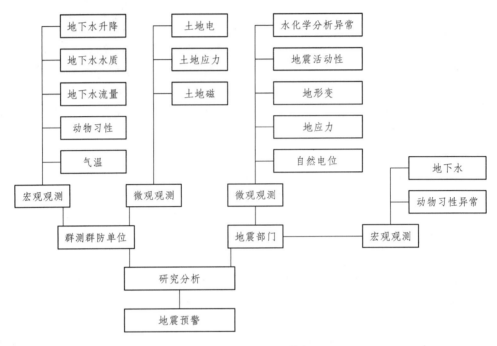

图 20-6　地震短临预警框架

六、活动地震带及附近周围举办人民群众"地震知识和防震减灾避灾"分期轮训练班的建议

1. 轮训练班的培训方法

国家对防灾减灾很重视，虽然我国对普及地震知识有多年的历史，但群众的地震知识普遍偏低。本书的目的是让广大人民群众能自主认识，自主识别，自主判断，自主防震、避震、减灾。由于地震知识未达到普及的程度，所以，作者建议在构造地震活动带的地域轮训人民群众，其方法如下：

（1）国家地震局或者省、市、自治区中纳入中期预报的地区为开办"地震防灾减灾人民群众轮训学习班"的主要地区。

（2）主要内容：以普及地震知识为主，以地震中期、短临宏微观异常现象为内容。

（3）培训人民群众土地电、土地磁的观测及设备安装和使用。

① 土地电观测方法：

土地电观测线路如图 20-11 所示。

② 地磁场强度的观察：

图 20-12 为简易地磁仪。

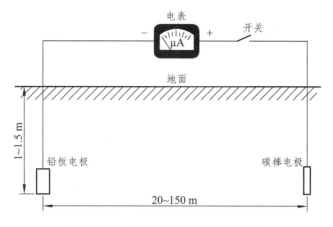

图 20-11　土地电线路的安装示意图

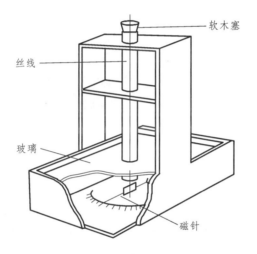

图 20-12　简易地磁仪

2．宏观异常现象[11]

（1）井水在地震前出现的各种异常变化见图 20-13。

图 20-13　井水在地震前出现的各种异常变化

（2）老鼠搬家往外跑，鸡上房上树（图 20-14）。

图 20-14　老鼠搬家往外跑，鸡上房上树

（3）鱼浮水面往上跃，猪不吃食圈外跑（图 20-15）。

鱼浮水面往上跃　　　　　　　　　　　　猪不吃食圈外跑

图 20-15　鱼浮水面往上跃，猪不吃食圈外跑

（4）牛、骡马惊慌圈不住，狗不安宁狂奔叫，如图 20-16 所示。

骡马惊慌圈不住　　　　　　　　　　　　狗不安宁狂奔叫

图 20-16　骡马惊慌圈不住，狗不安宁狂奔叫

七、地震波的类型及性能参数

（1）地震波。

地震在地壳的深部发生（地壳以下 5 km、10 km 甚至 100 km 左右），由地震发生时产生

的地震波来传递地震能量，传递到地球表面。地震波波型不同，传递的速度不同，运动方式也不一样，携带的能量也不一样。

（2）地震被的类型（图 20-17）。

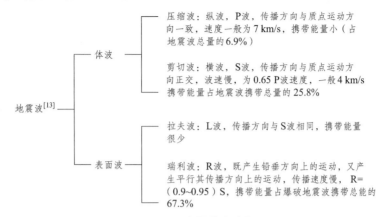

图 20-17　地震波分类框架

（3）波动类型与传播距离的关系：短距离——产生体波；远距离——瑞利表面波显得重要。

（4）各种波动类型所引起的质点运动和变形各不相同。

八、地震临震预警预报的土制警报器

某些大地震发生前，小地震活动的时间和空间分布往往有异常变化，形成"小震活动增多—平静—大地震发生"的现象。例如，1966 年邢台地震和 1975 年海城地震前都有这种现象[11]。值得注意的是，由于地质构造条件不同，有些大地震发生前并无明显的小地震活动。例如唐山 7.8 级地震、四川汶川 8.0 级地震就属于这种类型。而有些地区虽然有小震活动，却又无大震发生。

以下介绍几种人民群众"自力更生"、自制的"土地震预警器"。[12]

（1）倒立瓶式地震报警器，如图 20-17 所示。将瓶子倒立起来，因为它头重脚轻，地面稍有振动时，瓶被晃倒，电路接通发出警报。

（2）落球式地震警报器，如图 20-18 所示。将铜球放在一个支点上，当地震时，铜球滚落，使电路接通，电铃发响。

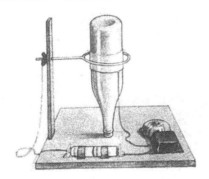

图 20-17　倒立瓶式地震报警器

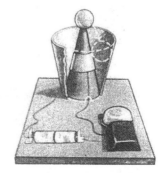

图 20-18　落球式地震报警器

（3）自动测水报警器，如图 20-19 所示。

（4）自记水位计，如图 20-20 所示。

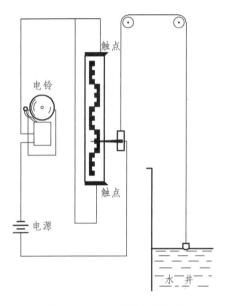

图 20-19　自动测水报警器

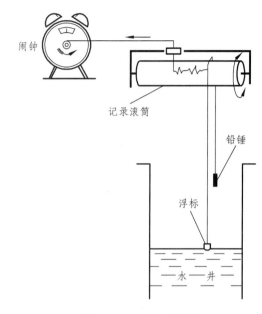

图 20-20　自记水位计

（5）速报预警装置。速报预警装置是根据地震传播能量的压缩波（P 波）和剪切波（S 波）传播速度的差异而设计的，其结构示意如图 20-21 所示，其设计参考尺寸如表 20-6 所示。当地震发生时，P 波先到达被振地点，S 波跟随其后。根据被振地点与震源的距离，P 波与 S 波之间间隔时间存在几秒至十几秒或更长时间，人们可在 P 波到达时及时离开危险建筑物或在房内安全地点躲避建筑物和构筑物的塌落，达到保证人身安全的目的。

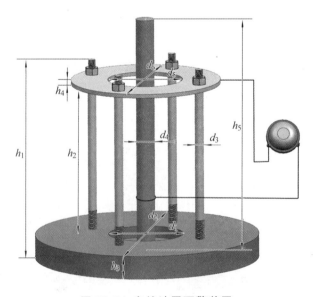

图 20-21　自然地震预警装置

表 20-6　自然地震预警装置参考尺寸

尺寸代号	d_1	d_2	d_3	d_4	d_5	d_6	h_1	h_2	h_3	h_4	h_5
尺寸/mm	100	300	12	25	100	200	260	200	30	5	300

九、中国地震带及其周围地区人民群众牢固竖立防灾减灾理念

（1）中国是世界上地震活动强烈的国家之一，地震造成的灾害居世界之首，这与中国的地球动力学环境及其构造条件密切相关。中国位于欧亚板块的东南部，为印度洋板块、欧亚板块、太平洋板块、菲律宾板块所夹持，又处于环太平洋地震带与地中海—南亚地震带交会部位，地震活动十分剧烈。

（2）自公元前 1780—公元 1899 年，据不完全统计，在我国大陆共发生 6.0～6.9 级地震 170 余次（如此低的地震与历史地震记录缺失有关），7.0～7.9 级地震 54 次，8 级以上地震 11 次。自 1900 年以后，共发生 6.0～6.9 级地震 750 余次，7.0～7.9 级地震 124 次，8 级以上地震 10 次，平均每 10 年就会发生一次 8 级地震。我国 1900—1911 年 7 级以上地震空间分布如图 20-22 所示，时序分布如图 20-23 所示[14]。

（3）防震减灾是地震带人民群众必须重视的问题，关系人民生命财产的安全，应当做到：宁愿千日不震，不可一日不防。

（4）作者建议，中、小学课本里应当有普及地震知识方面的内容，应当有预防地震灾害的内容。

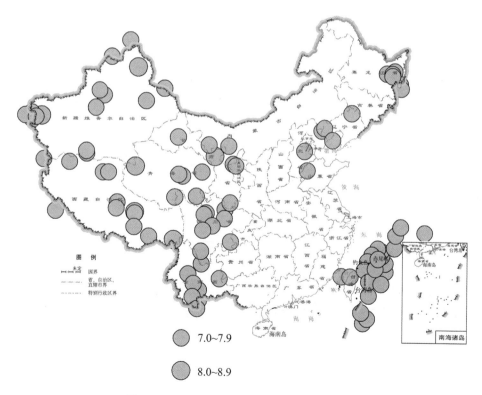

图 20-22　1900—2011 年 7 级地震分布图

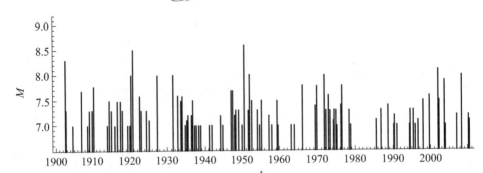

图 20-23　中国 7 级以上地震发生时序变化图

参考文献

［ 1 ］　仇勇海，刘继顺，柳建新，等. 地震预测与预警[M]. 长沙：中南大学出版社，2010：220-228

［ 2 ］　刘巍. 周恩来面对面交代的任务[J]. 瞭望新闻周刊，2010（12）：11-15.

［ 3 ］　李坪，杨美娥. 强震成功预报的曙光[J]. 中国工程科学，2009（6）：19-27.

［ 4 ］　浅田敏. 地震预报方法[M]. 北京：地质出版社，1987：124-194.

［ 5 ］　赵文津. 就汶川地震失报探讨地震预报的科学思路[J]. 中国工程科学，2009（6）：4-14.

［ 6 ］　李四光. 李四光文集[M].武汉：湖北人民出版社，1979.

［ 7 ］　朱航. 四川地区应力应变、重力的短临前兆特征及预测方法[J]. 四川地震，2008：14-20.

［ 8 ］　孙威，孙晓明. 印度洋 8.7 级与 8.5 级地震的物理前兆[J]. 中国工程科学：2008（2）：14-25.

［ 9 ］　严承萍，武斌，张晓清. 德令哈地应力强震短期异常特征研究[J]. 高原地震，2006（2）：14-21.

［10］　邱桂兰. 攀枝花钻孔应力-应变异常与昆仑山口西 8.1 级地震[J]. 四川地震，2003（1）：42-45.

［11］　广东省革命委员会地震办公室，国家地震局广州地震大队. 地震知识画册[M]. 北京：地震出版社，1977.

［12］　北京市防震办公室. 地震知识[M]. 北京：人民出版社，1971：48-50.

［13］　肖正学，张志呈，李朝鼎. 爆破地震波动力学基础与地震效应[M]. 成都：电子科技大学出版社，2004：210-220.

［14］　张职东，张晁军，王中平，等. 地震监测——人类认识地震奥秘的金钥匙[M]. 北京：知识出版社，2012（10）：1-20.

附表 1　1975—2007 年我国成功预测的地震名单

（摘自《地质评论》，2013 年 3 月，596 页，孙建中等）

序号	名　称	发震时间	震级	预测依据	预测预报情况
1	辽宁海城	1975-02-04	7.3	前震、变形、流体	准确预测，发布预报，减轻损失
2	河北唐山	1976-07-28	7.8	地磁、地电、地应力、井水位、水氡	提前预测，未发预报，损失惨重
3	云南龙陵	1976-05-26	7.3，7.4	前震、流体、地应力、地形变、地磁	准确预测，发布预报，减轻损失
4	四川松潘—平武	1976-08-16	7.2	前震、宏观、流体、形变、电磁	准确预测，发布预报，减轻损失
5	四川盐源	1976-11-07	6.7	前震、流体、形变、宏观、重力	准确预测，发布预测，减轻损失
6	四川甘孜	1982-06-12	6.0	前震、电磁、流体	准确预测，发布预测，减轻损失
7	新疆乌恰	1985-09-12	6.8		
8	四川巴塘	1989-05-01 1989-05-03	5.4，6.4，6.3		
9	北京昌平	1990-09-20	4.0	前震、流体、电磁、形变	准确预测，为稳定社会起了重要作用
10	青海共和	1994-02-16	5.8	前震、流体、电磁、地温、应力	准确预测，政府通报，取得一定社会经济效益
11	云南孟连	1995-07-10 1995-07-12	6.2，7.3	前震、流体、形变、电磁	
12	四川白玉—巴塘	1996-12-21	5.5	水温、（N_2）、CO_2 压容压力、地磁、地电、地倾斜	准确预报，受到国家地震局通报表彰
13	云南景洪 云南江城	1997-01-25 1997-01-30	5.1 5.5	前震、地震窗、波速比、水氡、水温、水位	准确预测，向省政府报告
14	新疆伽师	1997-02-21 1997-04-06 1997-04-13 1997-04-16	5.0 6.3 6.4 5.5，6.3	地震序列参数（h、b 值）小震平静、地倾斜、应变、地磁、加卸载响应比	准确预测，政府预报，受到国家地震局和自治区人民政府的表彰和奖励

序号	名 称	发震时间	震级	预测依据	预测预报情况
15	河北宣化—张家口	1997-05-25	4.2	前震、水氡、水位、水汞、形变、电磁辐射、地电、体应变	较好预测，向中办和国办反映情况
16	福建连城—永安	1997-05-31	5.2	前兆震群	3个星期前向当地政府报告
17	西藏巴宿	1997-08-09	5.2	前兆震群	1个月前向自治区和地区政府报告
18	西藏申扎—谢通门	1998-08-25	6.0	地质构造，历史地震、地震序列	1个月前做出短期预测，通报当地政府，取得减灾效应
19	云南宁蒗	1998-10-02	5.3	地震序列、地下水、水温、形变、地磁	半月前预测，向政府通报，取得显著减灾实效
20	辽宁岫岩—海城间	1999-11-29	5.4	地震序列	震前2日向省政府通报，减灾实效显著，受到国家地震局和省政府的表彰
21	云南姚安	2000-01-15	6.5	地震活动、宏观、形变、电磁	3个月前预测并向政府预报
22	云南丘北—弥勒间	2000-10-07	5.5	地震序列、水位、水氡、电磁	震前提出准确预测
23	甘肃景泰—白银间	2000-06-06	5.6	形变、重力、地震活动	2月前提出预测
24	青海兴海—玛多间	2000-09-12	6.6	地震活动、形变、电磁	震前向当地政府通报中短期预测意见
25	云南施甸	2001-04-10 2001-04-12	5.2 5.9	地震活动、序列、流体	准确预测，政府及时预报，取得重大社会效益
26	云南永胜	2001-10-27	6.0	地震活动、序列、流体	准确预测，政府安排，减少损失
27	新疆巴楚—伽师	2003	6.8		
28	云南大姚	2003	6.1		
29	甘肃山丹—民乐	2003	6.1		
30	云南宁洱	2007	6.4		

注：1和3～26据仇勇海（2010）；27～30据刘桂萍（2004）；2号是本书作者添加的。

后　记

　　多年以来，我广泛阅读了有关地震方面的资料，并在汶川地震后开始地震方面的写作，我体会到地震预测预报是很复杂的，很艰难的，目前是世界科学技术难题。但是地震是可以预测的，也是可以预报的。

　　哲学告诉我们，世界万物都有其发生、发展和运动的规律，这些规律是人类可以认识和利用的。

　　自然科学领域的研究和学科发展都是从观察自然现象开始，然后用仪器等手段进行测量，进而进行定量研究和分析。

　　1966 年 3 月 15 日我国著名科学家李四光同志，应用他创立的地质力学原理在隆尧尧山建立起我国第一个地应力观测台，最初测孔只有 2 m，安装了一套三分量压磁应力元件（夹角互为 60°），进行地应力观测。1966 年 3 月 22 日，隆尧台观测到地应力观测曲线下降，同时其他网点也报来了异常信息，经周恩来同志与李四光同志研究后，确定在震区发布预报。结果当晚，在邢台老区发生了 6.7 级地震，这是我国第一次发布地震临震预报的尝试，并获得成功。

　　1966 年 5 月 16 日之后的特殊历史时期，由于第一代地震工作者遵照周恩来同志和李四光同志以地应力为主的地震预测方法，我国地震工作者仍做出了 30 余次较为成功的短临预报。

　　地震是否可以预报，在国内外从来就是有争议的，且由来已久。1997 年日本东京大学地球物理学家 Robert Geller 在美国《科学》杂志上发表文章《地震不可预测》。这篇文章引起了强烈反响。Robert 的观点可以代表部分科学家的看法——基于作为基础学科的固体力学的发展现状，地震的孕育、发生都是一个超级复杂的系统，是目前的科学不能用理论概括的。因此，地震短临预报的现实是：仍然是经验科学。

　　黄相宁对记者说：目前多数人都说地震是不可预测的，但我和少数人却认为可以预测，只不过准确率不高。我们所做的临震预报平均为 30% 左右，年度平均 40%～50%。经验很重要，"有类似中医把脉"，经验重要的原因，同一套数据，可能不同人，分析获得的结果也不一样。

　　汪成民研究员对《瞭望》记者说：实际上几乎每个地震专家对地震预报水平认识都不完全一致，因此历史上围绕地震是否可以预报，怎样预报一直有争议。

　　持目前不能预报观点的人说：地震预报绝对不是我们当代能做的事，是把共产主义的事拿到社会主义来做。他们说只有把所有机理搞清楚了以后，才能预报地震。汪成民研究员的理念很清楚，他说：感冒机理清楚不清楚？感冒本身，假如完全弄清机理，怎么会有非典、甲抗？它是一个完全没有研究透的机理，这个机理是不断发展变化的。那么，是不是感冒就不治了？非典就不治了？甲抗就不治了？不可能，老百姓要治，就运用现有的经验与技术，你不能说我现在没有研究透，暂时拒之门外，这跟地震预报的道理完全一样。

陈运泰院士对中国地震预报制度做了如下解读：不是我们的老百姓愿意住地震带，不是我们老百姓愿意住抗震性比较差的房子。你国家穷，所以你得研究地震预报，这体现了政府对公众安危的关怀，也体现了发达国家和发展中国家的不同。

汶川地震时一位母亲在她孩子被埋于教室倒塌的废墟下，发出的绝望呜咽："教室能不倒该多好！"唐山地震时，一个九口之家的唯一幸存者，站在8个亲属遗体旁喃喃自语："震前能给我们打一声招呼多好！"邢台地震时一位老人跟周恩来同志说：这样大的灾难，给老百姓打个招呼多好。这里深含着人民对我们的谴责、要求。地震预报做得到吗？显然，预测预报地震灾害，是人民的要求、社会的要求！因此，研究地震发生机制及地震构造，探索地震的预测预报，是从事地震工作者肩负的重大使命和责任，应该承担并毕生追求预测预报的成功，更应该把地震的可预测预报作为必须研究和开拓发展的目标，使地震预报的成功率不断有所提高，地震预报科学技术水平不断有所进步，以尽量减少减轻乃至避免地震所造成的巨大灾难。

中国地震局地震预测研究所研究员张肇诚说：汶川地震的发生使地震研究者备受煎熬，"我们应该做的是反思并重振，不能使脆弱的地震预报事业夭折"。

作者认为：目前最重要的：（1）地震预测工作机制亟待改善。（2）仍应以地应力为主，适当引进先进技术做好采用PS100仪器的地电台站和ImSAB、GPS台网观测，将三网一员落到实处。（3）普及地震科普知识，对地震活动带的居民，学会辨别宏观异常真伪，让部分居民学会用"土办法"进行微观监测，增强他们的防震减灾自救能力，自主避震。（4）新建、改建的建（构）筑物按国家规定的要求设防，对地震活动带已有的居民房进行补充设防。（5）在目前不能精确科学预报的情况下，实行"可操作的实效预报"。

防震减灾是一项科技性、社会性、基础性的公益事业，是国家公共安全的重要组成部分。首先应引导、鼓励社会共同关心、积极参与；其次要转变观念，拓展思路，引入竞争机制，开创防震减灾管理工作的新局面。

作者亲身经历了共和国历史上造成巨大灾难的两次特大地震——唐山地震和汶川地震。唐山地震失去在新疆有色局可可托海矿务局一起工作的23位科处级干部和同班同学陈杰民！汶川地震时经历的地动山摇、山崩地裂、让人恐惧的剧烈晃动、建筑物冒出大量黄尘、房屋顷刻倒塌、北川县城塌陷和毁灭！出于责任担当，社会责任决心——根据40年来第一代地震工作者的专著及典型震例的总结，参考国内外有关资料，系统编写了一本普适性地震读物，供广大国民、基层地震工作者和地震带地区的人民群众较为系统认识地震，使他们对地震前的宏微观异常现象有所了解，以便有效地自主预测、自己判断和预防地震，减少或避免人员伤亡，减轻经济损失。

在编写过程中，周玉林副教授、覃如贤老师分别对初稿第一、二编和三、四编进行了审校。中国共产党西南科技大学离退休委员会委员胡治宪副教授对编写本书写在前面、内容简介和内容提要进行修改。

刘宝珺院士、何继善院士、李伯峰书记（原四川建材学院党委书记，曾兼任西昌地震办主任）、万朴教授（原西南工学院院长）和重庆大学李通林教授等为本书作序，彭启瑞（原四川建材学院院长助理）提词。

本书在编写和出版过程中，中国工程院孙传尧院士，西南科技大学党委副书记董发勤教授，西南科技大学副校长陈朝先教授，西南科技大学原校长肖正学教授，西南科技大学原党委书记吴坚教授，原四川建材院长万启鹏，原四川建材学院党委副书记何贵迪，原四川建材学院院长助理彭启瑞，原四川建材学院非金属矿系党总支部副书记苏金华、硅酸盐工程系原系主任严向东副教授、鱼峰水泥股份公司副总经理向开伟教授级高级工程师、矿山部经理鲍罴武高级工程师、办公室主任李晓梅，西南科技大学研究生院刘知贵院长和胡茂老师，重庆出版集团副总经理熊伟，重庆出版社科技出版中心原副主任刘翼、基金办原副主任叶麟伟，重庆大学出版社总编辑饶邦华、科技分社社长李长惠，四川科学技术出版社编审周绍传，绵阳市原副市长西南科技大学林秀英教授、西南科技大学科技处宋绵新处长、老干处处长陈韦翔、书记李明远，西南科技大学学报（哲学社会科学版）副主编乔闻钟副研究员，原四川建材学院非金属矿系系主任田熙教授，西南科技大学土木工程与建筑学院党委书记王汝恒、院长姚勇，西南科技大学环境与资源学院陈海燕院长、党支部书记张志贵、副书记陈莉，绵阳市地震局局长周世光，绵阳市知识产权局那顺贵科长，绵阳西科印务有限公司总经理何榜贵、业务经理罗菊辉、生产经理黄发斌等给予了帮助。

在我学习和工作期间，毛光富、龙友泸、龙支茂、龙伍才、龙伦兴、蒋绍周、熊发杰、熊清国、熊清明、唐蜀梁、游定元、毛泽英、毛泽远、毛泽辅、毛泽杰、白厚长及柏幺舅、柏二舅、柏四舅、黄德敏、芦茂生、游成玉、游忠孝、毛大荣、王家碧、孙索塘、魏太永、邱明纲、周汉民、邓国英、薛高成、张金呈、陈永章、张润呈、张风尧、何本正、查治楷、周昌达、黄国赢、林光清、陈杰民、钟子芳、邓伸璜、张伯琦、王力、刘爽、李凡、刘浩、钟良俊、李景元、汤永祥、王宗泗、刘里云、于海蓬、景泽被、王吉成、石美权、陈开尧、周秀英、田熙、牟天波、蔡本裕、黄竞、周润雨、李晓东、刘春来、田世龙、女儿张渝新、张丽丽、女婿李春晓、儿媳唐晓凤、儿子张渝疆，西南科技大学校内湖南籍怡嘉文印经理罗娟霞及李维、李育林、谢凤桃同志等给予了支持和帮助，在此一并致谢。

本书主要内容，参考和摘编已出版的国内外地震专家和有关单位对各地震事件专著，其中，作者主要有：陈非北、张建华、刘秉良、商宏宽、朱皆佐、江在雄、陈立德、赵维城、郭增建、陈鑫连、张晓东、张晁军、王中平、赵克常、何永年、邹文卫、洪银屏、张建毅、胡允棒、杨庆山、田玉基、[美]苏珊·霍夫、[美]B·A博尔特、浅田敏、[苏]E·Ф萨瓦连斯基、四川地震局、北京地震局、中国地震局、北京市地震队、天津地震局地震处、兰州市地震大队气象地震组、北京市抗震知识编写组、地震问答编写组、国家基本建设委员会抗震办公室、国家地震局和国内高等学校编写的地震和地质方面的教材。在此，对我国第一代地震、地质工作者的编著工作，所付出的劳动表示感谢。

由于作者学识浅薄，不妥之处，在所难免，敬请广大读者和专家不吝赐教或批评建议。

张志呈

2018 年 5 月